底栖动物生态学

孙刚　房岩　李汉生　著

清华大学出版社
北　京

内容提要

　　本书是作者在多年底栖动物科研（定位定量观测、室内模拟实验等）和教学的基础上，总结已取得的系列成果，结合国内外最新发展动态和其他学者的相关成果写成的。书中重点阐述底栖动物生态学的概念、理论、实践和应用，包括生态学的重要规律和分支学科、底栖动物生态学的研究内容及进展、底栖动物的分类、底栖动物的摄食生态、底栖动物的次级生产、底栖动物与环境因素的关系、底栖动物的环境指示作用、底栖动物的环境修复功能、底栖动物的生态扰动效应、底栖动物研究热点与展望等，详细分析了底栖动物对沉积物、上覆水、间隙水的影响，介绍了底栖动物在河流、湖泊等水体中的研究案例，探讨了水层–底栖界面耦合机制。

　　本书是国内第一部关于底栖动物生态学的系统性、专门性出版物，可供生态学、生物学、海洋科学、环境科学、水产科学、农学等领域的研究和教学人员阅读，作为高等院校相关专业本科生和研究生的授课教材和学习资料使用，也可供环境保护、资源管理、水产养殖、农业开发、园林设计、城市规划、建筑工程等方面的技术和工作人员参考。

图书在版编目（CIP）数据

底栖动物生态学 / 孙刚, 房岩, 李汉生著. -- 北京：

清华大学出版社, 2024. 8. -- ISBN 978-7-302-67082-7

Ⅰ . Q958.8

中国国家版本馆CIP数据核字第2024HP7468号

责任编辑：辛瑞瑞　孙　宇
封面设计：钟　达
责任校对：李建庄
责任印制：刘海龙

出版发行：清华大学出版社
　　　　　网　　　址：https://www.tup.com.cn，https://www.wqxuetang.com
　　　　　地　　　址：北京清华大学学研大厦 A 座　　　　　邮　　编：100084
　　　　　社 总 机：010-83470000　　　　　　　　　　　　邮　　购：010-62786544
　　　　　投稿与读者服务：010-62776969，c-service@tup.tsinghua.edu.cn
　　　　　质量反馈：010-62772015，zhiliang@tup.tsinghua.edu.cn
印 装 者：三河市铭诚印务有限公司
经　　销：全国新华书店
开　　本：185mm×260mm　　　　　印　张：22　　　　　字　数：442 千字
版　　次：2024 年 8 月第 1 版　　　　　　　　　　　　印　次：2024 年 8 月第 1 次印刷
定　　价：78.00 元

产品编号：102907-01

底栖动物是指在水体底部度过全部或部分生活史时间的水生动物群。底栖动物的种类繁多（包括绝大多数的动物门类，如原生动物、海绵动物、腔肠动物、扁形动物、纽形动物、颚口动物、线形动物、轮形动物、腹毛动物、环节动物、动吻动物、须腕动物、软体动物、节肢动物、缓步动物、苔藓动物、腕足动物、帚虫动物、棘皮动物、半索动物、脊索动物等），数量惊人，分布广泛，群落结构复杂，种间关系多样，其个体大小、起源、生境、生活史、营养类型、摄食方式、生活方式、繁殖方式、耐污能力、对氧气的需求等各有不同，是一个十分庞大的生态学类群，在水生食物网中同时起到生产者、消费者和分解者的多重角色，对水体的物质循环、能量流动、营养结构、演替动态、系统平衡和稳定起到重要作用。

作为优质的蛋白质来源，许多底栖动物是不可替代的水产资源、渔业捕捞和养殖对象，具有很高的经济价值。一些底栖动物是多种医药和工业原料。小型甲壳类、软体动物、多毛类等是经济鱼类及其他水生动物的天然饵料，其生长繁殖关系到水产资源的补充、丰歉与数量变动。利用底栖动物进行生物监测，具有真实性、累积性、代表性、综合性、灵敏性、准确性、广域性和经济性等优点。底栖动物通过降解、过滤、同化、富集等作用，展现出良好的环境修复功能。在沉积环境相对稳定但生物扰动活跃的水域，底栖动物群落接纳、储存、吸收、转化、运移、埋藏水层中的沉降物质，加速水底有机碎屑的分解和利用，控制沉积物与上覆水的溶解性矿物成分交换，活跃水底边界系统，促进水体自净。一些水生昆虫在富营养化水体中的密度极大，成虫羽化后离开水体，成为沉积物中氮、磷等营养元素的有效利用者和清除者。底栖动物被鱼类摄食转化为渔产品，捕获后从水体中带离大量的氮、磷和污染物，是降低水体营养水平和污染程度的有效途径。有些种类的底栖动物对人类有直接或间接的危害，如海港、码头、船底及水下设施的污损和钻蚀生物破坏港务建设、交通航运及石油井架等勘探开发作业，可能造成严重损失。某些底栖动物是鱼、虾、贝、藻等经济种类的敌害和病害生物。部分底栖动物具有观赏和收藏价值。底栖动物还是重要的科学研究对象和仿生设计模板。底栖动物与人类有着非常密切的关系，其生态服务功能日益受到瞩目。

底栖动物由于摄食、运动、建管、避敌、筑穴、代谢等活动，引起底质结构和水体性质的变化，称为"生物扰动"（bioturbation）。水生生态系统通过能流、物流的传递和转化，将沉积物与上覆水融为一体的过程称为底栖系统与水层系统的耦合。水层－底栖界面耦合构成湖泊、河流、近岸等水域中的关键生态过程，而生物扰动正是其中至关重要的环节和枢纽。在"全球海洋生态系统动态研究""全球海洋通量联合研究""沿岸带陆海相互作用研究"等重大国际科学计划的支持下，底栖动物在水层－底栖耦合及生物地球化学循环中的功能被纳入水生态动力学的研究范畴。深入揭示生物扰动的变化规律，探讨水层－底栖耦合机制，优化水生态动力学模型，对于正确认识水体的内源负荷特点、生态建模和水体修复等具有重要意义，在控制水华暴发、开展水体生物监测、实现水生生物资源的永续利用和农牧化生产中展现出广阔的前景。

人类从公元前已经开始认知底栖动物，近一个世纪不断取得新的成果。随着水体生态调查范围的持续扩大、计算机技术和现代统计方法的普及应用，底栖动物生态学研究逐步由单纯的野外观测转入模拟控制实验，由定性描述阶段跃入定量解析阶段。在研究内容上，注重过程、机制、动态规律的研究；在研究设计上，强调多学科交叉、渗透与综合；在研究方法上，大量应用高新技术，如计算机数据库、系统建模等；在信息交流上，突出数据资料的标准化、可比性以及信息平台的建立和应用。随着人类加大对水域的利用、进一步走向海洋以及科学技术的创新，水域生态学的研究进展将愈加迅速，底栖动物的理论、应用与开发研究将越来越受到各国的重视，在环境保护、生态监测、经济发展等领域发挥更加显著的作用。

本书的相关研究和出版工作得到国家自然科学基金项目（大型底栖动物对浅水湖泊沉积物－水界面耦合的扰动机制，31070421；生物扰动条件下稻田水层－底栖界面耦合生态动力学研究，31370475）、吉林省科技发展计划重点攻关项目（底层动物对水体污染的扰动效应及生物修复技术，3107042120140204042SF）、福建省自然科学基金项目（2021J011113，2020J01377，2020J01373）、福建省科技特派员项目（2022，2023，2024）、三明市产学研协同创新重大科技项目（2022-G-3）和重点科技项目（2022-G-11）、竹资源开发利用福建省高等学校重点实验室开放基金项目（B17000201）、吉林省科技发展计划项目（吉科鉴字 2011 第 021 号）、吉林省自然科学基金项目（201115163）、三明学院引进高层次人才科研启动经费项目（18YG01，18YG02）等资助，获多项省级科技进步奖、省级自然科学学术成果奖等。全书分为10章：绪论、生态学概论、底栖动物的分类、底栖动物的摄食生态、底栖动物的次级生产、底栖动物与环境因素的关系、底栖动物的环境指示作用、底栖动物的环境修复功能、底栖动物的生态扰动效应、底栖动物研究热点与展望，最后探讨了底栖动物研究领域的发展趋势，包括底栖动物的生态服务研究、底栖动物的功能群研究、底栖动物的仿生学研究、极端环境（热泉、深海、极地、洞穴）中的底栖动物研究、底栖动物的开发利用研究等。

本书是国内较早关于底栖动物生态学的系统性、专门性出版物，力求科学性、知识性、应用性和前沿性融为一体。鉴于著者水平有限，书中难免存在纰漏、偏颇和不妥之处，诚请专家、学者和读者不吝批评指正。

著　者

2024 年 1 月

目录

第1章 绪 论

1.1 水与水体

1.1.1 水

水（water）是地球上最常见的物质之一，是由氢（H）、氧（O）两种元素构成的无机物（H_2O），纯净的水在常温常压下为无色无味的透明液体。水包括天然水（河流、湖泊、大气水、海水、地下水等）和人工制水（通过化学反应使氢氧原子结合得到的水）。水在自然界不断经历着三种状态的循环变化，同时以液态、固态和气态存在，表现为云、雾、雨、露、霜、雪、冰、水蒸气等多种形式。水是地球上最常见和分布最广的物质之一，是地表的主要组成物质和地球环境的核心自然要素之一，扮演着溶剂、分散剂、催化剂、洗涤剂、导热剂、灭火剂、保护剂、鉴别剂、减速剂的角色。

水在自然界演化和人类文明发展史中，始终发挥着不可估量的巨大作用。生命起源于水，水是创造生命的完美环境、维系生命与健康的基本资源，也是生物体最重要的组成部分，成人体内 60% 的质量是水，儿童体内水的比例更大，可达近 80%。人体失水 10% 就威胁健康，失水 20% 则有生命危险。人类很早就对水有了认识，在东、西方朴素的古代物质观中，水都被视为一种基本组成。在我国古代的道学哲学思想五行学说中，"水"是日常生活的五种元素（金、木、水、火、土）之一，它们共同构成宇宙万物和千变万化的自然现象；在古代西方人的四元素理论中，"水"是水、土、风、火四种基本元素中最为重要的一种。四元论由"水"元素发展而来，更加反映出"水"对人们生活生产的不可或缺，该学说构成西方社会文明和唯物世界观的基础观念之一。水作为资源、能源、生产资料和生活资料，深刻影响着社会财富的创造和人类生活的质量。

地球虽然有 70.8% 的面积为水所覆盖，总储水量是很丰富的，共有 14.5 亿立方千米之多，但淡水资源却极其有限。在全部水资源中，接近 98% 是无法饮用的咸水；在其余的 2.0% ~ 2.5% 淡水中，绝大部分是人类难以企及和利用的高山冰川、两极冰盖和永冻地带的冰雪。与人类生活生产和经济活动最为密切的水库、淡水湖泊、池塘、江河、浅层地下水等淡水资源，仅占地球总水量的 0.26%，而且分布极为不均。更加令人担忧的是，即使这数量极其有限的淡水，也正越来越多地遭受到多种多样的污染，承受着大量的各类工业、农业和生活废弃物。全球用水量在 20 世纪增加了约 6 倍，此增长速度是同期人口增长速度的两倍以上。目前，全世界每年约有 5 000 亿立方米以上的污水排入江河湖海和地下水，污染了近 6 万亿立方米的淡水资源储备，几乎相当于全球每年径流总量的 15%，而且这种趋势仍然在持续加剧、扩大和积累，人类正面临世界性的水危机。

在联合国教科文组织 2006 年 3 月 13 日发布的《世界水资源开发报告》（World Water Development Report，WWDR）中，明确指出了水资源利用的九大问题。①水资源的管理体系、制度建设、基础设施配套等均有不足：管理不善、资源短缺、环境波动及投入不足使全球约有 20% 的人不能获得安全的饮用水，40% 的人缺少最基本的卫生条件，无法实现联合国千年发展目标（Millennium Development Goals，MDGs），即在 2015 年前将无法得到安全饮用水的人数减半。②水质恶劣造成生活贫困和卫生状况不佳：每年约有 300 万人因不洁饮用水引发相关疾病而死亡，其中近 90% 是 0 ~ 5 岁的儿童。每年约有 160 万人的生命原本可通过提供安全的饮用水和卫生设施进行挽救。不断加剧的水污染也进一步蚕食着大量可供消费的水资源，并危害人类的健康。③世界上大部分国家和地区的水质仍然处于下降趋势：生命赖以生存的水循环需要健康地开发、运行与维护环境，但各种观测和统计数据显示，淡水生态系统、群落及物种的多样性正在锐减，其衰退速度甚至超过海洋和陆地生态系统。④约有 90% 的自然灾害直接或间接与水有关：许多自然灾害都是土地利用不当引发的恶果。日益严重的非洲旱灾就是一个典型的实例，当地的人们多年来大量砍伐森林用作木炭和燃料，造成水土流失、湖泊消失。有多条河流注入的乍得湖（Chad Lake）为非洲第四大湖、非洲中北部重要的内陆淡水湖，由于周围地区的过度开发，该湖湖水及湿地面积在短短 40 余年间已萎缩近 90%。水资源储量的骤减可能造成一系列恶劣的自然反应。⑤农业用水供需矛盾日趋紧张：到 2030 年，全球的粮食需求量将提高 55%。这意味着需要提供更多的灌溉用水，而这部分用水已经占到全世界人口淡水消耗量的近 70%。⑥城市用水短缺：2007 年全球已有 50% 人口居住在城镇。到 2030 年，城镇人口比例将接近 2/3，从而引起城市生活和生产用水量的急剧上升，或有多达 20 亿的人口只能居住在贫民窟和棚户区等简陋的临时房屋中，缺少清洁用水、卫生、能源、社区服务等基本公共设施。⑦水力资源开发不足：全球发展中国家中的 20 多亿人无法获得可靠的能源，而水则是创造能源的重要资源之一。欧洲已经开发利用了 3/4 的水力资源。然而在非洲，约 60% 的人口还不能用上电，水力资源开发率极低。⑧水资源浪费现象极为严重：世界许多地方因输运管道和沟渠泄漏或非法连接、盗用，多达 30% ~ 40% 甚至更多的宝贵水资源被白白浪费。⑨用于水资源的财政投入一直滞后：近年来用于水务方面的官方发展援助每年为 30 亿美元左右，另外世界银行（The World Bank）等金融组织每年提供约 15 亿美元的非减让性官方贷款（non-concessional official lending），但只有约 12% 的资金真正用在了最需要帮助的人身上，而用于制定水资源政策、方案及规划的资金仅占 10% 左右。此外，私营水务部门的投资金额呈现逐渐下降趋势，进一步增大了提高水资源利用率的难度。

一切人类活动、经济发展和社会进步都要极大地依赖水资源供应的质量和数量，但人们尚未从根本上认识到水资源开发、利用和保护在促进生产力、提高社会福祉中发挥的功能。随着人口密度和生活水准的快速增长，越来越多的国家和地区已经或者即将陷入缺水的困境，经济和社会发展遇到瓶颈。实现水资源的可持续性保护和科学管理，需要地方、全国、跨地域、国际的统一协调和共同努力。多年以来，联合国始终致力于缓解因需水量急剧上升而导致的全球性水资源危机，以更好地满足人们的生活、生产（农业、工业等）和商业用水。1977 年 3 月 14—25 日，联合国召开"水事会议"（The United Nations Water Conference），严正警告全人类：石油危机之后最有可能发生的下一次自然资源危机就是水危机，而且对整个社会的影响将会更加广泛和深刻。

1992 年 6 月 3—14 日，在巴西的里约热内卢召开了联合国环境与发展大会（United Nations Conference on Environment and Development），通过了重要文件《21 世纪议程》（*Agenda 21*）；1993 年 1 月 18 日，第 47 届联合国大会根据《21 世纪议程》的要求，一致通过 193 号决议，决定从 1993 年开始，每年的 3 月 22 日确定为"世界水日"（World Day for Water，或 World Water Day），以全面推进系统性、综合性、整体性、统筹性的水资源规划、开发、利用、保护和管理，有效解决日趋严峻的用水短缺问题；同时，利用广泛的宣传、教育和科普活动，增强普通民众珍惜水资源的观念和意识。迄今为止历年的"世界水日"主题分别为：

1994 年：Caring for Our Water Resources Is Everyone's Business（关注我们的水资源，人人有责）；

1995 年：Women and Water（妇女与水）；

1996 年：Water for Thirsty Cities（干渴城市的用水）；

1997 年：Water Scarce（水资源短缺）；

1998 年：Ground water—Invisible Resource（地下水——隐形资源）；

1999 年：Everyone Lives Downstream（每个人都生活在下游）；

2000 年：Water for the 21st Century（面向 21 世纪的水）；

2001 年：Water and Health（水与健康）；

2002 年：Water for Development（面向发展的水资源）；

2003 年：Water for the Future（面向未来的水资源）；

2004 年：Water and Disasters（水与灾难）；

2005 年：Water for Life 2005—2015（生命之水 2005—2015）；

2006 年：Water and Culture（水与文化）；

2007 年：Coping with Water Scarcity（应对水资源短缺）；

2008 年：Water Sanitation（水卫生）；

2009 年：Transboundary Waters：Shared Water - Shared Opportunities（跨境水——共享的水资源、共享的机遇）；

2010 年：Water Quality（关注水质）；

2011 年：Water and Urbanisation（水与城市化）；

2012 年：Water and Food Security（水与粮食安全）；

2013 年：Water Cooperation（涉水合作）；

2014 年：Water and Energy（水与能源）；

2015 年：Water and Sustainable Development（水与可持续发展）；

2016 年：Water and Jobs（水与就业）；

2017 年：Wastewater（废水）；

2018 年：Nature for Water（借自然之力，护绿水青山）；

2019 年：Leaving No One Behind（不让任何一个人掉队）；

2020 年：Water and Climate Change（水与气候变化）；

2021 年：Valuing Water（珍惜水、爱护水）；

2022 年：Groundwater - Making the Invisible Visible（地下水，让隐匿的资源可视化）；

2023 年：Accelerating Change（加速变革）。

联合国第 8 任秘书长潘基文（Ban Ki-moon）在 2013 年世界水日的致辞中警示全球："1/3 的人们已经生活在中度到高度缺水的国家，全球近 1/2 的人口到 2030 年可能面临水资源匮乏，需水量将超出供水量 40%。工业与农业、农民与牧民、城镇与乡村、上游与下游以及世界各国之间对水资源的争夺将会日趋白热化。气候变化、不断扩大的人民需求以及富裕繁荣要求我们必须共同致力于保护和管理这一脆弱和有限的资源。"

1988 年，我国颁布了《中华人民共和国水法》，水利部将每年的 7 月 1—7 日确定为"中国水周"（Water Week of China）。自 1991 年起，我国又将每年 5 月的第 2 周，作为"城市节约用水宣传周"。中国水周与世界水日的主旨和内容基本同步，从 1994 年开始，"中国水周"的时间调整为每年的 3 月 22—28 日，以进一步提高全社会关心水、珍惜水、保护水和水忧患意识，促进水资源科学、合理、永续的开发、利用、保护、维护和管理。历年的"中国水周"宣传主题为：

1996 年：依法治水，科学管水，强化节水；

1997 年：水与发展；

1998 年：依法治水——促进水资源可持续利用；

1999 年：江河治理是防洪之本；

2000 年：加强节约和保护，实现水资源的可持续利用；

2001 年：建设节水型社会，实现可持续发展；

2002 年：以水资源的可持续利用支持经济社会的可持续发展；

2003 年：依法治水，实现水资源可持续利用；

2004 年：人水和谐；

2005 年：保障饮水安全，维护生命健康；

2006 年：转变用水观念，创新发展模式；

2007 年：水利发展与和谐社会；

2008 年：发展水利，改善民生；

2009 年：落实科学发展观，节约保护水资源；

2010 年：严格水资源管理，保障可持续发展；

2011 年：严格管理水资源，推进水利新跨越；

2012 年：大力加强农田水利，保障国家粮食安全；

2013 年：节约保护水资源，大力建设生态文明；

2014 年：加强河湖管理，建设水生态文明；

2015 年：节约水资源，保障水安全；

2016 年：落实新发展理念，推进最严格水资源管理；

2017 年：落实绿色发展理念，全面推行河长制；

2018 年：实施国家节水行动，建设节水型社会；

2019 年：坚持节水优先，强化水资源管理；

2020 年：坚持节水优先，建设幸福河湖；

2021 年：深入贯彻新发展理念，推进水资源集约安全利用；

2022 年：推进地下水超采综合治理，复苏河湖生态环境；

2023 年：强化依法治水，携手共护母亲河。

1.1.2 水体

水体（waterbody）是地球表层由天然或人工形成的、以相对稳定的陆地为边界的水的聚积体。按其形态和位置主要有海洋、河流（运河）、湖泊（水库、池塘）、沼泽、冰川、积雪、极地冰盖、地下水、大气水体等。地球表面上各种形式的水体构成了水圈，约占地球表面积的 70.8%。

与其他类型的生态系统相比，水域生态系统（aquatic ecosystem）最为主要的特点在于水这一特殊的环境因子。水的理化性质对生态系统中的其他因子产生重要影响：①水的密度大于空气。海水的盐度一般高达35‰，而且较为稳定；淡水的盐度一般在0.05‰～0.50‰范围内波动；河口水域的盐度变化较大。除少数广盐性（euryhaline）种类能够适应盐度的大幅变化、调节体内渗透压而自由往来于淡水、海水之间外，大多数水生生物只能生活在一定盐度范围的环境中，因而有海洋生物和淡水生物之分。②水的比热较大，导热性能差。因此，水温（尤其是大洋水温）比陆地温度更加稳定。如温带海域全年温度变幅一般为10～15℃，两极和热带海域仅约5℃。③光线在水中的穿透力比在空气中小。日光射入水体后衰减较快。特别是在海洋中，只有最上层海水中才有足够的光照保证植物进行光合作用。在某一深度处，射入水中的光照强度减弱至一定程度，植物光合作用生产的有机物质与呼吸作用的消耗量达到平衡，这一深度称为补偿深度（compensation depth），是水体中光合植物垂直分布的下限。补偿深度以上的水层称为真光带（euphotic zone）。在某些透明度很大的热带深海水域，真光带的深度可超过200 m；而在透明度低、较为混浊的近岸水域，真光带的深度可能仅为数米，是各类水生动物密度最高、活动最活跃的区域。④水具有优异的溶解性，不仅大部分盐、酸、碱等可以溶入其中，而且一些有机物也能被水溶解，从而为水生生物的生长、发育和繁衍提供充足的营养源。

水体中的生物群落与其生存环境共同构成了动态系统，包括海洋生态系统（marine ecosystem）、淡水生态系统（freshwater ecosystem）及其下属不同水平（或层级）的水域。海洋生态系统通常包括沿海及内湾生态系统（coastal and inner bay ecosystem）、海藻场（床）生态系统（kelp bed ecosystem）、珊瑚和滨海湿地生态系统（coral reef and littoral wetland ecosystem）、外海和大洋生态系统（pelagic sea and oceanic ecosystem）、上升流生态系统（upwelling ecosystem）、深海生态系统（deep sea ecosystem）、极地海洋生态系统（polar maritime ecosystem）等，其中，前三者为沿海生态系统，后四者则统称大洋生态系统。淡水生态系统可分为静水生态系统（still-water ecosystem）和流水生态系统（lotic ecosystem），前者包括水库、池塘、湖泊等，后者包括溪流、江河、水渠、管道等。在江河与湖泊、河川与海洋之间的水的运动，使不同的水体相互联系，构成水域生态系统与陆地生态系统显著不同的特点。特别是大洋环流与水团的结构，更是决定海域状况、生物分布、组成与数量的动力因素。海洋生态系统由于陆地淡水溶解物质和悬浮物的不断输入，其开放性特点更为突出。

每一层级的水域生态系统都占据一定的空间，生物因子与非生物因子通过物质循环、能量流动和信息交换而相互作用，共同构成具有特定组分、结构及功能的统一体。在水域生态系统的非生物成分中，生物栖息和活动的介质（水层、沉积层等）决定了物理环境指标（如水温、盐度、水深、水流、光照等）、参加物质循环的无机物（如碳、氮、磷等）和有机化合物（如碳水化合物、蛋白质、脂类、有机酸、腐殖质等）种类及丰度。

水体是生物赖以生存的重要生境和支撑条件，是鱼类及其他水生生物必不可少的环境系统。人类的生存、发展与水体息息相关，自人类在地球上出现以来，各类水体就持续为人类提供生活用水、工农业用水、食物、蛋白质、生产原料和居所。长期以来，水体还为人类的交通、运输、商业和娱乐活动提供支持，同时承担着为人类清洁生活环境、降解和去除部分废弃物的职能。

1.2 水生生物

我们生活的地球是一个水的星球，海洋、河流、湖泊、溪流……这些水体共同构成了地球的"水圈"。水生生物（aquatic organism）是生活在水体中各类生物的总称，是水体中最为活跃的成分。水生生物的种类组成极为繁多，按生物类别可分为水生动物（脊椎动物、无脊椎动物）、水生植物（水生高等植物、藻类等）和水生微生物（真菌、放线菌、细菌等），按生境可分为海洋生物和淡水生物，按生活方式可分为漂浮生物（neuston）、浮游生物（plankton）、游泳生物（nekton）、固着生物（sessile organism）、底栖生物（底生生物，benthos）、附生生物（附着生物，周丛生物，着生生物，periphyton）和穴居生物（burrower）等，按生态功能可分为生产者（自养生物）、消费者（异养生物）和分解者。水圈中许许多多的生物，有的古老，有的年轻；有的蓬勃生长，有的由于种种原因濒临灭绝。不同类别、习性、功能的生物种群有机地组合在一起，形成特定的生物群落，不同的生物群落之间、生物群落与环境之间不断进行着相互作用、影响和协调，共同维持着水环境的健康和稳定。水生生物为人类提供蛋白质和工业原料，具有重要的经济价值，与人类有着密不可分的联系。

生产者（producer）即自养生物，主要指含有叶绿素（chlorophyll）、胡萝卜素（carotene）、叶黄素（xanthophyll）、藻胆素（phycobilin）等光合色素（photosynthetic pigment），能够通过光合作用形成初级生产力的各类水生生物，包括水生高等植物、浮游植物、底栖藻类和附生藻类等。其次是利用光能或化学能的光合细菌（photosynthetic bacteria，PSB）和化能细菌（chemotrophic bacteria），如海底热泉附近的一些动物能从寄生或共生体内的硫化菌获得有机物质和能源，从而构成完全以化学能替代日光能而存在的独特生态系统。消费者（consumer）即异养生物，指以其他生物或有机碎屑为食的水生动物，因所处营养级的位置不同可划分为初级消费者（primary consumer）、次级消费者（secondary consumer）。初级消费者主要指以浮游植物为食的小型浮游动物及少数以底栖藻类为食的动物，一般体型较小。它们与生产者共同生活在上层海水中，两者的生物量往往属于同一数量级，而且相互之间的转换效率很高，这是与陆地生态系统很不相同的一个特点。次级消费者指水生肉食性动物，包含较多的营养层级。较低层级者多为大型浮游生物，如一些甲壳动物、箭虫、水母和栉水母等，其中，许多种类往往有昼夜垂直移动性，分布不限于水体上层；较高层级者具有很强的游泳能力，分布于水域各个层次。此外还包括一些杂食性浮游动物（兼食浮游植物和小型浮游动物），它们对于初级生产者和初级消费者的数量变化具有某种调节作用。分解者（decomposer）主要指微生物（如细菌、真菌等），将死亡生物的各种复杂物质分解为生产者和消费者可吸收利用的有机物和无机物，是水体有机和无机营养再生产过程的关键参与者，同时它们也是许多动物的直接食物。有机碎屑（organic detritus）来源于未被完全摄食或消化的食物残余、浮游植物在光合作用过程中产生的一部分低分子有机物、陆地生态系统输入的颗粒性有机物等，虽然不是生命形式，但在水域生态系统的物质循环和能量流动中起到重要作用。

水域生态系统经过一定的发育和演替过程，生物的不同组分之间、各个生物种群之间、各个生物群落之间、群落与环境因子之间、结构与功能之间发生相互作用、反馈和调节，彼此关系逐渐趋于相对稳定和协调，从而构成动态的生态平衡。此时系统内的生物种类最多，种群比例最佳，总生物量最大，生态系统的稳定性最强。生态系统在发生和发展的历程中，通过自身调节，能够维持动态平衡状态。但这种自动调节的能力是有一定限度的，该限度称为"生态阈限"（生态阈值，ecological threshold）。一旦超过生态阈限，自我调节和反馈能力就会降低甚至消失，从而导致生态系统失衡，有机体的个体数量减少，种类和生物量下降，物流和能流机制出现故障，这一系列连锁效应可能导致整个系统的急性或慢性崩溃。

1.3　底栖动物

底栖动物（benthic animal）是指在水体底部度过全部或部分生活史时间的水生动物类群。底栖动物是水域生态系统中的重要组成部分，是水生生物群落中举足轻重的生态类群，从各个地区、各种类型的淡水水域到海洋（自滨海浅水带到万米洋底深处）均有生存。底栖动物营水体底层生活，是不同生物的空间生态位（space niche）分异的一种表现。不同垂直层次的食物种类不同，也造成了营养生态位（trophic niche）分异。这种生态位分异（niche differentiation）是生物长期演化的结果，对空间、时间和资源等环境因子的趋异利用使不同物种可以共存于同一水域，有利于提高生境空间利用效率、减小种间竞争强度。底栖动物多为无脊椎动物，以悬浮物摄食和沉积物摄食居多，常见的种类如软体动物门腹足纲的螺和瓣鳃纲的蚌、蚬等；环节动物门寡毛纲的水丝蚓、尾鳃蚓等；蛭纲的舌蛭、泽蛭等；多毛纲的沙蚕等；节肢动物门昆虫纲的摇蚊科幼虫、蜻蜓目稚虫、蜉蝣目稚虫等；甲壳纲的虾、蟹等；扁形动物门涡虫纲的涡虫等。底栖动物的分类、组成、结构、习性和分布复杂多样，在水域生态系统中具有至关重要的功能和地位，与人类生活之间的关系十分密切。随着水域开发和利用强度的不断加大、海洋发展战略意识的日益增强、进一步走向蓝海以及方法手段的进步，水域生态学的研究进展愈加令人瞩目，底栖动物领域的基础理论与应用技术越来越受到世界各国的重视。

思考题

1. 什么是水体？
2. 水的理化性质对水域生态系统产生哪些影响？
3. 什么是水体中的补偿深度、真光带？
4. 水域生态系统如何分类？
5. 水生生物的种类组成有哪些？
6. 什么是底栖动物？
7. 地球上的各类水体与人类生存发展之间有何关系？

第 2 章　生态学概论

2.1　生态学的定义

生态学（ecology）是研究生物与环境、生物与生物之间相互关系的科学。"eco-"源于希腊文中的"oikos"，意为"居所"或"栖息地"；"-logy"源于希腊文中的"logos"，意为"论述""学问""学科"或"科学"。从字面意思理解，生态学是关于栖息地的科学。这个概念是由德国近代伟大的生物学家、艺术家、哲学家、医生恩斯特·海因里奇·海克尔（Ernst Heinrich Haeckel）（图 2-1）于 1866 年在其所著《普通生物形态学》（*Generelle Morphologie der Organismen*）一书中首次提出的。海克尔亲手绘制的生命科学图片再现了精美绝伦的各种生物形态，展现了自然界从宏观到微观、令人叹为观止的秩序与对称之美，其画面的合理和精巧程度在科学绘画史上难有匹敌，体现了海克尔的哲学观、世界观、美学思想、艺术精神和科学贡献，激发了后世动物学家、艺术家、建筑师和设计师的灵感，被誉为科学家中的艺术家、艺术家中的科学家。生物系统由动物、植物、微生物及人类本身构成；环境系统由生物环境与非生物环境共同构成，生物环境包括同一种群内部的个体之间以及不同种群之间的关系，非生物环境包括各种环境因子，如水、空气、光照、岩石、土壤、pH、气候、温度、压强、湿度、盐度、海拔、纬度、污染物等，可分为直接因子和间接因子。

由于研究背景、研究对象和理解的差异，学者们对生态学提出了不同的定义。英国动物生态学家查尔斯·萨瑟兰·埃尔顿（Charles Sutherland Elton，1900—1991 年）认为，"生态学是关于生物（主要包括动物和植物）如何生活以及生物为什么按照自己的方式生活的科学"，指出生态学是"科学的自然历史"。1945 年，苏联生态学家卡什卡洛夫（Kawkapob）提出，"生态学是研究生物的形态特征、生理特性和行为适应性的科学"。澳大利亚生态学

图 2-1　恩斯特·海因里奇·海克尔

家和昆虫学家赫伯特·乔治·安德列沃斯（Herbert George Andrewartha，1907—1992 年）认为，"生态学是研究有机体的空间分布（distribution）与多度（abundance）的科学"，强调了对种群动态的研究。美国国家科学院（National Academy of Sciences）院士、美国生态学会（Ecological Society of America，ESA）前主席、泰勒环境成就奖（Tyler Prize for Environmental Achievement）获得者、生态学家尤金·普莱森斯·奥德姆（Eugene Pleasants Odum，1913—2002 年）提出了新的定义，认为生态学是"研究生态系统结构与功能的科学"，是"系统研究生命体、物理环境与人类社会的科学"。我国昆虫生态地理学、数学生态学、经济生态学等学科奠基人，著名的生态学家、昆虫学家，中国科学院学部委员（院士），中国生态学会和《生态学报》创始人马世骏（1915—1991 年）于 20 世纪 80 年代初提出，生态学是"研究生命系统与环境系统之间相互作用规律及其机理的科学"，并创建了"社会 - 经济 - 自然"复合生态系统、生态工程等重大理论，为我国生态学事业的发展做出了开创性和奠基性的工作。生态学发展至今，内涵和外延都发生了很大变化，其定义也不应局限于初期经典的理解。学者们基于各种不同的观点，融合近现代生态学的发展历程及动态，得到较为普适性的生态学定义：生态学是研究生物生存条件、生物个体或群体与生物因子、环境因子之间相互作用过程及规律的科学，目的是指导人与生物圈（即人类、自然、资源与环境复合系统）的协调和可持续发展。随着人类活动范围的多样化、复杂化和扩大化，人类发展与环境保护之间的矛盾愈加突出。现代生态学的研究范畴，除了生物个体、种群和群落以外，已迅速扩展到包含人类社会在内的各种类型生态系统乃至生物圈。人类目前正面临的人口、环境、资源、能源等重大全球性危机均已成为生态学的核心研究内容。

2.2　生态学的形成和发展

2.2.1　萌芽期

这一阶段大约从公元前 2000 年到欧洲文艺复兴时期（14—16 世纪）。古时的人们在长期的农牧渔猎生产实践中，逐渐累积了朴素而简单的生态学常识，如植物（尤其是作物）生长发育与气候、季节、土壤、水分等之间的关系、常见动物类群的活动特点和物候习性等。早在公元前 2000—前 1000 年，初始的生态学意识和思想已朦胧地见诸中国、古巴比伦、古希腊、古埃及、古印度的诗词歌赋与著述。公元前 700 年，五行"金木水火土"等人类生存要素间相生相克、对立统一的观念已出现于李冉的《道德经》中。《春秋》《管子·地员篇》《庄子》等著作从不同角度记述了植物生长速度、品质与水分条件、土壤类型的关系，以及动物的行为特征等。古希腊哲学家、科学家恩培多克勒（Empedocles，约公元前495年—公元前435年）在公元前5世纪的著作中就注意到植物与环境的关系。公元前4世纪古希腊科学家、哲学家、教育家、思想家、西方哲学的奠基者之一亚里士多德（Aristotle，公元前384年—公元前322年）按照栖息地和活动环境的类型，将动物类群划分为陆栖和水栖两类；按照食性的不同，将动物类群划分为肉食、草食、杂食和特殊食性等，并且粗略描述了不同类型的动物栖居地。亚里士多德的学生、公元前3世纪的雅典学派首领赛奥夫拉斯图斯（Theophratus，公元前372年—公元前287年）在其植物地理学著作《植物史》（History Plants）中，提出了与现今植物群落相似的概念，并且认为动物体表颜色是对生活环境的适应。公元前后出现了关于农牧渔猎知识的专著，如公元77年古罗马百科全书式的作家盖乌斯·普林尼·塞孔都斯（Gaius Plinius Secundus，又称老普林尼）所著的《博物志》（Naturalis Historia），对古代自然知识进行了较为全面的总结，内容涉及动物、植物、地理、天文、医学等领域；公元6世纪中国古代杰出的农学家贾思勰认为农业的发展对国家富强具有重要的作用，走遍各地研究农业生产技术，通过收集、分析、整理、总结，著成了综合性农书《齐民要术》，对后世的农业学产生了深远的影响，被尊为"农圣"；以及中国秦汉时期吕不韦主编的《吕氏春秋》、明代徐光启撰写的《农政全书》等著作，均记录了生物与生物、生物与环境之间的相互作用关系，可视为生态学的萌芽和起始。这一时期以古代思想家、哲学家、博物学家、农学家、文学家朦胧而朴素的生态学意识为特点。

2.2.2 形成期

这一阶段大约从15世纪延续至20世纪40年代，是生态学建立、生态学理论逐渐形成、生物种群和群落研究由定性描述走向定量观测、生态学实验方法迅猛发展的辉煌时期。16世纪欧洲文艺复兴时期后，各个学科领域的学者和科学家们为生态学的诞生做了大量的工作。英国著名物理学家和化学家罗伯特·波义耳（Robert Boyle）认为物质由微粒构成，进行了许多开拓性的实验，1661年提出化学元素的概念，标志着近代化学的诞生；1670年发布了低压对动物特征的影响结果，标志着动物生理生态学的开端，被推许为第一位现代化学家。不同领域的科学家们通过探险和勘察，逐步积累了相当数量的宏观生态学资料。法国科学院前院长、化学家、物理学家、博物学家雷内·安东尼·费尔肖尔特·德·雷奥米尔（René-Antoine Ferchault de Réaumur，1683—1757年）对昆虫颇具研究，尤其以六卷本的《昆虫史记》（Mémoires pour servir à l'histoire des insectes. Volume I ~ VI，1734—1742年）最为著名，记载了许多昆虫生态学资料和开创性工作。雷奥米尔对活体昆虫（如蝉）进行了细致、敏锐的观察，重视高级分类单位（而不是种的烦琐描述），认识到自然类别的划分不取决于单一鉴别性状，对昆虫分类学作出了重要贡献。雷奥米尔发现了昆虫发育的积温常数，对于某一物种，发育期间的气温总和在任一物候期都是一个常数，由此提出积温（accumulated temperature）概念，被视为研究积温与昆虫发育生理的先驱。雷奥米尔还提出了列氏温标（Réaumur temperature scale），并将珊瑚确定为一种动物。

到 1600 年，人们已经知晓了 6000 多种植物；在此之后的 100 年间，又有约 12 000 个新种被植物学家发现。进入 18 世纪，随着工业与科技革命的兴起，关于生物物种的科学分类变得尤为迫切。瑞典博物学家、自然学家、生物学家、植物学家、动物学家、冒险家、乌普萨拉大学（Uppsala University）教授卡尔·冯·林奈（Carl von Linné；也称卡尔·林奈乌斯，Carl Linnaeus；卡罗鲁斯·林奈乌斯，Carolus Linnaeus；1707—1778 年），身处欧洲的大航海时代，收集到大量的植物、动物和化石等标本，是这一科学发展新时期的一位杰出的代表。林奈首先构想出生物属种的定义原则和分类方法，并发明了统一的生物命名系统——双名法（binomial nomenclature），被各国生物学家所接受。林奈出版了一系列重要的著作，包括 1735 年的《自然系统》（*Systema Naturae*）、1736 年的《植物学基础》（*Fundanenta Botanica*）、1737 年的《植物属志》（*Genera Plantarum*）、1737 年的《植物命名规则》（*Critica Botanica*）、1751 年的《植物哲学》（*Philosophica Botanica*）、1753 年的《植物种志》（*Species Plantarum*）等，把物候学、植物学、动物学、地理学、生态学、环境学、分类学知识和观点加以融合，综合描述外界环境条件对不同生物类群的影响。林奈的工作有力地促进了植物学的发展，他是近代生物学特别是植物分类学（taxonomy）的奠基人、18 世纪最杰出的科学家之一。1798 年，英国政治经济学家、人口学家、统计学家、近代人口学的主要创建者之一托马斯·罗伯特·马尔萨斯（Thomas Robert Malthus，1766—1833 年）发表了《人口原理》（*Principle of Population*），该部著作在他有生之年出版过 6 次，系统地阐述了对人口增长与食物关系的看法。马尔萨斯的人口理论认为，人口有几何增长（指数增长，geometric growth）的趋势，而食物供应等生存和生活资料只有算术增长（线性增长，arithmetic growth）的趋势，因此存在粮食生产与人口总量之间的限制关系，无限制的人口增长会超过有限的资源供给，从而导致饥饿、贫困与犯罪的发生。但是，这一论点在一定程度上忽视了科学技术和生产力进步在社会经济发展中的积极作用，对于人类的主观能动性和自我约束能力也认识不足。

德国自然科学家、植物学家、地理学家、博物学家弗里德里希·威廉·海因里希·亚历山大·冯·洪堡（Friedrich Wilhelm Heinrich Alexander von Humboldt，1769—1859 年）是 19 世纪科学界最杰出的代表人物之一和近代地理学的重要创建人。他进行了地球上不同区域的科学旅行和生物学、地理学考察，走遍了西欧、北亚、中亚和南、中、北美洲。1799—1804 年，洪堡在南美洲的温带和热带地区，对当地的部分植物及其生境进行了 5 年的连续研究，收集了大量的各类植物标本与资料。1805 年发表了《植物地理论文集》（*Essai sur la Géographie des Plantes Accompagné d'un Tableau Physique des Régions Équinoxiales*），对世界的植物分布规律做了理论上的阐述，标志着植物地理学（plant geography）的诞生，认为植物地理学是研究"从赤道到极圈、从海洋深处到永久雪线以下植物的数量、外貌和分布"，成为划时代的代表性著作。1808—1827年，洪堡与法国学者埃梅·邦普兰（Aimé Bonpland）花费了近20年时间，出版了30卷本的宏著《新大陆热带地区旅行记》（*Relation Historique du Voyage aux Régions Équinoxiales du Nouveau Continent*），是近代地理学最为重要的著作，奠定了植物地理学的基础。1830—1848年，洪堡写成5卷本的《宇宙：物质世界概要》（*Kosmos: Entwurf Einer Physischen Weltbeschreibung*），是他描述地球自然地理的尝试。其他著作还有《中央亚细亚》（*Asie Centrale: Recherches sur les Chaînes de Montagne et la Climatologie Comparée*）等。洪堡较为系统地分析了植物的分布、多度与当地土壤类型、气候特点之间的关系，根据景观的差异，将全世界的植被划分为16个区，推动了植物地理学这门新兴科学的建立。洪堡在科学上的一系列贡献具有显著的创造性，包括科学考察成果、科学理论创建、国际学术交流等众多的方面，涉及生物学、地理学、地质学、气象学和地球物理学等，其科学思想、著述和成就极大地促进了近代自然科学的发展，产生了全球性影响。1809年，与哥哥弗里德里希·威廉·克里斯蒂安·卡尔·费迪南德·弗赖赫尔·冯·洪堡（Friedrich Wilhelm Christian Karl Ferdinand Freiherr von Humboldt，德国著名思想家、哲学家、高等教育改革家、语言学家、外交家，1767—1835年）共同创立了柏林洪堡大学（Humboldt-Universität zu Berlin，HU Berlin），这是第一所新制的大学，确立了教学与科研融为一体的办学方式，对于欧洲乃至全世界的影响都相当深远，被誉为"现代大学之母"。柏林洪堡大学地理系是世界上第一个大学地理系，洪堡担任首届系主任。基于他人和自己实测的世界各地温度，洪堡于1817年绘制了首张全球等温线图（isothermal map），认为气候除了受到纬度的强烈影响，还与海拔（地势高低）、海陆位置、地形、风力风向、大气环流等因素相关，使得同纬度各地的气候可以相互比较，大陆气候与海洋气候的差别也能够清晰显示。洪堡于1828年组织了第一次国际科学会议。此外，洪堡还研究了气候的地带性分布、大气温度垂直递减规律、大陆东西海岸的气候差异性、海洋性与大陆性气候特征等；首次绘制了地形剖面图（terrain profiles），初步揭示了火山分布与地下裂隙之间的关系，发现地层越深温度越高的现象；根据地磁测量数据，总结出地磁强度（geomagnetic intensity）由赤道向两极递增的规律；利用海水物理性质的研究结果，通过图解法阐释洋流，并且发现了秘鲁寒流（Peru Current，洪堡寒流）；发现了美洲、欧洲、亚洲在地质上的相似性，以及植物区域分布的水平分异性和垂直分异性，得到植物形态随海拔高度而变化的结论；发现并命名了洪堡企鹅（洪氏环企鹅，*Spheniscus humboldti*）、洪堡猪鼻臭鼬（巴塔戈尼亚獾臭鼬，*Conepatus humboldtii*）、洪堡百合（*Lilium humboldtii*）、洪堡兰（*Phragmipedium humboldtii*）、南美柞树（*Quercus humboldtii*）、洪堡天竺葵（*Geranium humboldtii*）、两种热带番荔枝属植物（*Annona humboldtii*、*Annona humboldtiana*）、一种智利柳属植物（*Salix humboldtiana*）、一种小型食虫植物洪堡狸藻（*Utricularia humboldtii*）等动物和植物。

19 世纪中期到 20 世纪初期，与人类生活、健康直接相关的农业、牧业、渔业、狩猎、环境、卫生等问题，促进了农业生态学、种群生态学、野生动物学、昆虫生态学、流行病学的研究。在当时组织的远洋航行和勘察中，普遍重视对各种生物、矿产资源的观察、记录和采集，拓展了水生生物学、水域环境学和水域生态学的研究范畴。英国博物学家、生物学家、科学家、现代进化论的奠基人查尔斯·罗伯特·达尔文（Charles Robert Darwin，1809—1882 年）曾乘坐贝格尔号海军考察船（小猎犬号，H.M.S. Beagle），历经 5 年的环球航行，穿过大西洋和太平洋，到达南美洲、澳洲和非洲最南端的好望角。达尔文沿途对动植物特性和地质结构等进行了细致的观察和大量的标本采集，并详尽地记载了自己的发现。航海结束后，达尔文收集了植物、动物在栽培和家养条件下发生变异的大量证据，基于人工选择的原理，逐渐形成了自然选择的思想。1842 年，达尔文完成了《物种起源》（*On the Origin of Species*）的简要提纲，并于 1859 年在伦敦正式出版。在这部划时代的著作中，达尔文系统地阐述了生物进化与自然选择学说，认为生物进化是生物与环境相互作用和反作用的综合结果，进一步丰富了人们对生物与环境之间关系的认识，推动了生态学的深入发展。《物种起源》的完整书名为《通过自然选择或生存斗争中保全优良族群的物种起源》（*On the Origin of Species by Means of Natural Selection, or the Preservation of Favoured Races in the Struggle for Life*），汇聚了达尔文 20 余年积累的生物地理学、物候学、古生物学、育种学、胚胎学、动物行为学、形态学、生态学和分类学等众多领域的研究资料和成果，共包括 15 章。第一章：家养状况下的变异；第二章：自然条件下的变异；第三章：生存竞争；第四章：自然选择，适者生存；第五章：变异法则；第六章：自然选择学说的难点；第七章：对于自然选择学说的各种异议；第八章：本能；第九章：杂交与杂种；第十章：关于地质记录的不完整性；第十一章：关于生物的地质演化；第十二章：地理分布；第十三章：地理分布（续前）；第十四章：生物之间的亲缘关系及物种分类；第十五章：重述与结论。达尔文以自然选择和生存斗争为核心，从选择性、适应性、遗传性、合理性等方面，论证了物种起源和生物界的多样性、变异性与统一性，强调自然界中的生物物种并非一成不变的，而是从低级到高级逐渐演化的；经过漫长的自然选择，看起来微不足道的变异有可能累积成为显著的变异，进而形成新的物种或亚种。达尔文理论不仅对于生物学，而且对于政治学、经济学、哲学、社会学、管理学、人类学、地理学、环境学、历史学、考古学、心理学、伦理学、教育学、美学等的发展均有举足轻重的影响。德国哲学家、思想家、教育家、革命家、军事理论家、马克思主义创始人之一弗里德里希·恩格斯（Friedrich Engels，1820—1895 年）将"生物进化论"（theory of biological evolution）与"细胞学说"（cell theory）、"能量守恒与转化定律"（law of conservation and conversion of energy）列为 19 世纪自然科学的三大发现。《物种起源》开创了生物学和生态学发展史上的新纪元，将进化论思想逐渐渗透到自然科学、社会科学及人文科学的各个领域，引起了整个人类思潮的巨大变革，摧毁了各种唯心的神造论和物种不变论，在世界历史进程中有着广泛和深远的影响，对人类社会的进步具有杰出的贡献。

比利时数学家、人口学家、统计学家、物理学家、气象学家、天文学家、社会学家、诗人、戏剧家、现代统计学之父、数理统计学派和社会学创始人之一朗伯·阿道夫·雅克·凯特勒（Lambert Adolphe Jacques Quetelet，1796—1874 年）在研究人口动态、社会制度时，意识到地球上的资源是有限的，世界人口不可能一直按照指数增长进行下去，于是他让自己的学生皮埃尔·弗朗索瓦·维尔赫斯特（Pierre-François Verhulst，1804—1849 年）去关注一下这个问题。凯特勒是比利时皇家天文台（Planetarium of the Royal Observatory of Belgium）的创建者，今天仍在使用的"体重指数"（body mass index，BMI）的发明者，他的概率统计方法既可用于社会领域（人口、领土、政治、农业、工业、商业、道德等），也可用于自然领域（天文、气象、地理、动物、植物等），几乎适用于任何事物的数量研究，对后来统计学的发展具有重大意义。维尔赫斯特是比利时皇家科学院院士和前主席、社会学家、数学家、生物学家、人口学家、医生，他把数学分析方法和环境最大容量常数 Xmax 引入生态学，表示自然资源和环境条件下所能容许的最大人口数量，1838 年与老师凯特勒一起，对比利时、法国、俄罗斯 1833 年以前的人口数据进行拟合，首次提出著名的逻辑斯蒂方程（logistic equation）和逻辑斯谛增长曲线（logistic growth curve），用以刻画人口增长速度与人口密度之间的相关关系。1845 年，维尔赫斯特在论文中正式命名 logistic 函数，并说明了该函数的一些性质和变化阶段（包括开始期、加速期、转折期、减速期和饱和期等）。作为最著名的生态学模型之一，逻辑斯谛模型自问世以来，由于能够近似地反映生物种群的增长过程，因此常常作为种群数量动态研究的理论基础，其应用从人口增长分析扩展到生态学、生物学、环境科学、医学、经济学、社会学、管理学、金融学等众多领域。美国生态主义哲学家、历史学家、自然主义者、社会批评家、作家、诗人、超验主义（transcendentalism）代表人物亨利·戴维·梭罗（Henry David Thoreau，1817—1862 年）很早就倡导人与自然和谐共处，在其 1854 年出版的著作《瓦尔登湖》中，阐述了环境史和生态学的研究方法和发现，奠定了现代环境保护主义。1860 年，梭罗在《森林的演替》（*The Succession of Forest Trees*）一文中，从科学的观点阐述了生态演替是如何进行的，认为气象（风、雨等）和动物对植物种子的搬运起到了重要作用，较轻的种子（如松树、枫树的种子）主要通过风和雨水搬运，而较重的种子（如橡树的种子）主要通过动物搬运。例如，通过松鼠对橡子的搬运，使松树被砍伐后橡树得以取而代之，而后地下的松子又可使松树取代橡树。

1866 年，德国生物学家海克尔首次提出"生态学"这一术语，并定义为"研究动物与其有机、无机环境之间相互关系，尤其是动物与其他生物之间有利和有害关系的科学"。德国动物学家卡尔·奥古斯特·莫比乌斯（Karl August Möbius，1825—1908 年）发现海底的牡蛎种群总是以一定的规律与其他动物生长在一起，于 1877 年将这一有机整体称为生物群落（biocoenose），即响应共同的物理气候而形成的独特的生物集群，可包含多种生物环境。1890 年，美国人类学家、动物学家、博物学家、科学家、美国国家地理学会（National Geographic Society）创始人克林顿·哈特·梅里安（Clinton Hart Merriam，1855—1942 年）提出了"生命带"（life zone）学说。19 世纪后期，植物群落学开始以统计学原理和方法为基础，逐步进入定量研究阶段。1895 年，丹麦哥本哈根大学（University of Copenhagen）的植物学家、教育家、国际植被学会（International Association of Vegetation Science，IAVS）1913 年届主席、英国皇家学会（全称"伦敦皇家自然知识促进学会"，The Royal Society）和丹麦植物学会（Danish Botanical Society）荣誉会员约翰内斯·尤金纽斯·布洛·瓦尔明（Johannes Eugenius Bülow Warming，1841—1924 年）出版了《以生态地理为基础的植物分布》（*Plantesamfund - Grundtræk af den økologiske Plantegeografi*，简称《植物分布学》），凝集了他一生中最重要的科学成就，使其成为现代生态学的创立人之一。该书 1909 年出版英译本时，改写为《植物生态学：植物群落研究导论》（*Oecology of Plants：An Introduction to the Study of Plant Communities*），被认为是植物生态学领域的第一本教科书，对瓦尔明的同代人和后来者产生了深远的影响。1880 年，德国波恩大学（University of Bonn）的植物学家安德烈亚斯·弗朗茨·威廉·席姆佩尔（Andreas Franz Wilhelm Schimper，1856—1901 年）证实淀粉既是光合作用的产物，又是植物贮存能量的来源；1881 年证明淀粉在植物细胞的特定实体中形成；1883 年把这些实体命名为叶绿体，同年还证明新的叶绿体仅由已存的叶绿体分裂产生。他广泛游历了巴西、爪哇、东非和加那利群岛（Islas Canarias）等地，对热带植物进行了重点考察。席姆佩尔是最早把大陆划分为若干植物区的科学家之一，1898 年和 1903 年分别出版了《以生理学为基础的植物地理学》（简称《植物地理学》）的德文版（*Pflanzen-Geographie auf Physiologischer Grundlage*）和英文版（*Plant-Geography upon a Physiological Basis*），从气候学和生理学方面对世界植被作了系统阐述，讨论了植物生长发育的影响因素，提出了世界植被的分类方法，描述了植物向新地区传播的途径以及植物分布区域的稳定性等。瓦尔明的《植物生态学》与席姆佩尔的《植物地理学》这两部划时代著作，全面总结了 19 世纪末期以前植物生态学的研究成果，系统整理了可以归为生态学领域的知识，标志着植物生态学已作为生物学的一个独立分支而诞生，生态学成为一门现代科学也肇始于此。

1896 年，瑞士植物学家卡尔·斯洛德（Carl Schröter，1855—1939 年）创立了个体生态学（autoecology）和群体生态学（synecology）两个重要的生态学概念，1902 年提出了群落生态学（community ecology）概念。19 世纪末，美国芝加哥大学（University of Chicago）的植物学家、生态学家、自然学家和教育家亨利·钱德勒·考尔斯（Henry Chandler Cowles，1869—1939 年）研究了北美洲五大湖之一密歇根湖（Lake Michigan）岸边沙丘植被的发展过程，提出了单元顶极说（monoclimax theory），进一步丰富了演替的概念，体现了原生演替及其序列（在特定环境下一系列可重复的群落变化）的思想。1907 年，美国化学家、人口学家、生态学家和数学家阿尔弗雷德·詹姆斯·洛特卡（Alfred James Lotka，1880—1949 年）在《科学》（Science）上发表论文，使用数学方法系统地分析了出生率与死亡率之间的关系。1907 年，美国著名植物生态学家、植被演替研究的先驱者弗雷德里克·爱德华·克莱门茨（Frederic Edward Clements，1874—1945 年）出版了《植物生理学与生态学》（Plant Physiology and Ecology）。1908 年，先后在美国加利福尼亚大学、加拿大多伦多大学、澳大利亚阿德莱德大学工作的动物学家、生理学家、营养学家索伯恩·布拉斯福德·罗伯逊（Thorburn Brailsford Robertson，1884—1930 年）与出生于拉脱维亚的德国籍物理化学家、物理化学的创始人之一、1909 年诺贝尔化学奖获得者、德国莱比锡大学的弗里德里希·威廉·奥斯特瓦尔德（Friedrich Wilhelm Ostwald，1853—1932 年）分别发现，生物个体的发育非常符合化学反应速度的单分子自催化（monomolecular autocatalysis）表示式，与逻辑斯谛曲线（S 形曲线）几乎完全一样，因此逻辑斯谛曲线也被广泛地用作表示个体质量和大小的生长公式（growth formula），从开始到曲线转折点生长最为旺盛，此后则逐渐减退，但比生长率（specific growth rate）可随生物体体积的增加而降低。1916 年，弗雷德里克·爱德华·克莱门茨出版了《植物演替：关于植被发育的分析》（Plant Succession：An Analysis of the Development of Vegetation），认为演替是群落生态学的重要研究内容，在自然状态下，演替总是向前发展的。1890—1920 年，虽然在个体、种群和群落层次开展了许多有益的研究工作，但总体上基本处于定性描述水平，尚缺乏对生态现象、过程及机制的揭示。

20 世纪 20—50 年代，生态学得到了迅猛的发展，相继出现了一些重要的生态学著作和教材，阐释了有关的基本概念、思想和理论（如食物链、食物网、生态位、营养级、生物量、生产力、生态演替、生态效率、生态金字塔、生态系统等），介绍了常用的研究方法。生态学已成为具有特定研究对象、研究内容、研究手段和理论体系的独立学科，研究重点开始由定性描述转为定量分析。美国生物学家雷蒙德·佩尔（Raymond Pearl，1879—1940 年）是生物统计学的主要倡导者之一，创建了《人类生物学》期刊，师从英国著名统计学家、数学家卡尔·皮尔逊（Karl Pearson，1857—1936 年）学习统计学，在此期间佩尔意识到，可以采用统计学方法解决生物学、动物学和优生学方面的诸多问题。皮尔逊是数理统计学和现代统计科学的主要创立者，统计分析中常用的拟合优度检验（卡方检验，chi-square test）就是由他提出来的，对生物统计学、气象学、社会达尔文主义理论和优生学作出了重大贡献。第一次世界大战期间（1917—1919 年），佩尔是美国食品管理局统计学部的负责人，正是这段时期的工作经历，使得佩尔对于人口增长和粮食需求问题格外关注。1920 年，佩尔与其同事、美国统计学家、约翰·霍普金斯大学第七任校长罗威尔·里德（Lowell Reed，1886—1966 年）在研究美国人口增长时，发现使用"S"型曲线可以很好地拟合美国 1790—1910 年的人口数据，得到了与逻辑斯蒂方程同样的公式，发表了《关于美国自 1790 年以来的人口增长率及其数学表达式》。佩尔和里德对逻辑斯谛方程的再发现，进一步确立了该方程是描述种群数量变化的最基本方程，推动了种群动态研究的进展。除了在人口估计和预测方面的应用，佩尔与里德还将 Logistic 曲线应用于其他生物的种群数量增长研究中，包括黄果蝇、哈密瓜、北非法属殖民地的人口变化等。1929 年，里德与美国生物统计学家约瑟夫·伯克森（Joseph Berkson，1899—1982 年）合作，将 Logistic 曲线应用到化学领域的自催化反应中。1939 年，里德与生物统计学家马格里特·梅里尔（Margaret Merrell）合作，提出了生命表（life table）的建立方法。20 世纪 20 年代，阿尔弗雷德·詹姆斯·洛特卡和意大利生物数学家、物理学家维托·沃尔泰拉（Vito Volterra，1860—1940 年）分别对 logistic 模型进行了延伸，提出了描述 2 个种群之间相互作用的 Lotka-Volterra 方程，奠定了种间竞争关系的理论基础，对现代生态学理论的发展具有重大影响。Lotka1925 年的著作《物理生物学基础》（*Elements of Physical Biology*）在 1956 年再版时，更名为《数学生物学基础》（*Elements of Mathematical Biology*）。

这一时期，动物生态学取得了一些重要的发现和进展。英国生态学家、动物生态学奠基人查尔斯·萨瑟兰·埃尔顿（Charles Sutherland Elton，1900—1991 年）在其著作《动物生态学》（*Animal Ecology*）和《动物生态学与进化》（*Animal Ecology and Evolution*）中，提出并发展了食物链、数量金字塔、生态位等非常有意义的概念，标志着动物生态学学科的建立。1929 年，美国动物学家和生态学家、美国生态学会第一任主席维克多·欧内斯特·谢尔福德（Victor Ernest Shelford，1877—1968 年）出版了《实验室和野外生态学》（*Laboratory and Field Ecology*）。1925—1939 年，美国明尼苏达大学的生态学家罗亚尔·诺顿·查普曼（Royal Norton Chapman，1889—1939 年）发表了动物生态学方面的多篇重要论文，并于 1931 年出版了以昆虫为重点的《动物生态学》。英国生态学家阿瑟·乔治·坦斯利爵士（Sir Arthur George Tansley，1871—1955 年）受到丹麦植物学家瓦尔明生态学思想的影响，对生态系统的结构和组分进行了细致的观察和深入的思考，于 1935 年首次提出"生态系统"（ecosystem）的概念，认为生态系统是一个复合体和统一体，既包括生物因子，又涉及形成并维持环境的所有非生物因子；不同类型的生态系统是自然界的基本组成单位，规模和性质各异。1937 年，我国生物学教育家、水产科学家、鱼类学家费鸿年（1900—1993 年）出版了《动物生态学纲要》，这是我国第一部动物生态学著作。1938 年，以色列动物学家、昆虫学家、生态学家弗里德里希·西蒙·博登海默（Friedrich Simon Bodenheimer，1897—1959 年）出版了《动物生态学问题》（*Problems of Animal Ecology*）。1939 年，弗雷德里克·爱德华·克莱门茨与维克多·欧内斯特·谢尔福德合作出版了《生物生态学》（*Bio-ecology*）。1942 年，美国耶鲁大学（Yale University）生态学家雷蒙德·劳雷尔·林德曼（Raymond Laurel Lindeman，1871—1955 年）对一个结构相对简单的天然湖泊——赛达伯格湖（Cedar Bog）的能量流动进行了定量分析，得出了生态系统能量流动的特点，提出了生态系统物质生产率的渐减法则。

植物生态学着重在植物群落生态学方面取得了很大的发展，演替动态（succession dynamic）、顶极群落（climax）、生物群落类型（biome）、植被连续性（vegetational continuum）和排序（ordination）等一系列概念的提出，对生态学理论的深化和发展起到重要的促进作用。由于各个地域的自然环境条件、植物区系和植被性质等存在巨大的差异，在指导思想、认识水平和工作方法上也各有不同，因此在世界范围内形成了几个主要的研究学派或中心。

（1）英美学派（British-American School）：重视群落与环境的关系，尤其强调群落演替的研究，以群落动态、数量生态为主导思想和分类原则，将成熟群落与未成熟群落分开，建成两个平行的分类系统，高级单位以动态特征为依据，群丛及其以下单位以优势种为依据，代表人物是美国生态学家弗雷德里克·爱德华·克莱门茨和英国生态学家阿瑟·乔治·坦斯利。弗雷德里克·爱德华·克莱门茨提出了整体论的观点（holistic concept）和顶极群落的概念，把植物群落视为一个整体，类似于一个有机体，称为超有机体（superorganism），包括诞生、生长、成熟和死亡阶段；所有生境的植物群落最终都可能演替为与所在气候类型相一致的顶极群落，即单元顶极群落（monoclimax）。弗雷德里克·爱德华·克莱门茨将演替描述为 6 个基本过程和作用机制：裸化，演替起始于裸地（可能由扰动引起）的发展；迁移，植物繁殖体的到达；定居，建群种和植被的初期生长；竞争，当植被开始建立、生长和扩张时，各个物种为空间、光照和营养竞争，导致一种植物被另一种植物所取代；反应，植物的生长和死亡影响栖息地环境，反过来又影响资源的可利用性；稳定，各种相互作用最终导致顶极群落的出现。弗雷德里克·爱德华·克莱门茨被称为植物群落演替理论的奠基人，他的演替理论对后来的生态学思想产生了巨大的影响，被认为是经典生态学理论之一。1929 年，弗雷德里克·爱德华·克莱门茨与美国内布拉斯加大学（University of Nebraska）的生态学家约翰·恩斯特·韦弗（John Ernst Weaver，1884—1966 年）合作出版了《植物生态学》（*Plant Ecology*）。以阿瑟·乔治·坦斯利为代表的英国植物群落学研究接受弗雷德里克·爱德华·克莱门茨的整体论和顶级群落观点，认为该观点为植物生态学研究提供了不可替代的理论基础；但在对群落的认识和分类方面却有着明显的区别，认为弗雷德里克·爱德华·克莱门茨的有机体思想过于假设性，提出了多元顶级群落（polyclimax）和"拟有机体论"（quasi-organism）的见解，后来发展成为生态系统概念。《实用植物生态学》（*Practical Plant Ecology*）、《英伦三岛及其植被》（*The British Islands and Their Vegetation*）、《植物生态学概论》（*Introduction to Plant Ecology*）等一系列重要的著作，体现了阿瑟·乔治·坦斯利的学术思想。与弗雷德里克·爱德华·克莱门茨的观点相反，另一位美国植物生态学家亨利·艾伦·格里森（Henry Allan Gleason，1882—1975 年）提出了群落的个体论观点（individualistic concept），强调偶然性和随机性对群落形成和维持的重要性，认为群落的发生及存在依赖于特定的环境，而各种环境因子则在时间和空间上不断发生变化，因此群落的分布是连续的，群落之间不存在边界，难以进行群落分类。个体论观点长期没有得到生态学家的重视，直到享誉国际的杰出生态学家罗伯特·哈丁·惠特克（Robert Harding Whittaker，1920—1980 年）发表"环境梯度理论"（environmental gradient theory）之后，才得到广泛的支持。根据"环境梯度理论"，每个物种都有其各自的分布范围，沿环境梯度连续分布，没有两个物种的分布范围完全相同。罗伯特·哈丁·惠特克在多元顶极学说的基础上提出了"顶级 – 格局假说"（climax-pattern hypothesis），认为随着环境梯度的变化，不同类型的顶极群落也会连续变化，相互之间难以真正进行划分，而是趋于形成顶极群落连续分布的格局，并建议使用可定义的优势顶级群落（prevailing climax），即占据最大区域的植被类型取代气候顶级（Whittaker，1953）。

（2）法 – 瑞学派（French-Swiss School）：由植物地理学发展而来，最早的研究开始于阿尔卑斯山，是世界上地植物学的主流学派之一。当时，法国和瑞士的学者对于植被的研究有着共同的看法，认为首先应该把自然界的植物群落及其代表种确定下来，然后编制植被图。以法国的蒙彼利埃大学和瑞士的苏黎世大学为双中心，两国学者开展了系统的植物群落研究。该学派重视植物群落调查和分析方法，注重群落生态外貌，致力于植物群落分类的研究。以植物区系和种类成分为基础，以区别种和特征种（后来用种组）为标准定名群落，以群丛为基本分类单位，形成了一套完整的独特理论和研究方法，建立了较为严格的等级分类系统，而特征种就是该学派研究植被分类的中心环节。20 世纪初期植物群落学在西欧发展很快，法 – 瑞学派的观点在整个欧洲传播很广，对美洲的影响也很大，日本、印度、非洲和南美洲也有不少学者属于这个学派。法 –

瑞学派也称为植物社会学学派（Phytosociological School）、苏黎世 – 蒙彼利埃学派（Zürich-Montpellier School），代表人物是法国植物学家、生态学家、"地中海和高山地植物学国际研究站"（法文：Station Internationale de Géobotanique Mediterranéenne et Alpine；英文：International Station for Mediterranean and Alpine Geobotany）的创立者约西亚斯·布劳恩·布兰奎特（Josias Braun-Blanquet，1884—1980 年），著有《植物社会学：植物群落研究》（*Plant Sociology*：*The Study of Plant Communities*），被认为是现代植物社会学的主要著作；瑞士植物学家、系谱学家、"鲁贝尔地植物学研究所"（德文：Geobotanische Forschungsinstitut Rübel；英文：Rübel Geobotanical Research Institute）的创立者爱德华·奥古斯特·鲁贝尔（Eduard August Rübel，1876—1960 年），著有《生态学、植物地理学与地植物学》。法 – 瑞学派开发的植被制图方法至今仍广泛应用。

（3）北欧学派（Uppsala School）：以注重森林群落与土壤 pH 之间的关系、群落结构分析为主要特点，1935 年后与法 – 瑞学派合流，统称西欧学派或大陆学派，但仍保持植物群落的细致分类。该学派以瑞典的乌普萨拉大学（Uppsala University）为中心，代表人物为瑞典植物学家、地衣学家古斯塔夫·埃纳尔·杜·里茨（Gustaf Einar Du Rietz，1895—1967 年），重要著述有《近代社会学方法论基础》《作为植物地理学家的林奈》等。

（4）苏联学派（Russian School）：以建群种定名群丛，重视群落 – 土壤的关联和制图工作，建立了植被等级的分类系统，完成了全苏植被图。该学派认为植物群落是在一定地段上形成的植物组合，具有均匀的种类组成和关联度，在植物与植物之间、植物与环境之间存在一定的相互作用。我国学者完成的中国植被和植被图，主要也是根据苏联学派的观点。苏联学派的代表人物是苏联植物学家、林学家、地理学家弗拉基米尔·尼古拉耶维奇·苏卡乔夫（俄文：Владимир Николаевич Сукачёв；英文：Vladimir Nikolayevich Sukachev，1880—1967 年），他是苏联科学院院士、全俄植物学会的创始人之一，并从 1946 年起任学会主席，1964 年起任名誉主席。苏卡乔夫著有《植物群落学》（1908）、《生物地理群落学与植物群落学》（1945）、《生物地理群落学的理论基础》（1947）、《林型研究方法指南》（1957）等，探讨了植物群落的特性、群落与环境之间的相互关系及其结构、演替、分类，认为森林的自然分类须反映群落的实质，植物群落研究不能忽略动物区系，而群落的本质特征是植物与植物之间、植物与环境之间相互关系的反映，应根据植物群落的结构和发育特征划分林型；提出以生物地理学的观点研究林型学，可用育种办法优化森林组成，对生物学、树木学、草甸学、沼泽学、植物群落学、植物地理学、森林经营学、古植物学、地理景观学、植被史等若干理论问题的探讨卓有成效，是生物地理群落学的创始人和植物群落学的奠基人之一。

在这个时期内，动物生态学和植物生态学分别取得了较大的发展，有的学者将该阶段称为动物生态学与植物生态学并行发展的阶段。直到生态系统概念的提出，才出现根本性的变化。

2.2.3　发展期

这一阶段从 20 世纪 50 年代至今。20 世纪 50 年代以来，人类的科学、技术和经济获得了前所未有的飞速发展，既给人类带来了快乐、福祉和进步，同时也引起了人口、资源、能源、环境和气候变化等与人类生存息息相关的全球性问题。生态学与其他学科相互渗透、相互交叉、相互促进，获得了重大的发展。

1. 整体观突出

植物生态学、动物生态学由平行发展走向整体和统一，生态系统水平成为研究的主流。生态学一方面与行为学、生理学、生物化学、遗传学、进化论等生物学分支相结合，不断产生新的研究领域，如生理生态学、遗传生态学、行为生态学等；另一方面与化学、数学、物理学、环境科学、地理学等自然科学相融合，形成了一系列边缘学科，如数学生态学、环境生态学、化学生态学、地理生态学等；甚至超越自然科学界限，与社会学、经济学、心理学、管理学、教育学、伦理学、法学、城市科学等相结合。生态学理论体系初步建立，并成为自然科学与社会科学交织和联结的一个桥梁。在系统论、系统工程、系统分析、系统科学和计算机科学的支持下，生态系统研究获得了更多的方法和路线，逐步拥有了复杂系统和海量数据的处理能力，并形成了系统生态学。生态系统生态学在现代生态学体系中占据了突出地位。尤金·普莱森斯·奥德姆（Eugene Pleasants Odum）的《生态学基础》（*Fundamentals of Ecology*）一共出版过 5 版，先后被翻译成 20 种语言，其中的生态学思想得以广泛传播，对生态学的教学和研究产生了重大影响。1997 年，他出版了另一部著作《生态学——科学与社会之间的桥梁》；2017 年，该书的中译本由高等教育出版社出版。尤金·普莱森斯·奥德姆是 20 世纪生态学界最有影响力的科学家之一，与英国科学家乔治·伊夫林·哈钦森（George Evelyn Hutchinson，1903—1991 年）等被尊称为"现代生态学之父"。

尤金·普莱森斯·奥德姆的胞弟、美国著名生态学家和系统理论家霍华德·托马斯·奥德姆（Howard Thomas Odum，1924—2002 年）提出了"能值"（emergy）的概念，创立了能值理论与方法，可应用于自然保护区管理、生态经济系统能值评价、农业生态系统、城市生态系统、环境与资源、废水处理、生态工程和工业系统能值评价等多个领域；开发了独特的"能量符号语言"（energy symbol language），以箭头指向代表系统中能量流动的方向，被有效用于能流的定量计算和模拟仿真，被称为"系统生态学"之父。霍华德·托马斯·奥德姆年轻时曾在耶鲁大学跟随传奇生态学家乔治·伊夫林·哈钦森研究生物地球化学，在系统生态学和能值理论的基础上，进一步拓展了阿尔弗雷德·詹姆斯·洛特卡的"最大能流原则"（the principle of maximum energy flux），认为所有自组织系统（self-organizing systems）都倾向于发展最大能值功率，那些最大限度利用外界资源、具有最大能值功率的系统能够在自然竞争和选择中胜出，即"最大能值功率原则"（the principle of maximum emergy power），被认为是控制系统自组织发展的基本规律，也是能值理论和分析方法的基础。但是，仅仅依靠人工观察和测量，难以获得关于生态系统自组织发展过程的全面和长期动态数据，尤其是对于一些具有复杂物质流和能量流的自然生态系统，尚缺乏足够的实验证据验证这一原理。乔治·伊夫林·哈钦森从营养动态概念着手，深化了生态系统能流和能量收支的研究。英国学者约翰·德里克·奥文顿（John Derrick Ovington）考察了一个人工栽培松林（苏格兰松；欧洲赤松，英文名：Scotch pine，拉丁文学名：*Pinus sylvestris*）的能量流动过程，主要是研究这片松林从栽种后的第 17 ~ 35 年这18 年间的能流情况。结果表明，在这个森林生态系统所固定的能量中，相当大一部分沿着碎屑食物链流动，表现为倒木、枯枝落叶和腐殖质由分解者所分解（占净初级生产量的 38%）；还有一部分经人类砍伐后，以木材的形式移出了松林（占净初级生产量的 24%）；而沿着捕食食物链流动的能量比例极小。可见，动物在森林生态系统能量流动中所起的作用微乎其微。在森林生态系统中，树根是净生产量的重要组成部分，因此在研究能量流动时不能忽视地下部分。苏联学者罗丁（Rodin）、巴齐列维奇（Bazilevich）和雷米佐夫（Remezov）等相继研究了森林生态系统中营养物质循环、结构与功能之间的相互作用及调节机制等。雷米佐夫把森林生态系统养分循环分为外部的地球化学循环和内部的生物循环 2 个部分。1974 年，德国学者克劳斯·斯特恩（Klaus Stern）与劳伦斯·罗奇（Laurence Roche）合作出版了《森林生态系统遗传学》（*Genetics of Forest Ecosystems*），把遗传学的思想和方法引入森林生态系统研究，阐述了森林生态系统的遗传、变异、演化以及对环境的适应对策等。1984 年，该著作的中译本由中国林业出版社出版。

美国著名生态学家弗雷德里克·赫伯特·鲍尔曼（Frederick Herbert Bormann，1922—2012 年）与吉恩·林肯斯（Gene Likens）在 Hubbard Brook 北方阔叶林进行了野外定位观测和砍伐试验，从森林的皆伐迹地开始，一直记录到接近顶级的成熟群落。根据次生林不同时期（积累期、过渡期、稳定期）的观测数据，建立了一个森林生态系统生物量积累模型；在合作出版的著作《森林生态系统的格局与过程》（*Pattern and Process in a Forested Ecosystem*）、《森林生态系统的生物地球化学》（*Biogeochemistry of a Forested Ecosystem*）中，系统地阐述了北方针叶林生态系统的结构、功能和发展。1985 年，《森林生态系统的格局与过程》的中译本由科学出版社出版。弗雷德里克·赫伯特·鲍尔曼曾就职于耶鲁大学、美国生态系统研究所，是美国国家科学院院士、美国艺术与科学学院院士、美国生态学会主席（1970—1971

年）。吉恩·林肯斯曾就职于康奈尔大学，是当今最富有成就的生态学家之一、美国著名长期生态研究基地 "The Hubbard Brook Ecosystem Study" 和美国生态系统研究所的创始人之一、美国生态学会 1981—1982 年主席，是美国国家科学院、瑞典皇家科学院、奥地利国家科学院等多个国家的科学院院士。他开创了流域生态系统的研究理论与方法，出版了一系列重要著作，如《河流生态系统生态学》（*River Ecosystem Ecology*）、《湖泊生态系统生态学：全球视角》（*Lake Ecosystem Ecology*：*A Global Perspective*）、《内陆水域的浮游生物》（*Plankton of Inland Waters*）等；他与弗雷德里克·赫伯特·鲍尔曼共同在北美发现酸雨，是酸雨研究的创始人，揭示了酸雨对全球水生生态系统多样性以及森林演替过程的影响机理。鉴于在生态学研究中做出的杰出贡献，吉恩·林肯斯获得了多项国家级以及专业领域中的最高级别奖；1993 年，与弗雷德里克·赫伯特·鲍尔曼同时获得泰勒环境成就奖。

1978 年，英国数学家、世界森林和环境科学领域的权威统计学家约翰·杰弗斯（John Jeffers，1926—2011 年）出版了著作《系统分析导论：在生态学上的应用》（*An Introduction to Systems Analysis*：*With Ecological Applications*），阐述了系统分析方法在生态系统研究中的应用，促进了系统生态学的发展，使生态系统研究在技术和方法上有了新的突破。1983 年，该书的中译本《系统分析及其在生态学上的应用》由科学出版社出版。1979 年，美国国家橡树岭实验室（Oak Ridge National Laboratory）的赫尔曼·舒加特（Herman Shugart）博士和罗伯特·奥尼尔（Robert O'Neill）博士出版了《系统生态学》（*Systems Ecology*）一书，包括三大部分（系统生态学的历史来源、系统生态学的主要进展、系统生态学的现代方向）、27 篇专论（生理生态学模型的建立、放射性同位素理论的发展等）。虽然数学分析早已在生态学研究中长期应用，但是系统生态学领域的论著在 20 世纪 60 年代初才正式出现。20 世纪 70 年代开始，一系列相关论文和著作的发表标志着系统生态学领域逐渐稳固地建立起来，并成为生态学的一个新分支，以数学模型应用于生态系统的动态研究为显著特征。

生态系统生态学不断产生新的概念，如功能团（同资源种团，guild）、关键种（keystone species）、级联模型（cascade model）、能量系统（energy system）、体现能（包被能，embodied energy）、能质（energy quality）、能值、能量转换率（energy transformity）等。系统生态学的发展是系统分析与生态学的相互结合，进一步拓展了生态学的方法论和理论体系，霍华德·托马斯·奥德姆甚至称其为生态学发展中的革命。美国佐治亚大学系统生态学家、海洋生态学家伯纳德·派顿（Bernard Patten）的《生态学中的系统分析和模拟》（*Systems Analysis and Simulation in Ecology*），英国理论生物学家、演化博弈论之父约翰·梅纳德·史密斯（John Maynard Smith，1920—2004 年）的《生态学模型》（*Models in Ecology*），霍华德·托马斯·奥德姆等的《系统生态学引论》（*Systems Ecology: An Introduction*）、《所有尺度的建模：系统模拟导论》

（*Modeling for All Scales: An Introduction to System Simulation*），世界著名生态模型专家、丹麦生态学家、国际湖泊环境委员会（International Lake Environmental Committee）前主席、著名国际期刊《生态建模》（*Ecological Modelling*）前主编斯文·埃里克·约根森（Sven Erik Jørgensen，1934—2016 年）等的《生态建模在环境管理中的应用》（*Application of Ecological Modelling in Environmental Management*）、《生态建模原理》（*Fundamentals of Ecological Modelling*）、《复合生态学：生态系统中部分与整体的关系》（*Complex Ecology: The Part-Whole Relation in Ecosystems*）、《生态建模与信息学指南》（*Handbook of Ecological Modelling and Informatics*）、《生态建模原理：在环境管理和研究中的应用》（*Fundamentals of Ecological Modelling: Applications in Environmental Management and Research*）、《湖泊和湿地中的生态建模与工程》（*Ecological Modelling and Engineering of Lakes And Wetlands*）等专著的出版，有力地推动了当代生态学的发展。

2. 层次性明显

传统的生态学研究主要集中在个体、种群、群落和生态系统等水平，现代生态学研究逐渐向微观和宏观方向扩展，从生物大分子、细胞，到景观、区域、生物圈或全球，研究内容包括种群遗传学、进化遗传学、行为生态学、自然环境中的遗传交换和遗传分化、生理生态适应策略、环境条件的基因表达效应等，层次性和多样性更加突出。美国康奈尔大学生物学家罗伯特·哈丁·惠特克（Robert Harding Whittaker）依据生物的细胞构造及其获取营养的方式，将生物分为 5 个界：原核生物界（Monera）、原生生物界（Protista）、植物界（Plantae）、真菌界（Fungi）和动物界（Animalia）。其中的原生生物界包括所有真核的单细胞生物和无典型分化的多细胞生物，他认为此类生物处于进化的低级阶段，彼此没有明确的界限，可置于同一个界中。五界系统（five-kingdom system）根据复杂性的递增排列生命层次：原核单细胞生物（原核生物界）、真核单细胞生物（原生生物界）、真核多细胞生物（植物界、真菌界和动物界）。随着生命演化层次的上升，生物的多样性、结构及功能的复杂性增加，发生变异的机会增多。植物（生产者）、动物（消费者）和真菌（分解者）代表了生物圈 3 种典型的生存方式。英国生物学家、植物生态学家约翰·兰德·哈珀（John Lander Harper，1925—2009 年）曾就职于牛津大学、北威尔士大学和伦敦南岸大学，是英国生态学会前主席（1967 年）、欧洲进化生物学学会（European Society for Evolutionary Biology）前主席（1993—1995 年）。哈珀领导的团队在动物种群生态学已有理论的基础上，进一步发展了植物种群生态学的基本原理和研究方法，提出了植物种群的构件（module）结构理论，将植物种群生态学的研究对象从单一的个体集合种群拓展为 2 个不同层次的种群，即单体生物（unitary organism）水平的种群和群落水平的种群，前者也称为构件植物种群（modular plant population）。1977 年，哈珀出版了巨著《植物种群生物学》（*Population Biology of Plants*），突破了植物种群研究中的难点，为植物种群生态学理论体系和技术方法奠定了坚实的基础，使相对独立发展的动物种群生态学与植物种群生态学交叉融合，成为植物生态学划时代的标志。植物种群大小和密度存在自我适应与调控，这是 2 个水平的种群结构与环境因子相互作用、相互影响的综合表征，为深入研究植物种群生态学开拓了新的思路和途径。芬兰赫尔辛基大学和芬兰科学院（The Academy of Finland）的伊尔卡·汉斯基（Ilkka Hanski，1953—2016 年）教授是种群生态学领域的权威科学家之一。网蛱蝶（Glanville fritillary）是研究生态学和进化生物学的一种著名的模式动物物种，伊尔卡·汉斯基的研究团队率先完成了网蛱蝶的全基因组序列测定。他结合数学模型和长期的野外观测数据，模拟物种对生境丧失的适应过程，不断完善集合种群（metapopulation）的生存模型，对集合种群的理论和实验方法作出了开创性贡献，将集合种群研究拓展至更大的空间和时间尺度；发现一个物种在局域尺度上的平均多度与所占据地点的数量比例呈正相关，区域种群具有动态性和一定的随机性，显著影响局域种群的组成和多度分布；提出了“核心–卫星物种假说”（core-satellite species hypothesis），认为群落中的物种可分为数量多、密度高、分布广、作用大的核心物种（core species）和数量少、密度低、分布窄、作用小的卫星物种（satellite species），大种群的物种能够产生丰富的后代，增强扩散能力，拓展地理分布区域，降低局域灭绝率，不同局域物种的灭绝速率存在差异；使用“灭绝阈值”（extinction threshold）和“灭绝债务”（extinction debt）的新概念，推动了科学界对自然保护的重视，而且让自然保护被更为广泛的民众所熟悉和理解。在整个科学生涯中，伊尔卡·汉斯基领导的研究团队发表了数百篇高水平论文，1996 年被芬兰科学院评为“杰出研究中心”。在集合种群生态学领域内，伊尔卡·汉斯基成为国际上首屈一指的专家，担任联合国“生物多样性计划”（An International Programme of Biodiversity Science，DIVERSITAS）项目指导委员会委员、8 种国际著名生态学学术期刊的编委，兼任北京师范大学“生态学研究所”和“生物多样性与生态工程教育部重点实验室”学术委员会的名誉委员。《集合种群生态学》（*Metapopulation Ecology*）等关于集合种群的系列学术著作，是他最有影响力的工作之一，为人们理解生物多样性的维持机制提供了独特的视角，对于种群生态学、保护生物学和景观生态学的研究和实践产生了重要的国际影响。

　　尼古拉斯·廷伯根（Nikolaas Tinbergen，1907—1988 年）、康拉德·劳伦兹（Konrad Lorenz，1903—1988 年）和卡尔·里特·冯·弗里希（Karl Ritter von Frisch，1886—1982 年）3 位科学家在行为生态学（ethology）研究领域取得了令人瞩目的一系列成果，将这一重要的生态学分支推向崭新的发展阶段。尼古拉斯·廷伯根是荷兰裔的英国动物学家、行为生态学家与鸟类学家，先后在荷兰莱登大学、英国牛津大学从事动物学教学和研究工作。三棘刺鱼（Gasterosteus aculeatus）是廷伯根的主要研究对象之一。

这种小型海洋鱼类的体长一般不超过 10 cm，背鳍和腹鳍演化为长刺，鳞片特化成如骨头一样坚硬的鳞板，沿着侧线排成一列，可防止肉食性鱼类的捕食。廷伯根观察到，春季是三棘刺鱼繁殖的季节，雄鱼由青灰色变成深红色，从深水区游到浅水区，衔来水草的茎和叶、其他植物的碎屑，通过身体分泌的黏液，把它们胶黏在一起，筑成两端开口的圆形巢，然后用黏液在巢的内外反复涂抹、加固。此时雄鱼具有强烈的"领地"（territory）意识和行为，绝不允许其他雄鱼闯入，但对雌鱼的到来却不作任何攻击。雄鱼腹部有一处显眼的红色斑块，是引起雄鱼实施攻击行为的刺激条件。模拟实验结果表明，雄鱼对腹部标记红色的模型也发起攻击。由此廷伯根认为，动物往往仅对某一局部刺激或信号产生反应。这种刺激信号引起的行为模式比较固定，大多是动物与生俱来的，不会随着个体的生活差异而改变。雄鱼若遇见腹部膨胀的雌鱼，立即展现"Z"字形的求偶舞蹈；雌鱼若对此产生兴趣，就会游进雄鱼提前"建好"的巢内。雌鱼产卵后离开，雄鱼则留下来始终在巢旁守护，不许其他鱼类靠近自己的巢，而且不断地用胸鳍划动水，使巢内拥有新鲜的空气。直到小鱼孵化出来，能够独立生活后，雄鱼才放心地离开。三棘刺鱼以擅长筑巢而著称于世，被称为水下建筑大师，已成为进化适应和环境内分泌紊乱的研究模型。此外，廷伯根还在英国对海鸥的行为特性进行多年观察，后来又到欧洲、美洲、非洲和北冰洋等地区考察鸥类的活动，成为海鸟行为生态学领域声誉最高的科学家之一。廷伯根认为，动物的本能行为（instinctive behavior）是天生的、到一定阶段动物会表现的行为，如生殖行为无须学习和教导。某些动物有刻板动作，如一对鹅在交配后，公鹅要完成一套特定动作，某种刺激可以诱导此类特定动作。他提出动物行为研究主要包括 4 个方面，2 个近端原因为（proximate causes）：发育（行为如何在个体发育过程中形成）、机理（个体行为的原理）；2 个终极原因为（ultimate causes）：进化（行为与环境的协同和适应）、功能（如打架为了争抢食物或配偶）。廷伯根对三棘刺鱼求偶行为和鸥类社会行为的研究成就斐然，主要著作有《鲱鸥的世界》（*The Herring Gull's World*）、《动物行为》（*Animal Behavior*）、《本能的研究》（*The Study of Instinct*）、《动物的社会行为》（*Social Behavior in Animals*）等。康拉德·柴卡里阿斯·劳伦兹（Konrad Zacharias Lorenz, 1903—1989 年）是奥地利动物学家、动物心理学家、动物行为学家、鸟类学家，孩提时代就喜欢饲养动物，并对动物各种有趣的行为产生了极大的好奇心。劳伦兹曾在美国哥伦比亚大学学习，在奥地利维也纳大学、德国柯尼斯堡阿尔贝图斯大学和德国马克斯·普朗克国际研究学院从事研究工作。他运用比较解剖学的方法，细致地研究了 30 余种鸟类（如寒鸦，*Corvus monedula*）的幼鸟、亲鸟、性配偶及其他亲属的行为功能和诱发条件。劳伦兹深入地探讨了本能理论，提出了欲求行为（appetitive behavior）的概念，并且尝试动物的本能实验。劳伦兹研究鸟类行为的另一个重要手段是使鸟类对他本人产生"印记"（imprinting），与研究对象建立亲密的关系，便于对鸟类行为的观察。他采用这种方法先后研究了灰雁、灰腿鹅、绿头鸭和寒鸦等不同鸟类的印记行为，并分析了它们之间的差异。在灰腿鹅卵孵化后的一段时期内，如果鹅仔见到的移动物体只是劳伦兹本人，那么以后这些鹅视劳伦兹为母亲，他走到哪里，它们就跟随到哪里，甚至长大后碰见真的鹅妈妈，它们犹豫再三还是跟从了劳伦兹本人。劳伦兹能模仿灰雁鸣声，召唤小灰雁随他一起游泳，此外还研究过鸭、蛙、鹡鸰、猴和狗等多种动物的行为。劳伦兹认为，动物的行为是对环境适应的产物，印记只能在特定时期（临界期）产生，动物行为的方式是能够遗传的。他提出"印记学习"这一新的学习范式，就鸟类和人类的"印记学习"出版了一系列研究成果，如《动物与人类行为研究，第Ⅰ卷》（*Studies in Animal and Human Behaviour*. Volume Ⅰ）、《动物与人类行为研究，第Ⅱ卷》（*Studies in Animal and Human Behaviour*. Volume Ⅱ）等，获得学术界的关注。劳伦兹的主要著作有《所罗门王的指环》（*Er redete mit dem Vieh: den Vögeln und den Fischen*）、《攻击与人性》（*Das sogenannte Bose- Zur Naturgeschichte der Aggression*）、《狗的家世》（*So kam der Mensch auf den Hund*）、《文明人类的八大罪孽》（*Die acht Todsünden der zivilisierten Menschheit*）、《雁语者》（*Hier bin ich-Wo bist du: Ethologie der Graugans*）、《灰雁的四季》（*Das Jahr der Graugans*）等。除了在学术上的成就之外，他在动物行为方面的通俗写作也为人所称道。《所罗门王的指环》是他专门面向大众读者介绍动物行为的第一本通俗科普读物，不仅讲述动物的趣闻，而且为人类阐明这样的事实："只有一种生物，他的武器并不长在身上，而是来自他自己的工作计划。因此，他的本能里没有足够的限制能够阻止滥施杀伐，这种生物就是人类。由于没有节制，他的武器多年来不知增加了多少倍，变得多么恐怖。可是，与生俱来的冲动和禁忌就像身体的结构一样，并不能说有就有，必须逐渐发展；所需要的时间是历史学家无法想象的，只有地质学家、天文学家才可以计算出来。人类的武器并不是天赋的，而是出于我们的自由意志、自己制造出来的。"他还警告人们要保护自然环境，防止核战争。由于在个体和社会行为模式的组织和激发方面做出重大的贡献，德国《明镜周刊》（德语：*Der Spiegel*）称劳伦兹是"动物灵魂的爱因斯坦"。劳伦兹被认为是世界动物行为学研究的先驱者、现代动物行为学的创立者和奠基人之一、现代动物行为学之父。卡尔·里特·冯·弗里希（Karl Ritter von Frisch，1886—1982 年）是出生于奥地利维也纳的德籍著名动物学家、昆虫学家和动物行为学家，曾任职于德国慕尼黑大学、德国罗斯托克大学和奥地利格拉茨大学。他从 1909 年开始研究鱼类的颜色变化，继而揭示鱼类对颜色的感知和分辨能力，首次证明鱼类并非色盲，而是具有分辨色彩和亮度的能力；使用云斑鮰鱼（*Amiurus nebulosus*）作为观测对象，证明了鱼类确有听觉作用，而且辨声能力超过人类。弗里希一生的大部分时间和精力用于研究鱼类和蜜蜂，常常是冬季研究鱼类，夏季隐居家乡研究蜜蜂。20 世纪 20 年代，弗里希提出蜜蜂的气味通讯理论。从 20 世纪 40 年代开始，他用含酒精的快速涂料溶剂调制成5种颜料，在蜜蜂背部的前端标记白点、红点、蓝点、黄点、绿点，分别代表1、2、3、4、5号；在蜜蜂胸部的后端用同样颜色的小点，分别代表6、7、8、9、10号；在蜜蜂胸部的前侧面用2种颜色的小点，表示十位数，如白、红点表示12号，在前左和后右分别标记红、黄点，则表示29号；在蜜蜂后腹标记小点则代表百位数。利用这套5种颜色的标识方法，他可以编至599号。弗里希通过特制的玻璃窗跟踪观察不同蜜蜂在巢内的活动，数十年如一日，对蜜蜂的视觉、嗅觉和信息传递行为进行了细致的研究，终于揭开了蜜蜂舞蹈"语言"的奥秘。他发现蜜蜂个体之间有一种简单的舞蹈语言，用来传递蜜源的距离（distance）及定位（orientation）等信息。当侦察蜂发现一处蜜源时，返回蜂巢放出气味，在垂直的蜂巢表面上舞蹈，包括圆舞（round dance）和摇尾舞（waggle dance）两种舞步。圆舞表示蜜源就在附近，摇尾舞则是传达蜜源与蜂窝距离的信息，蜜源距离越远，侦察蜂摇尾舞的时间越长，而且摇尾时发出的嗡嗡声越久。即将外出采蜜的蜜蜂获知蜜源的方向和距离后，能够大大节省探寻的时间和体力，快速到达蜜源，这是一种高效、合理、共赢的沟通方式和社会行为。一开始很多人都难以相信蜜蜂具有这么奇妙的"语言"，在生物界争论了十几年后，最终蜜蜂的舞蹈语言理论才被广泛接受。他还通过实验证明蜜蜂能够分辨不同的颜色，花卉的艳丽色彩可对蜜蜂产生吸引效应。蜜蜂同时具有嗅觉，经过一段时间训练的蜜蜂能够辨识12种相近的花朵气味。由于蜜蜂在采访花蜜和花粉的同时，也接受了该花朵的形状、色泽、香味、滋味等综合刺激，所以才会有重复采访同一种植物花蜜和花粉的行为机制，此项研究结果为动物感觉生理学奠定了基础。他发现蜜蜂能够辨别除了红色外所有的色彩，甚至可以感知紫外光、偏振光、声波及其他波动，并能通过太阳的位置和地磁场等确定空间的方位，认为"地磁的日周期性波动是决定蜜蜂内在'生物钟'的外界因素"。弗里希的名著《飞舞的蜜蜂》（德语：*Aus dem Leben der Bienen*；英语：*The Dancing Bees*）于1927年出版后，前后历经50年，不断补充和更新各种科学发现，并进行全面的重新修订，于1977年出版了第9版。1983年，该书的中译本《蜜蜂的生活》由上海科学技术出版社出版。弗里希对于蜜蜂行为、感觉和信息传递能力的杰出研究成就，体现在《蜜蜂的舞蹈语言和定向》（德语：*Tanzsprache und Orientierung der Bienen*；英语：*The Dance Language and Orientation of Bees*）等一系列论著中。弗里希是昆虫感觉生理学和行为生态学的主要创始人之一，是英国皇家学会的外籍会员、美国国家科学院和瑞典皇家科学院的外籍院士，1948年担任国际蜜蜂研究会（International Bee Research Association）副主席，1962—1964年被选为该会的主席。由于在科学普及教育中做出的贡献，1959年弗里希获得联合国教育、科学及文化组织授予的卡林加奖（Kalinga Prize）。廷伯根、劳伦兹和弗里希在动物个体和群体行为领域作出了创新性贡献，为新兴的行为生物学奠定了坚实的基础，1973年三人同获诺贝尔生理学或医学奖，这是第一次也是至今唯一一次颁发给行为生物学家的诺贝尔奖。

群落生态学和生态系统生态学研究迈入新的阶段，由群落和生态系统结构的一般性描述发展到数量生态学分析，如排序和分类，进而探讨群落和生态系统结构的形成过程、演化动态及维持机理。美国植物生态学家雷克斯福德·道本迈尔（Rexford Daubenmire，1909—1995 年）的《植物群落：植物群落生态学教程》《植物地理学》，国际植被科学学会前主席、德裔美国植物生态学家、植物社会学家、夏威夷大学马诺阿分校教授迪特·穆勒 – 唐布依斯（Dieter Mueller-Dombois）与德国植物学家、生态学家海因茨·埃仑伯格（Heinz Ellenberg，1913—1997 年）合著的《植被生态学的目的和方法》，美国加利福尼亚大学戴维斯分校进化与生态学系的国际著名生态学家、生态学领域最权威国际学术刊物 *Ecology* 和国际著名生态学学术刊物 *Oecologia* 前主编、2008 年度"ISI 最高引用率研究员"唐纳德·雷蒙德·斯特朗（Donald Raymond Strong）等的《生态群落：概念问题与论证》（*Ecological Communities: Conceptual Issues and the Evidence*），英国生态学家、威尔士亚伯大学生物、环境与农村科学研究所的詹姆斯·吉（James Gee）与爱尔兰皇家科学院院士、爱尔兰国立科克大学前任常务副校长、国际知名生态学家和动物学家保罗·斯坦利·吉勒（Paul Stanley Giller）合著的《群落的组织：过去和现在》（*Organization of Communities: Past and Present*），美国加利福尼亚大学环境科学与政策系的理论生态学家、*Bulletin of Mathematical Biology* 主编艾伦·哈斯廷斯（Alan Hastings）的《群落生态学》（*Community Ecology*）、《食物网理论与稳定性》（*Food web theory and stability*）等著述，系统地阐述了植物群落的研究方法。美国国家科学院院士、美国艺术与科学学院院士、著名实验生态学家、数学生态学家、全球生态学家、生物多样性专家、美国明尼苏达大学生态、进化与行为学系的大卫·蒂尔曼（David Tilman）教授运用植物资源竞争模型，探讨了群落结构理论，体现在《资源竞争与群落结构》（*Resource Competition and Community Structure*）、《空间生态学》（*Spatial Ecology*）、《植物对策与植物群落的动态和结构》（*Plant Strategies and the Dynamics and Structure of Plant Communities*）等一系列论著中。美国国家科学院院士、美国艺术与科学学院院士、美国哲学学会会员、曾任职于美国哈佛大学、洛克菲勒大学和哥伦比亚大学的著名人口学家、数学生物学家、1999 年泰勒环境成就奖获得者乔尔·科恩（Joel Cohen）等的《食物网和生态位空间》（*Food Webs and Niche Space*）、《群落食物网：数据与理论》（*Community Food Webs: Data and Theory*），世界著名环境学家、2010 年泰勒环境成就奖获得者、美国杜克大学斯图尔特·皮姆（Stuart Pimm）教授的《食物网》（*Food Webs*），美国加利福尼亚大学环境学家和生态学家托马斯·舍纳（Thomas Schoener）的《群落生态学的机理性方法：一种新还原论？》（*Mechanistic Approaches to Community Ecology: A New Reductionism?*）等论著，提出了一些统计规律和预测模型，使食物网理论取得显著进展。

学者们对不同类型生态系统的生物量（biomass）和生产量（production）进行了大量的测定和计算，并对结果进行了归纳和总结。根据罗伯特·哈丁·惠特克（Robert Harding Whittaker）、赫尔穆特·里思（Helmut Lieth）、基恩·李肯斯（Gene Likens）等的估计，地球上主要生态系统的生物量总计 $1\,855\times10^9$ t（以干质量计，下同），其中陆地生态系统和海洋生态系统的生物量分别为 $1\,852\times10^9$ t 和 3.3×10^9 t。森林生态系统生物量为 $1\,669\times10^9$ t，冻原生态系统生物量为 5×10^9 t，分别占陆地生态系统总生物量的 90% 和 0.27%。全世界陆地主要生态系统每年的初级生物生产量为 109×10^9 t，其中冻原生态系统每年的初级生产量为 1.1×10^9 t，占陆地总初级生产量的 1.01%。生物圈每年提供的净初级生物生产量约为 160×10^9 t，其中陆地生态系统、海洋生态系统和淡水生态系统分别占 66%、34% 和 0.8%。英国生态学家乔治·伊夫林·哈钦森（George Evelyn Hutchinson，1903—1991 年）将根植于自然科学的理论研究引入生态学，使其上升为真正的科学，提出了基础生态位（fundamental niche）、实际生态位（real niche）、多维生态位（multi-dimensional niche）的系列概念。哈钦森是尤金·普莱森斯·奥德姆（Eugene Pleasants Odum）和霍华德·托马斯·奥德姆（Howard Thomas Odum）在耶鲁大学时的老师、雷蒙德·劳雷尔·林德曼（Raymond Laurel Lindeman）的博士后导师，1983 年入选英国皇家学会会士，1974 年获得第一届泰勒环境成就奖这一生态环境领域的最高奖项。

3. 国际化趋势

随着现代社会经济和工业化的高速发展，世界上的大多数生态系统都不同程度地受到人类活动的干扰，生活系统、生产系统、消费系统与各种类型生态系统相互交叉融合，构建了庞大而复杂的社会 - 经济 - 自然复合生态系统，人口、资源、粮食、能源和环境等一系列重大问题日益突出。第二次世界大战以后，为了寻找解决世界性环境和生态问题（如臭氧层破坏、全球气候变化等）的科学依据和有效途径，保证人类社会的生态环境质量和可持续发展，许多国家都设立了环境科学和生态学的专门研究机构，几十个甚至上百个国家共同签订了一系列的国际协定、协议、计划、方案和规划，其中最重要的包括 20 世纪 60 年代的 "国际生物学计划"（International Biological Programme，IBP），20 世纪 70 年代的 "人与生物圈计划"（Man and Biosphere Programme，MAB），20 世纪 80 年代的 "国际地圈生物圈计划"（International Geosphere - Biosphere Programme，IGBP）和 20 世纪 90 年代的 "生物多样性计划"（An International Programme of Biodiversity Science，DIVERSITAS）等。

"国际生物科学联合会"（International Union of Biological Sciences，IUBS）于1919 年成立于比利时的布鲁塞尔，作为非政府、非营利性学术团体和国际科学理事会（International Science Council，ISC）26 个科学联合会成员之一，其主要任务是推动生物科学的研究，发起、协调和促进国际性的合作研究及其他科学活动，举办国际学术会议并出版论文集等，对研究成果进行总结、讨论和传播。IBP 计划由联合国教育、科学及文化组织提出，由 IUBS 具体制定方案，在 1964—1974 年执行，共有 97 个国家和地区参加。该计划的主题是全球主要生态系统的结构、功能和生物生产力研究，包括陆地生产力（productivity terrestrial，PT）、淡水生产力（productivity freshwater，PF）、海洋生产力（productivity marine，PM）、生产过程（production processes，PP）、资源利用与管理（uses and management，UM）、人类适应力（human adaptability，HA）和陆地自然保护（conservation terrestrial，CT）等 7 个部分，先后出版了 35 本研究手册和一套全球主要生态系统丛书，标志着自然生态系统大规模国际化研究的开端，为全球生态系统的研究开创了一个新时代。

　　"人与生物圈计划"由 UNESCO 于 1970 年提出，1971 年组织发起，1972 年通过的一个国际性、政府间、跨学科的综合研究计划，总部设在法国巴黎。MAB 是人类历史上第一次将自然科学与社会科学、基础理论与应用技术、科研技术人员与生产管理人员、政策制定者与广大民众结合起来的大型国际合作项目，也是第一次把人类与自然、环境、资源作为一个整体进行考察，标志着生态系统和生物圈研究的新的里程碑。作为 IBP 计划的延续，MAB 计划的宗旨是通过全球范围的合作和长期的系统监测，在生态学、环境科学、资源科学理论和方法的支持下，研究人类活动对生物圈的影响、生物圈和自然资源的变化对人类本身和未来世界的影响，开展相关专业人员的培训和信息交流，预测地球上不同类型生态系统（森林、海洋、草地、湖泊、荒漠、农田、城市等）结构和功能的发展趋势，为生态系统的有效保护及合理利用、全球性人与自然相互关系的优化提供可靠的科学依据，确保在人口不断增长的同时实现人类社会的可持续发展。超过 100 个国家和地区先后参与了 MAB 计划，我国于 1973 年加入该项计划并当选为理事国，1978 年经国务院批准成立了"联合国教科文组织人与生物圈计划中华人民共和国国家委员会"（Chinese National Committee for Man and Biosphere Programme，UNESCO），设在中国科学院，负责确定 MAB 计划在我国的优先领域，组织实施并提供指导，为政府提供政策咨询。"世界生物圈保护区"（World Biosphere Reserve）和"世界遗产"（World Heritage）同属 UNESCO 在世界范围内建立的两大保护系列，其中"世界生物圈保护区"是根据"世界生物圈保护区网络章程框架"（The Statutory Framework of the World Network of Biosphere Reserves）设立的一种新型的、在国际范围内得到承认的自然保护区，具有监测、保护、研究、教学、培训等多种功能，是 MAB 计划的核心部分。"世界生物圈保护网络"（World Network of Biosphere Reserves，WNBR）由 122 个国家的 686 个自然保护区组成，包括 20 个跨境保护区。我国于 1993 年建立了"中国生物圈保护区网络"（China Biosphere Reserve Network，CBRN），致力于中国生物圈保护区的科学研究、能力建设、信息交流、公共教育等。我国已有 10 个课题被纳入 MAB 计划，34 个自然保护区被 UNESCO 认定为世界生物圈保护区，包括长白山自然保护区（1979 年）、卧龙山自然保护区（1979 年）、鼎湖山自然保护区（1979 年）、梵净山自然保护区（1986 年）、武夷山自然保护区（1987 年）、锡林郭勒草原自然保护区（1987 年）、神农架自然保护区（1990 年）、博格达峰自然保护区（1990 年）、盐城自然保护区（1992 年）、西双版纳自然保护区（1993 年）、天目山自然保护区（1996 年）、茂兰自然保护区（1996 年）、九寨沟自然保护区（1997 年）、丰林自然保护区（1997 年）、南麂列岛自然保护区（1998 年）、山口自然保护区（2000 年）、白水江自然保护区（2000 年）、黄龙自然保护区（2000 年）、高黎贡山自然保护区（2000 年）、宝天曼自然保护区（2001 年）、赛罕乌拉自然保护区（2001 年）、达赉湖自然保护区（2002 年）、五大连池自然保护区（2003 年）、亚丁自然保护区（2003 年）、珠峰自然保护区（2004 年）、佛坪自然保护区（2004 年）、车八岭自然保护区（2007 年）、兴凯湖自然保护区（2007 年）、猫儿山自然保护区（2011 年）、牛背梁国家级自然保护区（2012 年）、井冈山自然保护区（2012 年）、蛇岛 – 老铁山自然保护区（2013 年）、大兴安岭汗马自然保护区（2015 年）、黄山生物圈保护区（2018 年）。自 1992 年联合国环境与发展大会（United Nations Conference on Environment and Development）后，MAB 计划结合"生物多样性公约"（Convention on Biological Diversity，CBD）等重要的国际性公约共同开展活动，明确提出通过生物圈保护区网络进行生物多样性研究和保护，促进自然生态系统和资源的可持续利用。1991 年，"国际生物科学联盟"（International Union of Biological Sciences，IUBS）最早提出"国际生物多样性计划"（DIVERSITAS）。随着"环境问题科学委员会"（Scientific Committee on the Problems of the Environment，SCOPE）、"联合国教科文组织"（UNESCO）等多家国际组织的加入，生物多样性研究得以再次整合，颁布了"DIVERSITAS"行动方案。1996 年 7 月，联合国科学指导委员会（United Nations Scientific Advisory Committee）通过了"DIVERSITAS"计划的操作版本，"生物多样性对生态系统服务功能的贡献"是其中最核心的部分。生物多样性的保护、恢复、修复和持续利用既是"DIVERSITAS"的重要研究内容，又是潜在的实现目标。

"国际地圈生物圈计划"（International Geosphere-Biosphere Program, IGBP）由"国际科学联盟委员会"（International Council for Science，ICSU）于 1983 年筹备、1984 年正式提出、1986 年立项、1991 年开始执行，总部设在瑞典斯德哥尔摩。基于全球的视角和新的努力，IGBP 计划旨在促进有关全球变化领域的研究活动，预测地球系统在未来数十年至数百年时间尺度上的变化，为国家、区域和国际政策的制定提供科学依据，为快速环境变化下人类社会的可持续发展提供重要的指导和建议。IGBP 计划把地球和生物作为密切相关的耦合系统，研究内容涉及控制和调节生物圈的物理、化学、生态学、生物学、环境学过程及作用规律，生命支持系统正在经历的变化及驱动因子，人类活动的扰动方式、规模和强度，全球变化及其综合影响等，由 3 个支撑计划和 8 个核心研究计划组成。支撑计划包括"全球分析、解释与建模"（Global Analysis，Interpretation and Modelling，GAIM），"全球变化分析、研究和培训系统"（Global change System for Analysis，Research and Training，START），"IGBP 数据与信息系统"（IGBP Data and Information System，IGBP-DIS）。核心研究计划包括：①"国际全球大气化学"（International Global Atmospheric Chemistry，IGAC）研究计划，由 IGBP、国际气象学与大气科学协会（International Association of Meteorology and Atmospheric Sciences，IAMAS）的大气化学和全球污染委员会（Commission on Atmospheric Chemistry and Global Pollution，CACGP）共同支持，旨在深入了解全球大气的化学组成、陆地和海洋生物圈过程以及人类活动的干扰效应，揭示大气化学过程的调控机制、生物过程在产生和消耗微量气体中的作用，在全球尺度上预测自然和人为因素对大气化学成分的影响。②"全球海洋通量联合研究"（Joint Global Ocean Flux Study，JGOFS）计划，1990 年 3 月正式确定和实施，主要研究海洋生物地球化学过程及相关理化因子对气候的影响，以及对全球气候变化的响应，关注海洋主体部分和边缘地带在海洋生物、海洋化学、海洋循环过程中的碳交换途径及人为活动的作用，分析区域至全球尺度上大气 – 洋面 – 洋底系统碳的年内（季节）和年际变化，探讨气候变化的成因。③"过去的全球变化"（Past Global Changes，PAGES）研究计划，1991 年 3 月形成实施计划，是 IGBP 的核心计划之一。PAGES 计划利用先进的现代物理、化学分析仪器和技术，通过对自然记录（如保存在树木年轮、海洋和陆地水体沉积物、珊瑚、冰芯中的有关信息）和史料记载的解析，定量地论证与 IGBP 有关的过去发生的变化；根据地球历史的整合，揭示这些变化对地球未来的意义，区分自然因素和人为因素的影响及权重，检验全球变化预测模型的有效性，集中研究更新世（Pleistocene）、全新世（Holocene）、过去几十年至几千年以来对生物圈影响最大、对人类活动最为敏感的全球变化与灾害问题。发生周期和时间尺度是 PAGES 计划中极为重要的内容，主要包括 2 个时间阶段：最近 2000 年来地球气候和环境的详细变化；晚第四纪（late quaternary）最后几十万年的冰期 – 间冰期旋回（glacial interglacial cycle）。④"全球变化与陆地生态系统"（Global Change and Terrestrial Ecosystems，GCTE）研究计划，进一步分析全球尺度上大气组成、气候格局、土地利用类型、环境变化和人类活动对陆地生态系统结构与功能的影响，预测全球变化对未来农牧业、林业、土壤和生态系统复杂性可能带来的改变。研究内容主要包括过去发生的重大气候和环境变化及其原因、全球大气化学的作用原理、生物过程在痕量气体生消中的功能、全球变化对陆地生态系统的综合性影响、陆地生态系统对气候变化的反馈、土地利用和海平面升高对海岸生态系统的影响及后果等。⑤"水文循环的生物学方面"（Biospheric Aspects of the Hydrological Cycle，BAHC）研究计划，通过野外观察和测量，研究植被与地表、大气水文循环物理过程之间的双向影响，分析生物圈对水文循环的作用，建立生物圈与地球物理系统相互作用的模拟结果数据库，发展不同尺度上的土壤－植被－大气系统能量和水通量模式，包括小块植被尺度、大气环流模式（General Circulation Model，GCM）网格单元尺度等。BAHC 计划的实施为 IGBP、"国际全球变化人文因素计划"（International Human Dimensions Programme，IHDP）和"世界气候研究计划"（World Climate Research Program，WCRP）联合发起的新的水问题研究计划、陆地－大气界面行动计划的开展奠定了扎实的基础。⑥"海岸带的海陆相互作用"（Land-Ocean Interactions in the Coastal Zone，LOICZ）研究计划，内容包括外界因素或边界条件的全球性变化对海岸生物地貌学特征、海平面上升、近海通量、痕量气体排放、海洋经济和社会活动的影响，旨在评估土地利用、海平面变化和气候变化对海岸带生态系统的影响及其严重后果，模拟并预测 10 年时间尺度上海岸带对全球气候变化的响应，为沿海地区的经济增长、社会进步和可持续发展提供政策支持。⑦"全球海洋生态系统动力学"（Global Ocean Ecosystem Dynamics，GLOBEC）研究计划，于 1995 年确定，旨在认识全球海洋生态系统及其亚系统的结构和功能、全球环境变化对海洋生态系统的影响及海洋生态系统的响应，提高海洋生态系统对全球变化响应的预测能力。与传统的为渔业服务的种群动态研究不同，该计划侧重于分析生态系统内部的相互作用。⑧"土地利用与土地覆被变化"（Land-Use and Land-Cover Change，LUCC）研究计划，由 IGBP 与 IHDP 自 1990 年起开始筹划、1995 年拟定方案、1996 年正式通过，属于全球性、综合性的交叉科学研究课题，目的在于揭示人类赖以生存的地球环境系统与人类日益发展的生产生活系统（工业化、农业化、城市化等）之间相互作用的基本过程，包括 5 个中心问题：土地覆被的变化机制（主要通过遥感图像，分析人类利用导致的土地覆被空间变化过程）；土地利用的变化机制（通过区域性个案的比较，分析土地利用和管理方式发生改变的自然、经济、社会驱动因子，建立区域性的土地覆被与土地利用变化的经验模型）；土地覆被的未来时空变化（建立区域和全球尺度的经验诊断模型，根据驱动因子的变化，预测土地覆被未来的变化趋势，为确定相应对策和研究任务提供可靠的科学依据）；自然、人类、生物、物理、化学的直接驱动力对特定类型土地可持续利用的影响；全球气候变化及生物地球化学变化与土地利用、土地覆被之间的相互作用。IBP 计划、MAB 计划与 IGBP 计划可视为生态系统研究的 3 个阶段，而 IGBP 计划是在 IBP 计划和 MAB 计划基础上发展而来的，具有高度综合和学科交叉的显著特点，标志着地球科学和宏观生态学迈入了新的研究深度和广度，越来越多的生态系统研究拓展为全球尺度。

　　"国际全球环境变化人文因素计划"由"国际科学联盟委员会"与"国际社会科

学理事会"于 1996 年共同发起，是一个跨学科、非政府的国际科学计划。IHDP 与 IGBP、WCRP、DIVERSITAS 组建了"地球系统科学联盟"（Earth System Science Partnership，ESSP），各计划之间通过可持续性联合行动建立了密切的合作关系，对地球系统进行集成研究（integrated study），阐明人类活动与自然过程相互交织的系统驱动对陆地、海洋与大气的生物物理变化，分析人类与自然复合系统、个体与社会群体对局地、区域和全球尺度环境变化的驱动效应，探讨土地利用 / 土地覆被变化、全球碳循环、海陆相互作用、食物、水、消费系统、工业转型、城镇化、人类安全、可持续性生产等重大问题。IHDP 与"全球变化研究亚太地区网络"（The Asia-Pacific Network for Global Change Research，APN）、"全球变化研究美洲国家间机构"（The Inter-American Institute for Global Change Research，IAI）等全世界范围内各界人士、组织或政府团体广泛合作，确立、制定新的优先研究行动，建立决策者与科研工作者之间的沟通机制，共同为全球环境变化人文因素研究作出了巨大的贡献。

1972 年 6 月 5—16 日，在瑞典首都斯德哥尔摩召开了"联合国人类环境会议"，包括中国在内的 113 个国家 1 300 多名代表参加，这是世界各国政府共同探讨生态环境问题、商讨全球环境保护战略的第一次国际会议，开创了人类社会环境保护事业的新纪元，被誉为"国际环境政策的起点"。会议通过了《联合国人类环境会议宣言》（*Declaration of the United Nations Conference on the Human Environment*，又称《斯德哥尔摩人类环境会议宣言》，简称《人类环境宣言》）、《人类环境行动计划》（*Action Plan for the Human Environment*）和"只有一个地球"（Only one Earth）的口号，鼓励和引导各国政府和全世界人民保护和改善生态环境，成为世界各国进行环境保护工作的指导原则。会议还提出将本次会议开幕日 6 月 5 日定为"世界环境日"（World Environment Day），以唤起全世界共同保护人类赖以生存的环境，自觉采取行动参与环境保护。同年 10 月的联合国大会第 27 届会议接受并通过了这项建议。每年的"世界环境日"是联合国促进全球环境意识、提高各国政府对环境问题的重视并采取行动的主要媒介之一。

随着世界各国对煤炭、石油、天然气等化石燃料使用量的快速增加以及人们对生态环境问题的日益瞩目，国际社会加强了气候变化研究，学术界对于气候与人类活动相互作用的认识，特别是对 CO_2 等温室气体与气候变化之间关系的理解不断加深。1979 年，在瑞士日内瓦召开了"第一届世界气候大会"（First World Climate Conference，FWCC），确立了"世界气候研究计划"（World Climate Research Programme，WCRP），由"国际科学联盟委员会"与世界气象组织（World Meteorological Organization，WMO）联合实施，目的在于扩展人类对气候变化及其机制的认识，探索气候的可预测性，跟踪人类活动对气候的影响，协助分析及预测地球系统的变化，为人类目前和未来的利益服务。WCRP 成为全球变化的重要计划之一，包括对全球大气、海洋、海冰、陆冰、陆面的研究，如热带海洋全球大气项目、世界海洋环流实验、北极气候系统研究等。科学家提出了"气候变暖"和"气候系统"的概念，指出大气中 CO_2 浓度升高将导致地球增温，气候变化作为国际社会普遍关注的问题首次提上议事日程。人们开始全面接受"气候系统"的概念，认为气候系统由大气圈、水圈、冰雪圈、岩石圈、生物圈构成，气候变化是上述圈层综合作用的结果。

"气候系统"概念的提出是气候学的一次革命，也是"全球变化"概念形成的重要基础和组成部分。"第一次世界气候大会"之后，国际上召开了一系列重要会议，推动各国政府重视气候变化，世界各国为应对气候变化问题采取了多种措施。1985 年，在奥地利菲拉赫（Villach）召开的气候变化科学会议指出，评估未来气候状况是一项紧迫的任务，如果 CO_2 等温室气体浓度继续保持当时的增加趋势，到 21 世纪 30 年代，大气中 CO_2 含量可能达到工业化前的 2 倍，全球平均温度则可能相应提高 1.5 ~ 4.5 ℃，并将导致海平面上升 0.2 ~ 1.4 m，呼吁政治家们共同制定减缓气候变化的政策。1988 年夏，联合国环境规划署（United Nations Environment Programme，UNEP）和世界气象组织在加拿大多伦多召开会议，共同成立了"政府间气候变化专门委员会"（Intergovernmental Panel on Climate Change，IPCC），以科学评估气候变化对人类社会和经济的潜在影响、关于气候变化的科学研究进展、延缓和适应气候变化的有效对策等。这是关于全球暖化问题的首次重大国际性会议，来自 48 个国家的 300 多名科学家、政治家及联合国组织、其他国际组织和非政府组织的代表参会，一致认为地球的气候系统正在经历前所未有的迅速变化，这一变化主要是由不断扩大能源消费等人为活动造成的，对世界经济发展、人类健康与福祉带来重大威胁，并呼吁各国政府立即采取行动，制订大气保护行动计划。作为一个独立从事气候变化科学评估的政府间机构，IPCC 在传播气候变化相关科学知识、促进国际社会和各国政府对气候变化的认识与重视、探索气候变化应对措施等方面作出了积极的努力和重要的贡献。1988 年 12 月，联合国大会第 43 届会议通过了《为人类当代和后代保护全球气候》43/53 号决议，决定在全球范围内对气候变化问题采取及时和必要的行动。1990 年，IPCC 首次发布评估报告，认为持续的温室气体人为排放将导致气候变化。1990 年 12 月，联合国大会第 45 届会议决定设立政府间谈判委员会，以此进行有关气候变化问题的国际公约谈判。1991 年，联合国就制定《联合国气候变化框架公约》（*United Nations Framework Convention on Climate Change*，UNFCCC）开始了多边国际谈判，1992 年 5 月 9 日在纽约联合国总部获得通过，并于 1994 年 3 月 21 日正式生效。

在全球环境持续恶化、生态问题日趋严重的背景下，1992 年 6 月 3—14 日在巴西里约热内卢召开了"联合国环境与发展会议"（United Nations Conference on Environment and Development，UNCED），总结了第一次"联合国人类环境会议"后、20 年来全球环境保护的历程，围绕"环境与发展"这一主题，在维护发展中国家主权和发展权、发达国家提供资金和技术援助等实质性问题上进行了多轮艰苦的谈判。这是继 1972 年 6 月瑞典斯德哥尔摩"联合国人类环境会议"之后，世界环境与发展领域中级别最高、规模最大、成果最丰的一次国际会议，共有 102 位国家元首或政府首脑现场发言，多达 183 个国家和地区代表团、70 个国际组织的代表出席了会议。此次会议通过了《关于环境与发展的里约热内卢宣言》(《里约宣言》《地球宪章》)、《21 世纪行动议程》和《关于森林问题的原则声明》3 项文件，154 个国家和 148 个国家分别正式签署了《联合国气候变化框架公约》和《生物多样性公约》，对全球具有较大的影响力和约束力。《里约宣言》指出，和平、发展和环境保护是相互依存、密不可分的，世界各国应在环境与发展领域进一步加强国际合作，建立全新的、更加公平的全球伙伴关系。这些会议文件和公约敦促各国政府和公众采取积极措施，为保护人类生存环境而共同做出努力，同时要求发达国家承担更多的义务，充分考虑发展中国家的实际情况和权益。这次会议的成果具有积极意义，有利于保护全球环境和资源，防止环境污染和生态恶化，在人类环境保护与可持续发展进程中迈出了重要的一步。在此次联合国环发大会之后，各国为履行环保承诺，做出了许多努力。

　　1997 年 12 月，在日本京都召开了 UNFCCC 缔约方第三次会议，149 个国家和地区的代表通过了《京都议定书》(*Kyoto Protocol*)，第一次以具有法律约束力的方式，为发达国家规定了限制和减少温室气体排放、抑制全球变暖的具体义务。作为 UNFCCC 的补充条款，《京都议定书》规定，2008—2012 年，工业发达国家的 6 种主要温室气体排放量须在 1990 年的基准上平均降低 5.2%，其中欧盟、美国、日本、加拿大和东欧分别削减 8%、7%、6%、6% 和 5% ~ 8%；俄罗斯、新西兰和乌克兰的排放量可稳定在 1990 年的水平上；爱尔兰、澳大利亚和挪威的排放量可比 1990 年分别增加 10%、8% 和 1%，总体目标是"将大气中的温室气体含量控制在一个适当的水平，以防止剧烈的气候变化对人类造成损害"。2005 年 2 月 16 日，《京都议定书》正式生效。2007 年 12 月 15 日，UNFCCC 的 192 个缔约国在印度尼西亚巴厘岛举行的"联合国气候变化大会"上通过了《巴厘路线图》(*Bali Roadmap*)，为应对气候变化谈判的关键议题确立了明确议程，包括寻找减少温室气体排放的方法、通过加快技术转移和财政援助帮助发展中国家应对气候变化等。"巴厘路线图"承诺就加大应对气候变化措施的力度展开谈判，并设定了 2 年的谈判时间。2007 年 IPCC 获得诺贝尔和平奖，主要贡献是 20 年间发布了 4 次评估报告，强调全球气候变化的重要性以及气候变暖主要是由人类活动引起的。2009 年 12 月 7—18 日，在丹麦首都哥本哈根召开了"联合国气候变化大会"，商讨《京都议定书》一期方案到期后的后续工作，就未来应对气候变化的全球行动达成共识。与会各方承认气候变化是这个时代面临的最大挑战之一，就各国 CO_2 的排放量问题进行了谈判，并签署了《哥本哈根协议》(*Copenhagen Accord*)，要求各国根据 GDP 的大小相应减少 CO_2 的排放量，呼吁全球采取大幅减排行动，稳定温室气体在大气中的浓度，防止全球气候继续恶化，尽早实现排放峰值。此次会议是一个新的里程碑，气候变化问题进一步成为人类关注的焦点，"低碳生活"逐渐成为热门话题。

《巴黎协定》（*The Paris Agreement*）是 2015 年 12 月 12 日在法国巴黎气候变化大会上通过，并于 2016 年 4 月 22 日由 170 多个国家领导人在美国纽约共同签署的气候变化协定，旨在为 2020 年后全球应对气候变化行动做出制度性和框架性安排，包括目标、进度、减缓、适应、损失损害、补偿、资金、技术、知识产权、条件建设、透明度、监管、全球盘点等一系列内容。《巴黎协定》的长期目标是将全球平均气温较前工业化时期上升幅度限制在 2 ℃以内，并努力将上升幅度控制在 1.5 ℃以内。中国于 2016 年 4 月 22 日在《巴黎协定》上签字，同年 9 月 3 日全国人民代表大会常务委员会批准中国加入《巴黎协定》，正式成为协定的缔约方。《巴黎协定》是人类历史上应对气候变化又一个里程碑式的国际法律文件，构建了 2020 年后的全球气候治理基本格局。从环境保护与治理的角度上，《巴黎协定》的最大贡献在于明确了全球共同追求的定量指标，只有全球温室气体排放尽快达到峰值、21 世纪下半叶温室气体实现净零排放，才能真正降低气候变化带来的地球生态风险和人类生存危机。《巴黎协定》将世界所有国家都纳入了呵护地球生态、确保人类可持续发展的命运共同体中，摒弃了以往零和博弈的狭隘思维，体现出与会各方"多一点共享、多一点担当"、实现互惠共赢的强烈愿望。《巴黎协定》在联合国气候变化框架下，在《京都议定书》《巴厘路线图》《哥本哈根协议》等既有成果基础上，根据共同但有区别的公平原则、责任原则、透明原则和各自能力原则，强化联合国气候变化框架公约的全面和有效落实。2021 年 10 月 31 日—11 月 13 日，《联合国气候变化框架公约》第二十六次缔约方大会（Conference of the Parties 26，COP26）在英国第四大城市格拉斯哥（Glasgow）召开，这是《巴黎协定》实施以来的首次联合国气候变化大会，回顾、评估自 2015 年《巴黎协定》签署之后的进展和教训，讨论气候变化和各国的应对方案、承诺和行动，让各国承诺逐步淘汰化石燃料、2030 年前加大减排力度和速度、21 世纪中叶实现零排放是本届 COP26 大会的主要目标。如果人类社会能在 2050 年实现净零排放的目标上达成一致，我们就有可能避免超过 1.5 ℃的变暖阈值和气候危机最严重的后果；如果无法达成协议，我们将不可避免地向着威胁人类未来的各种自然灾害（热浪、风暴、野火等）走去。在目标、减缓、适应、资金、支持方面取得平衡性、包容性、可执行的成果，是国际社会对此次大会的普遍期待。经过各方艰苦的谈判，近 200 个国家的参会代表通过了《格拉斯哥气候变化公约》（*Convention on Climate Change in Glasgow*）的联合公报，就全球碳市场（global carbon market）的基本框架和运行规则达成共识，制定了应对气候严重后果的目标和方式，在一定程度上反映了当今世界的利益、矛盾和政治意愿。

4. 全方位发展

生态学在理论、概念、方法、技术、手段和应用等各个方面取得了全方位的发展。

（1）生态学理论方面：在 20 世纪 60 年代 IBP 及 70 年代 MAB 计划的推动下，生理生态学研究突破了个体生态学为主的范畴，向群体水平和宏观方向发展，其中与生物量和产量相关的光合生理生态、生物能量学研究尤为突出。分子生物学、生物化学、现代生物技术的兴起，促使生理生态学也朝向细胞、分子水平发展，而且涉及某些酶系统，如植物核糖核酸酶活性指标用于评价对干旱胁迫的抗性等。种群生态学发展迅速，动物种群生态学大致经历了生命表编制、关键因子分析、种群增长模型、信息处理与调节机制研究等发展过程。植物种群生态学的研究进展稍迟于动物种群生态学，经历了种群统计学（demography）、图解模型、矩阵模型、生活史、植物间相互作用、植物－动物间协同进化研究等发展过程。德国克纳普（Knapp）的《植被动态》（*Vegetation Dynamics*）、英国约翰·伦诺克斯·蒙特斯（John Lennox Monteith）的《植被与大气》（*Vegetation and the Atmosphere*）和《英国粮食生产的气候与效率》（*Climate and the Efficiency of Crop Production in Britain*）、德国生态学家赫尔穆特·里思（Helmut Lieth）与美国生态学家罗伯特·哈丁·惠特克（Robert Harding Whittaker）合著的《生物圈的第一性生产力》（*Primary Productivity of the Biosphere*）等，综合地论述了植物群落与环境的相互关系，全面探讨了植被的动态问题，建立了全球生态系统初级生产量模型，进一步完善了演替理论。罗伯特·哈丁·惠特克的《植物群落分类》和《植物群落排序》、加拿大数学生态学家伊夫林·克里斯托拉·皮洛（Evelyn Chrystalla Pielou，1924—2016 年）的《生态学数据的解释：分类和排序导论》（*The Interpretation of Ecological Data - A Primer on Classification and Ordination*）、曾执教于英国伦敦帝国理工学院和加拿大麦克马斯特大学的肯尼斯·安德鲁·克肖（Kenneth Andrew Kershaw）教授与助手约翰·亨利·卢尼（John Henry Looney）博士合著的《定量与动态植物生态学》（*Quantitative and Dynamic Plant Ecology*），均强调了植被的"连续性"和"等级演替"（hierarchical succession）概念，采用数理统计、梯度分析等方法，研究群落的分类、排序和演替。电子计算机的应用使植物群落生态学进入了数量化、模型化、科学化研究的新阶段。

动物群落生态学虽然起步较晚，但也取得了长足的进步。著名的理论生态学家罗伯特·麦克阿瑟（Robert H. MacArthur，1930—1972 年）、美国加利福尼亚大学戴维斯分校的生态学家约瑟夫·康奈尔（Joseph Connell，1923—2020 年）、澳大利亚第一位首席科学家（1989—1992 年）和环境生物学拉尔夫·斯莱特（Ralph Slatyer）、以色列生态学家玛克辛·内恰马·本－伊利亚胡（Maxine Nechama Ben-Eliahu）、俄罗斯科学院（Russian Academy of Sciences）院士和水生生物学家亚历山大·费多洛维奇·阿利莫夫（Aleksandr Fedorovich Alimov）等学者，在动物群落结构、群落动态、群落组织、群落代谢、物种之间相互作用、次级生产力、空间异质性等方面开展了大量的研究工作，提出了忍耐作用学说和种间三重相互作用机制学说，认为演替是一些物种对另一些物种直接或间接通过改变环境条件的作用结果，在大多数演替的种间关系中同时存在促进、抑制和忍耐3个过程。促进是由于改变了环境条件而有利于其他物种；抑制是已经定居的物种阻止其他物种生长、发育或成熟，特别是阻止其他物种的定居；忍耐是既不促进也不抑制其他物种的存在。一些专门的模型已扩展到植被动态、物种多样性、物候与季节变化、种群与群落空间分布等，资源共享、群落组织等决定或塑造群落结构的有关机理成为群落生态学研究的中心问题，美国北亚利桑那大学（Northern Arizona University）生态学家彼得·普莱斯（Peter Price）称之为"新生态学"（New Ecology）的一个组成部分。新生态学尤其注重自然中的"能量流动"（energy flow）和"生态效率"（ecological efficiency）的定量研究，生理学中的"代谢"和"自稳态"（homeostasis）等概念被引入生态系统研究，"生产者""消费者"等术语的使用赋予了新生态学明显的经济学特色。群落动态及功能的定位研究向网络化方向发展，率先与全球变化等重大宏观国际研究计划结合，以阐明植被在全球气候变化中的作用并提供相应的依据和对策。在物理学、数学、化学、生理学、生态学、社会学和经济学等多学科理论及方法的共同支持下，学者们从物质流、能量流和信息流的角度综合探讨生物与环境之间的相互作用。

罗伯特·麦克雷迪·梅（Robert McCredie May，1936—2020年）是一位成就卓越、英国最有影响力的科学家之一，不仅是理论生态学的领军人物，而且是数学生物学、生物多样性、流行病学、群体动力学、理论物理学、公共政策、金融等领域的杰出贡献者。梅认为系统之间存在相似性，而这些相似性可以帮助人们建立统一的理论，对于寻找复杂系统背后的统一规律，作出了奠基性的贡献。梅曾就职于牛津大学、英国伦敦帝国理工学院、美国普林斯顿大学、美国哈佛大学、澳大利亚悉尼大学，担任英国政府前首席科学顾问（1995—2000年）和英国科学技术委员会前主席、英国皇家学会院士和前主席（2000—2005年）、英国生态学会前主席（1992—1993年）、美国普林斯顿大学学术委员会前主席（1977—1988年）、美国圣塔菲研究所科学委员会前主席，以及美国国家科学院、澳大利亚科学院、欧洲科学院等多个国家和地区的科学院院士。梅一生中出版了多部重要的学术著作，在《自然》和《科学》杂志上分别发表了224篇和59篇论文。梅1973年出版、2001年再版了独撰的著作《模型生态系统中的稳定性与复杂性》（*Stability and Complexity in Model Ecosystems*），一反当时人们普遍的认识，认为越是复杂的系统，各个物种越难趋于稳定，其种群大小的波动越大。梅1976年在《自然》上发表的题为《复杂动力学的简单数学模型》的论文备受关注，被视为离散混沌理论的开山之作，开创了生物学中"混沌动力学"（chaotic dynamics）这个新领域。梅首次表明，一阶非线性差分方程（first-order nonlinear difference equation）的动力学结果可能是极为复杂的，从稳定点（stable point）到周期振荡（periodic oscillation）再到混沌（chaos），均有可能。梅还首次把环境随机性和空间异质性纳入种群动力学模型中，探讨了生态系统管理中的种群数量变动问题，并且通过数学模型对昆虫寄生蜂野生种群的周期波动进行了卓有成效的研究。进入20 世纪 80—90 年代，梅的研究兴趣除了基础理论生态学研究外也开始向应用领域倾斜。梅与英国皇家学会院士、英国伦敦帝国理工学院的流行病学家和公共卫生学家罗伊·安德森（Roy Anderson）合作，出版了《人类宿主 - 寄生物系统的动态》（*The Dynamics of Human Host-Parasite Systems*）、《人类传染病的动态与控制》（*Infectious Diseases of Humans: Dynamics and Control*）等著作，系统地研究了病毒和细菌如何影响寄主种群以及它们的分布等问题，对公共卫生政策问题产生了深远影响。梅还研究了艾滋病扩散的条件，利用简化数学模型和计算机模拟对预测艾滋病蔓延提供了必要的数据。梅提出了许多独特的观点和假说，引领了现代生态学理论的发展，为 21 世纪人类解决生物多样性丧失、流行病、气候变化等各种问题提供了不可或缺的理论依据。

（2）生态学应用方面：应用生态学的迅速发展是 20 世纪 70 年代以来的一大趋势。生态学理论与方法被更多地用于提高生物生产和生活质量、改善人类生活环境等，成为自然科学和社会科学交叉融合的桥梁和纽带。传统的农业、林业、牧业、渔业应用生态学由个体、种群水平向群落、生态系统水平深度发展，更加注重生物集群的种间配置、物流和能流的合理转化与流通、人工群落和生态系统的设计建造及优化管理等内容。应用生态学的焦点已集中在全球可持续发展战略方面。生态学与环境问题研究、环境保护与污染处理相结合，发展为生态工程（ecological engineering）和生态系统工程（ecosystem engineering），成为 20 世纪 70 年代后期应用生态学最重要的领域之一，代表性著作有《生态学与环境管理》（*Ecology and Environmental Management*）、《面向环境科学的生态学：生物圈生态系统与人类》（*Ecology for Environmental Sciences: Biosphere Ecosystems and Man*），《生态系统的理论与应用》（*Ecosystem Theory and Application*）、《世界保护对策：面向可持续发展的生物资源保护》（*World Conservation Strategy: Living Resource Conservation for Sustainable Development*）等。国际生态工程学会前主席、先后任职于美国佛罗里达海湾大学和俄亥俄州立大学的威廉·米施（William Mitsch）与丹麦著名生态学家斯文·埃里克·约根森（Sven Erik Jørgensen）合著的《生态工程——生态技术简介》（*Ecological Engineering: An Introduction to Ecotechnology*）是世界上第一本生态工程专著，标志着生态工程学正式成为一门学科。农业生态工程技术在我国广为接受，创造了丰富的应用形式，引起国际上高度重视。

人类生态学（human ecology）是运用生态学基本原理和研究方法探讨人类及其活动与自然环境、人工环境、经济环境、社会环境之间相互关系的科学。20 世纪 70

年代，关于人类生态学的学术著作开始出现。马世骏与王如松提出的"社会 – 经济 – 自然复合生态系统"、苏联学者马尔科夫提出的"社会生态学"与人类生态学、人类生态系统的含义和理念非常接近。人类生态学的研究内容主要包括个体和群体的生理及心理生态健康、生产和生活活动中物质代谢及能量传递过程的健康、自然和人工生态系统服务功能的健康等，从涉及人类和动物的公共卫生实践到生态系统修复和管理、自然资源保护与恢复、城乡统筹协调发展等多个领域，应对人类健康与可持续发展的挑战。恢复生态学（restoration ecology）研究生态系统退化的过程与原因、退化生态系统重建的机理与方法、受损生态系统恢复的技术与手段等，在草地、森林、湖泊、湿地、河流、近海、农田、土壤、矿区、城市等极端退化生境的修复和重建中取得了令人瞩目的进展。保护生物学（conservation biology）主要研究生物物种、生存环境及生物多样性的保护途径和对策，包括生物多样性的起源 / 维持 / 丧失、调查 / 编目 / 分类 / 监测 / 评估、保护 / 恢复 / 持续利用、宏生态学、DNA 条形码技术、谱系生物地理学、保护生物地理学、生态系统服务功能、对全球变化的响应等。经济生态学是由生态学与经济学相结合形成的，研究种群、群落、生态系统、生物圈与社会经济过程的相互作用机制、调节方式及其经济价值体现，虽然还是未成熟的学科，但国内外都给予相当重视。产业生态学（industrial ecology）是一门结合生态学理论与可持续发展思想而建立起来的新学科。目前，我国产业生态学研究主要集中在以下几个领域：国外文献的翻译及评述；产业生态学内涵、理论基础和方法研究；产业生态学应用研究，如可持续消费、产品生命周期评价、产品碳足迹等；产业共生模式和机理；生态工业园区理论和方法等。总体上，我国生态工业园区主要以政府主导下的企业共生模式出现，基本上都位于产业聚集区、国家级和省级开发区、ISO14000 国家示范区、循环经济示范园区等政府划定的区域内。基于实践需求，我国也相应形成了庞大的产业共生和生态工业园区研究队伍。此外，农业生态学（agricultural ecology）、资源生态学（resource ecology）、城市生态学（urban ecology）、工业生态学、污染生态学（pollution ecology）、渔业生态学（fishery ecology）、医学生态学（medical ecology）、放射生态学（radio ecology）等都是生态学应用和实践的重要领域。

（3）生态学技术和方法方面：遥感已普遍应用于生态学观测和研究，其范围和尺度发生了巨大的进步，可以记录细小比例尺的动态格局，用于评价全球性变化。放射性核素对古生物的历史保存时间进行精确测定，实现了地质时期古气候及生物群落的重建、现存群落与化石群落的比较。在现代分子技术的支持下，微观生态学、微生物生态学、遗传生态学获得了显著的发展。自动监测和记录技术、可控环境技术、计算机技术、多媒体技术的应用，使生态系统长期定位观测、实验生态取得较大进展。生态学广泛吸收了现代物理学、数学、化学、分子科学、测绘科学与技术、工程技术科学的研究成果，向精准化和定量化发展，并形成了自身的理论体系。无论基础生态还是应用生态，都特别强调理化方法、数学模型、数量分析方法、高精度的测试仪器、高性能的电子计算机、高分辨率的遥感设备、地理信息系统的应用，生态学获得了新的研究条件，生态学家能够更加深入地揭示生物与环境之间相互作用、复杂生态现象的物质基础和信息关联。

数量生态学（quantitative ecology）和数学生态学（mathematical ecology）是指采用数学的方法定量地研究、解决生态学问题。两者之间没有严格的界限，有些学者交叉使用。尽管之前也有一些文章涉及植物群落、植被、植物与环境之间相互关系的定量描述，但直到 20 世纪 50 年代，数量生态学才作为植物生态学和植被生态学的分支学科得以确立。自从 1957 年格雷格·史密斯出版了第一本数量生态学专著《数量植物生态学》（*Quantitative Plant Ecology*），国际上先后出版了多部有关数量生态学的著作，大部分仅涉及该学科的某一部分，如数量分类和排序。到 20 世纪 60 年代，各大植物生态学派均接受和应用了数量分析方法，并用数量分析去验证各自的传统研究结果。由于一些系数的计算量大，直到电子计算机普遍应用之后，多元分析（multivariate analysis）才迅速发展起来。20 世纪七八十年代以来，数量生态学得到了迅猛发展，有关论著大量增加，如《数学生态学引论》（*An Introduction to Mathematical Ecology*）、《种群与群落生态学：原理与方法》（*Population and Community Ecology: Principles and Methods*）、《数学生态学》（*Mathematical Ecology*）、《生态学数据的解释：分类和排序导论》（*The Interpretation of Ecological Data—A Primer on Classification and Ordination*）等。涉及多元分析的著作较多，包括《植物群落分类》（*Classification of Plant Communities*）、《植物群落排序》（*Ordination of Plant Communities*）、《群落生态学中的多元分析》（*Multivariate Analysis in Community Ecology*）、《群落和景观生态学中的数据分析》（*Data Analysis in Community and Landscape Ecology*）等，对推动数量生态学的普及和应用起到重要作用，数量分析已成为现代生态学必不可少的研究手段。在国内，阳含熙与卢泽愚编写了《植物生态学数量分类方法》，主要描述了 1975 年以前的数量分类和排序方法。张金屯出版了《数量生态学》，反映了该学科的最新成果和研究热点，如中性理论模型、神经网络聚类和排序等，涉及数量生态学的各个方面。在过去的几十年中，生态学研究方法经过描述 – 实验 – 物质定量 3 个发展过程，从定性、单一走向定量、综合和交叉。

20 世纪五六十年代以来，生态学蓬勃发展。生态学的定义也由"研究生物体与其周围环境相互关系的科学"，拓展为"从生物与环境相互作用的视角，研究生物多样性各种机理的科学"，其研究内容已经从单纯的生物生态学发展到关心人类未来的科学。系统论、控制论、信息论、耗散结构论、协同论、突变论原理和方法的引入，促进了生态学理论的发展，形成了相对独立的理论体系，即从生物个体与环境直接作用的微环境、小环境到不同层次的生物体与生态系统关系的理论。与许多其他的自然科学类似，生态学也呈现出由静态描述向动态表征、由定性研究向定量分析、由单一层次向复合层次的发展趋势。研究人类活动下生态过程的变化已成为当今生态学的重要内容。生态学可促进人类更好地理解、管理、利用、恢复、保护和重建生态系统，成为未来人类社会与自然生态系统共生共存的理论依据和行动指南。今后的研究重点将包括全球变化、生物多样性、生态系统服务功能、生物入侵机制与控制、退化生态系统恢复与人工生态设计、生态系统管理和生态文明建设等。

2011 年，国务院学位委员会将生态学由生物学中的二级学科升级为一级学科，下设生态科学、生态工程和生态管理 3 个二级学科，提升了生态学在我国自然科学发展中的地位。2018 年，国务院学位委员会生态学科评议组对生态学的二级学科方向重新整合，建立了由 7 个二级学科（植物生态学、动物生态学、微生物生态学、生态系统生态学、景观生态学、修复生态学和可持续生态学）构成的生态学学科体系。国家、社会和公众把生态学提高到了前所未有的高度。中国共产党第十八次全国代表大会以来，"生态文明建设"成为"五位一体"总体布局（经济建设、政治建设、文化建设、社会建设、生态文明建设是一个有机整体，其中生态文明建设是基础）的重要组成部分。2018 年，我国将"生态文明建设"写入宪法，并组建了"自然资源部"和"生态环境部"，以集中力量加强我国的生态环境保护。党的十八大以来，习近平总书记提出了一系列关于生态文明建设的重大论断和"绿水青山就是金山银山""山水林田湖草是一个生命共同体"等一系列理念，充分体现了党和国家对生态文明建设的重视、人民对生态文明建设的期待，也对新时代的生态学研究与教育提出了更高的要求。

2.3　生态学的重要概念

2.3.1　个体生态学概念

环境（environment）：生物个体或群体以外的空间，以及直接或间接影响生物发生、发展和生存的一切相关因素的总和。

生态因子（ecological factor）：对生物生长、发育、繁殖、行为、多度和分布具有直接或间接影响的环境条件，如温度、湿度、空间、土壤、食物、天敌、pH、O_2、CO_2、盐度、海拔、坡向等。

生存因子（survival factor）：在生态因子中，有机体生长和发育不可缺少的环境要素，其数量的多少及质量的变化对生物繁育和生产力产生很大的影响。

生境（habitat）：具有特定生态属性的生物个体或群体总是在某一特定的环境中生存和发展，这一特定环境称为生境。生境包括结构性因素、生物性因素、资源性因素等，可分为水平结构（空间异质性）、垂直结构（分层现象）和时间结构（周期性变化），如植物生长的土壤及其特性，动物的栖息地、繁殖地、食源地、庇护所等。微小生物栖息的、具有特殊环境条件的微小场所或某一群落的内部小场所，通常被称为小生境（microhabitat）；不仅涉及内部环境，还包括外部环境的大范围区域，则称为大生境（major habitat）。

限制因子（limiting factor）：在影响生物生存和繁殖的生态因子中，起到关键性限制作用的一个或少数几个因子。

主导因子（dominant factor）：在生物赖以生存的诸多环境因子中，对生物生长、发育和繁殖起到决定性作用的 1 ~ 2 个关键生态因子。

密度制约因子（density dependent factor）：此类因子对生物的影响强度随着种群密度的变化而改变，具有调节种群数量、维持种群平衡的作用，包括空间、营养、水分、竞争、天敌、寄生、捕食等。如病原微生物在密度较大的寄主种群中比在密度较小的寄主种群中常产生更大的影响。

非密度制约因子（density independent factor）：此类因子对生物的影响大小不随种群密度的变化而改变，在任何种群密度下均有相同的影响强度，如气候、降水、温度、天气变化、大气 CO_2 浓度等。

生态幅（ecological amplitude）：生物对每种生态因子都有其耐受的上限和下限，两者之间就是生物对该生态因子的耐受范围，称为生态幅。

临界温度（critical temperature）：在生态学中，临界温度指生物进行正常生命活动（生长、发育、生殖等）所需的环境温度的上限或下限，低于下限或高于上限生物便会受到伤害，生命活动出现停滞甚至导致生物体死亡。依据生物对温度的反应，可将温度划分为致死高温区、不活动高温区、适温区、不活动低温区、致死低温区。一般来说，植物和变温动物生长发育所要求的温度条件分别在 0 ~ 50 ℃和 6 ~ 36 ℃范围内；恒温动物具有体温调节能力，对环境温度的适应范围更广。

生物学零度（biological zero degree）：生物生长发育的起点温度。

冷害（cool damage）：喜温生物在 0 ℃以上低温条件下受到的伤害，又称为低温冷害。冷害使植物生理活动受到障碍，严重时某些组织遭到破坏。

冻害（cold injury）：0 ℃以下的低温使生物受到的伤害。常发生的有越冬作物冻害、果树冻害和经济林木冻害等。

表型（phenotype）：具有特定基因型的物种适应一定的环境条件后，实际表现出的可见性状总和，是基因型与环境相互作用的产物。

表型可塑性（phenotypic plasticity）：一个特定的基因在不同的环境条件下表现出不同的表型，物种的性状随环境发生改变的这种能力称为表型可塑性，包括生理、行为、形态、生长、生活史等方面的适应，如人的晒黑、风造型的植物、蝗虫的单生或群居型等，反映了生物与环境之间的关系。

基因型（genotype）：某一生物个体全部基因组合的总称，反映个体和物种的遗传构成和本质。

等位基因（allele）：位于一对同源染色体相同位置上、控制相同性状不同形态的 2 个或 2 个以上的基因组合。

基因库（gene pool）：在一个生物群体或生态系统中，所有个体的全部基因之和。

基因频率（gene frequency）：在一个基因库中，不同基因所占的比例。

基因型频率（genotypic frequency）：在一个基因库中，不同基因型所占的比例。

生活型（life form）：不同种类的生物长期生活在相同的自然生态环境或人工培育条件下，发生趋同适应，表现出相似的形态学、生理学和生态学特性，是生物对综合环境条件的长期反映，也是自然选择和人工选择的结果。

生态型（ecotype）：同一物种的不同类群长期生活在不同的生态环境中，产生趋异适应，在形态、生理、生态、行为、遗传、繁殖及适应方式等方面表现出不同的特点。生态型的形成可由气候因素、土壤因素、生物因素或人为活动（如引种扩大分布区）等多种因素引起，是遗传变异和自然选择的结果，代表不同的基因型；即使移植于同一生境，它们仍保持其稳定差异，但型间差异尚不足以作为物种的分类标志。不同生态型之间可以自由杂交。

生态特性（ecological characteristic）：生物在长期进化的过程中，其生存、活动、繁殖逐渐形成对周围环境某些物理条件和化学成分（如空间、光照、水分、能量、空气、无机盐类等）的特殊需要。

生态隔离（ecological separation）：生物在进化发展的过程中，2 个生态上接近的物种激烈竞争，其结果是一个物种完全排挤掉另一个物种，或使其中一个物种占有不同的空间或食性上的特化，或其他生态习性上的分离。

生长（growth）：生物体在一定的生活条件下由小到大的过程，包括细胞数量的增殖、生物物质的增加、体积和质量的增大等。

发育（development）：伴随着生长过程，生物体的结构和功能从简单到复杂，从幼体成为与亲代相似的性成熟个体的转变过程，是生物体自我建构和自我组织的过程。

繁殖（reproduce）：生物为延续种族所进行的产生新个体的生理过程。

营养繁殖（vegetative reproduction）：从生物营养器官的一部分（如根、叶、茎等）产生新个体的繁殖方式，能够保持某些栽培物的优良性征，而且繁殖速度较快，主要包括分根、压条、扦插、嫁接等。

有性生殖（sexual reproduction）：由亲本产生有性生殖细胞（配子），经过两性生殖细胞（例如精子和卵细胞）的结合，形成受精卵，进而发育成为新个体的繁殖方式。

孢子生殖（spore formation）：生物的无性生殖方式之一。孢子是许多真菌、植物、藻类和原生动物产生的一种具有繁殖或休眠作用的特殊生殖细胞。通过母体产生出没有性别分化的孢子，如分生孢子（conidium）、孢囊孢子（sporangiospore）、游动孢子（zoospore）等，不经过两两结合和性过程，每个孢子直接发育成新个体的生殖方式，称为孢子生殖。植物通过无性生殖产生的孢子叫"无性孢子"，通过有性生殖产生的孢子叫"有性孢子"，如接合孢子（zygospore）、卵孢子（oospore）、子囊孢子（ascospore）、担孢子（basidiospore）等。

繁殖价值（reproductive value）：又叫生殖价，在相同时间内特定年龄个体相对于新生个体的潜在繁殖贡献，包括现时繁殖价值（当年繁殖价值）和剩余繁殖价值。

繁殖成效（reproductive effect）：个体现时的繁殖输出与未来繁殖输出的总和，即生物在繁殖过程中实际达到的结果。

亲本投资（parental investment）：生物有机体在生产、抚育和管护子代时所消耗的时间、能量和资源量。其基本假设是两性繁殖过程中，两性都有最低限度的绝对投资，就是提供双方的生殖细胞；投资较多的一方在选择配偶的时候更加挑剔，而投资较少的一方，同性内的竞争会更为激烈。

扩散（dispersal）：生物个体或繁殖体（如孢子、种子）从一个生境或地区转移到另一个生境或地区的过程，又称散布，包括主动扩散和被动扩散。各种生物都能通过不同的扩散方式扩大栖息范围和分布区域；扩散能够促进异地间的物种交流，增加物种的多样性，加快生物群落的演替；大范围的扩散结合地理隔离是物种分化的重要条件；新的环境意味着不同的自然选择方式，可改变种群的基因频率，因此扩散是促进生物进化的重要因素之一。

传播因子（dispersal factor）：传播生物繁殖体的媒介、途径和驱动条件。

生物钟（biological clock）：又称生理钟，是生物体内一种无形的"时钟"，实际上是生物体生命活动的内在节律性和自身定时机制，由生物体内的时间结构序所决定。

生活史（life history）：一个生物体从出生到死亡所经历的全部过程，也称生活周期。

物候学（phenology）：研究生物的季节性节律变化与环境周期性变化之间相互作用关系的科学。主要通过观测和记载一年中植物的生长荣枯、动物的迁徙繁殖和环境条件的波动等，探讨生物生长发育和生理活动的周期性规律、气候的变化格局及其对各种生物的影响、生物对环境条件的依赖和响应、不同生物时空分布的差异及原因等，属于生态学、环境科学、生物学与气象学之间的交叉学科。

适应（adaptation）：生物经过生存竞争而形成的适合环境条件、有助于生存和繁衍的特性与性状的现象，是自然选择的结果，需要很长时间。

适应组合（adaptive suites）：生物对特定环境条件的一系列适应表现出相互之间

的关联性，这一整套协同的适应特性称为适应组合。

适合度（fitness）：个体生产能够存活的健康后代、并对未来世代有贡献的能力。个体的相对适合度是有变化的，这种变化主要决定于个体的遗传差异，部分决定于环境的影响。

自然选择（natural selection）：物种中具有最高适合度的个体将会对未来世代作出特别高的贡献。如果适合度的差别含有遗传的成分，则后代的遗传组成会有改变，这个过程称为自然选择，也称为"最适者生存"（survival of the fittest）。

趋同适应（convergent adaptation）：不同种类的生物长期生活在相同或相似的环境中，经过变异和选择，在形态结构、生理生化、发育节律、代谢途径和适应方式上表现出相同或相似的特性，这种适应性变化称为趋同适应。例如，哺乳类的鲸、海豹、海豚、海狮、海象与鱼类的鲨鱼在亲缘关系上相去甚远，但都长期生活在海洋中，身体呈适于游泳的纺锤形。

趋异适应（cladogenic adaptation）：同种生物长期生活在不同的环境中，为了适应当地的生境条件，在形态、结构、生理、生化、行为特征方面表现出明显差别，这种适应性变化称为趋异适应。如蓖麻在我国北方是一年生的草本植物，而在南方却是呈树状的多年生植物。

驯化（acclimation）：生物有机体在实验环境条件下诱发的适应性反应或生理补偿机制，在较短时间内可以完成。

气候驯化（acclimatization）：在自然气候条件下所诱发的生理补偿变化，需要较长时间才能完成。

休眠（dormancy）：生物的潜伏、蛰伏或不活动状态，是生物对短期或周期性逆境条件进行抵御的一种生理机制。进入休眠状态的生物对环境条件的耐受范围比正常活动时宽泛得多。

他感作用（allelopathy）：生物通过向体外分泌和散发代谢过程中的某些化学物质，对其他生物产生直接或间接的影响。这种作用是种间关系的一部分和生存竞争的一种特殊形式，种内关系也有此现象。

自养生物（autotroph）：主要包括绿色植物和许多微生物，可以利用光、CO_2、水以及土壤中的无机盐等，通过光合作用（photosynthesis）、化能合成作用（chemosynthesis）等生物过程制造有机物，为生态系统中各种生物提供物质和能量。

异养生物（heterotroph）：在同化作用的过程中，不能直接利用无机物合成有机物，只能把从外界摄取的现成的有机物作为能量和碳的来源，转变为自身的组成物质，并储存能量的生物。

有害生物（pest）：在一定条件下，对人类的生活、生产甚至生存产生危害的生物；以人类为食、与人类竞争食物或栖息地、传播病原体、通过不同途径威胁人类健康或安宁的生物；因数量过多而造成养殖动物和栽培作物、树木、花卉、草坪重大损失的生物。狭义上仅指动物，广义上包括动物、植物、微生物（细菌、真菌、病毒等）。

稳态（homeostasis）：有机体在可变动的外部环境中，通过调节作用，确保各个组织、器官、系统协调活动，共同维持相对恒定的内部环境，称为稳态。稳态是生物有机体进行正常生命活动的必要条件。

尺度（scale）：对某一研究对象或生态现象在空间上或时间上的量度，分别称为空间尺度（spatial scale）和时间尺度（temporal scale）。

2.3.2　种群生态学概念

种群（population）：在特定的空间和时间内，由同种生物组成的集群。种群是物种在自然界的基本存在单位和进化单位，也是群落结构与功能的基本组成单位。种群动态（种群数量和分布在时间上和空间上的变动规律）是种群生态学的核心研究内容。

集合种群（metapopulation）：也称为异质种群。在斑块生境中，空间上具有一定的距离、但彼此间通过个体扩散相互联系在一起的许多小种群的集合。1969 年，由美国著名种群遗传学家和数学生态学家理查德·莱文斯（Richard Levins，1930—2016 年）首次提出这一概念，将其定义为"一组种群构成的种群"（a population of populations）。通常用局域种群（local population）表示传统意义上由一群个体组成的种群，用集合种群表示一组局域种群构成的种群。

内禀增长率（intrinsic growth rate）：在没有任何环境因素（食物、水分、栖所、温度、天敌等）限制的理想条件下，由种群内在属性决定的、稳定的、最大的增殖速度。

年龄金字塔（年龄锥体，age pyramid）：分析年龄结构的常用方法，由自下而上的一系列横柱组成，横柱的垂直位置表示幼年到老年的各个年龄组，横柱的宽度表示不同年龄组的个体数量或比例。

年龄结构（population age structure）：在种群中不同年龄的个体所占比例或配置状况，对种群出生率和死亡率都有很大影响。

零增长线（zero net growth isoline，ZNGI）：生物利用某种必需营养元素时，该种生物能够存活和增殖的边界条件。

生命表（life table）：用于描述种群存活和死亡、分析种群动态的生态学统计方法。

动态生命表（dynamic life table）：观察和记录同一时间出生的一群生物存活（或死亡）的动态过程，根据结果编制的生命表，又称为特定年龄生命表（age-specific life table）、水平生命表（horizontal life table）、同生群生命表（cohort life table）。动态生命表个体经历了同样的环境条件，研究对象必须是同一时间出生的个体，历时久、工作量大，往往难以获得完整的数据。

静态生命表（static life table）：在某一特定时间对种群的年龄组成进行调查，获得数据编制的生命表，又称为特定时间生命表（time-specific life table）、垂直生命表（vertical life table）。静态生命表中的个体出生于不同的时间，经历了各异的环境条件。

环境容纳量（environmental capacity）：在自然环境不受破坏的情况下，一定空间中所能容许的某个种群数量的最大值（以 K 值表示）。环境容纳量是环境制约作用的具体体现。当种群达到 K 值时，将不再增长。

环境阻力（environmental resistance）：阻止物种达到其内禀增长率的各种环境因素的总和，多随种群密度的增大而增加。

渐变群（gradualism）：环境选择压力在地理空间上呈现连续变化，导致基因频率或表现型的渐变，形成具有变异梯度的群体。

遗传漂变（genetic drift）：在较小的种群中，由于不同基因型个体生育的子代个体数有所变动而导致基因频率的随机波动。

种内关系（intraspecific relation）：生存于种群内部的个体与个体之间的关系，包括密度效应、动植物性行为、领域性、社会等级等。

种群的空间格局（spatial pattern）：种群中的个体在空间上的分布位置、状态或布局，也称种群内分布型（internal distribution pattern），包括均匀型（uniform）、随机型（random）和聚集型（clumped）。

邻接效应（neighboring effect）：随着种群密度的增大，在邻接的个体之间发生相互影响和制约的现象，决定于出生和死亡、迁入和迁出，最终表现为种群密度增长的抑制，又称拥挤效应（crowding effect）、密度效应（density effect）。

自疏现象（self-thinning）：同种植物或固着性动物，因种群密度而引起种群个体死亡、密度减少的现象，是种群内部对环境做出的预判和止损。

领域（territory）：由个体、家庭、家族等社群单位所占据和控制的、积极保卫不让其他生物侵入的空间。

领域性行为（territoriality）：动物以威胁、警示、恫吓或进攻的方式驱离入侵者的行为。

领域性（territorial）：生物具有领域行为的特性。动物占据一定的领域对其繁衍生息极为有利，既能保证丰富的食物来源，也能使动物熟悉自己的区域，一旦出现紧急情况，可迅速地选择躲藏地，以逃避捕食者；此外，在生殖活动期间还能减少干扰。

社会等级（social hierarchy）：在一群同种的动物中，每个个体的地位具有一定顺序的等级现象，形成的基础是支配行为，也称支配 – 从属（dominant-submissive）关系，一般包括独霸式、单线式、循环式 3 种形式。

种间关系（interspecific relation）：生活于同一生境中不同物种之间的关系。

互利共生（mutualism）：两种不同生物之间形成的紧密互惠关系，一方为另一方提供有利于生存的帮助，同时也获得对方的帮助；分开后双方的生活都要受到很大影响，甚至不能生活而死亡，也叫互惠共生。

偏利共生（commensaliam）：两种不同的生物一起生活，其中一方受益，另一方既不受益也不受损的关系，也叫共栖。

竞争（competition）：利用相同有限资源的生物个体间或物种间相互排斥的现象，包括种内竞争（intraspecific competition）和种间竞争（interspecific competition）。在长期进化中，竞争促进了物种生态特性的分化，结果使竞争关系得到缓和，并使生物群落产生并维持一定的结构。

寄生（parasitism）：一种生物从另一种生物组织、器官、体液或已消化的物质中获取营养和能量，并对宿主造成危害的现象。

空间异质性（spatial heterogeneity）：生态学过程和格局在空间分布上的不均匀性及其复杂性。

生态位（niche）：生物种群在空间和时间上实际或潜在占据、利用或适应的生态因子，以及与其他相关种群之间的相对功能关系与作用，包括生活方式、食物、气候、需求等，又称生态龛。与资源利用谱（resources utilization spectra）的概念基本等同。

基础生态位（fundamental niche）：在没有任何竞争或其他敌害的情况下，物种所占据的理论上的最大生态位。

实际生态位（realized niche）：因资源有限和种间竞争，一种生物不可能占据其全部基础生态位。物种实际利用的生态位叫作实际生态位或现实生态位。

生态位宽度（niche breadth）：在现有的资源谱中，某种生物能够利用的各种资源总和的幅度，是物种利用资源多样性的一个指标，又称生态位广度或生态位大小。

生态位重叠（niche overlap）：2 个或 2 个以上生态位相似的物种生活在同一空间时，分享或竞争共同资源的现象。种间竞争促使 2 个物种的生态位分开，重叠程度减小，如占据不同的空间位置、在不同的时间和空间觅食等。

生态元（ecological element）：从基因到生物圈所有层次的生物组织均具有一定的生态学结构和功能，这些单元称为生态元。所有的生态元均与各自的生态位相对应。

种群平衡（population equilibrium）：种群较长时间内维持在几乎同一水平的现象。

种群爆发（population outbreak）：生物种群在短时间内急剧扩繁、个体数量和密度显著增加的现象，往往造成严重的不利影响。

协同进化（coevolution）：2 个相互关联、相互作用的物种形成的相互适应和共同进化。

2.3.3　群落生态学概念

群落（community）：在一定的时间和空间内，由不同种群组成的集合。

群落外貌（physiognomy）：生物群落的外部形态或表象，是群落中生物与生物之间、生物与环境之间相互作用的综合反映。

群落最小面积（minimal area）：能够包含群落中大多数生物种类的最小面积。组成生物群落的种类越丰富，其最小面积越大。通常采用绘制"种－面积曲线"的方法，确定群落最小面积的大小，具体做法是：逐渐扩大样方面积，随着样方面积的增大，样方内植物的种类也在增加；当种类增加到一定程度时，曲线则有明显变缓的趋势，即使随着样方面积的继续增加，新物种的增加已经很少。通常把曲线陡度开始变缓时对应的面积称为最小面积。

多度（abundance）：群落中物种个体数量（密度）的定量估测指标之一。常具有两方面的意义：①意味着个体数的推测，分为极少、少、稍多、多、极多5级。而单独使用并不太多，常与覆盖度结合，作为优势度使用，国内多采用7级制多度：SOC（SOCIALS，极多）、COP3（COPIOSAE 3，数量很多）、COP2（COPIOSAE 2，数量多）、COP1（COPIOSAE 1，数量尚多）、SP（SPARSAL，数量不多而分散）、SOL（SOLITARIAE，数量很少而稀疏）、UN（UNICURN，个别或单株）。②意味着仅限于某种生物种类出现的调查区中平均个体数，用于群落结构的分析。

密度（density）：单位面积或体积内的个体数量。乔木、灌木和丛生草本一般以植株或株丛计数，根茎植物以地上枝条计数。

相对密度（relative density）：在一个群落中，某物种的个体数与全部物种个体数的比值。

盖度（cover degree）：植物地上部分垂直投影面积占样地面积的百分比，即投影盖度（projective cover degree）。盖度不取决于植株数目的分布状况，而是取决于植株的生物学特性。

基盖度（basal coverage）：植物基部的覆盖面积。

相对盖度（relative coverage）：群落中某一物种的分盖度占所有分盖度之和的百分比。

盖度比（coverage ratio）：某一物种的盖度占盖度最大物种的盖度的百分比。

频度（frequency）：在群落生态调查中，某个物种在统计范围内出现的频率，等于该物种出现的样方数量占全部样方数量的百分比。

相对质量（relative mass）：在单位面积或体积内，某一物种的质量占全部物种总质量的百分比。

同资源种团（功能团，guild）：由生态学特征和资源利用方式相似的生物构成的物种集团，也称为功能团。

建群种（constructive species）：对群落建构起到主要作用的优势种。建群种在个体数量上不一定占有绝对优势，但决定着所在群落的内部结构和特有的环境条件。如果在主要层次（优势层次）中存在 2 个或 2 个以上的种共占优势，则把它们称为共建种（co-edificato）。

优势种（dominant species）：在群落中占据优势、对群落性质和环境条件具有主导和控制作用的物种，包括群落各层中在数量、体积上最大、对生境影响最大的种类。在森林群落中，乔木层中的优势种既是优势种，又是建群种；而灌木层中的优势种不是建群种，原因是灌木层在森林群落中不是优势层。群落各层中的优势种可以不止一个种，即共优种。在热带森林中，乔木层的优势种往往是由多种植物组成的共优种。

亚优势种（subdominant species）：个体数量与作用都次于优势种，但存在度（presence）和优势度（dominance）较高、对群落结构和环境仍起到一定控制作用的物种。

伴生种（companion）：与优势种相伴存在、但不起主要作用的物种。属于群落中常见的种类。

偶见种（uncommon species）：在一个群落中出现频率很低的物种，也称罕见种。可能是由于环境的改变偶然侵入的种群，或群落中衰退的残遗种群。

稀有种（rare species）：在全世界的总体数量很少，但尚不属于濒危种（endangered species）、易危种（渐危种，脆弱种，vulnerable species）的珍贵物种。常分布于有限的地理范围，或者稀疏地分布在更为广阔的区域，很容易陷入濒危乃至灭绝。

关键种（keystone species）：不同物种在群落中的地位和作用是不同的，有些物种在维持生物多样性和系统稳定性方面具有特殊的关键作用，它们一旦减少或消失，整个群落可能出现根本性的变化，这样的物种被称为关键种。

群落结构（community structure）：群落是一个有机的、有规律的系统，各个种群占据了不同的空间和时间，使群落具有一定的结构，包括空间结构和时间结构。群落结构还表现在生活型组成上，根据休眠芽或复苏芽的位置高低和保护方式，可将高等植物分为高芽位植物（phanerophyte）、地上芽植物（chamaephyte）、地面芽植物（hemicryptophyte）、地下芽植物（隐芽植物，cryptophyte）和一年生植物（therophyte），共 5 种生活型。

群落的空间结构（spatial structure of community）：包括垂直结构和水平结构。垂直结构是指群落在垂直方向上呈现明显的分层现象。森林群落分为林冠、下木、灌木、草本和地被等层次，各种动物类群也在森林的不同高度中占据一定的位置。根据光照、水温、溶氧量等，可将水生群落分为上湖层、温跃层和下湖层。一般来说，群落垂直分层越多，动物种类也越丰富。水平结构主要表现为群落在水平方向上的分布不均匀性（nonuniformity）、不连续性（discontinueity）、斑块性（patch）、异质性（heterogeneity）和镶嵌性（mosaic），从而形成了彼此组合的许多小群落（microcoense）。

群落的时间结构（群落的时间格局，temporal structure of community）：很多环

境因素具有明显的时间节律，如昼夜节律和季节节律，所以群落结构、组成、外貌以及不同物种的生命活动也随时间发生规律性的明显变化，这就是群落的时间结构（格局）。在某一时期，某些生物种类在群落生命活动中起主要作用；而在另一时期，则是另一些生物种类在群落生命活动中起主要作用。

成层现象（epidermal stratification）：由于环境的逐渐变化，导致对环境不同需求的动、植物生活在一起，这些动、植物各有其生活型，其生态幅度和适应特点也各有差异，各自占据一定的空间，并排列在不同的高度和一定的土壤、水体深度中。群落的这种垂直分化是不同生物类群之间相互竞争、生物类群与自然环境之间相互选择的结果，是群落垂直空间结构最直观的基本特征之一，显著提高了生物类群利用环境资源的能力。

层间植物（interlayer plant）：群落中除了自身支撑的植物所形成的层次之外，还有一些植物（如森林中的藤本植物、附生植物、攀援植物、寄生植物、腐生植物等）并不能独立维持层次，而是依附在直立植物体的不同部位，这类植物称为层间植物。

群落交错区（ecotone）：不同群落的交界区域，或不同环境的接触和结合部位。群落交错区有的狭窄，有的宽阔，有的变化突然，有的逐渐过渡或形成镶嵌状。如在森林与草原的交界地区，常有很宽的森林草原带，森林与草原呈镶嵌状态。但水体与陆地群落之间的边缘就很明显。在群落交错区中，生物生活的环境条件往往与2个群落的核心区域有明显区别。例如，在森林和草地的交界处，林缘风速较大，水分蒸发加快，故较干燥，太阳的辐射也强。人类活动常形成许多交错区，如城乡交错带、农牧交错带等。群落交错区的环境特点及其对生物的影响，已成为生态学研究的重要课题。亦称为生态交错带、生态过渡带（transition area）、群落界面区（interfacial area）。

边缘效应（edge effect）：由于受到周围环境的影响，缀块边缘表现出与缀块中心不同的生态学特征的现象。

扰动（disturbance）：群落外部不连续存在因子、间断发生因子的突然作用，或者连续存在因子的异常波动。能够引起有机体、种群或群落发生全部或部分明显变化，使其结构和功能受到损害或发生改变。

生活型（life form）：不同种类的生物之间由于趋同适应而在形态、生理、生态、行为及适应方式等方面表现出相似的类型，是生物对综合环境条件的长期反映。

生活型谱（life form spectrum）：一个地区或一个群落中，各类生活型的数量比例关系（百分比），是群落对外界环境最综合的反映指标。

生态等值种（ecological equivalent）：在地理位置不同、但环境相同或相似的情况下，由于趋同适应而具有相同生活型的2个物种。

植被型组（vegetation type group）：由建群种生活型相似而且群落外貌相似的植物群落联合为植被型组，如针叶林、阔叶林、灌草和灌草丛、草原和稀树干草原、荒漠、冻原、草甸、沼泽、水生植被等。

植被型（vegetation type）：在植被型组内，建群种生活型相同或相似、对水热条件的生态关系一致的植物群落组成植被型，是植被分类的重要高级单位。同一植被型具有相似的区系组成、结构、形态外貌、生态特点以及动态演变历史等，如常绿阔叶林、草甸等。就地带性植被而言，植被型是一定气候区域的产物；就隐域性植被而言，植被型是一定的特殊生境的产物。中国共分出 29 个植被型，如寒温性针叶林、落叶阔叶林、常绿阔叶林、季雨林、红树林、落叶阔叶灌丛、灌草丛、草原、草甸、沼泽和水生植被等。

群系（formation）：建群种或共建种相同的植物群落联合为群系，是植物群落分类中的主要等级单位之一。我国将群系作为植物群落分类中的主要中级单位。

群丛（association）：由层片结构相同、各层片的优势种或共优种相同的植物群落组成，是植物群落分类的基本单位，在植物生态学中的作用相当于分类学上的种。凡属同一群丛的植物群落，其植物种类组成、建种群和优势种都相似，即都有着标志这种群丛的共同植物种类。另外，其群落外貌、群落结构、生态特征也相似，因而都有着相似的层片配置、季相变化，而且都生活在非常相似的生境中。

排序（ordination）：按照相似度，排定一个地区内调查的群落样地的位序，以分析各样地之间及其与生境之间的相互关系。包括直接排序和间接排序。

生态演替（ecological succession）：在某一空间内，随着时间的推移，物种的组成发生连续的、单向的、有序的变化，使一种生物群落被另一种生物群落所取代的过程。引起生态演替的外因包括自然因素和人为因素。海陆变迁、火山喷发、气候演变、雷击火烧、风沙肆虐、山崩海啸、虫鼠灾害等属于自然因素，砍伐森林、开垦草地、围湖造田、捕捞鱼虾、狩猎动物、撒药施肥等属于人为因素。这些因素或是单一作用或是多个综合作用于群落和生态系统。

原生演替（primary succession）：从原生裸地（不存在任何生物繁殖体的裸露地段）开始的演替。

次生演替（secondary succession）：从次生裸地（残存着原有群落土壤条件甚至保留少量根系、种子等某些植物繁殖体的空地）开始的演替，例如原来的植物群落由于火灾、洪水、崖崩、风灾、火山爆发和人类活动等原因大部分消失后所发生的演替。

演替系列（succession sequence）：在某个地段上，从生物定居到形成稳定群落的过程。

顶级群落（climax community）：随着群落的演替，达到的相对稳定和成熟的群落。

2.3.4　生态系统生态学概念

系统：由 2 个或 2 个以上相互作用的因素组成的集合体。

生态系统：在一定的时间和空间内，由生物组分和非生物组分相互作用而形成的、具有一定结构和功能的有机复合体。

自养生态系统：能量来源中，日光能输入量超过有机物质输入量的生态系统。

异养生态系统：现成有机物质的输入构成主要能量来源的生态系统。

生物圈：地球上存在生命的部分，主要由大气圈的下层（对流层）、水圈和岩石圈的上层（风化壳）组成。绝大部分生物集中生活在地表以上、水面以下各 100 m 的范围内。

尺度：对某一研究对象或现象在空间上或时间上的量度，包括空间尺度和时间尺度。

斑块：景观的空间尺度上能区分的最小异质单元，即外貌与周围地区不同的非线性地表区域。

同化效率（assimilation efficiency）：植物光合作用所固定的能量在吸收的日光能中的比例，或被动物同化的能量在摄食的能量中的比例。

矿化作用（mineralization）：在生态系统的分解过程中，无机元素从有机物质中释放出来的过程。

异化作用（disassimilation）：机体在酶的作用下，通过一步步反应，将来自环境或自身储存的有机营养物质分子（如糖类、脂类、蛋白质等）降解成较小的、简单的终产物（如 CO_2、乳酸、氨等）的过程，包括需氧型、厌氧型和兼性厌氧型 3 种类型。细胞呼吸是生物界最基本的异化作用，通过氧化分解有机物释放能量，为生物体生命活动提供直接能源物质——ATP。

流通率（turnover rate）：物质在单位时间、单位面积或单位体积内的移动量。

食物链（food chain）：不同生物之间通过取食与被取食的关系而形成的链状结构，是由生产者和各级消费者组成的能量运转序列、生态系统中物质循环和能量传递的基本载体，体现了生物之间的食物关系。

捕食性食物链（predatory food chain）：生物之间以捕食关系而构成的食物链。

腐生性食物链（saprophogous food chain）：从死亡生物体或有机碎屑（蜕皮、粪团、枯枝落叶等）被微生物利用开始的一种食物链，可增加生态系统的多样性和稳定性，又称碎屑食物链（detritus food chain），如植物残体 – 微生物 – 土壤动物、有机残屑 – 浮游动物 – 鱼类。

寄生性食物链（parasitic food chain）：生物之间以寄生物与寄主的关系而构成的食物链，如鸟类 – 跳蚤 – 原生动物 – 滤过性病毒。

牧食食物链（grazing food chain）：以活的植物体为基础和起点，从植食动物开始的食物链，又称植食食物链（herbivory food chain）。

食物网（food web）：不同的食物链之间相互交织而形成的网状结构。

营养级（trophic level）：食物链上按能量消费等级划分的各个环节，具有相同营养方式和食性的生物归为同一营养级。

生态效率（ecological efficiency）：一个特定营养级获得的能量与该营养级输入的能量之比。

生产者：可以利用光（光合作用）或无机化学反应（化能合成作用）产生的能量，将周围环境中的简单物质转化为复杂有机化合物（如碳水化合物、脂肪和蛋白质）的生物。陆地上的植物和水中的藻类都是典型的食物链中的生产者。

消费者：在生态系统中，只能直接或间接利用现成的有机物得到能量的生物，属于异养生物（heterotroph），主要指各类动物，包括植食动物、肉食动物、杂食动物和寄生动物等。消费者具有物质循环、能量流动和信息传递的作用，与生产者和分解者共同维持着生态系统的稳定和发展。

分解者：能够分解死亡或腐烂有机体、还原为矿物质和水的生物。

生物量（biomass）：单位面积或单位体积内存在的活体有机物质。

现存量（standing crop）：在某一特定时刻，单位空间中的活体生物量。

生产量（production）：生物体的全部或一部分的生物量。生产量大的生态系统可以维持更多的生物存在，其自我调节能力也更强。

生物生产力（biological productivity）：生物吸取外界物质和能量制造有机物质的能力，即单位面积或体积内的生物有机体在单位时间内的有机物质（或能量）增加量。

总生产力（gross productivity）：在单位时间和空间内，包括呼吸消耗在内的有机物质积累量。

净生产力（net productivity）：在单位时间和空间内，除去呼吸消耗的有机物质后、积累的有机物质的量。

初级生产力（primary productivity）：在单位时间和空间内，初级生产者积累的有机物质的量，也称第一性生产力（first productivity）。

总初级生产力（gross primary productivity）：在单位时间和空间内，包括初级生产者呼吸消耗在内的有机物质积累量。

净初级生产力（net primary productivity）：在单位时间和空间内，除去呼吸消耗的有机物质后、初级生产者积累的有机物质的量。

次级生产力（secondary productivity）：生态系统初级生产力以外的生物生产力，即消费者利用初级生产所制造的物质和贮存的能量进行新陈代谢，经过同化作用形成自身物质和能量的能力，也称第二性生产力。

生物富集（biological enrichment）：生物将环境中低浓度的化学物质（如有毒物质），通过食物链各营养级的传递和转运，在体内蓄积、浓度不断升高、远超环境中浓度的现象，又称生物放大（biomagnification）、生物浓缩（bioconcentration）。位于食物链最高端的人体，接触的污染物最多，对其危害也最大。

生态对策（ecological strategy）：生物在生存斗争中对环境条件采取适应的行为和对策，是生物在进化过程中形成的各种特有的生活史特征，是生物适应于特定环境所具有的一系列生物学特性。根据生物的进化环境和生态对策，可将生物分为 K 对策者和 r 对策者两大类，r 和 K 分别表示内禀增长率和环境容纳量。

K 对策者（K-strategist）：这类生物具有成年个体大、发育慢、迟生殖、产仔少但多次生殖、寿命长、存活率高、死亡率低、食性较为专一、活动能力较弱的生物学特性，适应于可预测的稳定栖息环境。在生存竞争中，K 对策者以"质"取胜，将大部分能量用于生存和提高竞争能力。其种群水平一般变幅不大，当种群数量下降至平衡水平以下时，在短期内不易迅速恢复，如脊椎动物。

r 对策者（r-strategist）：典型的机会主义者，一般个体较小、快速发育、早熟、寿命较短、繁殖力较大、死亡率较高、食性较广，适应于不可预测的多变环境（如干旱地区和寒带），是新生境的开拓者。在生存竞争中，r 对策者以"量"取胜，将大部分能量用于繁殖。其种群数量经常处于不稳定状态，变幅较大，易于突然暴发或猛烈下降。当种群数量下降后，在短期内易于迅速恢复，如昆虫。

耗散结构（dissipative structure）：开放系统在远离平衡态时，借助与外界物质及能量交换产生的负熵流（negative entropy flow）和非线性作用，在特定条件下出现的一种新的相对稳定且有序的结构。

反馈（feedback）：当生态系统中某一组分出现变化时，可能导致其他组分发生一系列的相应变化，反过来又会影响最初引发变化的那种组分，即系统的输出变成了决定系统未来功能的输入，这个过程叫作反馈。

负反馈（negative feedback）：较为常见的一种反馈模式，其作用是使生态系统达到和保持平衡或稳态，减弱最初发生的变化强度。

生物多样性（biological diversity）：在一定范围内，生命有机体及其赖以生存的生态综合体的多样化、变异性和复杂性，包括遗传多样性（基因多样性）、物种多样性、生态系统多样性、景观多样性等。

生态恢复（ecological restoration）：通过人工方法，按照自然规律，恢复受损的天然生态系统，重新创造、引导或加速自然演化过程。

生态阈值：生态系统可以承受一定强度的外部胁迫，通过自我调控机制恢复平衡状态。当外部压力达到和超过最大限度时，生态系统的自我调控机制将会降低或者消失，相对平衡将会遭到破坏，从而导致系统崩溃，这种限度叫作生态阈值。生态系统在 2 个不同的状态之间转变可以是跃迁实现，也可以是逐渐过渡实现，因此生态阈值存在两种主要类型：生态阈值点和生态阈值带。对生态系统自我调节规律和生态阈值的研究，可以指导生产实践，合理开发利用生物、生态和环境资源，而不可只顾一时，竭泽而渔。例如，科学制定草原放牧量、渔业捕捞量、地下水开采量、林木采伐量、污染排放量，在保证不破坏生物资源再生能力和环境容纳量的前提下，实现最佳的可持续产量。

温室效应（greenhouse effect）：大气能使太阳短波辐射到达地面，但地表受热后向外释放的大量长波热辐射却被大气吸收，导致地表和低层大气升温，因其作用类似于栽培农作物的温室，故名温室效应。由此引发的一系列问题已引起世界各国的关注。

富营养化（eutrophication）：在人类活动的影响下，生物所需的氮、磷等营养物质大量进入湖泊、池塘、河流、河口、海湾等缓流水体，引起藻类及其他浮游生物迅速繁殖，水体溶解氧（dissolved oxygen，DO）量下降，水质恶化，鱼类及其他生物大量死亡的现象。

赤潮（red tide）：又称红潮，在特定的环境条件下，水中某些微小（2 ～ 20 μm）的浮游植物、原生生物或细菌暴发性繁殖或突然性聚集而引起水体变色的一种有害生态现象，大多发生在近海。主要成因是有机污染、氮磷等营养物质过多形成富营养化。

水华（algal bloom）：水体中浮游植物过度繁殖的一种生态现象，是水体富营养化的典型特征之一。主要由于富含氮、磷的废水和污水进入水体后，浮游植物成为优势类群，大量繁殖后使水体呈现蓝色或绿色。淡水藻类的大部分门类都有形成有害水华的种类，包括属于原核生物的蓝藻（Cyanophyta），属于真核生物的绿藻（Chlorophyta）、甲藻（Pyrrophyta）、金藻（Chrysophyta）、隐藻（Cryptophyta）等。其中，蓝藻水华的发生范围最广、危害程度和治理难度最大。少部分水华由浮游动物——腰鞭毛虫（dinoflagellate，单细胞原生动物）引起。

生态危机（ecological crisis）：生态环境被严重破坏，使人类的生存与发展受到威胁的现象。生态危机是生态失衡的恶性结果，主要由人类盲目和过度的生产和开发活动所引起。生态危机的潜伏期不易被人们发现，一旦形成则难以恢复，需要付出多年的努力和几十倍甚至几百倍的代价才能消除生态危机的影响，如水土流失、沙漠扩大、物种灭绝、水源枯竭、气候异常、森林减少、全球变暖、酸雨、臭氧层破坏等。

生态入侵（ecological invasion）：外来物种通过人类活动或其他途径进入新的生态环境区域后，依靠其自身的强大生存竞争力（适应强、繁殖快、危害大），造成当地生物多样性锐减的现象。生态入侵主要有自然传播（繁殖体或病毒通过风、水流或禽鸟飞行等相关方式传播）、贸易渠道传播（物种通过附着或夹带在国际贸易的货物、包装、运输工具上，借货物在世界范围内广为传播）、旅客携带物传播（旅客从境外带回的水果、食品、种子、花卉、苗木等，因带有病虫、杂草等造成外来物种在境内的定植与传播）和人为引种传播等 4 种途径。

生态工程：根据生态系统中物种共生、物质循环再生、分层多级利用、环境自净、结构与功能协调等原理、规律和原则，结合系统分析的最优化方法，设计的绿色生产工艺系统，如利用多层结构的森林生态系统增大吸收光能的面积、利用植物吸附和富集某些微量重金属、利用余热繁殖水生生物等。

生态监测：是环境监测的重要组成部分，利用生命系统及各层次对自然或人为因素引起环境变化的反应，评价环境综合质量，研究生命系统与环境系统的相互作用关系。

生态平衡：生态系统的一种相对稳定状态。当处于这一状态时，生态系统内生物与生物之间、生物与环境之间相互高度适应，种群结构和数量比例保持相对稳定，生产与消费、分解之间相互协调，系统能量和物质的输入与输出之间接近平衡。

生态系统服务（ecosystem service）：生态系统与生态过程形成并维持的人类赖以生存的自然环境和效用，包括生态系统功能和生态系统产品。生态系统服务是生态学的研究热点之一。

社会－经济－自然复合生态系统（social-economic-natural complex ecosystem）：马世骏与王如松在以整体、协调、循环、自生为核心的生态控制论原理的基础上，针对社会经济发展与生态系统的关系，从实际出发提出的一个综合人类社会、经济发展和自然环境的宏观"大系统"，同时包含时（代际、世际）、空（地域、流域、区域）、量（各种物质、能量代谢强度）、构（产业、体制、景观）、序（竞争、共生与自生序）等复杂的生态关联及调控方法。

全球变化（global change）：由自然和人为因素而造成的一系列全球性的环境变化，其中包含着极其复杂的多重相互作用过程，如大气组成变化、气候变化、土地利用变化、森林锐减、全球变暖、臭氧层破坏、生物多样性减少、淡水资源短缺等。

可持续发展（sustainable development）：既满足当代人的需要，又不对后代满足其需要的能力和资源造成损害的发展方式。

2.4 生态学的重要规律

生态学规律是指生态研究领域中的事物和现象的本质联系，生态系统中的物质循环、能量流动、信息交换等重要功能，均遵循着生态学的基本规律和定律。这些规律和定律的作用使生态系统具有稳态机制，成为适应的系统、反馈的系统、循环的系统、再生的系统和持续的系统，实现生态系统的发生、发育、进化、动态演替和平衡发展。不同组织层次的生态系统遵循不同的规律。

2.4.1　生物适应环境的规律

利比希最小因子定律（Liebig's law of the minimum）：植物的生长取决于那些处于最少量状态的营养成分。1840 年，由研究营养因子与植物生长关系的先驱者、德国有机化学家尤斯图斯·冯·利比希男爵（Justus Freiherr von Liebig，1803—1873 年）在《有机化学及其在农业和生理学中的应用》专著中首次提出。

布莱克曼限制因子定律（Blackman's law of limiting）：当一个过程的速率被若干个不同的独立因子所影响时，这个过程的具体速率受其最低量的因子所限制，最低量的因子称为限制因子。1905 年，由英国植物学家、生态学家弗雷德里克·弗罗斯特·布莱克曼（Frederick Frost Blackman，1866—1947 年）研究光合作用的影响因素时提出，适用于营养物质、温度、光等生态因子。

谢尔福德耐受性定律（Shelford's law of tolerance）：某个生态因子在数量上或质量上过少或过多，即当其接近或达到某种生物的耐受限度时，该种生物将会衰退甚至不能生存。1913 年，由美国动物学家、生态学家维克多·欧内斯特·谢尔福德（Victor Ernest Shelford，1877—1968 年）提出，是利比希最小因子定律、布莱克曼限制因子定律两大定律的发展，同时考虑了生态因子过少、过多及相互作用的情况，而且估计了生物本身的耐受性问题，即生物随着物种之间的差异、同种不同个体之间的差异、同一个体在不同年龄和发育时期的差异等表现出不同的耐受性。

霍普金斯生物气候定律（Hopkins'bioclimatic law）：植物的阶段性发育受到当地气候的影响，而气候又受到该地区所处的纬度、经度、海陆关系、地形与海拔等因素的制约。20 世纪初期，由美国森林昆虫学家和生态学家霍普金斯（A D Hopkins）根据植物物候与当地气候的关系，从分析大量植物物候材料，尤其是物候与美国各州冬小麦的播种、收获与发育季节的关系中得出的，只适用于北美。在其他因素相同的条件下，在北美温带内每向北移动纬度 1°，向东移动经度 5°，或海拔上升 400 英尺（121.pm），植物的开花、结实、昆虫的活动等物候日期在春季要延后 4 天，在秋季则相反，要提前 4 天。

贝格曼规律（Bergmann's rule）：生活在高纬度寒冷气候条件下的恒温动物，其体型往往大于生活在低纬度温和气候条件下的同类个体。其适应意义在于，随着动物个体的增大，相对体表面积（体表面积 / 体积）逐渐变小，单位体重的相对散热量也变小，有利于在低温环境中减少热量散失和抗寒，保持恒定体温。例如，东北虎（颅骨长 331 ~ 345 mm）比华南虎（颅骨长 283 ~ 318 mm）体型大，北方雪兔比华南兔体型大。在亲缘关系相近的企鹅中，生活在纬度较高、气候较冷地区的个体也较大。此规律也有例外，如华北的褐家鼠比长江以南的小。1847 年，由德国生物学家卡尔·贝格曼（Carl Bergmann，1814—1865 年）提出；1883 年，德国生理学家马克斯·鲁伯纳（Max Rubner，1854—1922 年）从热力学和几何学角度，分析新陈代谢率与生物体积（body size）的比例关系并发现了"体表面积定律"（surface-area law），支持贝格曼规律。与贝格曼规律揭示相似生态学现象的还有艾伦规律。

艾伦规律（Allen's rule）：恒温动物身体的突出部分（如外耳、四肢、尾巴等）在气候寒冷的低温环境中有变小变短的趋势，而在气候温暖地区有变长的趋势，这是减少散热、有利于保持体温的一种形态适应。

乔丹规律（Jordan's rule）：鱼类的脊椎数目在低温冷水水域中比在温暖水域中多。很多生物符合这一规律，但有个别例外，如鳕鱼。其适应意义可解释为，低温减缓了鱼类的生长和发育速度，延长了性成熟的时间，从而产生更大的个体和更多的脊椎数目。

似昼夜节律（circadian rhythm）：生物在自然界中表现出来的昼夜节律，决定因素除了外界的昼夜周期外，还包括内部的自发性和自运性节律。这种内源节律周期不是 24 h，而是接近 24 h，因此称为似昼夜节律。动物活动节律有昼出夜伏、昼伏夜出、晨昏活动和昼夜活动等多种类型。动物的体温、代谢率、心率、血液生理生化指标，植物的光合作用速率、叶片睡眠运动等，也都有昼夜节律性。

阿朔夫规律（Aschoff's circadian rule）：对于夜出性动物而言，恒黑使其似昼夜周期缩短，而恒光则使其似昼夜周期延长，并且随着光照强度的增强，其似昼夜周期的延长会更加明显。相反，对昼出性动物来说，恒黑使其似昼夜周期延长，而恒光则使之缩短，并且随着光照强度的增强，其周期缩短得更加显著。

葛洛格规律（Gloger's rule）：1833 年，德国鸟类学家、动物学家康斯坦丁·威廉·兰伯特·葛洛格（Constantin Wilhelm Lambert Gloger，1803—1863 年）注意到，与生活在寒冷气候下的鸟类相比，生活在温暖栖息地的鸟类羽毛颜色会更深，这一发现被称为葛洛格规律。哺乳类（如人类）、爬行类（如蜥蜴），甚至一些植物的花和果实、地衣在一定程度上也符合这一规律，可能与选择压力（如有害紫外辐射）、色素产生和酶活性有关。

种群的自然调节（natural regulation of population）规律：自然界控制生物种群规模的现象和过程。生物具有很强的繁殖力，但在环境条件无明显变化的情况下，自然种群无法无限增长，种群数量趋于保持稳定。种群规模不仅取决于物种自身的繁殖和生存能力，而且取决于多种自然因素的共同作用。

陆地植被地带性（vegetation zonality）分布规律：包括水平地带性（纬度地带性、经度地带性）和垂直地带性。①纬度地带性由于热量带沿着纬度而变化，导致植被类型也随纬度依次更替，如亚洲大陆东岸从赤道向北极依次为热带雨林、常绿阔叶林、落叶阔叶林、北方针叶林、苔原。②经度地带性由于降水自沿海向内陆依次减少，导致植被类型也随经度依次更替，如亚洲温带大陆东岸，由沿海向内陆依次为森林、草原、荒漠。③垂直地带性由于温度和降水随着海拔升高而变化，导致植被类型自下而上依次更替，如马来西亚的最高峰基纳巴卢山（Mount Kinabalu），自下而上依次为山地雨林、山地常绿阔叶林、山地落叶阔叶林、山地针叶林、高山灌丛。

2.4.2　生态系统各种因素相互作用、协调发展的规律

生态学第一定律（the first law of ecology）：任何行动都不是孤立的，人类对自然界的任何侵犯和破坏都将产生无数的效应，其中许多效应是不可预测和不可逆的，又称为极限性原理或多效应原理。

生态学第二定律（the second law of ecology）：每一事物无不与其他事物相互联系、相互作用和相互交融，不仅表现在各个物种之间，而且表现在生物与各种环境因素之间的作用与反作用，又称为生态链原理或相互联系原理。

生态学第三定律（the third law of ecology）：人类的任何行动、生产的任何物质均不应对地球上自然的生物地球化学循环造成干扰，又称为生物多样性原理或勿干扰原理。

生态学的作用与反作用原理（law of action and reaction）：生物进化是生物与环境交互作用的产物。环境作用于生物，生物离不开环境，这是因为生物为了生存和发展，必须从环境中获取物质和能量，此外还不断受到光、温、水、气、土、生物等环境因素的影响。同时，生物反作用于环境，在其生命周期中不断向环境中排放气体、液体和固体，死亡后尸（残）体返回环境中。生物与环境处在相互作用、相互协调的矛盾与统一之中，两者朝着相互适应的协同方向发展。

物种间相互依赖和相互制约（mutual dependence and restraint）原理：一个生态系统中的任何物种都与其他物种存在着相互依赖和相互制约的关系。例如：①食物链。居于相邻环节的 2 个物种的数量比例有保持相对稳定的趋势。如捕食者的生存依赖于被捕食者，其数量也受被捕食者的制约；而被捕食者的生存和数量也同样受捕食者的制约，两者间的数量保持相对稳定。②竞争。物种间常因利用同一资源而发生竞争，如植物间争光、争空间、争水、争土壤养分；动物间争食物、争栖居地、争配偶等。在长期进化中，竞争促进了物种的生态特性分化，降低了生态系统的组分竞争强度，使生物群落产生和维持一定的结构。如森林中既有高大喜阳的乔木，又有矮小耐阴的灌木，各得其所；林中动物或有昼出夜出之分，或有食性差异，互不相扰。③互利共生。如地衣中菌藻相依为生、蚁与蚜虫的共生、豆科植物与根瘤菌的共生、大型草食动物与胃肠道中寄生微生物的共生等，都表现了物种之间的相互依赖关系。以上几种关系使生物群落具有复杂而稳定的平衡结构，平衡的破坏可能导致某种生物资源的永久性丧失。

自然资源的有效极限（effective limit of natural resources）规律：也称为负载有额

规律。生物赖以生存的各种环境资源在数量、质量、空间和时间上均具有一定的限度，因此生物生产力、抗干扰能力、自修复能力和负载能力通常都有大致的上限。当外部干扰超过此极限时，生态系统就会被损伤和破坏，甚至崩溃。所以，放牧强度不应超过草场的允许承载量，采伐森林、捕鱼狩猎和采集药材时不应超过各种资源可永续利用的产量；保护某一物种时，必须保证生存、繁育的足够空间；排放污染时，必须使排污量不超过环境容纳量、分解和自净能力等。

物物相关（mutual connection）规律：也称为相互联系原理。在生态系统中，各种事物之间普遍存在着相互联系、相互制约、相互依存的关系，改变其中的某一事物，可能会对其他事物产生直接或间接的影响，甚至会引起生态系统的整体变化。这一规律要求人类在介入自然时必须坚持整体和系统的观点。

相生相克（to reinforce or counteract each other）规律：在生态系统中，每个生物物种在食物链或食物网中都占据一定的位置，具有特定的功能，彼此相互依赖、相互制约、协同进化，保持数量上相对稳定的比例关系，是生态平衡的一个重要方面。

竞争排斥原理（principle of competitive exclusion）：在环境资源上需求接近的2个物种不能在同一区域生活。若2个物种的生态位完全重叠，其中一个物种将会灭亡；若使2个物种共存，生态位必须有所差异和分化。

环境容纳量（environmental capacity）原理：在一定的自然环境、系统结构、功能和自然社会经济条件下，某地域范围在特定时期内的环境容纳量是有限的，具有相对稳定性；随着时间推移和环境条件变化，环境容纳量可能发生改变，具有可调控性的特点。

阿利规律（Allee's rule）：动物种群有一个最适密度，种群过疏或过密都是不利的，可能对种群产生抑制作用。

最终产量恒值定律（law of constant final yield）：在一定范围内，当环境条件相同时，不论种群最初的密度如何，经过足够时间的生长，单位面积上同龄植物种群的生物量总是趋于恒定的，称为最终产量恒值定律。其适应意义在于，高密度情况下，植株之间的光、水、营养物质等竞争激烈，在有限资源的限制下，植株的生长率降低，个体变小。

−3/2 自疏法则（−3/2 self-thinning law）：当某种植物的播种超过一定密度时，资源的种内竞争愈加激烈，不仅影响植株生长发育的速度，而且降低植物的存活率，使得一些植株死亡，叫作自疏现象。自疏导致生物密度与个体大小之间的关系，在双对数图上具有典型的 −3/2 斜率，因此称为 −3/2 自疏法则，已在大量的植物和固着性动物（如藤壶、贻贝）中验证。

2.4.3　生态系统物质循环、能量流动和发育进化规律

热力学第一定律（the first law of thermodynamics）：能量既不能创造，也不能消灭，只能从一个物体传递到另一个物体，从一种形式转换为另一种形式；在能量转换过程中，总值保持不变。该定律是热力学的基础。

热力学第二定律（the second law of thermodynamics）：当能量从一种形式转换为另一种形式时，转换率无法实现百分之百，一部分能量以热的形式消散于环境中。

物质循环不息（endless cycle of matter）定律：也叫物复能流规律、物质循环转化与再生规律。在生态系统中，能量不停地流动，物质循环往复，以一种形态转化为另一种形态，使生命系统的维持和进化成为可能。生态系统中的物质循环有两种方式：一种是生物小循环，另一种是地质大循环。植物被草食动物所食；草食动物又被肉食动物所食；动植物尸体和动物排泄物经微生物分解回到环境中，又被植物所利用，这种物质循环方式就是生物小循环。如果动物排泄物和动植物尸体被雨水冲刷到江、河、湖、海中，沉积下来，经过漫长的造山运动，沧海桑田又被植物利用，这种物质循环方式就是地质大循环。生物小循环的周期较短，地质大循环的周期很长。

物质输入输出平衡（input-output balance of material）规律：又称协调稳定规律。生物一方面从外部环境摄取各种物质，另一方面向环境中释放物质，以补偿环境的物质损失。当一个自然生态系统不受人类活动干扰时，物质的输入与输出是相对平衡的，以保持生态系统结构、功能的稳定和协调。

生态系统能量流动（energy flow in ecosystems）规律：能量通过食物网络在生态系统内流动和传递，遵循一定的规律。①生态系统中能量流动是单向和不可逆的。②能量在流动过程中逐步递减，每一个营养级生物的新陈代谢都会消耗相当多的能量，以热能形式消散于环境中。各营养级所能维持的最大生物量逐级减少，营养级的数量一般不超过 5 级。③任何生态系统都不断需要系统外的能量输入，以维持生态系统的正常运行。

生态金字塔（ecological pyramid）规律：在生态系统中，生物种群之间主要表现为食物链（网）的关系，具体包括两大特征：①第一营养级的有机体数量最多，随着营养级升高，有机体数量减少；②能量在各营养级传递过程中，大部分以热的形式消失于环境中。所以，生物种群的数量和能量都随着营养级的升高而减少，呈金字塔形状，称为生态金字塔规律。

十分之一定律（ten percent law）：在食物链结构中，各营养级之间的能量转化效率大致为 1/10，即仅有 1/10 的能量传递至下一营养级，其余 9/10 的能量由于选择性消费、呼吸和排泄等而被消耗掉，称为"十分之一定律"，也叫能量利用的百分之十定律。

时空有宜（temporal and spatial coordination）规律：在每一个时空范围内，都具有特定的自然、环境、生态、社会、经济和人文条件，构成特有的区域生态系统。

哈－温定律（Hardy-Weinberg law）：在无限大的种群中，每一个体与种群内其他个体的交配机会均等；在没有其他因素（突变、漂移、自然选择等）干扰的情况下，不论群体的起始基因型频率如何，经过一代随机交配后，群体的基因型频率都将达到平衡；只要平衡条件保持不变，基因型频率也保持不变。这是群体遗传学的一个基本原则，由英国数学家戈弗雷·哈罗德·哈代（Godfrey Harold Hardy，1877—1947年）和德国医生威廉·温伯格（Wilhelm Weinberg，1862—1937年）于1908年独立证明，应用数学方法探讨群体中基因频率变化所得出的结论，也称哈代－温伯格平衡定律（Hardy-Weinberg equilibrium）。

机会的重要性（chance is important）原理：随机事件在生态学中有时起到关键性的作用。林冠中出现的林窗（canopy gap）或风暴后的沙丘裂口，对于局域动植物区系具有重要的影响，但是，林窗和裂口出现的时间和地点都是随机的。机会的作用与生态系统的进化过程融合在一起。

生态完整性（ecological integrity）原理：也叫生态整体性原理。任何一个生态系统都是多组分、多因素结合而成的统一体，生态完整性是生态系统维持各生态因子相互关系，并达到最佳状态的自然特性。主要有3个论点：整体大于各部分之和；系统一旦形成，相关要素不能再分解为独立要素而存在；各个要素对系统完整性的贡献是在相互作用过程中体现出来的。

生态系统的代谢功能（metabolic function of ecosystem）原理：生态系统中的物质循环、释放与转化主要由光能所驱动，同时需要一定的生态系统结构。随着生物的不断演化和散布，环境中的大量无机物质被合成为有机物质，进而形成了辽阔的草原、广袤的森林、深邃的海洋以及生息其中的飞禽走兽。一般情况下，处于发展阶段的生态系统的物质代谢是入多出少，而进入成熟阶段的生态系统则是物质代谢趋于平衡。人们在利用和改造自然的过程中，必须尊重生态系统的物质代谢规律。

2.5 生态学的分支学科

生态学的研究范围异常广泛和复杂，从分子到生物圈（生物大分子→基因→细胞→个体→种群→群落→生态系统→景观→生物圈）都是生态学的研究对象，使生态学发展成为一个庞大的学科体系。

2.5.1 根据组织水平划分

按照生物的组织层次，生态学可划分为分子生态学（molecular ecology）、个体生态学（autecology）或生理生态学（physiological ecology）、种群生态学（population ecology）、群落生态学（community ecology）、生态系统生态学（ecosystem ecology）、景观生态学（landscape ecology）与全球生态学（global ecology）。

2.5.2　根据生物类群划分

生态学起源于生物学，生物学的特定类群（如植物、动物、微生物）以及各大类群中的小类群，甚至每一个种都可以从生态学角度进行研究。因此，可划分出植物生态学（plant ecology）、动物生态学（animal ecology）、微生物生态学（microbial ecology）、哺乳动物生态学（mammal ecology）、昆虫生态学（insect ecology）、鱼类生态学（fish ecology）、鸟类生态学（bird ecology）、人类生态学（human ecology）以及各个主要物种的生态学。

2.5.3　根据生境类别划分

根据研究对象的生境类别，可划分为陆地生态学（terrestrial ecology）和水域生态学（aquatic ecology）。前者可分为森林生态学（forest ecology）、草地生态学（grassland ecology）、荒漠生态学（desert ecology）、冻原生态学（tundra ecology）、土壤生态学（soil ecology）等；后者可分为海洋生态学（marine ecology）、淡水生态学（freshwater ecology）、河流生态学（river ecology）、河口生态学（estuary ecology）、湖沼生态学（lake ecology）、湿地生态学（wetland ecology）、流域生态学（watershed ecology）等；还有更细的划分，如植物根际生态学（rhizosphere ecology）、肠道微生态学（intestinal microecology）等。

2.5.4　根据学科交叉划分

学科间相互渗透，产生交叉学科。生态学与非生命科学相结合的，有数学生态学（mathematical ecology）、化学生态学（chemical ecology）、物理生态学（physical ecology）、地理生态学（geographic ecology）、经济生态学（economic ecology）、生态经济学（ecological economy）等；与生命科学其他分支相结合的，有分子生态学（molecular ecology）、生理生态学（physiological ecology）、行为生态学（behavioral ecology）、遗传生态学（genecology）、进化生态学（evolutionary ecology）、古生态学（palaeoecology）等。

2.5.5　根据研究性质划分

按照研究性质，可分为理论生态学（theoretical ecology）和应用生态学（applied ecology）。

2.5.6　根据应用范围划分

根据应用的范围，可进一步划分为农业生态学（agricultural ecology）、产业生态学（industrial ecology）、渔业生态学（fishery ecology）、林业生态学（forestry ecology）、放牧生态学（grazing ecology）、家畜生态学（domestic animal ecology）、城市生态学（urban ecology）、医学生态学（medical ecology）、自然资源生态学（natural resources ecology）、保育生态学（conservation ecology）、恢复生态学（restoration ecology）、生态工程学（engineering ecology）等。

2.6　底栖动物生态学

2.6.1　底栖动物生态学的研究内容

底栖动物生态学是水域生态学中最为重要、最为活跃的研究领域之一，包括基础研究、应用基础研究和应用研究等。底栖动物生态学研究的内容极为丰富，基本层次包括个体生态、种群生态、群落生态和生态系统生态，可为水域生态学、水域地质学、水域物理学、水域化学等研究提供依据，且随着调查手段和开发技术的改进而不断发展。

基础研究主要包括：底栖动物的新物种（鉴定、分类、命名）；底栖动物珍稀物种的保护级别；底栖动物生物多样性；底栖动物的个体生态（生理功能、生化特点、运动能力、摄食方式、体温和渗透压调节机制等）；各个水域的底栖动物组成；底栖动物在水体物质循环和能量流动中的作用；底栖动物生存的影响因素（物理因素、化学因素、生物因素、人为因素、地理因素等）；底栖动物对沉积物、上覆水、沉积物 -水界面耦合的生物扰动效应；底栖动物的功能群研究；底栖动物作为水生生态系统关键种的作用；底栖动物化石对生物进化的启示；古代底栖动物之间及其与地史时期水生环境的相互关系；极端环境（热泉、深海、极地、洞穴等）中的底栖动物及其次级生产力；底栖动物（尤其是小型和微型底栖动物）在水体中的生态服务功能等。

应用基础研究主要包括：底栖动物的种群结构；底栖动物群落的组成和演替；底栖生态系统的结构、功能、物质循环和能量流动；底栖动物食物链和食物网；底栖动物生物生产力；底栖动物的数量变动规律及预测；底栖动物对水体生态环境的指示作用；软体动物贝壳的构造、强度及特性；穴居底栖动物体表的粗糙结构及减负降阻作用；底栖动物对营养盐和污染物的吸收、转化、降解、排泄途径等。

应用研究主要包括：底栖动物资源开发与利用；底栖动物人工养殖与增值；底栖动物资源持续高产技术；底栖动物在渔业生产中的作用；底栖动物的饵料功能；底栖

动物对污染和受损环境的净化、修复作用（过滤作用、降解作用、同化吸收、富集作用、转移作用等）；底栖动物的仿生工程应用；底栖动物化石为海洋石油、天然气开发提供的证据；底栖动物新型食品和药品开发；有害底栖动物的防护等。

2.6.2 底栖动物生态学的研究进展

1. 国际研究进展

底栖动物的研究首先起源于海洋。公元前 4 世纪，古希腊亚里士多德（Aristotle）在《动物志》（*Historia Animalium*）中记录了 170 多种海洋生物，涉及软体动物、棘皮动物、腔肠动物、节肢动物、海绵动物、爬行动物、哺乳动物、原索动物、蠕虫、鱼类、海鸟等 10 多个海洋动物类群，包括 110 多种。公元初古罗马学者普利尼乌斯（Plinius）在《自然历史志》（*Natural History*）中，记述了 170 多种海洋生物，其中很多为底栖动物。

18 世纪，欧洲科学家对海岸带的底栖动物进行了观察和研究。19 世纪，随着自然科学和航海事业的快速发展，海洋生物学研究步入科学化阶段，西欧各国也都相继陆续开展了多次大规模的海洋生物调查。1831—1836 年，英国人达尔文（Darwin）在"贝格尔"（Beagle）号航海中获得了大量珊瑚类和蔓足类标本。19 世纪中期，英国海洋生物学家福布斯（Forbes）在爱琴海用底拖网采集并观察海洋底栖动物，发现底栖动物的种类组成随水深而变化，首次提出了海洋生物的垂直分带，包括潮间带（intertidal zone）、昆布带（laninarian zone）、珊瑚带（coral line zone）和深海珊瑚带（deep sea coral zone）；后来，他根据底栖动物的种类组成和地理分布特点，将欧洲海域划分为若干个动物地理省（animal geographic province），出版了《英国海洋动物调查》（*Investigation of British Marine Zoology*）和《欧洲海的自然史》（*The Natural History of the European Seas*），被誉为海洋生态学的奠基人。从 19 世纪下半叶开始，发达国家竞相设立海洋生物研究机构，派遣远洋考察船，海洋生物学和生态学研究日益兴盛。1860 年，在铺设于地中海 2 160 m 深处的海底电缆上，弗莱明（Fleming）发现了水螅虫、腹足类、双壳类、八放珊瑚和蠕虫等动物，引起了学术界极大的兴趣与关注，推动了海洋底栖动物的调查研究。1872—1876 年，由英国皇家学会发起、汤姆逊（Thomson）领导的"挑战者"号环球海洋调查是海洋科学研究的重要里程碑。此次航行历时 3 年半，遍布世界三大洋，考察项目包括海洋物理、海水化学、海洋地质、海洋生物等，发现了大量海底动物。经过 20 多年的整理，汇聚成 50 多卷巨型海洋调查报告，记载的生物新种达 4 400 多个，使当时已知的海洋生物种数增加数倍，其中对海洋生物的形态表征、分类鉴定和环境描述被誉为海洋调查的经典工作。1872 年成立、1874 年正式开放的意大利那不勒斯海洋研究所（Naples Marine Institute），是最早的海洋生物研究机构。1888 年，英国海洋生物学会成立了普利茅斯海洋实验室（Plymouth Marine

Laboratory）。1888 年，美国在大西洋沿岸成立了伍兹霍尔海洋生物学实验室（Woods Hole Marine Biological Laboratory）。1891 年，美国在太平洋沿岸成立了斯克里普斯海洋研究所（Scripps Institution of Oceanography）。它们至今仍是全球最活跃的海洋生物研究中心，尤其是伍兹霍尔海洋生物学实验室的工作，极大地推动了海洋生物学的发展。1891 年，德国学者赫克尔（Haeckel）提出了游泳动物（nekton）和底栖生物（benthos）2 个概念。

20 世纪初，底栖生物研究集中在群落结构、种类组成、群落演替、群落代谢、能量传递等基础内容。1908—1913 年，现代底栖生物生态研究奠基人之一、丹麦人彼得逊（Pettersson）首先使用彼得逊采泥器，对北欧的海洋底栖动物进行了定量研究，划分了底栖生物群落，估算了底栖生物量。此后，多国海洋学家陆续开发了不同类型的采泥器，广泛调查了各种硬质（岩底）和软质（泥底、沙底）环境的底栖动物群落，积累了丰富的海洋底栖动物资料。瑞典人埃克曼（Ekman）的《海洋动物地理学》（*Zoogeography of the Sea*）、美国人赫奇佩斯（Hedgpeth）的《海洋生态学和古生态学论文集》（*Treatise on Marine Ecology and Paleoecology*）和穆尔（Moore）的《海洋生态学》（*Marine Ecology*）等著作，促进了海洋生物学的发展。经过 20 世纪 50 年代以前半个多世纪调查成果的积累，绘出了广大海域及重要经济区的底栖生物生物量分布图。底栖动物研究逐渐进入生物多样性与系统稳定性的定量分析阶段，主要包括两种方法，一种是对长期的文献数据进行比较研究，另一种则是利用多年的生态调查和实测数据进行综合分析和环境监测。

20 世纪 60 年代以前，底栖动物的研究对象主要是体径超过 1 mm 或体重超过 1 g 的大型种类。20 世纪 60 年代以来，对沿岸和沉积物颗粒间生存的、体径为 0.4 ~ 1.0 mm 的小型底栖动物（也称沙间动物、间隙动物）和体径小于 0.4 mm 的微型底栖动物的调查研究受到较大重视，包括原生动物、甲壳动物、腹毛动物、动吻动物、缓步动物、颚口动物、棘皮动物、线虫类、多毛类、纽虫类、腹足类、腕足类等，它们的数量远远超过大型底栖动物，个体虽小，但其生物量却与大型底栖动物相当；它们的世代寿命较短，生产力与生物量的比率（P/B 值）显著高于大型底栖动物。它们是一定水域内大型底栖动物的主要食物来源，在水生食物链中占有相当重要的地位。

20 世纪 60 年代初期，底栖动物区系（种类的存在与频度、常见种的多度与生物量）常作为海洋生态环境评价的主要依据。随着信息论、控制论、系统论、电子计算机、微量化学元素测定等新理论、新手段、新技术的应用，海洋生物学研究进入新的阶段，呈现出新的特点：①注重生态系统水平的整体研究，如上升流（upwelling）生态系统、珊瑚礁生态系统研究。②海洋实验生物学研究与水产增养殖、海洋水产农牧化等生产实践密切联系。③开始研究深海和远洋生物的生命活动、代谢和演变规律，在深海海底发现了由特殊的化能自养细菌与动物组成的、与淡水和绝大部分海域迥然不同的海底热泉生物群落，为海洋底栖生物研究提出了新课题。④海洋生物资源开发的研究兴起，自从在柳珊瑚（*Gorgonacea*）中发现了高价值的药用成分后，沿海各国纷纷从海洋生物中寻找新的药源，目前已知超过 1 000 种。

从 20 世纪 70 年代起，现代化的测试仪器、技术手段连同数理方法被更加普遍地用于研究底栖动物不同营养级之间的物质和能量关联、底栖动物与各种环境参数之间的耦合关系，预测底栖动物群落结构、优势组分尤其是经济物种资源数量随环境条件改变后的变动趋势，并扩展到整个水域生态系统的研究。20 世纪 70 年代中期，随着科技的进步，对底栖动物的研究也取得了重大的突破，底栖动物作为一个重要的变量进入了水生生态系统模型，统计分析逐渐成为群落生态学的基本研究方法之一，如物种多样性指标（Shannon-Wiener 多样性指数、Simpson 优势度指数、Margalef 丰富度指数、Pielou 均匀度指数）的测定等。20 世纪 80 年代以后，底栖动物群落研究经常采用绘图 – 分布的方法，如丰度 / 生物量比较（abundance biomass comparison，ABC）法和生物量粒径谱（biomass size spectra，BSS）法，这些方法介于非变量与多变量技术之间。ABC 法基于丰度和生物量分布对不同环境条件参数的响应，可应用于任何样本内种群丰度和生物量分布的比较。Warwick（1986）首先将 ABC 法应用于软相大型底栖动物群落，之后该方法又被成功用于多种其他的海洋生态环境中。国外许多学者在河流和湖泊中广泛开展了底栖动物次级生产力的研究。

底栖动物很早就被国外学者用于水环境质量的监测和评价，取得了一系列具有借鉴意义的成果。德国学者考科维茨与麦尔松首次把寡毛类的颤蚓（*Tubifex*）作为指示生物，评估淡水水域的有机污染状况。1916 年，德国学者维赫米（Wilhelmi）首先使用小头虫（*Capitella*）作为海洋污染的指示生物，开启了海洋污染生物评价的研究领域。1931 年，美国学者法雷尔（Farrell）指出，大型底栖无脊椎动物能够指示环境条件的时间变化。由于贻贝具有分布广、数量大、易采集等优点，而被许多国际组织用于监测海洋水体中的石油烃、氯代烃、重金属等污染物。20 世纪 70 年代以来，水污染生物监测的研究领域更加活跃，提出了多个与底栖动物相关的环境污染评价指数，主要应用于生物监测中的数据处理，如快速生物评价方法（rapid biological assessment protocols，RBAP）、生物沉积物指数（organism-sediment index，OSI）、底栖生物完整性指数（benthic index of biological integrity，B-IBI）、底栖生物质量指数（benthic quality index，BQI）、生物学污染指数（biological pollution index 或 biopollution index，BPI）、底栖生境质量指数（benthic habitat quality index，BHQI）等。1977 年，美国试验与材料学会（American Society for Testing and Materials，ASTM）出版了《水和废水质量的生物监测》（*Biological Monitoring of Water and Effluent Quality*），概括了这方面的成就和进展，综合阐述了各类水生生物监测和测试技术。1978 年，英国首先提出大型底栖动物 BMWP（biological monitoring working party）计分系统，并应用于河流和海洋的有机污染监测，该计分系统于 1979 年获得国际标准化组织（International Organization for Standardization，ISO）通过，在欧洲得到普遍应用。1986 年，奥地利维也纳自然资源与生命科学大学的奥托·穆格（Otto Moog）教授组织了 10 名博士研究生和 6 名科研助理组成科研团队，专门研究底栖动物与河流生态之间的相互关系。Borja 等（2000）建立了海洋生物指数（AZTI's marine biotic index，AMBI），根据对环境污染的敏感性将大型底栖动物分成 5 个类群，用以表征受污染河口与海洋的生态系统状况。Belan 在邻近符拉迪沃斯托克（Vladivostok）（海参崴）的彼得大帝湾（the Peter the Great Bay），利用 1986—1989 年的 4 次调查、共 30 个站位的表层沉积物与底栖动物数据进行多变量统计分析，探讨了城市排污口附近水域污染的梯度变化与大型底栖动物群落状况，采用诸多生态参数以及污染指示种，评价了化学污染胁迫对底栖动物的影响方式。Hatcher 等（2004）通过大量数据研究了珊瑚礁生态系统对人类干扰的响应。Brazner 等（2007）在北美五大湖岸线的 450 个样站收集了大量的水生无脊椎动物数据资料，分析人类在大区域范围内对淡水水体的扰动效应。这些研究强调了底栖动物在群落水平上的结构组成与空间变化，较单个物种分析能够更加客观地评价环境压力对生态系统的影响。

作为海洋生态学的重要内容之一，国际上从 20 世纪 50 年代开始利用先进的仪器、设备、技术和方法，进行生物扰动的研究工作。20 世纪 70—80 年代，在河口三角洲、近海及陆架的沉积物动力学研究中，高效箱式采样器、沉积物表层 X 摄影和放射性核素法得到广泛使用，从室内到室外，陆续取得了一批研究成果。扰动与多样性关系假说、营养偏害假说、稳定时间假说等的提出以及由此展开的探讨，促进了生物海洋学和底栖生态学的进展。生物扰动对沉积物中重金属和有机农药的清除作用也有一些报道，研究发现小头虫（*Capitella capitata*）的活动增加了多芳环烃的微生物降解率。20 世纪 80—90 年代，生物扰动作为水层 - 底栖耦合效应的重要过程，受到陆海相互作用研究（LOICZ）、海洋通量联合研究（JGOFS）等全球性计划的极大重视。室内水箱实验表明，底栖动物排泄物对底质中氮素的迁移转化有重要作用，日本刺沙蚕（*Neanthes japonica*）的生理代谢活动影响沉积物中的硝化 - 脱氮反应。借助先进的地球物理技术（电子抗体、声波反射等）和现场监测系统（视频数字仪、计算机影像分析等），Jones 等（1993）研究了大型穴居动物对沉积物物理性质的改变。Pelegri 等（1994）研究了滩涂穴居动物对沉积物中硝化与反硝化反应的贡献，发现穴居动物的存在促进了氮素硝化与反硝化之间的耦合。Mortimer 等（1999）在英国 Humber 河口调查沉积物性质时，使用了生物扰动实验系统（annular flux system，AFS），发现泥滩上的波罗的海白樱蛤（*Macoma balthica*）使沉积物的再悬浮率提升了 4 倍，紫贻贝（*Mytilus edulis*）使有机颗粒的最大生物沉降率达到天然沉降率的 40 倍。在英国 Tamary 河口，普利茅斯海洋实验室比较了生物扰动、物理扰动对沉积物 - 海水界面金属元素和营养盐运移的相对作用。在富营养化的近岸海底，放射性核素 ^{210}Pb、^{173}Cs 和 ^{234}Th 已成为成熟方法，用于生物扰动条件下颗粒有机碳（particulate organic carbon，POC）和溶解性有机碳（dissolved organic carbon，DOC）通量变化的现场测定。利用核素 ^{210}Pb、^{239}Pu 和 ^{240}Pu，在美国马萨诸塞湾（Massachusetts Bay）测算出底栖动物的扰动深度为 25 ~ 35 cm。Rosenberg 等用"底质分层成像技术"（sediment profile images，SPIs）观察到底栖动物的最深洞穴在 18.8 cm，大多数在 10 cm。洞穴的深度与沉积物溶解氧的状况有关。

底栖动物生态学研究已经经历了一个多世纪的发展。随着水域生态调查范围的不断扩大、多元统计方法和计算机技术的广泛应用，底栖动物群落研究已由单纯的野外观测和简单的定性描述阶段跃入多因子控制实验和定量解析阶段。

2. 国内研究进展

在公元前 3 世纪前后的《黄帝内经》中，已有使用墨鱼和鲍治疗疾病的记述。在公元前 2 世纪—公元前 1 世纪成书的《尔雅》中，记录了包括底栖动物在内的很多种水生动物。在我国明朝的《闽中海错疏》（1596 年）中，记载了 200 多种海洋生物。这是我国海洋生物学研究的萌芽阶段。

我国学者的海洋生物科学研究始于 20 世纪 20 年代，对烟台、青岛、北戴河、厦门、海南岛、香港等沿海进行了调查，发布了一些考察报告和有关甲壳动物、软体动物、棘皮动物的研究论文，但整体进展甚微。20 世纪 30 年代初，在厦门成立了"中华海产生物学会"。20 世纪 30 年代中期，我国的海洋生物研究中心逐渐转至青岛。20 世纪 30 年代后期至 40 年代，我国的海洋生物研究基本处于停滞状态。20 世纪 50 年代后，中国科学院、国家水产局、国家海洋局、教育部和一些省、市先后组建了海洋生物的专门研究机构，开展了中国近海海洋普查（1958—1960 年）、北部湾调查（1959—1962 年）、东海大陆架综合海洋调查（1975—1976 年）等，以及渔场调查、海洋栽培、动物养殖等一系列基础生物学和实验生物学研究，多批次、多地点采集了大量底栖动物标本，取得了许多较高水平的成果。

20 世纪 50—70 年代，学者们将底栖生物群落结构与沉积物性质相互关联，并进行相应的定性描述和定量分析。梁彦龄（1963）在国内率先研究了湖泊中寡毛类和水生昆虫的生态分布及种群密度。20 世纪 80 年代以来，通过国际合作引入先进的仪器设备和技术手段，底栖动物生态学研究取得了巨大的进展。1980—1982 年和 1985—1987 年，中美联合调查了长江和黄河河口水下三角洲及邻近海域的大型底栖动物生物量。先后启动了"全国海岸带和海涂综合资源调查"（1980—1985 年）、"全国海岛调查"（1989—1994 年）、"126 大陆架专项调查"（1997—2000 年）、"近海海洋综合调查与评价专项"（简称 908，2005—2012 年）等全国性普查计划，内容包括底栖动物群落的种类组成与动态分析、群落优势种的数量分布与季节变化、群落的空间与时间结构、群落的演替方向与过程、不同海域之间群落性质的比较等。林双淡等（1984）、张水浸等（1986）对杭州湾北岸潮间带底栖动物的群落结构及生态学进行了系列调查研究。杨万喜（1996，1998）在嵊泗岛进行了潮间带群落生态学研究，为深入探讨该海区的群落结构特征及海洋生态系统功能奠定了基础。厦门大学李复雪教授带领研究生对我国红树林区底栖动物群落生态进行了调查。国家海洋局第三海洋研究所在底栖动物生态学领域做了出色研究，包括九龙江口红树林海岸底栖动物生态学研究等。

21世纪初，我国开始探讨底栖生物粒径谱概念，在黄海典型站位等海域陆续开展了底栖动物粒径谱研究。厉红梅与孟海涛调查了深圳湾的底栖动物群落结构组成，分析了底栖动物群落时空差异的环境影响因素。肖红等、袁伟等、陈斌林等、廖一波等、章飞军等、池仕运等、李玉洁等、欧阳夏语等、王燕妮等分别对大庆水库底栖动物、胶州湾西北部海域大型底栖动物、长江口潮下带春季大型底栖动物、嵊泗海岛不同底质潮间带春秋季大型底栖动物、连云港近岸海域底栖动物、乐清湾滩涂大型底栖动物、三峡库区生态牧场底栖动物、长江口及邻近陆架海区夏季小型底栖动物、盐城潮间带大型底栖动物、新疆巩乃斯河大型底栖动物的群落结构和生态环境进行了研究，为进一步揭示底栖生态系统的性质与功能、评估我国水域生态系统健康状况、合理利用底栖动物资源奠定了重要的科学基础和理论依据。国内对于底栖动物次级生产力也开展了一系列研究。梁彦龄在国内开展了湖泊底栖寡毛类次级生产量的研究。陈其羽报道了武汉东湖铜锈环棱螺（*Bellamya aeruginosa*）的生产量。阎云君较为系统地研究了浅水湖泊大型底栖动物的能量学特征及生产量。闫云君等测定了72种大型水生无脊椎动物的能量密度，发现底栖动物的能量密度随物种、季节、地区、年龄等的不同而存在差异，寡毛类的能量密度为22.99～25.08 kJ/g dw，软体动物的能量密度为16.72～22.99 kJ/g dw，昆虫及其幼虫的能量密度变异较大，为10.45～25.08 kJ/g dw。此外，蔡立哲等对湛江高桥红树林和盐沼湿地、全秋梅等对胶州湾、周细平等对福建闽江口潮间带、刘坤等对厦门近岸海域的大型底栖动物次级生产力及时空特征进行了研究，贾胜华等总结并评价了海洋大型底栖动物次级生产力估算模型的研究进展。

与大型底栖动物相比，我国在小型和微型底栖动物的生物学及生态学研究方面较为滞后，使用的方法、发表的研究数据和资料十分有限。陆架小型底栖动物的生态调查启动于渤海海域，并相继在黄海、东海和南海海域陆续展开。区系组成和分类鉴定工作多见于黄海和渤海的潮间带、养虾池及浅海陆架。系统分类学成果促进了小型和微型底栖动物种群动态、群落结构、多样性、代谢特征、粒径谱、营养方式、生活史、生物量的研究。中英在长江口联合开展了底栖猛水蚤（*Harpacticoida*）和动吻虫（*Echinoderes*）的群落生态学研究。国家海洋局第一海洋研究所吴宝铃教授团队研究了黄海海域小型多毛类的分类和区系组成，发现 5 个新种和 20 多个新记录。国家海洋局第二和第三研究所在调查和试验性开采太平洋多金属结核时，对深海小型底栖动物进行了同步研究。厦门大学环境科学研究中心开展了潮间带小型底栖动物的类群鉴定和群落结构研究，香港科技大学海滨实验室开展了小型底栖动物（底栖猛水蚤）捕食与微生物之间相互作用的研究。

我国自 20 世纪 70 年代末开始将大型底栖无脊椎动物应用于水质环境监测和评价，广泛利用底栖动物对黄河干流、京津地区河流、北京官厅水库、安徽丰溪河、洞庭湖、湖北鸭儿湖、武汉东湖、辽宁浑河等的水质进行生物评价，取得一定成果。颜京松等利用摇蚊及大型底栖无脊椎动物多样性指数评价了甘肃境内黄河支流和官厅水库的水质，首次对 Trent 生物指数（trent biotic index，TBI）、Chandler 生物指数（chandler biotic index，CBI）、shannon-wiener 多样性指数和 Goodnight-Whitley 生物指数（goodnight-whitley index，GI）进行了比较研究，认为 TBI 和 CBI 更加适用于黄河水质生物评价。崔玉珩与孙道元（1983）对渤海湾排污区进行了底栖动物调查，开展了水环境质量的生物学评价，发现海河口附近的排污对底栖动物的影响已较明显，但该污染区底栖动物的群落组成、生长发育、季节动态等仍属正常。1990 年后，参考美国的科级生物指数（family biotic index，FBI）和 Beck 指数（beck index，BI），我国进一步推进了水质生物评价工作。杨莲芳等和童晓立等分别进行了安徽九华河和广东南昆山溪流水质的生物学评价。王建国等修订了我国东南部与庐山地区的底栖动物耐污值，提出了适于我国东南部山区溪流和平原河湖生物学评价的 BI 指数分级标准。姜建国等评述了 7 个基于耐污能力的生物指数，其中 6 个指数与底栖动物有关。蔡立哲等根据在深圳湾福田潮间带泥滩获得的底栖动物数据，结合国外相关评价标准，提出了污染程度评价标准的 Shannon-Wiener 多样性指数（H'）分级：H' =0（无底栖动物），严重污染；$H' < 1$，重度污染；H' =1～2，中度污染；H' =2～3，轻度污染；$H' > 3$，清洁。刘玉等采用大型底栖动物 BMWP 计分系统对珠江的 3 个河段进行有机污染生物评价，结果表明该方法与化学监测的互补性较好。汤琳等通过全面筛选各种生物指标，表明底栖动物的 Shannon-Wiener 多样性指数能够敏感反映黄浦江水质变化，可作为水环境生物监测的核心指标。

国内对水体中生物扰动的研究起步相对较晚。早期的工作始于 20 世纪 80 年代初的河口三角洲沉积动力学调查，绘制了表层沉积物剖面图，判别了长江口和黄河口水域的生物扰动垂直分布带。在胶州湾、大亚湾和闽南浅滩上升流生态系统的调查中，涉及水层 – 底层营养盐交换和碳通量的内容。1998 年 11 月，在 "中 – 美浅海生态系统动力学联合研究计划" 和国家自然科学基金项目的支持下，青岛海洋大学海洋生态动力学实验室建立了生物扰动实验系统，成为水层 – 底栖界面耦合的有效研究手段。该系统由环形水槽、微电机、浊度传感器和控制板组成，在实验室和野外环境均可使用。张志南等在唐岛湾的高、中潮带，以杂色蛤（*Venerupis variegata*）和缢蛏（*Sinonovacula constricta*）为扰动生物，开展了生物沉降（biological deposition）实验。"中－英浅海生态动力学合作项目"在胶州湾进行了生物沉降、再悬浮、营养盐交换、侵蚀率实验以及沉积物－海水界面的耦合模拟。张志南等在胶州湾采集了大量的沉积物和底栖动物样品，验证了双壳类的生物沉降作用。于子山等用微珠示踪技术，证实大型底栖动物的垂直扰动行为对水层－底栖界面生源要素的生物地化循环具有重要影响。韩洁等通过模拟水流条件，比较了胶州湾潮间带菲律宾蛤仔（*Ruditapes philippinarum*）养殖断面和非养殖断面的生物沉降速率和沉积物再悬浮过程。王诗红等细致地研究了日本刺沙蚕（*Neanthes japonica*）对底栖硅藻、小型底栖生物和沉积物的食物选择性、摄食率以及由摄食行为引起的沉积物变化。刘敏等利用室内模拟试验，研究了长江口潮滩大型底栖动物对生态系统氮循环的扰动作用。张夏梅等研究发现，小头虫（*Capitella capitata*）的生物扰动可改变沉积物的理化环境，增加烃类氧化菌的生长和代谢，使油污的生物降解率升高 15%。

生物扰动实验系统使沉积物－水层界面耦合的模拟成为可能。我国已基本掌握主要水域大型底栖动物的类群组成、地理分布、生物生产和资源利用状况。在全球海洋通量联合研究、全球海洋生态系统动力学研究、沿岸带陆海相互作用研究等大型国际计划的推动下，大型底栖动物在水层－底栖耦合及生物地球化学循环中的贡献被纳入中国海洋生态系统动力学第一和第二阶段（Chinese GLOBEC Ⅰ、Ⅱ）的研究范畴，我国底栖动物生态学研究取得重要进展。

2.6.3　底栖动物生态学的研究意义

1. 重要的动物类群和保护种类

栖息于海洋或内陆水域底表或底内的生物是水生生物中的重要生态类群。在淡水中，主要有软体动物、环节动物等。在海洋动物中，底栖动物种类最多，数量极大，自沿岸带到洋底最深处（深度超过 10 000 m）都有生存，营自由生活或固着于底质，包括无脊椎动物的大部分门类。底栖动物多样性是生物多样性的主要组成之一，同样也包含着遗传多样性、物种多样性和生境多样性 3 个层次。若按陆地生态学的标准和方法学推算，全球的大型底栖动物约在 1000 万种，而小型底栖动物还要高出 1 个数量级。

经过数十年来海洋科技工作者的调查研究，已在我国管辖海域记录到 20 278 种海洋生物，隶属于 44 个生物门，约占全世界海洋生物总种数的 10%，其中动物种类最多（12 794 种），原核生物种类最少（229 种）。按照分布情况，我国的海洋生物大致可分为水域生物和滩涂生物。鱼类、头足类、虾类、蟹类等构成了水域海洋生物的主体，种数的变化趋势为南多北少，即南海的种类较多，而黄海、渤海的种类较少。

我国的滩涂海洋生物种类有 1580 多种，其中以软体动物最多，超过 500 种，甲壳类其次，超过 300 种，种数与水域海洋生物一样，也是自北向南逐渐增多。底栖动物中有很多属于国家一级、二级保护动物和国际性保护的生物种类，如国家一级保护物种儒艮、红珊瑚、库氏砗磲、多鳃孔舌形虫、黄岛长吻虫、鹦鹉螺等，国家二级保护物种蠵龟、绿海龟、玳瑁、太平洋丽龟、文昌鱼、虎斑宝贝、冠螺、大珠母贝等。此外，中国鲎、柱头虫、舌形虫、海豆芽、酸浆贝、椰子蟹、海马、海蛙、散触毛虫等珍稀物种也亟须保护。大砗磲、珊瑚礁生态系统等属于国际性保护的范畴。

2. 重要的食品和药品来源

海洋生物是人类优质蛋白质的重要来源，目前全世界每年消耗的动物蛋白质（包括饲料用的鱼粉）有 12.5% ~ 20.0%（以鲜质量计）来自海洋。许多底栖动物是人类餐桌上喜爱的食品（如虾蟹类、双壳类、鲆鲽类等），成为人工养殖和渔业捕捞的重要对象，代表着巨大的经济价值。潮间带和大陆架浅海的底栖动物种类极多，组成成分复杂，为人类提供了大量水产食品和工业原料。目前已被人类利用的底栖动物有百余种，全球海洋每年生产数百万吨虾蟹和大约同样数量的贝类。在我国的海岸带和浅海区，经济底栖动物产量也相当大，包括对虾（*Penaeus*）、新对虾（*Metapenaeus*）、鹰爪虾（*Trachypenaeus curvirostris*）、白虾（*Exopalaemon*）、龙虾（*Panulirus*）、梭子蟹（*Portunus trituberculatus*）、青蟹（*Scylla serrata*）、绒螯蟹（毛蟹，*Eriocheir*）、魁蛤（*Acar*）、毛蚶（*Scapharca subcrenata*）、蛤仔（*Venerupis philippinarum*）、文蛤（*Meretrix meretrix*）、四角蛤蜊（*Mactra veneriformis*）、贻贝（*Mytioida*）、扇贝（*Pecten*）、牡蛎（*Osteroida*）、红螺（*Rapana bezona*）、海参（*Holothurioidea*）、鲆（*Bothidae*）、鲽（*Pleuronectidae*）等。还有许多底栖动物是重要的医药原料，软体动物中的三角帆蚌（*Hyriopsis cumingii*）、褶纹冠蚌（*Cristaria plicata*）、圆顶珠蚌（*Unio douglasiae*）、无齿蚌（*Anodonta woodiana*）、长牡蛎（*Crassostrea gigas*）、大连湾牡蛎（*Ostrea talienwhanensis*）、近江牡蛎（*Ostrea rivularis*）、青蛤（*Cyclina sinensis*）、泥蚶（*Tegillarca granosa*）、魁蚶（*Scapharca broughtonii*）、皱纹盘鲍（石决明，*Haliotis discus*）、耳鲍（*Haliotins asinina*）、曼氏无针乌贼（*Sepiella inermis*）、金乌贼（*Sepia esculenta*）、缢蛏（*Sinonovacula constricta*）、红条毛肤石鳖（*Acanthochiton rubrolineatus*），棘皮动物中的紫海胆（*Anthocidaris crassispina*）、石笔海胆（*Heterocentrotus mammillatus*）、马粪海胆（*Hemicentrotus pulcherrimus*）、罗氏海盘车（*Asierias rollestoni*）、多棘海盘车（*Asterias amurensis*）、刺参（*Morina nepalensis*）、梅花参（*Thelenota ananas*），甲壳动物中的中国龙虾（*Panulirus stimpsoni*）、中华绒螯蟹（*Eriocheir sinensis*）、锯齿溪蟹（*Potamon denticulatus*），环节动物中的日本医蛭（*Hirudo nipponia*）、尖细金线蛭（*Whitmania acranulata*）、日本刺沙蚕（*Neanthes japonica*），脊索动物中的玻璃

海鞘（*Ciona intestinalis*）、文昌鱼（*Branchiostoma lanceolatum*），腔肠动物中的海仙人掌（*Cavernularia habereri*），节肢动物中的中国鲎（*Tachypleus tridentatus*）等，都属于应用已久的药用动物。

3. 重要的天然饵料

底栖动物是海洋生态系统食物链中的重要环节，有些种类（如小型甲壳类、软体动物、多毛类等）是经济鱼类及其他动物的天然饵料，小型和微型底栖动物在一定海域是大型底栖动物的主要食物来源。底栖动物数量的变动影响着渔业的发展。底栖动物的蛋白质含量在 60% 以上，并且具有较高的能量及转化效率。据阎云君（1998）测定，苏氏尾鳃蚓（*Branchiura sowerbyi*）的能值为（24.009 5 ± 1.337 2）kJ/g dw，河蚬（*Corbicula fluminea*）的能值为（22.081 9 ± 0.325 2）kJ/g dw。软体动物的螺类、砚类、小蚌类是青鱼终生的天然饵料，鲤鱼也摄食部分小型的螺类、砚类。水生寡毛类的各种水蚯蚓、水生昆虫的摇蚊幼虫是鲤鱼、鲫鱼、青鱼、草鱼、鳊鱼和团头鲂等多种鱼类的良好天然饵料，其中水蚯蚓还是鲟科（Acipenseridae）、鲶科（Siluridae）鱼苗的优质活体开口饵料。

4. 重要的科学研究对象

水域是地球生命的发源地，生命在 30 多亿年的演化历程中，其中 85% 以上的时间是在海洋中度过的。海洋动物门类的多样性远超陆地和淡水，其中许多门类的动物仅生活在海洋中。揭示生命的起源、进化和分类，与海洋生物学的研究工作密不可分。随着调查船只和采集设备、技术的发展，世界对海洋的研究已逐步由近海向深海大洋和极地拓展。美国伍兹霍尔海洋研究所的科学家们借助深海潜水器"阿尔文号"（Alvin），对东太平洋的底栖动物边界层进行了多学科联合研究，首次发现一种底栖动物夜间的呼吸速率比白天高 3 ~ 5 倍，证明深水动物的代谢率具有周期性；同时发现，在距离海底 5 m 范围内，大型浮游动物的代谢率随着从海底向上距离的增大而显著地降低，初步揭示了开阔大洋生态系统的碳、氧及能量收支平衡。我国在 2005 年 11 月—2006 年 3 月对南极进行的第 22 航次考察中，首次在南极圈内对该海域的大型底栖动物进行生态调查，获得大量珍贵的标本。2008 年我国对北极进行的第 3 次科学考察也首次把大型底栖动物列入计划。2012 年 6 月，我国"蛟龙"号潜水器在西太平洋马里亚纳海沟（Mariana Trench）试验区实现 7 000 m 载人深潜，采集到深海沉积物样品和生物样品，发现了丰富的海底生物多样性。对极地、海沟等极端环境，以及生物多样性和生产力极高的热泉、冷泉等区域的底栖动物研究，很有可能为生物进化提供新的证据。

仿生学研究领域的最新进展使软体动物的贝壳成为新型仿生材料。贝壳的珍珠层属于天然复合材料，其中片状文石和蛋白质 – 多糖基体分别占 95% 和 5%（体积分数）。片状文石交错排列，层间由有机基体填充。这种结构的材料在具有陶瓷的强度和化学稳定性的同时，还具有金属的抗冲击特性。当单层厚度达到纳米水平时，可能出现特殊的尺寸效应。模仿贝壳的珍珠层结构，可以设计新型的仿生超硬材料，应用于减磨、耐磨等领域。底栖动物特有的一些生理机能和生化特点，如底栖动物通过潜穴、爬行、匍匐、游泳、觅食和避敌等行为对沉积物 – 水界面之间物质迁移、转化的扰动，底栖动物对营养盐和污染物的吸收、转化、降解、排泄途径，底栖动物渗透压和体温的调节机制等，也可能成为仿生学新的研究内容。

5. 不可忽视的有害生物

有些底栖动物对人类有直接或间接的危害。附着生长于水下物体和设施（如船底、浮标、输水管道、冷却管、沉船、海底电缆、木筏、浮子、浮桥、水雷、试验板等）表面的固着动物（如牡蛎、贻贝、藤壶、苔藓虫、水螅、海鞘等）、植物（藻类）和微生物，称为污损生物（污着生物、附着生物，fouling organism）。世界上已知有近 2 000 种污损生物（动物 1 344 种、植物 614 种）。生物污损（biofouling）是指船底及水中设施上生长生物的现象，具有多种危害：①各种污损生物黏附在船体和螺旋桨，增大舰船的航行阻力，增加燃料消耗量，降低航速，甚至影响军事行动。②填充和堵塞管道，严重损害运输和生产。③加速金属电化学腐蚀的过程。④生长迅速的污损生物附着在间歇性转动的仪器或机械上，降低水中仪器仪表及转动机件的性能甚至失灵，给海洋钻探等工作造成很大困扰。⑤岸用及船用声呐、鱼群探测仪和水听器等受到污损生物的黏附后，导致信号失真，工作效率下降，甚至无法正常运转。⑥污损生物的附着增大基体重量，破坏基体的漆膜，加速腐蚀，增加潮流的阻力，使浮标、水雷等偏离原定的方位，带来操作及保养的麻烦。⑦污损生物常堵塞网孔，增加网具的阻力，减少单位努力渔获量（catch per unit effort，CPUE）；附着在种植藻类的叶状体上，使光合作用效率下降，影响生长、发育和产量；附着在养殖贝类的贝壳上，竞争饵料和氧气，对水产业造成不利影响。

防除生物污损（anti-biofouling）受到各国重视，分为物理、化学和生物方法。当前对船舰最有效、最简便的防污措施，是把防污剂配制成防污涂料涂刷于船底，药物通过漆膜不断地往外渗出，形成一种有毒表面以预防或毒杀动物的幼虫，达到防污的效果。我国 20 世纪 50 年代就研制成以氧化亚铜为毒料的防污漆和防锈漆，达到了较好的防污效果，防污有效期 1 年左右。但是由于长期使用，生物产生了抗药性，影响到防污效果。我国从 1958 年开始寻找新的防污剂，通过百余种药物的室内外实验，筛选出 15 种有效药物，包括两种有机锡（三丁基氟化锡、三苯基氯化锡）。1972 年以后，又获得若干长效防污涂料配方，增加了防污涂料的品种。但是，有机锡的广泛使用使港湾局部水体锡含量升高，污染海洋环境，影响海洋生物，包括养殖生物的正常生长。

钻孔生物（boring organism）比污损生物对人类的危害更大，破坏海上设施，造成严重经济损失，其中以双壳纲（Bivalvia）和甲壳纲（Crustacea）动物最为突出。海笋科（Pholadidae）为世界性分布的海生双壳类软体动物，多栖于海洋潮间带，少数在深水中，善于钻凿贝壳、岩石、黏土、泥炭、软泥等。分布于大西洋两岸的大海笋（*Zirfaea crispata*）长 8 ~ 10 cm，壳长形，栖于潮间带到 75 m 水深范围内，常钻凿在木材或石灰石中。海笋（*Pholas dactylus*）壳质薄，背缘反折在壳顶上，绞合部无齿，能钻入片麻岩内，会发光。马特海笋（*Martesia striata*）长 2.5 ~ 3.0 cm，灰白色，生活在木材中，破坏渔船和港口木质建筑，对木材的危害程度有时比船蛆还要严重。凿石而居的海笋一般只钻入石灰岩，很少钻凿坚硬的花岗岩，在建港、筑堤时应尽量避免使用石灰岩。吉村马特海笋（*Martesia yoshimurai*）的繁殖力极强，曾在一块约 1 000 cm³ 的防波堤石灰岩中找到 108 个个体，严重危害海港岩石结构。史氏马特海笋（*Martesia smithi*）形似豌豆，常钻入岩石和贝壳内。分布于美国加利福尼亚州沿岸的平顶海笋（*Penitella penita*）钻入硬黏土、砂岩和水泥，经常危害建筑物。食木海笋属（*Xylophaga*）既穴居木材中，偶然又可钻入海底电缆、塑料或其他物体。双壳类的船蛆属（*Teredo*）呈蠕虫状，球形，壳小而薄，仅包住身体的前端一小部分，钻木而栖，约有 60 多种，中国沿海已发现 10 多种，除了滩栖船蛆属（*Kuphus*）以外，其他所有船蛆种类均钻入木、竹中生活。裂铠船蛆（*Teredo manni*）在我国沿海各地均有发现，生长和繁殖迅速，对沿海码头、木桩、木船等木建筑破坏严重。甲壳类的蛀木水虱属（*Limnoria*）、团水虱属（*Sphaeroma*）、蛀木跳虫属（*Chelura*）等常附生于码头和港湾的木桩、护木以及其他木质构件上，终生在木材表层穿凿，与船蛆内外夹攻，使木材很快损坏。蛀木水虱已知有 20 多种，其中 7 种以海藻为食，其余均钻凿木材，以木材为食。海绵动物中的穿贝海绵属（*Cliona*）、多毛类中的才女虫属（*Polydora*）和一些苔藓动物常穿凿扇贝、牡蛎、珠母贝等经济品种，抑制其生长。软体动物中的住石蛤属（*Petricola*）、钻岩蛤属（*Saxicava*）、石蛏属（*Lithophaga*）、开腹蛤属（*Gastrochaena*）等都能穿凿岩石、珊瑚礁和贝壳等，对岩石堤岸、珊瑚礁和经济贝类的养殖造成危害。棘皮动物中的球海胆（*Strongylocentrotus intermedius*）等能用坚硬的棘钻凿珊瑚礁。某些固着型底栖动物常群居，过度孳生时可造成不利影响，如淡水壳菜（*Limnoperna lacustris*）常在输水管道内大量繁殖附着，使得管道糙率增大，管道的过流面积减小，降低输水效率，甚至堵塞管道，引起事故。

一些底栖动物是鱼、虾、贝、藻等经济种类的敌害和病害生物，如龙虱（Dytiscidae）成虫和幼虫均为肉食性，对鱼苗和小规格鱼种危害很大。水生昆虫如蜻蜓目（Odonata）幼虫、仰泳蝽科（Notonectidae）等，有时数量很大，消耗氧气，危害苗种，也属养鱼敌害。螺类、砚类、蚌类等如果在池塘中大量存在，滤食细小的浮游生物，会使水质清瘦，消耗溶解氧，影响鲢鱼、鳙鱼生长。有的底栖动物还是鱼类寄生虫的中间宿主，成为鱼病传播的帮凶。

思考题

1. 什么是生态学?

2. 现代生态学的发展呈现出哪些特点?

3. 列举 3 位世界著名的生态学家及其学术贡献。

4. "人与生物圈计划"的宗旨是什么?

5. "国际地圈生物圈计划"的主要研究内容有哪些?

6.《巴黎协定》在气候变化方面取得了哪些成果?

7. 什么是种群、群落、生态系统?

8. 如何划分生态学的分支学科?

9. 说明底栖动物生态学的研究意义。

10. 我国的底栖动物生态学研究取得哪些重要进展?

第3章　底栖动物的分类

底栖动物的种类和生活方式极为复杂，是一个十分庞杂的生态类群，按照不同的分类标准，可将底栖动物分为不同的类型。除了环节动物（Annelida）、软体动物（Mollusca）、棘皮动物（Echinodermata）、节肢动物（Arthropoda）等主要的底栖动物类群外，还包括原生动物（Protozoa）、线形动物（Nemathelminthes）、腔肠动物（Coelenterata）、颚口动物（Gnathostomulida）、海绵动物（Spongia）、纽形动物（Nemertinea）、轮形动物（Rotatoria）、扁形动物（Platyhelminthes）、腹毛动物（Gastrotricha）、动吻动物（Kinorhyncha）、须腕动物（Pogonophora）、缓步动物（Tardigrata）、苔藓动物（Bryozoa）、腕足动物（Brachiopoda）、帚虫动物（Phoronida）、半索动物（Hemichordata）、脊索动物（Chordata）等，涉及绝大多数的动物门类。底栖动物在生命周期中的不同阶段营底栖生活，或者与水体底层发生关系，其个体大小、起源、隶属关系、生境、摄食方式、生活史、生活方式、耐污能力、营养类型、繁殖方式、对氧气的需求等各有不同。在分类地位越低等的门中，底栖动物类群越多，体现了生物起源于海洋、由水生到陆生的进化趋势。

3.1　按个体大小分类

3.1.1　大型底栖动物

无法通过500 μm孔径筛网的个体为大型底栖动物(macrofauna)，主要由软体动物、水生昆虫及其幼虫、寡毛类、海绵、珊瑚、多毛类、甲壳动物的虾和蟹等大型无脊椎动物组成。

3.1.2　小型底栖动物

能够通过500 μm孔径筛网、但无法通过42 μm孔径筛网的个体为小型底栖动物（meiofauna），主要由线虫类、动吻类、介形类、猛水蚤类等组成。

3.1.3 微型底栖动物

能够通过 42 μm 孔径筛网的个体为微型底栖动物（nanofauna），主要有底栖原生动物等。

3.2 按生境分类

3.2.1 海洋底栖动物

海洋底栖动物（marine zoobenthos）种类繁多、形态多样、结构各异，包括大部分动物分类系统（门、纲）的代表类群，如腔肠动物、海绵动物、原生动物、扁形动物、腹毛动物、纽形动物、颚口动物、动吻动物、线形动物、须腕动物、软体动物、节肢动物、环节动物、缓步动物、苔藓动物、腕足动物、帚虫动物、棘皮动物、被囊动物、脊索动物等，多达几十万种，远超海洋水层中的鱼类（约 20 000 种）、中大型浮游动物（约 5 000 种）与哺乳动物（约 110 种）种类之和。

3.2.2 陆水底栖动物

陆水底栖动物（inland aquatic zoobenthos）主要包括软体动物、环节动物、节肢动物等，门类数少于海洋底栖动物。

3.3 按起源分类

3.3.1 原生底栖动物

原生底栖动物（primary zoobenthos）可以直接利用水中的 DO，终生营水底生活，常见种类包括双壳类软体动物、底栖寡毛类、底栖甲壳类、蠕虫等。

3.3.2 次生底栖动物

次生底栖动物（secondary zoobenthos）的祖先曾为陆生，在长期的系统发生和演化过程中重新适应水生环境，主要包括水生昆虫、软体动物中的肺螺类（Pulmonata）等，如椎实螺（Lymnaea）。水生昆虫是典型的次生底栖动物，表现为不同的生活史对策。多数类群在幼虫期间营水生，成体则羽化离开水体，在陆地或空中完成交配；也有一些类群的幼虫营水生，成虫水生、陆生皆可，但多为水生，如水生鞘翅目（Coleoptera）昆虫。

3.4　按摄食方式分类

3.4.1　滤食性底栖动物

滤食性（filter feeding）底栖动物也称悬浮物食性（suspension feeding）底栖动物，通过过滤器官滤取悬浮有机碎屑或微小生物为食。例如，甲壳类依靠肢体运动吸入海水，以附肢刚毛网滤食饵料颗粒；一些双壳类凭借水管系统形成水流，以体内黏液膜获取食物。

3.4.2　沉积物食性底栖动物

沉积物食性（deposit feeding）底栖动物直接吞食沉积物，在消化道内摄取其中的有机物质为食，以维持自身的营养和能量需求，如心形海胆（*Echinocardium*）、日本刺沙蚕、芋参（*Molpadia*）等。多数种类无选择地吞食水底沉积物，少数种类则是有选择地摄食。

3.4.3　肉食性底栖动物

肉食性（carnivorous）底栖动物一般有较强壮的捕食器官，以小型动物和动物幼体为食，如龙虾、对虾、海葵、鲽形鱼类等。深海种类常借发光诱捕食物。在海洋底栖动物中，以滤食性、沉积物食性和肉食性为主。

3.4.4　植食性底栖动物

植食性（herbivorous）底栖动物主要以大型藻类为食，如鲍、藻虾等。

3.4.5　寄生性底栖动物

寄生性底栖动物吸取寄主体内的营养为生，大多缺少捕食器官。

3.5　按栖息方式分类

根据栖息方式，底栖动物可分为底上动物（epifauna）和底内动物（infauna）。底上动物包括在底质上部生活的各种匍匐动物、固着动物和附着动物，它们或者匍匐爬行于基底表面，如螺类、鲍、海星、寄居蟹等，或者栖于硬质水底，有特殊的固着器官，如扇贝、贻贝等以足丝束固着于基质表面，茗荷儿（*Lepas*）和柄海鞘（*Styela clava*）等利用柄部固定在基质上，藤壶、牡蛎等通过石灰质外壳直接黏附于基质表面。当环境条件不适时，一些底栖动物能脱离原固着基，迁至新的地点重新固定。底内动物生长于软质水底，体型适应潜底，包括全部肠鳃类半索动物、大多数双壳类、多毛类以及部分甲壳类、腹足类、棘皮动物等，通常有两种类型：①埋栖种（如多种蛤类、蟹类等），栖于沙内，有的细长呈筒状、带状，具有伸缩能力（蠕虫状），如沙蚕（*Nereis*）、岩沙海葵（*Palythoa*）、星虫（*Sipunculidae*）等；有的扁平，善于掘挖潜伏，具有发达的附肢或尖形的足和头，如蝉蟹（*Hippa*）、针涟虫（*Diastylis*）等。埋栖种具备从沉积物表面获得新鲜海水和食物的水管系统，如双壳贝类、棘皮动物，或具有能制造水流的独特构造，如一些虾蟹的附肢、海葵类的触手等。②穴居种［如美人虾（*Stenopus hispidus*）、多种蟹、虾蛄（*Squilla*）等］和管栖种［如多毛类的海蚯蚓（*Arenicola*）、甲壳类的螺蠃蜚（*Corophium*）、肠鳃类（*Enteropneusta*）等］，栖于构造各有特点的特殊巢穴或管道内，有的相当精巧，其管道由动物自身的分泌物或由分泌物黏结沉积颗粒而成。可进一步按栖息方式将底栖动物细分为固着型、底埋型、钻蚀型、底栖型和自由移动型，它们的摄食、营养、运动、繁殖、适应方式以及生物学、生态学特征彼此之间存在很大差异，但多数种类因生活的局限，运动器官都逐渐退化，适应于底栖生活的腹部肌肉以及用于获取食物的器官发达起来。

3.5.1　固着型

固着在水底或水中物体上生活，如软体动物（贻贝、牡蛎等）、苔藓动物、腔肠动物（珊瑚虫类、水螅虫类等）、海绵动物、蔓足甲壳类（藤壶、茗荷儿等）、管栖多毛类等。一般具有较强的繁殖能力，有的出芽生殖，很快形成群体，有的产生大量浮浪幼虫，遇到适宜的基底就固定下来。同一种生物（如藤壶、贻贝）如果生长在潮间带的岩相或海底，称固着生物，一旦生长在船底或管道内壁，就成为污损生物。固着型底栖动物一般具有腹部吸盘、强有力的跗爪、扁平的背腹、固定的巢，能够有效抵御水流的冲击。由于长期营固着生活，身体构造通常较为简单，除感觉器官（如触手、触丝）相对发达外，一些器官还有退化现象，如淡水壳菜（*Limnoperna lacustris*）的足完全消失。

3.5.2　底埋型

生活在底层的泥质环境中，如多毛类、双壳类的蛤、蚌和竹蛏（*Solen*）、穴居的蟹、棘皮类的海蛇尾（阳遂足，*Ophiuroidea*）、柱头虫（*Balanoglossus*）、文昌鱼（*Branchiostoma*）等。多数种类具有细长的体形，使其易于在底质中穿行。有的种类常将部分身体露出底质外，以解决底质中氧气或食物不足的问题。

3.5.3　钻蚀型

穿孔穴居于木材、岩石、珊瑚礁、土岸、贝壳或水生植物（如红树）茎叶中的动物，包括软体动物的双壳类、节肢动物的甲壳类、海绵动物、苔藓动物、环节动物的多毛类和棘皮动物的一些种类等，即钻孔生物。

3.5.4　表栖型

生活在水体底部沉积物的表面，活动能力有限，如棘皮动物中的海参、海胆、海星、软体动物中的腹足类等。

3.5.5　自由移动型

在水底匍匐、爬行、蠕动，或者在近底的水层中游动，但又常沉降于底上活动，身体多呈辐射对称、盘状或扁平状，如海星、海胆、螺类、海蛇尾等。许多种虾（如对虾类）、蟹、底层鱼类（如鲆、鲽、鲀、鳐、比目鱼、鮟鱇等）和少数哺乳动物［如灰鲸属（*Eschrichtius*）、儒艮属（*Dugong*）］则为游泳性底栖动物（nektobenthos），但游泳能力一般较弱。

3.6　按耐污能力分类

耐污值常用于表示生物的耐污能力，范围为 0 ~ 10，是运用水生生物监测水质的关键数据。只有当各层次分类单元水生生物的耐污值得到认识和确定，才能用来计算生物指数，进而评价水体的污染状况。到目前为止，大部分种类的底栖动物耐污能力尚未确定。

3.6.1　污染敏感类群

耐污值≤3的物种称为污染敏感类群（pollution sensitive organisms），常见种类包括涡虫纲、蜉蝣目（扁蜉科、蜉蝣科、寡脉蜉科等）、襀翅目（石蝇科、黑襀科等）、毛翅目（小石蛾科、等翅石蛾科、原石蛾科等）、鞘翅目（长角泥甲科成虫、扁泥甲科）、广翅目（鱼蛉科、泥蛉科）、双翅目（大蚊科、伪鹬虻科、蚋科）、端足目（钩虾科）等。

3.6.2　中等耐污类群

耐污值为 3 ~ 7 的物种称为中等耐污类群（pollution semi-tolerant organisms），典型种类包括蜻蜓目、半翅目（蝎蝽科、仰泳蝽科、负子蝽科、划蝽科）、鞘翅目（龙虱科、豉甲科、水龟甲科、沼梭科）、爬行亚目、束翅亚目、长角泥甲科幼虫、蚬科等。

3.6.3　耐污类群

耐污值 ≥ 7 的物种称为耐污类群（pollution tolerant organisms），常见种类包括寡毛纲、蛭纲、无厣的腹足纲、蚊科幼虫、摇蚊科幼虫、食蚜蝇科等。尽管襀翅目非常敏感，但某些襀翅目物种的幼虫也会在不太清洁的水体中出现；同样，寡毛纲和摇蚊科幼虫也会在非常清洁的水体中出现。我国常见底栖动物的摄食功能类型、栖息方式和耐污值见表 3-1。

表 3-1　我国常见底栖动物的摄食功能类型、栖息方式和耐污值

类群			摄食方式	栖息方式	耐污值
中文名	拉丁名	英文名			
节肢动物门	**Arthropoda**	insects, arachnids, crustaceans			
昆虫纲	**Insecta**	insects			
蜉蝣目	**Ephemeroptera**	mayflies			
四节蜉科	Baetidae	small minnow mayflies	g-c/scr	sw, cn	5
细蜉科	Caenidae	small squaregills	g-c	sp	6
小蜉科	Ephemerellidae	spiny crawlers	g-c/scr	cn, sp, sw	1
蜉蝣科	Ephemeridae	common burrowers	g-c	bu	3
扁蜉科	Heptageniidae	flatheaded mayflies	scr	cn	3
等蜉科	Isonychiidae	brushlegged mayflies	f-c	sw, cn	2
细裳蜉科	Leptophlebiidae	pronggills	g-c	sw, cn, sp	3
寡脉蜉科	Oligoneuriidae	oligoveines mayflies			2
多脉蜉科	Polymitarcyidae	pale burrowers	g-c		2
花鳃蜉科	Potamanthidae	hacklegills	g-c		4
短丝蜉科	Siphlonuridae	primitive minnow mayflies	g-c	sw, cb	4
褶缘蜉科	Palingeniidae	spinyheaded burrowers	f-c	bu	
蜻蜓目	**Odonata**	**dragonflies and damselflies**			
蜓科	Aeshnidae	darners	prd	cb	3
大蜓科	Cordulegastridae	spiketails, biddies, golden-ringed dragonflies	prd	bu	3
伪蜻科	Corduliidae	greeneyed skimmers	prd	sp, cb	2
箭蜓科	Gomphidae	clubtails	prd	bu	3
蜻科	Libellulidae	common skimmers	prd	sp, cb	2
大蜻科	Macromiidae	cruisers, belted skimmers, river skimmers	prd		2
河蟌科	Calopterygidae	broadwinged damselflies	prd	cb	6
蟌科	Coenagrionidae	narrowwinged damselflies	prd	cb	8
丝蟌科	Lestidae	spreadwinged damselflies	prd		6
腹鳃蟌科	Euphaeidae	gossamer-winged damselflies	prd		0 ~ 1

续表

类群			摄食方式	栖息方式	耐污值
中文名	拉丁名	英文名			
襀翅目	**Plecoptera**	**stoneflies**			
卷襀科	Leuctridae	rolled-winged stoneflies	shr	sp，cn	0
短尾石蝇科	Nemouridae	spring stoneflies	shr	sp，cn	2
扁襀科	Peltoperlidae	roach-like stoneflies	shr	cn，sp	0
石蝇科	Perlidae	common stoneflies	prd	cn	2
网襀科	Perlodidae	perlodid stoneflies	prd	cn	2
大襀科	Pteronarcyidae	giant stoneflies	shr	cn，sp	0
半翅目	**Hemiptera**	**water or true bugs**			
负子蝽科	Belostomatidae	giant water bugs	prd	cb，sw	
划蝽科	Corixidae	water boatmen	prd	sw	5
潜水蝽科	Naucoridae	creeping water bugs	prd		
蝎蝽科	Nepidae	water scorpions	prd		8
仰泳蝽科	Notonectidae	backswimmers	prd	sw，cb	
毛翅目	**Trichoptera**	**caddisflies**			
短石蛾科	Brachycentridae	humpless case makers	shr/f-c	cn，sp	1
枝石蛾科	Calamoceratidae	comblipped case maker		sp	3
舌石蛾科	Glossosomatidae	saddlecase makers	scr	cn	1
瘤石蛾科	Goeridae	goerid caddisflies	scr		3
钩翅石蛾科	Helicopsychidae	snail case makers	scr		3
纹石蛾科	Hydropsychidae	common netspinners	f-c	cn	4
小石蛾科	Hydroptilidae	micro caddisflies	scr/shr/g-c	cn	4
鳞石蛾科	Lepidostomatidae	bizarre caddisflies	shr	cb，sp，cn	1
长角石蛾科	Leptoceridae	long-horned case-maker caddisflies	g-c/shr/prd	sp，cb，sw，cn	4
沼石蛾科	Limnephilidae	Northern case-maker caddisflies	shr/scr/g-c	cb，sp，cn	3
细翅石蛾科	Molannidae	hood case-maker caddisflies	scr	sp，cn	6
等翅石蛾科	Philopotamidae	fingernet caddisflies	f-c	cn	3
角石蛾科	Stenopsychidae	stenopschid net-spinner caddisflies	f-c		5
石蛾科	Phryganeidae	giant case-maker caddisflies	shr/prd	cb	4
多距石蛾科	Polycentropodidae	trumpetnet and tubemaking caddisflies	f-c/prd	cn	6
管石蛾科	Psychomyiidae	net tube caddisflies	g-c/scr	cn	2
原石蛾科	Rhyacophilidae	free-living caddisflies	prd	cn	1
鳞翅目	**Lepidoptera**	**butterflies and moths**			
螟蛾科	Pyralidae	aquatic moths	shr/scr	cb	5
鞘翅目	**Coleoptera**	**bettles**			
象甲科	Curculionidae	water weevils	shr		5
泥甲科	Dryopidae	long-toed water beetles	scr	cn	5

续表

类群			摄食方式	栖息方式	耐污值
中文名	拉丁名	英文名			
龙虱科	Dytiscidae	predaceous diving beetles	prd	sw, dv	5
长角泥甲科	Elmidae	riffle beetles	scr/g-c	cn	4
豉甲科	Gyrinidae	whirligig beetles	prd	sw, dv	4
沼梭科	Haliplidae	crawling water beetles	shr	cb	5
水龟甲科	Hydrophilidae	water scavenger beetles	g-c/prd/shr	sw, dv, cb	5
扁泥甲科	Psephenidae	water pennies	scr	cn	4
毛泥甲科	Ptilodactylidae	toe-winged beetles	shr	cn	3
沼甲科	Scirtidae	marsh beetles	scr	cb, sb	5
广翅目	**Megaloptera**	**dobsonflies，fishflies，alderflies**			
鱼蛉科	Corydalidae	fishflies，dobsonflies，hellgrammites	prd	cn, cb	4
泥蛉科	Sialidae	alderflies	prd	bu, cb, cn	4
双翅目	**Diptera**	**two-winged or true flies**			
伪鹬虻科	Athericidae	watersnipe flies	prd	sp, bu	4
蠓科	Ceratopogonidae	biting midges or no-see-ums	prd	sp, bu	6
幽蚊科	Chaoboridae	phantom midges	prd	sp, sw	8
蚊科	Culicidae	mosquitoes	f-c	sw	8
长足虻科	Dolichopodidae	aquatic longlegged flies	prd	sp, bu	4
细蚊科	Dixidae	dixid midges	f-c	sw, cb	1
舞虻科	Empididae	aquatic dance flies	prd	sp, bu	6
水蝇科	Ephydridae	shore flies，brine files	shr	bu, sp	6-8
蝇科	Muscidae	aquatic muscids	prd	sp	6
毛蠓科	Psychodidae	moth flies	g-c		8
细腰蚊科	Ptychopteridae	phantom crane flies	g-c	bu	9
蚋科	Simuliidae	black flies	f-c	cn	6
水虻科	Stratiomyidae	aquatic soldier flies	g-c	sp, bu	7
食蚜蝇科	Syrphidae	rattailed maggots		bu	10
虻科	Tabanidae	horse and deer flies	g-c/prd	sp, bu	5
伪蚊科	Tanyderidae	primitive crane flies	g-c		3
大蚊科	Tipulidae	crane flies	g-c/prd/shr	bu, sp, cn	3
摇蚊科	Chironomidae	non-biting or true midges			
摇蚊（血红色）	Chironomidae（Chironomini）	midges，non-biting midges，chironomusfentans（blood red）			8
摇蚊（其他，包括粉红）	Chironomidae	midges，non-biting midges，chironomusfentans（others，e.g. pink）			6

类群			摄食方式	栖息方式	耐污值
中文名	拉丁名	英文名			
长足摇蚊亚科	Tanypodinae	considerable chironomids	prd	sp	7
直突摇蚊亚科	Orthocladiinae	midges	g-c/shr/prd	sp，bu	6
摇蚊亚科	Chironominae	midges，non-biting midges，chironomusfentans	g-c/prd/shr/f-c/scr	sp，bu，cn，cb	6
蛛形纲	**Arachnida**	**spiders，mites**			
螨形目	**Acariformes**	**mites**			
水螨科	Lebertiidae	water mites，hydrachnid，hydracarian	prd		6
甲壳纲	**Crustacea**	**crustaceans**			
端足目	Amphipoda	scuds，side swimmers	g-c		4～8
钩虾科	Gammaridae	gammarid	g-c/shr	sp	4～6
十足目	Decapoda	shrimps，crabs	g-c/f-c/prd	sp	6
长臂虾科	Palaemonidae	shrimps		sp	7
软体动物门	**Mollusca**	**clams and snails**			
腹足纲	**Gastropoda**	**snails and limpets**	scr	cb	7
膀胱螺科	Physidae	bladder snails	g-c/scr	cb	8
椎实螺科	Lymnaeidae	pond snails	g-c/scr	cb	6
扁卷螺科	Planorbidae	ramshorn snails	scr	cb	7
田螺科	Viviparidae	river snails，mystery snails	scr	cb	6
钉螺科	Hydrobiidae	mud snails	scr	cb	6
双壳纲	**Bivalvia**	**clams and mussels**	f-c	bu	8
珠蚌科	Unionidae	freshwater pearly mussels	f-c	bu	
蚬科	Corbiculidae	Asian clams	f-c	bu	6
球蚬科	Sphaeriidae	fingernail or pea clams	f-c	bu	6
环节动物门	**Annelida**	**worm，leeches**			
寡毛纲	**Oligochaeta**	**aquatic worms**		bu	8
带丝蚓科	Lumbriculidae	lumbricus	g-c	bu	5
颤蚓科	Tubificidae	tubificids	g-c	cn	9
仙女虫科	Naididae	clitellate oligochaete worms	g-c/prd	bu	8
颗体虫科	Aeolosomatidae	aeolosoma	f-c		8
蛭纲	**Hirudinea**	**leeches，bloodsuckers**		sp	
石蛭科	Erpobdellidae	leeches，bloodsuckers	prd	sp	10
鱼蛭科	Piscicolidae	fish leeches	prd	sp	
扁蛭科	Glossiphoniidae	freshwater jawless leeches，glossiphoniids	par/prd	sp	
泽蛭属	*Helobdella*	freshwater leech	par/prd	sp	6

续表

类群			摄食方式	栖息方式	耐污值
中文名	拉丁名	英文名			
其他属		other genus	par/prd	sp	8
扁形动物门	**Platyhelminthes**	**free-living flatworms**			
涡虫纲	**Turbellaria**	**planarians，dugesia**	prd		4

注 1：摄食方式的缩写词。g-c：牧食收集者（grazing-collector），主要消耗有机质碎片，如树叶碎片等。f-c：过滤收集者（filtering-collector），以细菌、浮游植物或水底的其他有机物质为食。scr：刮食者（scraper），以附生植物、附生藻类、附石物质和沉水物体为食。prd：捕食者（predator），也称为清道夫，如虾，可同时摄食死的和活的有机物质。shr：撕食者（shredder），摄食粗颗粒有机质，如树叶等，蟹类常为撕食者。par：寄生者（parasite），与其他动物（即寄主）共生或伤害寄主的动物。

注 2：栖息方式的缩写词。cn：固着型动物（clinger），固着生活于水底或其他物体表面的动物。bu：穴居型动物（burrower），生活在细颗粒底质中或其他生物体内的动物。cb：攀爬型动物（climber），栖息在缓流区或静水区沉积物表面、水生植物体表、有机碎屑上的底栖动物。在底质表面爬行的类群一般个体较大，常有较厚重的贝壳或被甲；在突出物和植物上攀缘的类群一般个体较小，贝壳相对单薄。此类动物中的一些种类有营造负管或负囊的习性，负管由砂粒或植物种子构成，并随虫体移动，活动能力一般都不大，但也有活动能力相当强的种类，不但善于主动游泳，而且活动范围很广，如龙虱和一些虾类。sw：游泳型动物（swimmer），能够主动游泳、并控制自身移动速度和方向的动物，可从水面游到水底，如一些蜉蝣幼虫。sp：蔓生型动物（sprawler），生活在沉水植物体表或细颗粒泥沙底质表面的动物。dv：潜水型动物（diver），不将身体附着于沉积物表面，而是到水面呼吸空气，如某些鞘翅目成虫和一些半翅目种类，不属于真正意义上的底栖动物。

3.7　按营养类型分类

3.7.1　异养生物

底栖动物绝大多数是消费者，属于异养生物，它们只能以外界环境中现成的有机物作为能量和碳的来源，摄入体内后转变成自身的组成物质，并且储存能量。

3.7.2　自养生物

底栖动物中有很少一部分成员为自养生物。如在南美大陆以西约 1 000 km 的加拉帕戈斯（Galapagos）群岛海底热泉周围，发现一些底栖动物在没有阳光和缺氧的条件下，由寄生或共生体内的硫化细菌提供有机物质和能源。硫化细菌利用海底热泉喷出的硫化氢（H_2S）等物质，通过化学作用使无机物转变成为自身的组成物质，同时获得能量，属于化能自养生物。在这种独特的生态系统中，完全以化学能替代了日光能。

3.8 按氧气需求分类

3.8.1 需氧生物

大部分底栖动物属于需氧生物，在异化作用过程中，必须在水中游离氧充足的条件下才能分解机体中的有机物质而获得能量，以正常地生长、发育和繁殖。

3.8.2 厌氧生物

某些底栖寡毛类动物（如霍甫水丝蚓、中华颤蚓、尾鳃蚓）和线虫等，可生活在缺氧的水体里，而且还可大量繁殖，属于兼性厌氧生物（faculfative anaerobe），是河流、湖泊等水体污染和富营养化的指示生物。

3.9 按扰动方式分类

3.9.1 生物扩散者

生物扩散者（biodiffuser）的活动引起水体底层物质扩散性的运输，主要使沉积物颗粒发生水平方向上的短距离移动。

3.9.2 上行搬运者

上行搬运者（upward conveyor）通常是指头向下、垂直方向掘洞的种类，在水体底部清除沉积物，然后在底栖－水层界面附近释放。

3.9.3 下行搬运者

下行搬运者（downward conveyor）是指头向上、垂直方向移动的种类，通过肠道将沉积物从底栖－水层界面排泄到底部。

3.9.4 再生者

再生者（regenerator）是指一些掘穴而居的种类，把沉积物从底部向表面运移，可一定程度补充表面被冲走的沉积物。

3.9.5 管路扩散者

管路扩散者（gallery diffuser）是指在底质中掘有"管路"系统的一类底栖动物，主要有单型管路、U型管路和分支型管路。随着生物体的活动，粪便和颗粒有机物从表层下落到"管路"底部。

3.10　按发育方式分类

底栖动物幼体的发育可分为直接发育型和间接发育型两种方式。

3.10.1　直接发育型

直接发育是指幼体孵化后，其形态与成体无大的差异，如涡虫纲、寡毛纲和软体动物。

3.10.2　间接发育型

间接发育是指幼体形态与成体不同，须经简单或复杂的变态阶段，如水生昆虫。在很多类型的水体中，水生昆虫都是底栖动物群落的重要组成部分。水生昆虫的变态分为完全变态和不完全变态。完全变态是昆虫在个体发育过程中，经过卵、幼虫、蛹和成虫 4 个时期，如脉翅目、双翅目、鞘翅目、毛翅目等。幼体（larvae）与成体的形态结构和生活习性明显不同。在蛹阶段，生物体栖息在茧状结构中，经历从幼虫到成虫的转变。不完全变态是昆虫在个体发育中，经过卵、幼虫和成虫 3 个时期，如半翅目、蜻蜓目、襀翅目等；或者经过卵、幼虫、亚成虫和成虫 4 个时期，如蜉蝣目。变态过程无蛹期，幼虫常有气管鳃和翅芽，通称若虫或稚虫（nymph）。若虫和成虫的形态结构、生活习性高度相似甚至一致，只是若虫身体较小，翅未发育完全，它们最主要的区别是，若虫的生殖器官发育不成熟，而成虫生殖器官发育成熟，可以进行交尾。

因为昆虫的外骨骼不能随若虫的生长而长大，所以若虫经过一系列的蜕皮直到发育为成虫，每次蜕皮称为一个龄期。双翅目中不同科的种类具有不同的生活期。大蚊科的幼虫发育期为 1 个月到 1 年，以幼虫状态越冬，多数种类 1 年 1 个世代，有些种类 1 年 2 ~ 3 个世代。毛蠓科 1 年 1 个世代，以成虫状态越冬。水虻科 1 年 1 个世代，以幼虫状态越冬。摇蚊科中有的种类 2 年 1 个世代，有的种类 1 年 7 个世代，大多数种类 1 年 2 个世代，分别在春季（5—6 月）和夏季（8—9 月）。摇蚊科的生物量春季最高，入夏以后减少到最低点，到了秋季又见增多。毛翅目幼虫生活期为 0.5 ~ 1.0 年，经过 6 次以上的蜕皮形成蛹，蛹期为 1 ~ 2 周。半翅目稚虫大都具有 5 个龄期，发育期需 1.5 ~ 2.0 个月。蜻蜓目稚虫在水底的生活时间因种类而不同，束翅亚目 1 年多，蜓类约 2 年，也有的种类为 3 ~ 5 年，一般蜕皮 11 ~ 15 次。襀翅目稚虫的生活期为 1 ~ 3 年，蜕皮 23 次。蜉蝣目的卵产在水里，一般经过 7 ~ 14 天便孵化成小幼虫，有的种类的卵发育时间较长，为 1 个多月。蜉蝣幼虫主要摄食藻类、水生植物和小虫；在 1 ~ 3 年的时间里，需要多次蜕皮，身体才能逐渐成长；长出翅芽后，变为亚成虫（subimago），顺着水草爬出水面，在岸边的草丛或石块上蜕去"旧衣"，换上"新装"，变成成虫。蜉蝣目昆虫的蜕皮次数相对较多（10 ~ 50 次），大多数种类为 15 ~ 25 次。

许多底栖动物在幼体阶段都要经过变态，最后成为成体营底栖生活。变态幼虫通常有暂时性的浮游生活时期，这一阶段它们随水流动，发现适于成体生存的底质环境时下沉定居，如底内埋栖的泥蚶、蛤仔和固着生活的牡蛎、藤壶等。所以很多底栖动物的一生兼具浮游动物和底栖动物双重的身份特征，它们的幼虫分布范围很广，而其成体却局限于一定性质的底质区内。底栖动物经过变态发育后，拥有结实而坚硬的外壳，对于保护躯体、防御攻击等具有重要意义。

3.11 按化性分类

化性（voltinism）是指动物（尤其是具有滞育特性、生活史较短的昆虫）在一周年内发生的世代数。底栖动物的生活史有长有短，依属、种、亚种的遗传型而定。

3.11.1 世代时间不超过一年者

一年一世代者则称为一化种（univoltine），包括许多蜉蝣目、毛翅目和襀翅目的物种。一年二世代者称为二化种（bivoltine），如圆扁螺属、菱跗摇蚊属、大红德永摇蚊、摇蚊属、隐摇蚊属、前突摇蚊属等。一年多世代者通称为多化种（multivoltine），包括摇蚊科、蚋科、小蜉科等（表3-2）。中国长江流域两种不同的水稻螟虫，因每年发生的世代数不同而分别命名为二化螟和三化螟。同种昆虫，如家蚕，可因化性的不同而成为不同的品种。

3.11.2 世代时间超过一年者

一世代时间超过一年的，则称为半化性（semivoltine）或几年生的，如对于一世代时间为两年的种类，称为二年生的（表3-2）。某动物的周年生产量应为一世代生产量与化性的乘积。化性是研究动物生活史、生物量、生产力的重要参数，除了与气候条件有关外，还同昆虫本身的遗传性（完成世代发育所需的时间、滞育类型）有关。昆虫滞育可分为专性滞育、兼性滞育和无滞育等类型。无滞育的昆虫称为同动态昆虫，有滞育的昆虫一般是异动态昆虫，其中包括兼性滞育的种类。专性滞育的昆虫发育到一定阶段必然发生滞育，所以一年只能完成一个世代。

表 3-2　部分底栖动物的化性

	种类	化性
寡毛纲	霍甫水丝蚓（*Limnodrilus hoffmeisteri*）	三化种
	苏氏尾鳃蚓（*Branchiura sowerbyi*）	一化种
软体动物	圆扁螺属（*Hippeutis* sp.）	二化种
	铜锈环棱螺（*Bellamya aeruginosa*）	3 ~ 4 年生
	长角涵螺（*Alocinma longicornis*）	1 ~ 2 年生
	短沟蜷属（*Semisulcospira* sp.）	3 年生
	湖球蚬（*Sphaerium lacustre*）	一化种
昆虫幼虫	幽蚊属（*Chaoborus* sp.）	一化种
	菱跗摇蚊属（*Clinotanypus* sp.）	二化种
	大红德永摇蚊（*Tokunagavusurika akamusi*）	二化种
	羽摇蚊（*Chironomus plumosus*）	一化种
	摇蚊属（*Chironomus* sp.）	二化种
	隐摇蚊属（*Cryptochironomus* sp.）	二化种
	前突摇蚊属（*Procladius* sp.）	二化种

3.12　中国水域的常见底栖动物组成

由于水系、水域、水质、底质和深度的不同，底栖动物的分布和种类组成有着很大的差异。中国各主要河流水系常见底栖动物种类组成见表 3-3。以种类数计，长江水系最多（273 种），其次是珠江水系（265 种）、黑龙江水系（200 种）、黄河水系（169种）、淮河水系（86 种）、鸭绿江 – 图们江 – 辽河水系（75 种）、海河水系（59 种）。其中，节肢动物门（尤其是昆虫纲）的种类数最多，其次是软体动物门、环节动物门。

表 3-3　中国各主要河流水系常见底栖动物种类组成

水系	扁形动物门	纽虫动物门	线形动物门	环节动物门 多毛纲	环节动物门 寡毛纲	环节动物门 蛭纲	软体动物门 腹足纲	软体动物门 瓣鳃纲	甲壳纲 虾类	甲壳纲 蟹类	甲壳纲 其他	蛛形纲	昆虫纲 摇蚊幼虫	昆虫纲 其他水生昆虫	总计
黑龙江水系					22	7	30	13	7	1	1		30	89	200
鸭绿江、图们江、辽河水系			2		11	3	4	7	7	1	3	1	9	27	75
海河水系			1		2	2	13	4	7		3		18	9	59
黄河水系			1		8	4	25	14	5	1	5	1	68	37	169
淮河水系	1		1		2	5	30	19	6	1	2		6	13	86
长江水系	1		3		38	10	58	49	8	4	4	1	57	43	273
珠江水系	1	1	5		20	9	49	32	9	11	5	1	19	103	265

中国湖泊中底栖动物的种类繁多，总体趋势是青藏高原、蒙新地区、东北平原及

山地的湖泊底栖动物种类、数量少于东部平原及云贵高原的湖泊（表3-4），深水湖泊或深水湖区的种类、数量少于浅水湖泊或浅水湖区。

表3-4 中国主要湖泊底栖动物种类数

| 湖区 | 湖名 | 数量（种） | | | | | 调查时间 |
		环节动物门	节肢动物门	软体动物门	其他	总数	
东部平原湖区	洞庭湖	11	43	28	5	87	1982年
	洪泽湖	3	10	26		39	1980—1981年
	巢湖	8	14	33		55	1980—1981年
	洪湖	9	27	29		65	1981年
	高宝湖	5	13	20		38	1981—1982年
	太湖	8	25	24	11	68	1981年
东北平原及山地湖区	镜泊湖	6	10	5		21	1980—1981年
	五大连池	8	23	8		39	1980—1983年
	兴凯湖	3	1			4	1980—1982年
	茂兴湖	4	6	4		14	1980—1982年
	扎龙湖	2	1	3		6	1981—1982年
	连环湖	3	29	9		41	1982—1983年
蒙新高原湖区	乌梁素海	4	59		2	68	1981—1982年
	哈素海	4	28	4		36	1981—1982年
	岱海	1	8	5		14	1985年
	乌伦古湖		11	4		15	1979—1980年
	博斯腾湖		2	3		5	1977年
青藏高原湖区	青海湖		6	2		8	1964—1965年
	扎陵湖	2	12			14	1980—1981年
	鄂陵湖	1	20	1		22	1980—1981年
	可鲁克湖	2	12	3		17	1981年
云贵高原湖区	滇池	8	39	55	10	112	1981—1982年
	洱海	5	4	22		31	1982—1983年
	抚仙湖	9	7	14		30	1979—1980年

潮间带生物几乎包括海洋生物的各个主要门类，与人们生活的关系十分密切。中国各海区潮间带生物种类数为：南海913种、东海672种、黄海627种、渤海291种，各海区潮间带生物种类数呈南高北低的趋势（表3-5）。

中国浅海海洋生物各个门类共1 417种，其中南海区839种、东海区540种、黄海区422种、渤海区236种（表3-6）。脊椎动物为37科187种，原索动物2科2种。无脊椎动物253科1 136种，其中海绵动物2科3种，腔肠动物27科56种，扁形动物1科1种，环节动物45科196种，纽形动物2科2种，苔藓动物1科2种，软体动物83科428种，节肢动物51科311种，棘皮动物41科137种，藻类24科92种。

全部种类中以印度 – 西太平洋区的暖水种为主，少数为北太平洋的温带种，南海区全部为暖水种。浅海底栖动物的常见种类在中国各主要海区有所不同（表 3-7）。

表 3-5 中国主要海区潮间带生物种类组成

海区	总种数	腔肠动物		环节动物		软体动物		甲壳动物		棘皮动物		鱼类		藻类植物		其他生物	
		种数	%	种数	%	种数	%	种数	%	种数	%	种数	%	种数	%	种数	%
渤海	291	8	2.7	53	18.2	90	30.9	85	29.2	11	3.8	10	3.4	23	7.9	11	3.8
黄海	627	20	3.2	99	15.8	199	31.7	120	19.1	38	6.1	22	3.5	110	17.5	19	3.0
东海	672	13	1.9	42	6.3	294	43.8	196	29.2	11	1.6	41	6.1	48	7.1	27	4.0
南海	913	28	3.1	99	10.8	321	35.2	150	16.4	54	5.9	41	4.5	210	23.0	10	1.1

表 3-6 中国主要海区浅海底栖动物常见种类组成

海区	总种数	环节动物（%）	软体动物（%）	甲壳动物（%）	棘皮动物（%）	其他（%）
渤海	236	14.8	36.2	22.3	9.1	17.6
黄海	422	25.8	33.8	25.6	9.0	5.8
东海	540	18.0	24.8	20.9	3.1	33.2
南海	839	7.1	28.8	22.6	8.4	33.1

思考题

1. 为什么说底栖动物是一个十分庞杂的生态类群？

2. 按照个体大小，如何将底栖动物进行分类？

3. 按照生境类型，如何将底栖动物进行分类？

4. 按照起源，如何将底栖动物进行分类？

5. 按照摄食方式，如何将底栖动物进行分类？

6. 按照栖息方式，如何将底栖动物进行分类？

7. 按照耐污能力，如何将底栖动物进行分类？

8. 按照营养类型，如何将底栖动物进行分类？

9. 按照对氧气的需求，如何将底栖动物进行分类？

10. 按照扰动方式，如何将底栖动物进行分类？

11. 按照发育方式，如何将底栖动物进行分类？

12. 按照化性，如何将底栖动物进行分类？

13. 什么是生物扩散者、上行搬运者、下行搬运者、再生者、管路扩散者？

14. 列举我国河流、湖泊、海洋中常见的底栖动物种类。

表 3-7　中国主要海区浅海底栖动物常见种类

海区	软体动物	甲壳动物	棘皮动物
渤海	扁玉螺（Neverita didyma）、魁蚶（Scapharca broughtonii）、文蛤（Meretrix lusoria）、大连湾牡蛎（Ostrea talienwhanensis）、菲律宾蛤仔（Ruditapes philippinarum）	脊尾白虾（Exopalamon carincauda）、三疣梭子蟹（Portunus trituberculatus）、日本蟳（Charybdis japonica）、口虾蛄（Oratosquilla oratoria）、绒毛细足蟹（Raphidopus ciliatus）	棘刺锚参（Protankyra bidenata）、日本倍棘蛇尾（Amphioplus japonicus）
黄海	扁玉螺（Neverita didyma）、香螺（Neptunea arthritica cumingii）、栉孔扇贝（Chlamys farreri）、大连湾牡蛎（Ostrea talienwhanensis）、紫贻贝（Mytilus edulis）	螺赢蜚（Corophium spp.）、哈氏仿对虾（Parapenaeopsis hardwickii）、鹰爪虾（Trachypenaeus curvirostris）、红线黎明蟹（Matuta planipes）、大寄居蟹（Pagurus ochotensis）	日本鳞缘蛇尾（Ophiophragmus japonicus）、罗氏海盘车（Asterias rollestoni）、细雕刻肋海胆（Temnopleurus toreumaticus）、棘刺锚参（Protankyra bidenata）、刺参（Stichopus japonicus）
东海	栉江珧（Atrina pectinata）、焦河蓝蛤（Potamocorbula ustulata）、渤海鸭嘴蛤（Laternula marilina）、文蛤（Meretrix lusoria）、棒锥螺（Turritella bacillum）	口虾蛄（Oratosquilla oratoria）、日本蟳（Charybdis japonica）、锯缘青蟹（Scylla serrata）、脊尾白虾（Exopalamon carincauda）	细五角瓜参（Leptopentacta imbricata）、海地瓜（Acaudina molpadioides）、日本倍棘蛇尾（Amphioplus japonicus）、长大刺蛇尾（Macrophiothrix longipeda）、弯刺倍棘蛇尾（Amphioplus cyrtacanthus）
南海	毛蚶（Scapharca subcrenata）、寻氏肌蛤（Musculus senhousia）、马氏珍珠贝（Pteria martensii）、中华乌蛤（Vepricardium sinense）、文蛤（Meretrix lusoria）、棒锥螺（Turritella bacillum）、虎斑宝贝（Cypraea tigris）	墨吉对虾（Penaeus merguiensis）、长毛对虾（Penaeus penicillatus）、近缘新对虾（Metapenaeus affinis）、须赤虾（Metapenaeopsis barbata）、疾进蟳（Charybdis vadorum）、锯缘青蟹（Scylla serrata）	凹裂星海胆（Schizaster lacunosus）、哈氏刻肋海胆（Temnopleurus hardwickii）、棘刺锚参（Protankyra bidenata）、细五角瓜参（Leptopentacta imbricata）、海地瓜（Acaudina molpadioides）、金氏真蛇尾（Ophiura kinbergi）、镰边海星（Craspidaster hesperus）

第 4 章　底栖动物的摄食生态

摄食（feeding）是指动物机械性地获得食物，并将其咀嚼和吞咽的过程。在水生生态系统动力学中，摄食过程及摄食联系（下行控制，top-down control）是全球广泛关注的研究热点之一，决定了食物链的能量传递效率，影响群落结构、营养盐循环、有机物的最终归宿、碳通量等。摄食生态研究有助于阐明水生动物之间的食物联系和种间关系，为探讨生物资源优势种的交替动态和补充机制、优化群落结构、维持生态系统的平衡提供科学的理论依据，是了解动物群落乃至整个生态系统结构和功能的关键所在。20 世纪 90 年代，"全球海洋生态系统动力学"将"食物网结构与生态系统营养动力学关系"确认为四大基本任务之一，其中营养动力学通道及其变化、营养物质在食物网中的作用成为重点研究内容的组成部分。

4.1　营养器官

营养器官是底栖动物取食和消化的结构基础，其形态与消化道特征决定了底栖动物的摄食和消化方式、食物来源、食物组成、食物性质以及在水生食物网中的位置。底栖动物各类群的摄食器官存在较大的差异。

4.1.1　寡毛动物营养器官

环节动物门中的寡毛纲一般被称为寡毛类。水生底栖寡毛类俗称水蚯蚓（water angleworm），大多数为世界性广布种类，是底栖动物群落的重要组成部分。寡毛类的身体呈圆柱形，由多个体节组成，每一体节生有刚毛。水栖寡毛类的摄食器官包括口和咽，口腔内无特殊构造，咽头肌肉发达，主要以摄取底质上的沉积颗粒和有机碎屑为食。大部分水栖寡毛类，如淡水中常见的近孔目（Plesiopora）颤体虫属（*Aeolosoma*）等，口较小；少数肉食性种类，如仙女虫科（Naididae）毛腹虫属（*Chaetogaster*）等，口较大，甚至超过体横截面的 50%，咽可以向外翻出，消化道的一部分膨大为十分明显的胃。寡毛类身体前端常有肉质的叶状突起 – 口前叶（prostomium），在体腔液的压力作用下可膨胀并向前伸张，具有掘土、摄食和触觉功能；口后第一节称为口后节或围口节（prestomium）；多数水栖寡毛类不具胃，消化道结构简单，为一根直管，肛门位于身体末端。

4.1.2　软体动物营养器官

软体动物的食性十分复杂，包括滤食性、植食性、肉食性、沉积食性等。外套膜（mantle）是覆盖在软体动物体外的膜状物，由内外两侧表皮、中央结缔组织和少数肌纤维组成，一般包裹着内脏团（visceral mass，消化道与其他内脏器官集中的部位）和鳃。外套膜与内脏团之间形成的、与外界相通的空隙称为外套腔（mantle cavity），腔内常有鳃、足、肾孔、肛门、生殖孔等通常开口于外套腔，利于水流的进出，加上外套膜内层上皮纤毛的摆动，共同辅助摄食功能的完成。除双壳类因头部退化不具口腔外，其他种类的软体动物都有口腔。口腔内有唾液腺，口腔壁的前背部有颚，可刮取食物。口腔的底部有齿舌囊（radula sac），内有软体动物特有的器官 – 齿舌（radula），由许多角质齿片规则组合而成，形似锉刀。每排齿片有一个中央齿（median tooth）、一到数对的侧齿（lateral teeth）、一对或多对缘齿（marginal teeth）。齿舌下面、支持齿舌的软骨（chondroid tissue）结构为齿担（舌突起，odontophore）。齿片的数量、形态和排列方式在不同种类间各异，为种类鉴定的重要依据之一。在多束肌肉的伸缩控制下，齿舌与齿担前后运动，将食物锉碎。

双壳类的摄食器官主要有鳃、进出水管和口，多数种类的口为扁平的横缝，齿舌次生性消失，通过鳃滤食水中的悬浮颗粒。在河蚌（*Anodonta*）的口两侧各有一对三角形唇片，密生纤毛，具有感觉和摄食功能。腹足类的摄食器官主要为口，通常位于头部的前端腹面。膨大的口腔内具一口球（odontophora），内有肌肉牵引和软体支撑，齿舌可以伸出，以刮取底质上附着的食物颗粒。腹足类的口腔内还有唾液腺开口、几丁质咀嚼片以及相关的肌肉组织，明显增厚的几丁质形成 1 ~ 2 个颖（glume），利于撕裂和切割食物。瓣鳃类的摄食器官主要有口、鳃、入水管、唇片等。横缝状的口在前闭壳肌下方，口的两侧有三角形唇片，鳃由外套腔的内侧表皮伸展而成。口和鳃上面分布着致密的纤毛。左右两片外套膜在后缘处愈合，发育为入水管，可延伸至壳外。

软体动物的消化器官位于内脏团里，消化道与消化腺均较发达。消化道由前肠（prosogaster，包括口、口腔、咽、食管）、中肠（mid-gut，包括胃、盲囊、肠）和后肠（hind-gut，包括直肠、肛门）组成。消化腺由消化盲囊（肝、胰，digestive ceca）、唾液腺等组成，分泌消化液促进细胞外消化（extracellular digestion），可大大增加食物的消化量；食物分解为小分子化合物后，再在消化盲囊中进行细胞内消化（intracellular digestion）、营养物质的吸收及储存。植食性或滤食性软体动物的典型胃结构包括晶杆（晶柱、晶针，crystalline style）、晶杆囊（crystalline sac）、胃盾（gastricshield）等。晶杆为半透明胶质棒状结构，位于胃后部的晶杆囊中，为消化水解酶的主要供体，其中淀粉酶的活性最强，此外还有少量的氧化酶、纤维素酶和酯酶。有的晶杆易溶（如牡蛎），而有的晶杆难溶（如蛤蜊）。某些种类软体动物的胃壁有胃盾（gastric shield）和纤毛分选区（cilia sorting field）。几丁质的胃盾位于与晶杆囊相对的位置，保护胃壁免受晶杆的摩擦；食物颗粒经过纤毛分选区后，较小颗粒进入消化盲囊中消化，较大颗粒移入肠中消化，未被吸收的残渣则由消化腔或管排出体外。

双壳类的胃被肝脏包围，胃壁较薄。腹足类的胃可分为两种，一种胃壁较薄，与周围组织紧密结合，解剖时不易完整剥离，大部分腹足类的胃属于这种类型；另一种胃壁增厚，解剖时易与周围结构完整剥离，椎实螺科和扁蜷螺科的胃属于此种类型，常摄食砂子等硬质食物，如萝卜螺。河蚌的食管宽而短，下接膨大的胃，胃周围的一对肝脏可分泌蔗糖酶、淀粉酶，通过导管入胃。胃盘曲在内脏团中。胃肠之间的晶杆呈细尖、钩状、膨大等多种形态。晶杆为潜在的食物储备，河蚌在食物缺乏 24 h 后，晶杆消失；恢复投喂数天后，晶杆重新出现。软体动物的肝脏一般开口于胃或肠的前端。肛门的位置通常在外套膜出水口附近，双壳纲的肛门在身体后端，腹足类在发育早期经过身体扭转，使肛门移至前方，头足类的肛门多位于外套膜形成的内漏斗中。

4.1.3　水生昆虫营养器官

昆虫用于摄食的器官称为口器（mouthparts）或取食器（feeding apparatus）。由于取食方式、食物性质的分化，昆虫逐渐进化出不同构造、组成复杂的口器类型。尽管口器的外形有很多差异，但从其基本结构的演变趋势中仍可发现彼此之间的同源关系。根据着生的位置和功能的适应，昆虫口器可分为下口式（hypognathous）、前口式（prognathous）和后口式（opisthognathous）。根据摄食对象的性质，昆虫口器可分为咀嚼式、吸收式和嚼吸式。

1. 咀嚼式口器

咀嚼式口器（chewing mouthparts）以植物或动物的固体组织为食，是最基本、最典型、最原始的昆虫口器，其他类型的口器都是由咀嚼式口器演化而来的。咀嚼式口器具有发达而坚硬的上颚，能够嚼碎固体食物，通常由上唇（labrum）、上颚（mandible）、舌（hypopharynx）、下颚（maxillae）和下唇（labium）5 个部分组成。上唇坚硬，是头部的突出板状小片，而不是附肢的变形；外壁骨化，内壁柔软具味觉感受器；前缘的中央凹入，覆盖在上颚的前面，形成口器的上盖，可防止食物外落；上唇内部有肌肉，可前后或有限幅度地左右活动，起到将食物推入口中的作用。上颚位于上唇的后方，前端呈齿状，用以切断食物；具有来自头部的强大肌肉，可左右活动。舌呈狭长的袋状结构，上面布满味觉感受器，参与食物的运送、搅拌和吞咽。下颚位于上颚的后方，协助上颚刮切和握持食物，结构较为复杂，包括轴节（cardo）、茎节（stipes）、外颚叶（lobus superior）、内颚叶（inner lobe）和下颚须（maxillary palpus）5个部分，下颚须具有嗅觉和味觉功能。下唇位于下颚的后方，由头部的一对附肢愈合而成，包括后颏、前颏、侧唇舌、中唇舌和下唇须5个部分，下唇须（labial palpus）一般只有3节，具有嗅觉、味觉作用，与下颚须一起感触食物；整个下唇为咀嚼式口器的底板，可以托挡食物，阻止食物下落。具有咀嚼式口器的昆虫种类很多，如无翅亚纲、襀翅目、直翅目、大部分脉翅目、部分膜翅目成虫、部分鞘翅目及很多类群的幼虫或稚虫，但各部分差异较大，滤食性和捕食性种类分别具有发达的上颚磨齿和切齿。

2. 吸收式口器

吸收式口器适于取食液体食物。其中，虹吸式、舐吸式口器吸食表面液体为食，锉吸式、刺吸式、刮吸式、刺吸式、捕吸式口器吸食寄主内部液体为食。

（1）刺吸式口器：刺吸式口器（piercing-sucking mouthparts）的结构比较简单，呈针管状，可刺入植物或动物组织中吸食汁液和血液，为同翅目、半翅目、蚤目及部分双翅目昆虫的摄食器官。刺吸式口器由咀嚼式口器发展而来，上唇为半椭圆形，上颚和下颚的一部分特化为细长的口针，由下唇延长而成的喙加以包藏和保护。

（2）虹吸式口器：虹吸式口器（siphoning-sucking mouthparts）为鳞翅目昆虫（蝶、蛾）所特有，适于吸取花蜜、果汁、露水等。这种口器在外观上是由两侧外颚叶合抱而成的管状喙，盘卷在头部前下方，能够卷曲和伸长，类似于钟表的发条。每个外颚叶有无数骨化环，除下唇须仍发达外，其余部分均退化。

（3）舐吸式口器：舐吸式口器（sponging-sucking mouthparts）也称舔吸式口器，是双翅目蝇类特有的口器。以家蝇为例，口器在外观上表现为粗短的喙，由倒锥状的基喙、筒状的中喙和圆形瓣状的端喙（唇瓣）3个部分组成。其中，中喙为口器的核心部分，端喙用以收集物体表面的液汁，上唇凹陷的槽沟与舌构成食物道，舌中有唾液管。取食时，2个端喙展开平贴在食物上，液体食物沿着环沟的空隙流入食物道。

（4）锉吸式口器：锉吸式口器（rasping-sucking mouthparts）为缨翅目蓟马类昆虫所特有。蓟马的头部呈短锥状，向下突出，由上、下唇组成一个短小的喙，喙内藏有舌和上、下颚口针，不对称的左右上颚（左上颚发达，右上颚退化）是此类口器的突出特点。上颚口针较粗大，是主要的刺穿工具。下颚口针组成食物道，舌与下颚之间构成唾道，依靠抽吸作用吸食植物的汁液或软体动物的体液，少数种类也可刺吸人血。

（5）刮吸式口器：刮吸式口器（scratching-sucking mouthparts）严重退化，仅见一对口钩，为双翅目蝇类幼虫独具的口器。蝇蛆在摄食时，首先通过口钩刮破食物，然后吸取汁液和固体碎屑。

（6）捕吸式口器：捕吸式口器（grasping-sucking mouthparts）兼具捕食和刺吸

能力，为蚁蛉科（Myrmeleontidae）蚁狮、草蛉科（Chrysopidae）蚜狮等脉翅目昆虫幼虫所特有。下颚的轴节及茎节、下唇均不发达，下颚须消失，但下唇须较发达。口器内有食物道，左右 2 个上颚延伸为镰刀状，下颚的外颚叶相应延长并紧贴在上颚下面，形成一对刺吸构造，因此又称为双刺吸式口器。

（7）刺舐式口器：刺舐式口器（piercing-sponging mouthparts）为吸血性双翅目虻类昆虫所特有。上颚变宽呈刀片状，端部尖锐且能左右活动，与上唇一起切破人的皮肤甚至牲畜的硬皮；下颚的外颚叶特化为坚硬的长针，上下抽动以保持刺破的伤口开放；唇瓣紧贴伤口，血液经横沟向前流动，通过上唇与舌形成的食物道进入口中。

3. 嚼吸式口器

嚼吸式口器（chewing-sucking mouthparts）兼具咀嚼固体食物和吸收液体食物的双重功能，为膜翅目部分昆虫的成虫所特有，如蜜蜂、熊蜂等。构造较为复杂，上颚发达用于咀嚼，中唇舌的端部膨大呈瓣状，下唇须贴于中唇舌腹面的槽沟上，下颚与下唇组成吸食汁液的临时性结构。摄食结束后，下颚与下唇各部分立即分离，各自曲于头下。口器的类型和特征是昆虫分类的重要依据之一。

4.2　摄食模式

4.2.1　寡毛类摄食模式

寡毛类的摄食和消化器官结构简单，大部分采用直接吞食，只有为数不多的种类为捕食者，如毛腹虫（*Chaetogaster*）常生活在丝状藻类中，捕食附生的原生动物、小型甲壳动物等。尾鳃蚓属（*Branchiura*）、水丝蚓属（*Limnodrilus*）等水栖寡毛类大量栖息于水底沉积物中，前端埋入底质内，后端可露出水面进行呼吸。基于水栖寡毛类的栖息方式和食性，可用于污水生物处理系统中的污泥减量化过程。

4.2.2　软体动物摄食模式

Huca 等（1982a，1982b）、Jørgensen（1983）、Avelar 等（1991）、Avelar（1993）对淡水软体动物的滤食机制做了详细研究。在淡水软体动物中，腹足类的主要摄食方式为刮食，在缓慢移动的过程中，有节律地进行摄食；当觅到适宜的食物时，颖张开，齿舌伸出并刮取食物，完成后口球收缩，颖闭合。双壳类主要依靠滤食。外套膜内面和鳃上的纤毛不断摆动，水从入水管流入外套腔，并向身体前端移动。多数双壳类的鳃上还有一种更长的纤毛，以提高滤食效率。滤取的食物颗粒首先运至唇片，然后入口；不合适的食物颗粒则通过出水管排出体外。

4.2.3　水生昆虫摄食模式

水生昆虫的摄食器官复杂，摄食模式多样，可分为牧食者、滤食者、撕食者、刮食者和捕食者。

1. 牧食者

牧食者（grazer）也称为直接收集者（gathering-collector），多生活在湖泊、水库、池塘、水流缓慢的河流或溪流等富含细颗粒有机物（fine particulate organic matter，FPOM）的水体中，如双翅目摇蚊科摇蚊亚科和直突摇蚊亚科幼虫等，以沉积在底质或附着于沉水物体上的有机物质为食（表 4-1）。

表 4-1　水生昆虫的摄食机制和食物类型

功能群	食物颗粒	功能亚群	主要食物	主要分类阶元
撕食者	CPOM，>1mm	咀嚼者、钻食者	新鲜维管束植物	毛翅目：石蛾科、长角石蛾科 鳞翅目 鞘翅目：叶甲科 双翅目：摇蚊科、水蝇科
		咀嚼者、钻食者	死亡维管束植物	毛翅目：鳞石蛾科、沼石蛾科 襀翅目：丝襀翅亚目 双翅目：大蚊科、摇蚊科
收集者	FPOM-UPOM，<1mm	滤食者（过滤收集者）	悬浮的植物细胞和有机碎屑	蜉蝣目：二尾蜉科 毛翅目：短石蛾科、等翅石蛾科、管石蛾科 鳞翅目 双翅目：蚊科、摇蚊科、蚋科
		牧食者（直接收集者）	沉积或附着的有机颗粒	蜉蝣目：四节蜉科、细蜉科、小蜉科、蜉蝣科、五节蜉科、小裳蜉科 半翅目：龟蝽科 鞘翅目：水龟甲科 双翅目：摇蚊科、蠓科
刮食者	<1mm	泛刮食者	着生在生物和非生物的藻类及伴随地微生物	蜉蝣目：五节蜉科、四节蜉科、小蜉科 毛翅目：瘤石蛾科、钩石蛾科、细石蛾科、齿角石蛾科 鳞翅目 鞘翅目：长角泥甲科、扁泥甲科 双翅目：摇蚊科、虻科
		有机刮食者	附着于生物基质上的藻类等	蜉蝣目：细蜉科、小裳蜉科、五节蜉科、四节蜉科 半翅目 毛翅目：长角石蛾科 双翅目：摇蚊科

功能群	食物颗粒	功能亚群	主要食物	主要分类阶元
捕食者	> 0.5 mm	吞食者	动物全部或部分	蜻蜓目 襀翅目：鬈须襀翅亚目 广翅目 毛翅目：纹石蛾科、多距石蛾科、原石蛾科 鞘翅目：龙虱科、豉甲科 双翅目：摇蚊科
		刺食者	动物细胞和组织液	半翅目：负子蝽科、潜水蝽科、仰泳蝽科、蝎蝽科 双翅目：鹬虻科

注：CPOM 表示粗颗粒有机物（coarse particulate organic matter），FPOM 表示细颗粒有机物（fine particulate organic matter），UPOM 表示超细颗粒有机物（ultra-fine particulate organic matter）。

2. 滤食者

滤食者也称为过滤收集者（filtering-collector），主要以水体中的悬浮有机颗粒为食。与直接收集者相比，过滤收集者一般摄取粒径较小的食物，常见于摇蚊亚科幼虫。摇蚊幼虫在栖息的管子里面，利用唾液分泌物制成圆锥形的网状结构。在静水环境中，摇蚊幼虫借助身体的摇摆产生水流进行滤食；在流水环境中，食物颗粒直接由水流运送到网上过滤。有的种类把整个网状结构连同食物一起吞下，而后组建一个新网，如雕翅摇蚊、多足摇蚊、摇蚊等；有的种类仅吞下附着食物微粒的网状结构，然后补筑损耗的部分。个别种类的滤食方式十分特殊，可通过吞水、肠道收缩、吐水的过程，由上唇刚毛过滤收集水中的食物颗粒，如原寡角摇蚊亚科的黄齿寡角摇蚊（*Odontomesa fulva*）等（表 4-1）。

3. 刮食者

刮食者刮取沉积物、腐木、水生植物及其他水中物体表面附着的微膜生物（如附生藻类等），食物粒径范围为 0.01 ~ 1.00 mm。刮食者通常具有发达的大颚，如摇蚊科一些种类的幼虫。刮食者表现出多种生活方式，如寡角摇蚊亚科（Diamesinae）幼虫营自由生活，环足摇蚊（*Cricotopus*）幼虫营管栖生活，锥昏眼摇蚊属（*Constempellina*）幼虫则栖息在可携带的巢中（表 4-1）。

4. 撕食者

撕食者（shredder）通过撕裂、咀嚼、挖掘、凿切或锉磨水生植物的枝叶、茎秆等，摄取直径大于 1.00 mm 的粗颗粒有机物，以获得食物和能量（表 4-1）。一种环足摇蚊（*Cricotopus nostocicola*）撕食大型藻类或树叶，另一种环足摇蚊（*Cricotopus myriophylli*）则撕食沉水植物，还有一些摇蚊亚科狭摇蚊属（*Stenochironomus*）的种类撕食沉水树木。

5. 捕食者

捕食者（predator）往往攻击活体动物（如枝角类、桡足类等小型甲壳动物），食物粒径大于 0.50 mm，或者吞食猎物的部分或完整身体，或者刺穿猎物的机体组织并吸食体液，可分为吞食者（cngulfcr）和刺吸者（piercing-sucker），如蜻蜓目稚虫和半翅目负子蝽科（Belostomatidae）若虫分别是典型的吞食者和刺吸者（表 4-1）。摇蚊亚科中的摇蚊属（*Chironomus*）、雕翅摇蚊属（*Glyptotendipes*）、多足摇蚊属（*Polypedilum*）以及直突摇蚊亚科中的中足摇蚊属（*Metriocnemus*）、矮突摇蚊属（*Nanocladius*）、趋流摇蚊属（*Rheocricotopus*）、环足摇蚊属（*Cricotopus*）幼虫等兼具吞食和刺吸两种摄食方式。

多数种类的水生昆虫幼虫并非只有唯一一种摄食方式，随着龄期的增长或环境的变化，可以在主导方式的基础上增加辅助方式，或者在不同生境中采取不同的摄食模式，对食物的专一性转化为非选择性，这一现象在摄食模式高度多样化的摇蚊科幼虫中最为常见，即使同属或同种之间也存在较大差异，属于机会主义杂食动物（omnivorous opportunist）。例如，Kondo 等（1985）发现多足摇蚊属（*Polypedilum*）的主要食物是沉水植物；Dudley 等（1982）观察到该属摄食树木碎片；在波兰的一条河流中，该属以附生硅藻为食；在美国的一条河流中，该属以有机碎屑为食；而 Loden（1974）的研究表明，在一个池塘中，该属幼虫为捕食者，以寡毛类为食。

根据食物来源和取食方式的不同，可对水生动物进行功能摄食群（functional feeding group）的生态分类，其组成和分布在一定程度上反映了环境质量及水生动物的耐受性。摄食功能组与水质污染之间的相关关系可用于水体生物/生态评价。一般来说，刮食者、撕食者对扰动更加敏感，是清洁水体的底栖动物代表；收集者的食物种类更加丰富，对环境扰动和变化的耐受性更强，但是当污染很严重时，滤食收集者也会消失。功能摄食群方法被用于水体的生物监测，如"快速生物评价方法"（rapid biological assessment protocols，RBAP）、"底栖生物完整性指数""河流条件指数"（stream condition Index，SCI）等。比值指数"滤食者/牧食者""撕食者/收集者"可作为河流生态系统健康的评价指标，在未受扰动的底栖动物群落中，这 2 个指数分别大于 0.50 和 0.25。"捕食者所占百分比"也被用于"底栖生物完整性指数"和"快速生物评价方法"中。

在湖泊生态系统中，沿岸带（littoral zone）和亚沿岸带（sublittoral zone）的底栖动物食性非常多样，分布着各种功能摄食群；深水带（profoundal zone）的收集者占绝对优势，另外还有幽蚊（*Chaoborus*）、前突摇蚊（*Procladius*）等少量捕食者。在草型湖泊中，不同摄食群的相对多度较为均一，收集者和刮食者略微占优；在藻型湖泊中，收集者和捕食者成为最主要的功能摄食群，而刮食者和撕食者的比例极小。在新几内亚的 6 个溪流中，收集者比例平均为 58%，撕食者仅占 0.4%。袁兴中等（2002）

采用功能群方法，根据长江口南岸潮滩底栖动物的食物性质、摄食方式和运动能力，进行了功能群的类型划分。水生维管束植物对水体环境和食物条件产生显著影响，进而决定了功能摄食群在不同水域中的分布。

4.3　食性特征

4.3.1　寡毛类食性特征

不同的寡毛类表现出多样化的食性特征。在 Green（1954）对寡毛类毛腹虫（*Chaetogaster diaphanous*）食性的研究中，该种基本上以捕食桡足类、枝角类等小型浮游动物为食。Khalil（1961）和 Gruffydd（1965）的研究发现，椎实毛腹虫（*Chaetogaster limnaei*）有着复杂的食性，有的寄生于螺类的肾，以肾细胞为主要食物；有的生活于螺类的外套腔，以硅藻、原生动物、轮虫等为食；有的则捕食螺体上寄生的吸虫孢蚴和毛蚴；有的个体较大，甚至可以捕食小型甲壳动物。线蚓科（Enchytracidae）、灰杂带丝蚓（*Lumbriculus variegates*）等寡毛类的主要食物为有机碎屑。王丽珍等（2004）对云南昆明滇池摇蚊科（Chironomidae）幼虫和水丝蚓属（*Limnodrilus*）的食性、摄食量进行了定性分析和估算，1 kg 摇蚊幼虫和水丝蚓每天分别可消耗鲜藻 0.094 kg 和 0.089 kg，在湖泊综合治理中起到了一定的控藻作用。

4.3.2　软体动物食性特征

腹足类摄食较广泛的食物资源，包括砂子、有机碎屑、藻类、沉水植物及动物性食物等。根据 Clampitt 的研究结果，螺类的主要食物之一是有机碎屑。英国的一种扁卷螺（*Planorbis contortus*）则主要摄食有机碎屑、真菌和藻类。在一些螺类的食物组成中，藻类有时也占较大比例。在椎实螺（*Lymnaea pereger*）的肠含物中，硅藻、绿藻和其他藻类的体积比例分别为 70%、25% 和 5%；在另外一种椎实螺（*L. auricularia*）的肠含物中，原生动物和绿藻的体积比例为 47%。在周利红等的报道中，硅藻为钉螺（*Oncomelania*）幼螺的主要食物。英国 20 种淡水螺类的主要食物为有机碎屑，肠含物中藻类的体积小于 25%，而沉水植物和动物性饵料则不易见到。许多类似研究都验证了藻类在软体动物食谱中的重要地位。有的软体动物主要以沉水植物为食。在一些螺类（尤其是椎实螺科中的某些种类）的肠含物中，砂子占有一定的比例；这些螺类主动摄取砂子，可能是通过砂子补充体内的微量元素，或者需要砂子中含有的特殊微生物类群。此外，少数螺类还会摄食腐败的动物残体。

滤食性双壳类软体动物的食物组成比较丰富。一种韩国丽蚌（*Lamprotula*）的食物由有机碎屑、硅藻、砂子、石灰质碎片及其他藻类组成。在一种日本蚬（*Corbicula sandai*）的胃含物中，有机碎屑、砂子与软泥的体积比例合计占 60% ~ 70%。Wallace 等对双壳类的研究结果表明，胃含物体积的 85% 为有机碎屑。在双壳类的食物组成中，几乎包括生境范围内所有可及的食物颗粒。在国内，龚世园等研究了网湖绢丝丽蚌的食性，该蚌主要以浮游植物（直链硅藻等）和有机碎屑为食。郑光明等在武昌南湖研究了圆背角无齿蚌（*Anodonta woodiana pacifica*）的食性及生长特征，该蚌的主要食物为绿藻、蓝藻、硅藻和有机碎屑，并且具有食物颗粒大小的选择性。

4.3.3 水生昆虫食性特征

有机碎屑是水生昆虫幼虫的重要食物，收集者和刮食者（如摇蚊科幼虫、蜉蝣目稚虫等）通常摄入大量的有机碎屑，可占其肠含物体积的 50% ~ 70%。在 Wallace 等的研究中，亚热带溪流水生昆虫幼虫主要以有机碎屑为食，在肠含物中的体积比例高达 80% ~ 99%。3 种鞘翅目幼虫也是以有机碎屑为主要的食物来源。郭先武研究了武汉市南湖摇蚊幼虫群落、种群变化和食性。王丽珍等分析了云南滇池摇蚊科幼虫的食性。藻类（浮游藻类、附生藻类）是水生昆虫幼虫又一重要的食物来源。根据 Darby 的研究结果，撕食者环足摇蚊主要以大型丝状绿藻水绵（*Spirogyra*）为食。部分肉食性摇蚊科幼虫在发育初期也以藻类（如硅藻）为主要食物。Morse 等对水生昆虫的食性进行了定性描述。沉水植物、树木碎片也是一些水生昆虫的食物来源。无脊椎动物是捕食性水生昆虫幼虫的主要取食对象。个体较大的蜻蜓目稚虫主要捕食摇蚊科幼虫和蜉蝣目稚虫，一些种类有时甚至同种相食；个体较小的摇蚊科幼虫如前突摇蚊（*Procladius*）则主要捕食寡毛类、小型甲壳动物等。半翅目少数种类（如负子蝽科）的幼虫还可以捕食鱼苗等个体较大的脊椎动物。

4.4 食物选择性

生态位是指生物种群适应、占据和利用的资源条件在时空上的分布，以及与其他种群之间的相互作用和功能关系。生态位又称生态龛、生态区位、生态栖位等，描述了某个物种与特定生境的匹配及自身生活习性。生态位是生态学和生物地理学的核心概念之一，它关注生物群落的时间和空间格局。每个物种都有自己独有的生态位，既包括其生境的温度、湿度、土壤、pH 等非生物因子的范围，也包括该物种的食物种类、能量来源、觅食地点、与天敌的关系、生物节律性、生态可塑性（ecological plasticity）等，其中营养生态位是指动物能够实际和潜在利用的食物资源部分，也叫食物生态位。2 个或多个种群占有相同或相似生态位的现象叫作生态位重叠。对环境资源利用种类、方式和强度的差异化使得不同物种可以同时生活在同一地域，这种现象称为生态位分异或资源分割，其中对食物条件的分异是动物生态学家最为关注的问题之一。实际上，生态位分异是动物群落的一个普遍特征，是包括底栖动物在内的种间竞争的直接证据。生活在同一水域的底栖动物必须对有限的空间、食物和其他环境资源进行分割，以降低竞争强度，避免极端竞争结果并实现共存。

底栖动物的食物组成与消化道结构有关，消化道结构相对简单的底栖动物更多选择容易消化的饵料，如线蚓（Enchytraeidae）、夹杂带丝蚓（Lumbriculus variegates）等以有机碎屑为主要食物，而消化道结构较为复杂的底栖动物（如直翅目、鞘翅目等）可摄取硬质食物，如其他小型昆虫。对软体动物选食性的研究主要集中在腹足类。根据 Pimentel 等的观察结果，螺类趋向于取食腐烂阶段的沉水植物而不是新鲜叶片。Storey 的研究表明，椎实螺科的椭圆萝卜螺（Radix swinhoei）主动摄食砂子等硬质食物，这与该科较厚的胃壁构造相对应。有的椎实螺科种类喜欢摄食浮游植物和附生藻类，但是腐肉存在的时候，部分种类更趋于摄食腐肉。不同的螺类具有不同的食物喜好和选择性。在 14 种沉水植物中，膀胱螺（Physa）更多地选食一些生长速度较快的沉水植物。有些螺类［如长角涵螺（Alocinma longicornis）］主要以有机颗粒等为食，与其胃壁较薄有关。淡水双壳类底栖动物对食物的选择性较弱，河蚬（Corbicula fluminea）、美国密西西比河的球蚬（Sphaerium transversum）对于藻类等不同粒径的食物没有明显的选择性。

在水生昆虫的食物选择性中，对双翅目摇蚊科幼虫的研究较为集中。摇蚊科幼虫的食物选择性受到局域生物环境、非生物环境、摄食器官、消化器官结构的显著影响。肉食性的粗腹摇蚊亚科幼虫具有咀嚼式口器、发达的上唇、强烈骨化的镰状或钩状上颚，内唇常有复杂的附器，常常摄食防御能力较差的颤蚓。一些种类的摇蚊科幼虫在生活史早期排斥有机碎屑，而是趋于摄食硅藻。前突摇蚊属（Procladius）幼虫对直接收集者有较高的选择性，喜食摇蚊科中最大的亚科——直突摇蚊亚科幼虫。一些种类的摇蚊科幼虫（往往是过滤收集者）几乎不具食物选择性，食物种类基本上由生境中的资源可及性所决定。体型较大的水生昆虫普遍选择大颗粒的食物。另外，水生昆虫对于不同营养价值的食物，也显示出一定的种类选择性。Armitage 等研究证实，摇蚊幼虫选择摄食营养价值较高的细菌和藻类。蜻蜓目稚虫的砂囊（gizzard）发达，内具肌壁和几丁质齿板，与囊中的砂粒共同破碎食物，可摄取、消化其他水生昆虫等食物。

水层环境和饵料大小是底栖动物营养生态位分异的主要影响因素。在黄海中南部，摄食大型食饵的鱼类（如鱼食性鱼类）与摄食小型食饵的鱼类（如浮游生物食性鱼类）之间存在食物生态位分异；而摄食中上层食饵的鱼类（如浮游生物食性鱼类）与摄食底层食饵的鱼类（如底栖生物食性鱼类）之间也存在食物生态位分异。黄海中南部划分鱼类食性类型的平均相似性系数（24% ~ 34%），要低于世界其他海域。例如，该系数在墨西哥尤卡坦半岛（Peninsula of Yucatan）海域、美国乔治滩（George Bank）海域和美国东北部陆架海域分别为 70%、32% ~ 40% 和 34%。食性的多样化、不同大小和水层的食物资源分割、种间较低的食物重叠度可有效缓解底栖动物种群之间的食物竞争，有利于在同一水域内共存。

下行效应（top-down effect）是指处于水生生态系统中较高营养级的生物对较低营养级的生物及其周边水体理化环境产生调节和控制作用。研究表明，水生生态系统存在较强的下行级联效应（cascading effect），特别是那些以初级生产为营养基础的食物网，如湖泊浮游食物网。但是，这种强的级联效应在以有机碎屑为基础的食物网中却很弱，如溪流食物网。下行级联效应在湖泊底栖生态系统中并不非常明显。首先，湖泊有机碎屑非常丰富，无脊椎动物对其产生强作用是不大可能的；其次，广食者和杂食者具有减弱这种效应的潜在能力。湖泊杂食者大量存在，可占总种类数的30%～70%，且多数种类摄食较广泛的食物资源，因此可能减弱了级联效应。但是，如果从全湖考虑，情况就更复杂。顶级捕食者可对猎物产生较大影响，例如过度放养河蟹可使底栖动物资源量急剧减少。

4.5 摄食生态和食物网研究方法

摄食生态显示了水生食物网的基本组成和结构，可为生物种群动态和营养动力学研究奠定基础。食物链又称"营养链"，是指生态系统中各种生物由食物联结而成的线状组合、初级生产者固定的太阳能通过各个营养级有序传递的链锁结构。食物链以生物种群为单位，联系着生态系统中的不同物种，体现了生物之间相互制约、相互依存的营养路径。食物链中不同环节的生物种类和数量相对稳定，能量在食物链中单向传导、逐级递减，以保持群落的自然平衡。

4.5.1 食物分析

食物分析是研究摄食生态的常用方法。以湖泊底栖动物为例，摄食的食物种类大致可以分为5类：无机碎屑、有机碎屑、植物性食物、动物性食物和其他物质（表4-2）。

表 4-2　湖泊底栖动物摄食的食物种类

食物种类	食物种类	食物种类
无机碎屑 inorganic material	舟形藻 Navicula	四星藻 Tetrastrum
有机碎屑 organic detritus	菱形藻 Nitzschia	丝藻 Ulothrix
蓝藻门 Cyanophyta	羽纹藻 Pinnularia	双星藻 Zygnema
隐杆藻 Aphanothece	双菱藻 Surirella	其他绿藻 other green algae
色球藻 Chroococcus	针杆藻 Synedra	新鲜植物叶片 fresh macrophyte leaves
蓝纤维藻 Dactylococcopsis	平板藻 Tabellaria	松柏科花粉 pollen of Coniferae
粘球藻 Gloeocapsa	裸藻门 Euglenophyta	原生动物 Protozoa
鞘丝藻 Lyngbya	裸藻 Euglena	表壳虫 Arcella

食物种类	食物种类	食物种类
平裂藻 Merismopedia	扁裸藻 Phacus	匣壳虫 Centropyxis
微囊藻 Microcystis	囊裸藻 Trachelomonas	纤毛虫 ciliates
瘤皮藻 Oncobyrsa	绿藻门 Chlorophyta	砂壳虫 Difflugia
颤藻 Oscillatoria	纤维藻 Ankistrodesmus	水螅 Hydrozoa
尖头藻 Raphidiopsis	四棘鼓藻 Arthrodesmus	涡虫 Turbellaria
棒条藻 Rhabdoderma	绿星球藻 Asterococcus	轮虫 Rotifera
螺旋藻 Spirulina	小桩藻 Characium	晶囊轮虫 Asplanchna
其他蓝藻 other cyanobacteria	衣藻 Chlamydomonas	臂尾轮虫 Brachionus
隐藻门 Cryptophyta	小球藻 Chlorella	龟甲轮虫 Keratella
隐藻 Cryptomonas	拟新月藻 Closteriopsis	轮虫卵 rotifer eggs
甲藻门 Pyrrophyta	新月藻 Closterium	轮虫 rotifers
裸甲藻 Gymnodinium	鼓藻 Cosmarium	线虫 Nematoda
金藻门 Chrysophyta	十字藻 Crucigenia	苔藓虫浮囊 Bryozoa floatoblasts
锥囊藻 Dinobryon	凹顶鼓藻 Euastrum	寡毛类 Oligochaeta
黄藻门 Xanthophyta	被刺藻 Franceia	甲壳动物 Crustacea
黄管藻 Ophiocytium	胶囊藻 Gloeocystis	枝角类 Cladocera
黄丝藻 Tribonema	蹄形藻 Kirchneriella	桡足类 Copepoda
硅藻门 Bacillariophyta	鞘藻 Oedogonium	介形虫 Ostracoda
曲壳藻 Achnanthes	卵囊藻 Oocystis	水蜘蛛 Arachnoida
卵形藻 Cocconeis	实球藻 Pandorina	蜉蝣目稚虫 Ephemeroptera nymphs
小环藻 Cyclotella	盘星藻 Pediastrum	束翅亚目幼虫 Zygoptera nymphs
桥弯藻 Cymbella	浮球藻 Planktosphaeria	摇蚊科幼虫 Chironomidae larvae
等片藻 Diatoma	栅藻 Scenedesmus	直突摇蚊亚科 Orthocladiinae
窗纹藻 Epithemia	弓形藻 Schroederia	多足摇蚊 Polypedilum
短缝藻 Eunotia	月牙藻 Selenastrum	其他摇蚊亚科 other Chironominae
脆杆藻 Fragilaria	水绵 Spirogyra	其他物质 miscellaneous material
异极藻 Gomphonema	角星鼓藻 Staurastrum	骨针 spicules
布纹藻 Gyrosigma	四角藻 Tetraedron	刚毛 setae
直链藻 Melosira	四月藻 Tetrallantos	不可鉴定的物质 unidentified material

底栖动物的食物种类广泛，鉴定较为困难。食物被摄入、破碎、消化后，发生严重变形；再经过保存、固定和染色，在显微镜下的样貌已与自然状态相差甚大。在鉴定过程中，须充分了解水体的环境条件、理化性质和生物群落结构，掌握食物资源的组成及分类依据，并考虑到食物在一系列处理后的形态变化。绿藻和蓝藻可根据有 / 无色素体加以区分，硅藻可根据硬质外壳识别，其他藻类可根据形态特征初步鉴定。底栖动物的食物也可能来自陆地，如椎实毛腹虫胃含物中有时出现松柏科花粉。动物

性食物主要通过残体和碎片的形态判断，多数只能鉴定到较大的类群。根据残留壳或附肢的形状，甲壳动物一般可鉴定到枝角类、桡足类和介形虫，通过壳刺可进一步将枝角类与介形虫分开；根据残留的刚毛，可识别被消化的寡毛类，但很难鉴定到较低的分类单位；根据附肢的形态，可判断蜉蝣目稚虫和水蜘蛛；根据头壳或尾爪，可鉴定摇蚊科幼虫的种类；尽管轮虫固定后有所收缩，仍可根据口器形状进行识别，但较难鉴定到属和种。无机颗粒染色后不易着色，边缘的棱角不规则。有机碎屑染色后呈黑色或黄棕色，大小不一，形态多样。常用的食物分析方法包括直接观察法、胃及肠含物鉴定法、粪便分析法、室内饲喂法、稳定核素示踪法、抗体跟踪法等。

4.5.2 控制实验

通过控制实验，加入或去除某个或某些物种，验证不同营养方式在稳定性维持中的相对贡献、各个能流路径的重要性，利用系统方法定量分析系统中的物质循环和能量流动。这种实验操纵方法常用于陆地食物网研究，有时也运用于淡水食物网研究，有助于揭示水生食物网动态和关键能流途径，证实牧食者等底栖动物功能摄食群在系统中的重要性。由于大部分动物的生活史长、食性杂、个体大、活动范围广，因此难以在特定的时间和空间条件下进行重复实验。浅海底栖 – 水层系统具有范围较小、可重复性强、实验周期短等特点，在水生群落食物网操纵实验方面具有较大潜力。

4.5.3 理论模型

摄食生态和食物网研究的另一重要方法是在经验数据的基础上构建理论模型，利用新的实验数据进行检验和优化。

1. 结构模型

结构模型的种类较多，主要用于食物网结构特征值的预测。Williams 等对级联模型（cascade model）进行了改进，提出了摄食等级（feeding hierarchy），排除了同种相食（cannibalism）和取食高于自身营养级的种类；但在现实的食物网中，有时可能发生同种相食或对高于自身营养级的摄食现象；在此基础上，又构建了生态位模型，解除了摄食等级对级联模型的限制，容许同种相食或取食更高营养级的情况存在。Cattin 等优化了生态位模型并提出嵌合等级模型（nested-hierarchy model），一定程度上弥补了生态位模型的区间限制（intervality limitation），但与经验数据的吻合度较低。随机模型的限制条件少，但预测值与经验值之间的偏差较大。各种结构模型有不同的优缺点。生态位模型虽然有区间限制的缺点，但对食物网结构特征值的预测结果与经验数据吻合较好，因此目前使用较多。

2. 动态模型

动态模型的建立主要基于 Lotka-Volterra 种间竞争模型，可用于预测食物网结构的动态格局、系统稳定性与可持续性的变化等。

3. 能流模型

根据食物网格局、物种组成、个体大小、生物量、生产量、消费量、分解量和生态效率等，可构建能流模型（energy flow model），用以估算和预测生态系统的能量收支、能量分布和能流模式。Ecopath 模型是比较成熟的能流模型之一，常用于各类水生生态系统，尤其是渔业生态系统中。

4.5.4　营养级计算

食物生态位的宽度反映了动物摄食的特化水平，广食性动物的饵料生物种类多，摄食的特化水平低；狭食性动物的饵料生物种类少，摄食的特化水平高，体现了动物对外界环境波动和种间食物竞争的适应性。通过计算 Levins 多样性指数 B，可以比较底栖动物食物生态位宽度的种间差异：

$$B = \left(\sum_{i=1}^{n} p_i^2 \right)^{-1} \tag{4-1}$$

其中，p_i 为饵料 i 在食物中所占的质量百分比，n 为饵料生物的种类数。Levins 多样性指数更加重视优势饵料生物的贡献，能够排除稀有饵料生物的干扰。底栖动物的营养级是确定其食物网位置的一个较好的参数。根据 Odum 等的公式，可进行营养级计算（computation of trophic level）：

$$TL_j = 1 + \sum_{j=1}^{n} DC_{ij} TL_j \tag{4-2}$$

式中，i 表示底栖动物种，j 表示饵料生物，n 是饵料生物的种数，DC_{ij} 表示第 j 种饵料生物在第 i 种底栖动物食物中所占的质量百分比，TL_j 是饵料生物 j 的营养级。不同种类食物的营养级赋值为：无机物质 0，有机碎屑 1.0，植物性食物（藻类、沉水植物、花粉等）1.0，原生动物、甲壳动物、轮虫、水螅、线虫、涡虫、苔藓虫浮囊 2.0，水蜘蛛 3.0，"其他物质"多为不可鉴定的物质，赋值为 1.0。营养级的方差称为杂食指数（omnivory index，OI），由下式计算：

$$OI_j = \sum_{j=1}^{n} (TL_j - TL_{preys})^2 DC_{ij} \tag{4-3}$$

式中，OI_j 和 TL_{preys} 分别表示第 i 种底栖动物的杂食指数和所有饵料生物的平均营养级，其他变量的含义同式 4-2。将杂食指数取平方根，可得到营养级的均方根误差（root mean squared error），即标准误差（standard error）。Pimm 认为，杂食性降低了食物网的稳定性，较低的杂食者丰度有利于保持生态系统的平衡。Yodzis 则认为，形态和生理限制使动物难以同时摄取多个营养级的食物，因此群落中的杂食性一般较低。但在无脊椎动物为优势类群的水生生态系统中，杂食者普遍存在。例如，中华长足摇蚊既可以捕食甲壳动物，又可以摄食有机碎屑。当食物来源充足时，椎实毛腹虫主要以轮虫为食，但当环境条件变化时，可将花粉作为部分替代食物。除了无脊椎动物，杂食性在脊椎动物中也经常出现。为了缓解营养短缺，动物可以适度调节自身的生理、代谢和摄食过程。食物选择性、食物生态位分异和多种摄食模式是底栖动物与生存环境长期协同进化的结果。

思考题

1. 比较寡毛动物、软体动物和水生昆虫营养器官的异同点。
2. 什么是细胞外消化和细胞内消化？
3. 昆虫的咀嚼式、吸收式和嚼吸式口器各有哪些特点？
4. 根据取食对象的不同，昆虫的吸收式口器可分为哪几种类型？
5. 水生昆虫有哪些摄食方式？
6. 寡毛动物、软体动物和水生昆虫各有哪些食性特征？
7. 什么是生态位、营养生态位、生态位重叠、生态位分异？
8. 底栖动物的摄食生态有哪些研究方法？
9. 如何进行底栖动物的食物分析？
10. 怎样确定底栖动物的营养级？

第 5 章　底栖动物的次级生产

次级生产又称为第二性生产，是指生态系统中初级生产者以外的生物有机体的生产，即消费者利用初级生产者所制造的物质和贮存的能量进行新陈代谢，经过同化作用将食物中的化学能转化为自身组织中的化学能并形成自身物质和能量的再生产能力，表现为动物和异养微生物的生长、繁殖和生物量增加。

5.1　底栖动物次级生产的研究概况

底栖动物次级生产的研究始于 20 世纪初。丹麦海洋生物学家卡尔·乔治·约翰·彼得森（Carl Georg Johan Petersen）为了估算海域生产力、弄清丹麦近海鲽类和鳕类资源的变动规律，分别计算了第一级生产者大叶藻（*Zostera*）到第二级生产者（多毛类、双壳类及其他底栖动物）、直接到第三级生产者（鲽类）、经过第三级生产者（掠食性腹足类、甲壳类等）到第四级生产者（鳕类）、经过第三级生产者（小型鱼类）到第四级生产者（鳕类）的生产量。彼得森指出该海域每年若生产 2 400 万吨大叶藻，则可生产 500 万吨植食性底栖动物，其中 50 万吨植食性底栖动物可生产 5 万吨掠食性腹足类和甲壳类等，10 万吨植食性底栖动物可生产 1 万吨小鱼，5 万吨植食性底栖动物可生产 5 000 吨鲽类，6 万吨腹足类、甲壳类和小鱼可生产 6 000 吨鳕类。在彼得森的估算中，食物链相邻营养级之间的饵料生物转换率约为 10%，这与后来研究得到的生态效率大体相当。苏联水生生物学协会主席、科学院院士、著名海洋生物学家 ЛА 津克维奇（Лев Александрович Зенкевич，1889—1970 年）曾率领"佩尔塞"号、"勇士"号、"库尔恰托夫院士"号等海洋调查船，多次进行深海综合考察，先后出版和发表了《海洋动物与生物生产力》《苏联诸海域及其动、植物区系》《苏联海洋生物学》等 200 余部专著和论文，极大地推动了海洋生物地理学、海洋底栖生物学和深海生物学的研究。津克维奇将世界海洋中底栖生物现存总量估算为 66 亿吨，由生物量估算生产量的思想至今仍是大洋水域生产力测算的重要依据；他在黑海与别人合作尝试了沙蚕的移植和驯化，显著提高了该水域的次级生产力。

20 世纪 10—20 年代，Boysen-Jensen 提出减员累计法（removal-summation method），估算海洋底栖无脊椎动物的次级生产量。20 世纪 40 年代后，瞬时增长率法（instantaneous growth rate method）和 Allen 曲线法（Allen curve method）被陆续提出。20 世纪 60—70 年代，底栖动物生产力研究开始向更深层次发展，从种群和群落水平的次级生产力估算拓展到一般性的机理和规律探讨。体长频率法(size-frequency method）可用于非同生群底栖动物生产力的估算，经过数次改进后，成为底栖动物生产力最常用的测定方法之一，被用于 60% 以上的河流生产力研究工作中。Benke 利用经验公式，对环节动物、软体动物、蜉蝣目、双翅目、蜻蜓目、摇蚊科幼虫等 14 个底栖类群的生产力进行了回归分析，除了摇蚊科幼虫的 r^2 值等于 0.87 外，其余类群的 r^2 值均大于 0.90，预测模型显示出很强的可靠性。Brey 基于生物量和个体平均体重提出了经验公式，常被用于海洋大型底栖无脊椎动物次级生产力的估算，包括按物种计算、按类群计算和按站位计算。近几十年来底栖动物生产力方面的研究成果很大程度上归功于这些计算方法的发展。模型中的 r^2 有时偏低，限制了经验公式的某些应用场景。

20 世纪 80 年代以来，在定量估算底栖动物次级生产力的基础上，吸收和借鉴了脊椎动物（如鱼类）食性的研究方法。通过食性分析，得到各种食物（一般包括植物碎屑、细小的无定形碎屑、硅藻、丝状藻、无脊椎动物、真菌）在底栖动物食谱中的比例，根据同化率和净生产率推算不同食物对底栖动物生产力的相对贡献率，结合生物能量转化资料，构建底栖动物的微型食物网，揭示底栖动物与食物之间以及相互之间的营养关系。底栖动物次级生产力研究领域虽然已取得诸多重要进展，但仍需更多的创新性工作。

5.2　底栖动物次级生产力估算的基本原理

在每一个异养生物种群中，能量都有两种利用方式：代谢（大部分）和贮存（小部分）。经过一段时间后，种群的生物量会有所增加，这种能量的贮存就是次级生产。从生物能量学的角度，次级生产力与摄食量、同化量、排泄量、呼吸量等存在密切关系。摄食量可表示为绝对摄食量和相对摄食量，绝对摄食量是指动物一次摄食的数量(g)；相对摄食量是指绝对摄食量占体重的百分比，又称为摄食率（%）。同化量是指食物链的某一环节（营养级）从外部环境中获得的全部化学能。对于底栖动物等消费者来说，同化量表示消化道吸收的能量；对于分解者来说，同化量是指细胞外的吸收能量。排泄量是指动物体在新陈代谢过程中，排出体外的物质（无法利用的、过剩的、进入机体的各种异物等）和能量，包括排遗。呼吸量是指生物在进行新陈代谢等生命活动的过程中消耗（从已合成的有机物分解所释放出）的能量。估算次级生产力的基本原理包括：

摄食含能量＝吸收能量＋粪便含能量；

同化量 = 摄入上一营养级的能量 – 粪便中的能量；

同化量 = 用于自身生长、发育和繁殖的能量 + 呼吸作用以热能形式散失的能量；

用于自身生长、发育和繁殖的能量 = 流入下一营养级的能量 + 流入分解者的能量；

同化量 = 流入下一营养级的能量 + 流入分解者的能量 + 呼吸作用以热能形式散失的能量 + 未被利用的能量；

吸收能量 = 可代谢能量 + 排泄含能量；

可代谢能量 = 生产能量 + 代谢消耗能量；

生产能量 = 生长能量 + 繁殖能量；

其中的生产能量就是次级生产力，可用于动物的生长、发育和繁殖后代。

5.3　底栖动物次级生产力的影响因素

5.3.1　温度

当食物、底质等环境条件适宜时，在一定的温度范围内（通常为 0 ~ 25 ℃），温度升高可加快底栖动物的生长发育速度和周转率（turnover ratio），提高次级生产力。Menzie 在不同温度下进行了一种环足摇蚊（*Cricotops sylvestris*）幼虫的实验室培养，这种幼虫在 22 ℃时完成发育需要 10 天，当温度降至 15 ℃时发育时间则延长为 28 天。大量的室内和野外研究发现了相同或相似的现象。在接近北极的湖泊中，一些摇纹科幼虫在温暖的夏季生长迅速，甚至可完成一个或多个世代，而在寒冷的冬季生长完全停滞。

5.3.2　底质

在任何类型的水体中，底质的组成和性质都是底栖动物生产力的重要影响因素。在溪流中，毛翅目幼虫的次级生产力与底质的平均颗粒度之间呈正相关关系；在加拿大渥太华河（Ottawa River）靠近渥太华 – 赫尔（Ottawa-Hull）的河段中，一种斧足纲（Pelecypoda）球蚬科（Sphaeriidae）软体动物（*Pisidium casertanum*）在颗粒度中等的底质中表现出最高的生产力。在湖泊中，底质有机质含量对于底栖动物次级生产力的影响超过底质颗粒度，有机质丰富、细颗粒底质（如淤泥）中底栖动物次级生产力较高。

5.3.3　食物

食物的数量和质量对于底栖动物生长、发育、繁殖和次级生产力具有直接影响。底栖动物生产力与浮游植物密切相关，河流中摇蚊科幼虫生产力的季节性动态基本符合硅藻密度的变化趋势，甚至可以利用浮游植物的生产力估测底栖动物的次级生产力。在美国密歇根州的河流中，一种昆虫（*Brillia flavifrons*）幼虫摄食新鲜植物叶片时，较摄食腐烂叶片显示更快的生长速度。人为增加摇蚊幼虫食物中富含氮素的植物组织比例，可有效提高其生长率。但是，如果食物中氮素含量很高、ATP 含量较低，也会延缓摇蚊的生长发育进程。

5.3.4　深度

水深是底栖动物次级生产力的又一影响因素。在大陆架范围内的浅海区，尤其是深度小于 50 m 的沿岸带和亚沿岸带，底栖动物的种类最多，现存量、密度和生产力也最高；在大陆架以外的深水带，底栖动物种类数显著减少，密度、生物量和生产力随着深度的增加而降低，大洋深渊底部一般低于 1 g/m²。

5.3.5　纬度

在近海沿岸带和潮间带，底栖动物生物量和生产力随着纬度的升高而增加。在高纬度海域，底栖动物的密度较大、生物量较高，如北温带和寒带浅海海底，底栖动物的生物量可达数十 g/m² 至数百 g/m²，甚至高于数 kg/m²，但种类数较少，生长速度相对缓慢，生命周期往往较长，一般需要数年才能长成；而在中、低纬度的温带、暖温带和热带海底，底栖动物的密度和生物量较低，如黄海、渤海平均为 34 g/m²，南海北部海域平均约 10 g/m²，但种类数较多，生长速度较快，生命周期较短，多数仅需几个月或一年即可长成。Sand 等选择了分别位于热带和温带的 32 条河流进行对比研究，这 32 条河流均为 1 ~ 3 级的小河，流速快，为粗颗粒型底质，水质清洁，几乎无水生植物生长。他们发现，由于低纬度热带地区河流的温度较高，底栖动物的演替速率较快，因此物种多样性高于高纬度地区同样类型的河流。但也有研究表明，底栖动物组成受地理位置和气候的影响并不显著，在纬度不同、水流和底质条件基本相同的河流中，底栖动物群落结构具有高度的相似性，全世界石块底质河流中的底栖动物类群也表现出很小的差异性。

5.3.6　溶解氧

在深水水体或有机污染严重的水体中，底质的溶解氧浓度处于较低水平，成为这种环境中底栖动物次级生产力的限制因子。总之，溶解氧缺乏对于底栖动物生产力产生负面的影响，但部分蚊科幼虫、摇蚊科幼虫和寡毛类可耐受水体中较低的溶解氧，并维持相当高的生物量。在高密度养殖水体，残余饵料、动植物尸体和残肢、植物残体、排泄物、分泌物、有机碎屑等大部分沉积在底部，水中的有机质含量过多，氧化还原反应消耗水体中有限的溶解氧。在溶解氧不足的情况下，有机质降解不彻底，易产生氨氮、亚盐、甲烷、硫化氢等有毒有害物质，病原微生物、寄生虫等大量繁殖，底栖动物的生长、发育和正常的生理代谢活动受到抑制，摄食量和抵抗力下降，容易暴发疾病，严重时导致养殖动物大批死亡，次级生产力急剧下降。

5.3.7 生态效率

在一个特定的生态系统中，物质和能量沿着食物网传递、流动和转化。当异养生物直接利用初级生产量时，形成植食动物的二级生产量，植食动物被食后形成肉食动物的三级生产量，以此类推，位于食物链最末端的产量称为终级生产量。次级生产力随着营养级层次和消费环节的增加而减小。假设第一营养级的生产量为 100 个单位、食物链的生态效率为 20%，则第二营养级的生产量为 20 个单位，第三营养级和第四营养级的生产量则分别仅为 4 个单位和 0.8 个单位。生态效率是决定次级生产力的重要因素，但由于底栖动物摄食的高度复杂性，往往难以准确界定生产力的层级。

5.3.8 个体大小

底栖动物个体大小与生长率、次级生产力之间存在明显的负相关，小个体底栖动物的蛋白质和能量转化率更高。一些小个体的摇蚊（如 *Corynoneura* 属、*Eukiefferilla* 属、*Tanytarsus* 属、*Thienemanniela* 属等）一年多代且世代重叠，而大个体的摇蚊（如 Chironomus 属、Tokunagayusurika 属等）往往一年只有 1~2 个世代。但这种情况也有例外。在热带非洲一个暂时性的淡水池塘中，大个体伊米科拉摇蚊（*Chironmus imicola*）的世代时间为 12 天，明显短于小个体范氏多足摇蚊（*Polypedilum vanderplanki*）的 35 天。

5.4 底栖动物次级生产力的估测方法

5.4.1 P/B 系数法

利用培养法，测得动物种群的 *P/B* 系数（一定时间内生产量 *P* 与生物量 *B* 的比值，即周转率，又称 *P/B* 值），再将此系数乘以年均生物量，可估算次级生产力：

$$年均生产力 = 年均生物量 \times P/B 系数 \tag{5-1}$$

由于受到各种环境因素（特别是温度）的影响，*P/B* 系数在不同的水体中有较大的变异性。Benke 在"生产力 – 生物量"直线关系的基础上，对 *P/B* 系数进行了回归分析，多数水生昆虫类群的经验公式和综合模型显示 *P/B* 系数与个体平均体重呈负·相关，与温度呈正相关。*P/B* 系数还与纬度有关，低纬度水域取高值，而高纬度水域取低值。在使用 *P/B* 系数法时，应充分考虑个体大小、水体理化特征和地理位置的作用，将误差控制在较小的范围。底栖动物生物量可通过干湿比和能量密度转换为能量。长江中游草型浅水湖泊扁担塘底栖动物的年 *P/B* 系数、干湿比、能量密度和净生产效率之间的关系见表 5-1。摇蚊幼虫、寡毛类的同化率参照 Benke 等的研究结果，对动物性食物和藻类分别为 70% 和 30%，对有机碎屑、水生高等植物、"其他物质"为10%。腹足类对动物性食物和藻类的同化率分别为 60% 和 15%，对其他食物种类的同化率按照摇蚊幼虫的数值估算。次级生产力可用湿重、干重、无灰分干重、能量密度、碳含量或氮含量表示，其中能量密度是最客观、最合理、可比性最强的指标，在生态系统能流分析时凸显优势。

表 5-1 长江中游草型浅水湖泊扁担塘底栖动物的年 *P/B* 系数、干湿比、能量密度和净生产效率

种类	年 *P/B* 系数	干湿比（去壳）	能量密度（kJ/g dw）	净生产效率
寡毛类 Oligochaeta				
Branchiura sowerbyi	5.0	0.195	24.009	0.227
腹足类 Gasgropoda				
Alocinma longicornis	4.3	0.050	18.341	0.075
Bellamya sp.	0.5	0.058	16.968	0.060
Hippeutis sp.	7.1	0.045	16.398*	0.072*
Parafossarulus triatulus	4.4	0.036	18.440	0.081
Radix swinhoei	7.1*	0.045*	16.398	0.072*
摇蚊科幼虫 Chironomidae				
Acamptocladius sp.	4.0*	0.166*	20.575*	0.243*
Chironomus plumosus	4.0	0.166	20.575	0.210
Cladopehna sp.	4.0*	0.166*	20.575*	0.243*
Clinotanypus sp.	6.2	0.162	24.245	0.243*
Cricotopus sp.	5.4	0.166*	20.575*	0.243*
Cryptotendipes sp.	4.6	0.166*	20.575*	0.243*
Einfeldia nachitocheae	4.0*	0.166*	20.575*	0.243*
Glyptotendipes sp.	4.0*	0.166*	20.575*	0.243*
Hydrobaenus sp.	4.0*	0.166*	20.575*	0.243*
Polypedilum sp.	4.5	0.166*	20.575*	0.243*
Procladius choreus	5.3	0.182	22.329	0.243*
Propsilocerus adamusi	4.4	0.148	21.099	0.276
Pseudochironomus sp.	4.0*	0.166*	20.575*	0.243*
Tanypus sp.	4.5	0.074	18.762	0.243*
Xenochironomus sp.	4.0*	0.166*	20.575*	0.243*

*表示根据扁担塘相似种类估计得出。

5.4.2 减员累计法

减员累计法（removal-summation method）也被称为 Boysen-Jensen 法，适用于同生群（cohort）：

$$P=B_e+B_2-B_1 \tag{5-2}$$

$$B_e=(N_1-N_2)(B_1/N_1+B_2/N_2)/2 \tag{5-3}$$

其中，P 为生产量；B_e 为减员现存量；B_1 和 B_2 分别为 t_1 和 t_2 时刻的现存量；N_1 和 N_2 分别为 t_1 和 t_2 时刻的密度。

5.4.3 增长累计法

增长累计法（increment-summation method）适用于同生群：

$$P=\sum n_i \Delta W_i \tag{5-4}$$

其中，P 为生产量；i 为采样次数；n 为密度；ΔW 为相邻两次采样间体重的增量。

5.4.4 瞬时增长率法

瞬时增长率法（instantaneous growth rate method）可用于同生群和非同生群（noncohort）：

$$P=GB_m \tag{5-5}$$

$$G=(\ln W_{i+1}-\ln W_i)/t \tag{5-6}$$

$$B_m=B_0 \times (e^{G-Z}-1)/(G-Z) \tag{5-7}$$

其中，P 为生产量；G 为瞬时增长率；B_m 为平均现存量；W_i 和 W_{i+1} 分别为第 i 次和第 i+1 次采样时的体重；t 为相邻两次采样的时间间隔；B_0 为采样起始时的现存量；Z 为瞬时死亡率。

5.4.5 Allen 曲线法

Allen 曲线法适用于同生群。在一个同生群中，根据不同调查时刻的个体密度与该时刻的个体平均体重（W），绘制"同生群密度 – 个体平均体重"图。在一定的时间范围内（Δt），生产量近似等于 $N_t \Delta W$：

$$P=N_t \Delta W \tag{5-8}$$

$$\Delta W=W_t-W_0 \tag{5-9}$$

其中，P 为生产量；N_t 为 t 时刻的密度；ΔW 是在该时间间隔内同生群个体平均体重的增加值；W_0 和 W_t 分别为采样起始时和 t 时刻的平均体重。

5.4.6 体长频率法

体长频率法适用于非同生群，将野外样本按体长分组，绘制平均体长频率分布图，假定为同生群生长发育的结果，用减员累计法估算生产量：

$$P=ib\sum(W_{j+1} \times W_j)^{1/2}(N_j+1-N_j) \tag{5-10}$$

$$\text{或者 } P=[i\sum(W_{j+1} \times W_j)^{1/2}(N_{j+1}-N_j)] \times P_e/P \times 365/\text{CPI} \tag{5-11}$$

其中，P 为生产量；i 为体长组数；b 为周年内的代数；j 为采样次数；W_j 和 W_{j+1} 分别为第 j 次和第 j+1 次采样时的体重；N_j 和 N_{j+1} 分别为第 j 次和第 j+1 次采样时的密度；P_e/P 为发育时间的修正系数（modified coefficient）；CPI 为同生群生产间隔（cohort production interval）。

5.4.7 经验公式法

在已有较多种群次级生产力数据积累的基础上，Downing 等提出了次级生产力与生物量、水温、个体重量的模型表达式：

$$\log P=a+b\log B+cT+d\log W \tag{5-12}$$

$$\log P/B=a+cT+d\log W \tag{5-13}$$

其中，P 为生产力，B 为平均生物量，T 为环境温度，W 为个体平均体重，a、b、c、d 为系数。

5.4.8 同化量法

根据测定的同化量和呼吸量，估算动物的次级生产量：

$$P=A-R \tag{5-14}$$

$$A=C-FU \tag{5-15}$$

其中，P 为生产量；A 为同化量；R 为呼吸量（呼吸过程中损失的能量）；C 为摄食量（动物从外界摄取的能量）；FU 为粪尿量（以粪、尿形式损失的能量）。实际应用时，须将个体水平上的生理学指标与种群密度、年龄结构、性比、昼夜节律、环境条件等结合起来，以获得更加准确的动物种群次级生产力。

5.4.9 最大生物量法

湖泊、河流中的底栖动物生产力与一年中测定的最大生物量之间，往往存在着一定的比例关系，一般接近于 1.5，据此可估算底栖动物次级生产力。这种方法的难点在于最大生物量的确定，而且需要大量的基础实验数据加以验证。

使用不同方法估测同一水域次级生产力、同一方法估算不同水域不同群落次级生产力的结果均有偏差。严格来说，分解者的生产力也属于次级生产力范畴，但由于测定技术比较困难，因此研究较少。这些方法可以根据研究目的、实验条件、数据情况等，进行合理的运用。急剧增长的人口、不断提高的生活水准要求农业生态系统提供大量农、畜产品，特别是足够的优质动物蛋白。动物和微生物的次级生产是农业生态系统中不可取代的环节，受到次级生产者的生物种性、养殖模式、养殖技术、养殖环境所制约。不同动物的次级生产力、同种动物不同品种的次级生产力有较大的差异，选育良种对提高动物产量具有重要意义。

思考题

1. 什么是次级生产？
2. 底栖动物次级生产力的估算依据哪些基本原理？
3. 哪些因素影响底栖动物的次级生产力？
4. 分析温度与底栖动物次级生产力之间的关系。
5. 分析底质与底栖动物次级生产力之间的关系。
6. 说明食物与底栖动物次级生产力之间的关系。
7. 说明水深与底栖动物次级生产力之间的关系。
8. 说明个体大小与底栖动物次级生产力之间的关系。
9. 底栖动物次级生产力的估测有哪些方法？
10. 利用 P/B 系数法估算底栖动物次级生产力有哪些优缺点？

第 6 章　底栖动物与环境因素的关系

6.1　物理因素

物理生境是底栖动物生存和繁衍的基本条件，是研究底栖动物组成与分布的生态学起点。底质、水流和水深是影响底栖动物群落结构最主要的物理因子。

6.1.1　底质

底质（substrate）是物理生境中的复杂变量，包括无机底质（如山川溪流中的卵石及平原河流中的泥沙）、有机物质（如落木、水生植物）、水中的各种人为建筑和残骸等。底质直接为底栖动物提供附着、取食、避敌的环境和空间，对底栖动物生长、发育、繁殖等生活史的各重要阶段都起着关键作用。底栖动物的分布和物种组成在很大程度上取决于底质类型及特征，包括粒径、质地、异质性、稳定性、粗糙度、适宜性、间隙率等。底栖动物的物种数、多样性与底质的粒径、稳定性直接相关。在相同流速条件下，底质粒径越大、越稳定，其抵御流水冲刷的能力越强。底栖动物物种丰度随着底质粒径的增大而升高，卵石底质中物种组成最为丰富，但当底质为巨砾或基岩时，物种丰度则呈下降趋势。淤泥底质中有机物丰富，掘穴型物种（如寡毛类）在这样的生境中聚居数量往往非常庞大。湖底倾斜度越大，底栖动物的生物量越低。底质间隙和粗糙形貌一方面为小型底栖动物提供生存场所，另一方面显著提高激流生境中着生藻类和有机物质的保有量，较丰富的食物来源也是吸引底栖动物的重要因素。Downes 等通过野外实验表明，粗糙底质中底栖物种的丰度更高。软质海底的沉积物对底栖动物的影响很明显，美人虾（*Callianassa* spp.）、文昌鱼（*Branchiostoma belcheri*）等只在粗颗粒的沉积物中大量出现，而凹裂星海胆（*Schizaster lacunosus*）、栗色管螺（*Siphonalia spadicea*）等则仅在细颗粒沉积物中大量生存。某些底内动物，如棘皮动物的海地瓜（Acaudina）和凹裂星海胆（*Schizaster lacunosus*）、星虫（Sipunculidae）等，能吞食和排出沉积物，它们的大量发展能改变海底沉积物的层理结构和性质。

6.1.2　水流

水流格局决定了流域形态、底质组成、颗粒大小和沉积强度等，进而影响底栖动物群落的组成和特征。水流为底栖动物带来营养物质和氧气，清除底质上的废物，但底栖动物为了保持自身在底质上的位置，避免被高速水流冲刷掉，需要消耗自身能量，进化出形体、生理和行为上的适应性。例如，双翅目某些幼虫的吸盘、扁蜉科稚虫的扁平化体型、四节蜉稚虫的流线型体型、毛翅目部分幼虫的丝质巢穴、蚋科的黏液等，可以确保它们固着在激流生境中的石块上。Mérigoux 等利用 FST 半球法（FST-hemisphere）测定了水动力参数对大型底栖动物的影响，表明底栖动物对水流剪应力（shear stress）呈现明显的趋异性。蚋利用头部的滤食网从水流中获取有机物质，在激流中分布最广。底栖动物不同生长阶段具有不同的水流偏好性。部分毛翅目幼虫的龄期越大，越偏爱激流，而各个龄期的蜉蝣目部分物种则更多分布于缓流区。底栖动物的适宜流速随底质粒径增大而增高。流量的急剧变化和降雨等对底栖动物造成影响。Verdonschot 认为，软底质平原河流中流量类型的差异导致了底栖动物分布类型的不同。Alastair 等测定了洪水期和枯水期的底栖动物密度、物种丰度、EPT 丰度和EPT 个体数量所占百分比，结果表明流量变化对底栖动物群落结构形成的影响高于季节变化的影响，底栖动物群落在发生洪水后的变化程度与洪水幅度密切相关。水流与底质、水深一起营造了微尺度的水动力条件，是各种类型水体中底栖动物群落的制约要素。

6.1.3　水深

环境条件决定了底栖动物在水体不同深度的种类组成、数量和分布。在松软底质的水域中，大型底栖动物密度一般随着深度的增加而减少。潮间带和大陆架浅海带的底质环境在食物、水温、水流、光线、压力和盐度方面与大洋极不相同。潮间带和沿岸带的营养物质来源丰富，底栖动物种类繁多，成分复杂，许多物种（特别是热带海域物种）的生长速度快，繁殖周期短，能够在较短时间内大量增殖。在大陆架浅海区，尤其是水深 50 m 内的近岸带，底栖动物现存量和生产力最高、密度最大；在大陆架以外的深海带，底栖动物生物量和密度随深度的增加而显著减少，到大洋深渊底，一般不足 1 g/m^2。但在深海海底，底栖动物的物种多样性高于大陆架。在湖泊中，随着深度的增加，底栖动物的种类组成和多样性发生变化，密度和生物量通常减少，对腹足纲和双壳纲软体动物的影响尤为明显。在岩质河床，浅水区的底栖动物密度高于深水区。当水位的波动幅度较大时，深度可能成为决定底栖动物群落分布的首要环境因子。

6.1.4 水温

底栖动物为变温动物，温度对底栖动物的影响虽然不及对表层浮游生物和游泳生物的影响剧烈，但对温度变化明显的生境中的底栖动物也有较大影响。不同水生生物的适宜温度范围差异很大，狭温性（stenothermal）物种适应的温度范围较小，如钩虾（*Gammarus*）主要分布在冷水水体，而在夏季温度较高的河流中多有一些广温性（eurythermal）的物种分布。温度对底栖动物生长的影响还与个体大小有关，形体越小，受水温的影响越大。无论是室内实验还是野外环境中，底栖动物生产力与温度之间，在一定范围内存在简单的线性关系，温度过高或过低均不利于机体的生长发育。梨形环棱螺（*Bellamya purificata*）的生长速度与水温成正比，水温降低时生长放缓，甚至出现负增长。青蛤（*Cyclina sinensis*）稚贝的正常温度范围为 15 ~ 33 ℃，低于15 ℃时生长缓慢、发育延迟，超过 36 ℃时生长停滞，达到 39 ℃时将导致死亡。也有少数适应低温环境的底栖动物，如红裸须摇蚊（*Propsilocerus akamusi*）幼虫的生长季主要在冬季，当夏季水温高于 20 ℃时钻入底质深处休眠，待深秋水温降至 20 ℃时才重新出现在底质表层。

6.1.5 悬浮物与透明度

水体中悬浮的泥沙虽然对生物不具毒性，也不能直接被生物分解，但却对水生生态系统带来一系列间接的影响。水体的浊度增加，阳光照射深度减小，水生植物的光合作用强度减弱、生长发育受到抑制，透明度和溶解氧含量降低。沙质颗粒覆盖、填充基岩和卵石等底质表面或间隙后，原本附着在岩石表面或藏匿于岩石间隙的大型底栖动物可能因为栖息地的丧失而逐渐消亡。泥沙还会堵塞石蛾（长角石蛾科、沼石蛾科、石蛾科）和蜉蝣等底栖物种的鳃，以及软体动物的外套腔和鳃，从而导致这些动物死亡。

6.1.6 栖息地异质性

底栖动物的种类组成依赖于栖息地的多样性和稳定性。底质异质性对多数水生生物有益，底栖动物物种丰度与底质异质性（heterogeneity）密切相关。在表面复杂的石块上和异质性高的斑块中，底栖动物物种丰度更高。一般来说，具有阶梯－深潭系列的山区河流，生物栖息地多样性非常高。大石块或卵石交叠构成阶梯结构，细沙和沙等细颗粒矿物底质组成了深潭结构，底质多样性高。阶梯处水深较浅，流速急；而深潭处则相对水深较深，水流流速降低，因此，阶梯－深潭结构创造了较高的水深多样性和流速多样性，满足了不同底栖动物类群的需要。此外，阶梯的跌水可以使得表层水体充分接触空气，进行掺氧过程，所以，这样的河流一般含氧量极高，甚至饱和。高浓度的溶解氧为大部分底栖动物的生存提供了便利条件。底质的适宜性是底栖动物分布最重要的影响因素。底栖动物的群落结构及生物量同时取决于栖息地的适宜性和异质性。

6.1.7　物理扰动

扰动是决定水生生态系统中底栖动物群落结构的重要因素之一。扰动对底栖动物的影响分为有害和积极两个方面，扰动一般会导致底栖动物物种丰度和密度降低，但一定的扰动可以防止某个物种成为绝对优势物种。一般来说，中度扰动对底栖动物群落比较有利。周期性变化的自然环境因子，如降雨、径流等，往往造成底栖动物种类组成、密度和生物量的变化。底栖动物的栖息和分布受沉积作用的影响很大，底质稳定性是决定底栖动物群落组成及多样性的一个关键因素。当底质受到干扰时，蜉蝣目、襀翅目稚虫等可能离开岩石底质漂流至下游。底栖水生昆虫的密度与底质颗粒的运动强度呈负相关，在大洪水发生后，最不稳定河段内的水生昆虫密度下降 94%。在沉积过程活跃、沉积速率很高的河口区，水文特征和环境条件复杂多变，不利于很多种类底栖动物的生存，以沉积物为主要食物的埋栖性类群成为优势种。Death 等研究表明，生境的热量和水文学特性越稳定，底栖动物的丰度和密度就越高，但是在热量和水文学特性中等稳定的生境中物种分布最均匀。底栖动物主要通过这样几种方式重新在受到扰动的地点定着、栖息和生存：漂流、从周围的底质迁徙过来、从深层的潜水区泥沙层向上移动。底栖动物在受到扰动之后的恢复速度主要取决于受扰动水体的物理特征、扰动的性质、离避难场所的远近程度、生物群落对扰动的敏感程度、生命历史因素以及调节次级生产力的过程。

6.1.8　海拔

海拔是影响大型底栖动物分布的综合性影响因素，这主要是因为海拔的不同造成了水温、水岸植被、栖息地条件、有机物类型和含量等因素的差异，进而对底栖动物群落间接产生影响。

6.2　化学因素

6.2.1　溶解氧

氧气较难溶于水，氧在水中的溶解性受到温度和含盐量的影响。氧在水体中的含量是有限的，水体中的含氧量只相当于空气中的 1/20，氧在水中的最大溶解度（0℃时在淡水中的溶解度）为 10 mg/L。另外，溶解在水中的氧分布极不均匀，经常发生波动，通常水气交界面附近的氧最为丰富。溪水越过浅滩时的翻腾大大增加了与空气的接触面积，氧气含量增高，常常能达到饱和。静水中的含氧量一般低于流水。水生植物的光合作用也是水中溶解氧的一个重要来源。溶解氧对底栖动物的生长十分重要，许多深水水体底质中的溶解氧值常处于较低水平，溶解氧成为生活在该生境的底栖动物的限制因子。硬壳蛤（*Mercenaria mercenaria*）幼贝对溶解氧的最低耐受值为 0.48 mg/L。在低氧条件下，底栖动物的食物同化率减小甚至停止，而充足的溶解氧水平才能维持其增长。若每升水含氧 7 mL，水生动物获得 1 g 氧气，则必须有 100 kg 的水流过它的鳃。底栖动物要想从水中摄取氧气，必须消耗很多的能量推动水流。底栖动物的生产力、种类多样性指数与水中溶解氧呈正相关关系，而且相关显著。Miyadi 很早就发现湖泊下层溶解的腐殖质对底栖动物丰度的影响较大。湖泊下层含氧量与大型无脊椎动物种类数之间存在明显的相关关系。只有当溶解氧值为 3.4 ~ 4.0 mg/L 时，小头虫（*Capitella capitata*）才能正常生长和繁殖。工农业生产导致污染物的排入和溶解氧的极度消耗，大型底栖动物群落退化，大量物种消失，颤蚓类等成为优势类群。

6.2.2 有机物与生化需氧量

生化需氧量（biological oxygen demand，BOD）是指微生物使污水中的有机物氧化分解为无机物或气体所必需的氧气量，是用来表示水质污染程度的重要指标之一。BOD 含量很高标志着水体受到严重的有机污染，底栖动物多样性将显著降低，并几乎全部为一种或几种耐污种群。淀粉厂排放的废水中含有大量有机物，制糖厂排出的废水中除了含有机物外，还含有大量的糖分，这些废水排入水体，将会改变水生生态系统的平衡和稳定，造成水体缺氧和营养富集，对底栖动物的生存产生不利影响。一些对生活污水和工业有机物污染较为敏感和不适应缺氧环境的生物（水生昆虫、软体动物等）会逐渐减少，而耐污染的种类将成为优势种群。在有机污染河流中，主要的底栖动物类群为颤蚓科、摇蚊科、沼梭科、水蝇科、毛蠓科、蜻科、球蚬科、膀胱螺科等耐污物种，底栖动物组成相对单一，某种或某几种物种优势地位突出，动物密度可能极大；颤蚓属（*Tubifex*）和水丝蚓属（*Limnodrilus*）不仅能生存，还能大量繁殖，以致水底呈一片红色。若水质有所好转，则摇蚊科幼虫和颤蚓科共存，如羽摇蚊（*Chironomus plumosus*）、霍甫水丝蚓（*Limnodrilus hoffmeisteri*）、正颤蚓（*Tubifex tubifex*）等，能够容忍低氧的环境，因此往往成为有机污染严重水体中的优势类群。在武汉东湖中，有机物耗氧量的年平均值与底栖动物（除软体动物外）生物量之间呈显著正相关，水体中有机耗氧量每上升 1 mg/L，底栖动物的生物量可能增加 2.3 g/m^2。

6.2.3 pH

pH 是水体 CO_2 含量、有机酸含量和污染程度的反映。SO_2 大量排放及由此导致的大面积酸雨是我国当前大气污染中最为突出的问题之一。我国酸雨覆盖面积已达国土面积的 30%。一般来说，水的 pH 越高，水中碳酸盐、重碳酸盐和其他相关盐类的含量也就越多。河流和湖泊等水域的 pH 一般为 6 ~ 8，水体酸碱度过高或过低会导致底栖动物的死亡。多数大型底栖动物喜生存于略偏碱性的水体中，水体酸化会对甲壳类、贝类和水生昆虫造成不利影响。酸性矿排水污染能够导致河流中底栖动物多样性降低，摇蚊幼虫占了底栖动物总数的 94%，成为最优势种，而蜻蜓目、蜉蝣目和襀翅目物种消失。在挪威进行的调查结果表明，作为鲑科鱼类重要饵料的小型虾对 pH 的生存极限约为 6，外壳为碳酸钙的螺在 pH 为 6 时开始减少，pH 低于 5.2 时不能生存。过低的 pH 也会抑制其他水生生物的生长和发育，从而对底栖动物产生间接影响。如果水体受到一种以上的污染胁迫，pH 的降低可能增加其他毒物（如氰化物、重金属等）的毒性。例如，pH 降低 1.5，氰化物的毒性将增加 1 000 倍。Griffith 等对比分析了美国 4 条具有不同 pH 的河流中落叶的分解速率和底栖动物功能摄食类群的结构，发现落叶的分解速率在中性河流中最快，在酸性河流中最慢，在碱性河流中速率中等。酸性河流中较慢的落叶分解速率与撕食者生物量较低有关。

6.2.4　盐度

许多研究表明，盐度变化可导致底栖动物群落结构的变化。盐度较高的潮间带中部往往是底栖动物密度和生物量最高的区域，有盐沼植物分布的区域往往底栖动物密度和生物量较高。章飞军等研究了春季长江口潮下带大型底栖动物群落结构与环境因子的相关关系，认为盐度是决定长江口大型底栖动物种类分布的重要环境因子。周晓分析了九段沙湿地大型底栖动物群落结构特征与土壤因子之间的关系，发现底栖动物的群落结构与土壤盐度的变化存在一定相关性，春、秋、冬季土壤盐度与底栖动物生物密度、生物量呈显著负相关，与种类数呈极显著负相关。金属离子浓度过高会对底栖动物造成不利影响。镁离子、硫酸根离子等浓度高的水体不适合底栖动物生存，底栖动物的物种丰度明显随镁离子浓度的增加而减少。Nedeau 等研究了工业废水对城市河流中底栖动物群落的影响，发现在中性水中大多数 Fe^{3+} 水解成氢氧化铁，而氢氧化铁在河床表面形成一层橘黄色的沉积物，覆盖在排污河道及其下游很长一段河床的底质表面，阻止了硅藻和绿藻的生长，而这些藻类构成了水生食物链重要的初级食物来源。在美国佛蒙特州（Vermont）一条小型的山区河流中，由于铁和锰离子浓度的增加，在超过 17 m 的距离范围内硅藻和绿藻的附石种类被一种铁沉积型的细菌替代。Wellnitz 等发现，在生长铁沉积型细菌的底质中，底栖动物的多度和多样性大大降低。

6.2.5 重金属

铜、铅、锌等重金属元素进入水体多沉积于底泥中，对底栖动物构成极大威胁，其中铜对底栖动物的生物毒性最高。水生昆虫对重金属毒物较敏感。一些双壳纲动物如河蚬是有用的指示生物，其体内汞、六氯环己烷含量与距污染源的距离明显相关。江西省乐安江水体沉积物中铜的浓度与底栖动物多样性指数呈显著负相关关系。深圳湾福田潮滩大型底栖动物的分布及数量也与一定的重金属含量有关。硒对底栖动物多度和多样性没有显著影响，但为了保护鱼类和敏感底栖动物，硒在水体中的含量应低于 2.0 μg/L。低浓度的重金属对底栖动物的生物量可能有促进作用，当重金属浓度继续增加，底栖动物因重金属的生理毒性作用而生物量下降。由于藤壶体内的锌含量较高，以捕食藤壶为主的腹足类软体动物体内锌含量也较高。镉和锌等重金属在从贝类到腹足动物的传递中也发生生物放大效应。人类每年捕获大量的可食性底栖动物，如缢蛏、泥螺等。许多底栖动物是鱼类等其他动物的直接食物来源，重金属元素通过食物链逐级富集，对人类的健康安全构成不可忽视的威胁。

6.2.6 其他有毒物质

随着人为活动强度的不断增大，有毒化学物质成为污染水体中底栖动物的重要影响因素。氰化物可影响鱼类、贝类和藻类的呼吸过程，能使水生生物呼吸酶的细胞色素丧失活性。对最敏感的动物如甲壳纲来说，氰化物的最大允许浓度为 0.01 mg/L，而对抗性较强的水生动物来说，则为 0.1 mg/L。硫化氢是影响底栖动物呼吸作用的化学毒物。硫化物对底栖动物的毒性在碱性环境中较弱，而在酸性环境中则较强。酚对底栖动物的毒性也较大，且当溶解氧值降低时，酚的毒性也随之增大，即溶解氧可通过改变毒物的毒性间接影响水生动物。在我国北方河流水质调查中，常将酚污染分为 4 种类型：微污染河流（含酚 0.001 ~ 0.005 mg/L）、轻污染河流（含酚 0.005 ~ 0.01 mg/L）、中污染河流（含酚 0.01 ~ 0.5 mg/L）、重污染河流（含酚大于 0.5 mg/L）。农药也会引起底栖动物大量死亡。在强降雨期间，农业径流会带走土壤中的大量杀虫剂、除草剂，它们是影响水生动物群落的重要参量。悬浮物和油类物质附着在鱼类和贝类的鳃上，会造成鱼和贝的突然大批死亡。污染物还常因流速降低或胶体被破坏而产生大量沉淀，在水底形成一层不适于底栖动物生活的厚覆盖物。沉淀的油类及油状物也会覆盖底质，使得水生动物失去生活所必需的底质。乳制品加工厂排放的废水水面上浮有一层胶状的油脂，断绝了大气向水体补充氧气，致使水中溶解氧缺乏。日本福岛第一核电站 2011 年 3 月在地震中受损，大量放射性物质外泄。当年 7 月，东京海洋科技大学研究小组在福岛县岩城海岸采集的底栖动物（海星等）样本中检测出放射性物质。放射性物质在底栖动物中的富集以及通过食物链的传递、转移、放大过程等，还需要进一步研究。

6.3　生物因素

6.3.1　植物

大型水生植物是底栖动物重要的食物来源，而且能为底栖动物提供栖息、繁殖和避难场所，通过影响水体的理化特性对底栖物产生间接作用，帮助底栖动物抵抗各种非生物扰动（如大水、水流冲刷等）或生物间的相互胁迫。水生植物吸收氮、磷等营养元素，控制藻类和有害微生物的繁殖，减轻水体的富营养化水平，起到显著的水质净化作用。水生植物可稳定底质，通过光合作用为水体提供丰富的氧气，使得好氧性动物大量出现。在浅水型湖泊，沉水植物能有效保持底栖软体动物的密度及多样性。在富营养化湖泊重建沉水植物后，大型底栖动物群落得到一定程度的恢复。水草丰富的水域中底栖动物的种类数、多样性和密度相对较高。

不同类群底栖动物与水生植物的关系不同，这主要取决于各类动物的生活习性。水草上生长的大量着生藻类是小型腹足纲的主要食物之一。一般来说，腹足纲的生物量随大型水草的增加而增加，而双壳纲的生物量则因为食物（浮游藻类）的减少而受到抑制。水草对不同种类腹足类的影响亦不同，其中对环棱螺（*Bellamya*）、淡水壳菜（*Limnoperna lacustris*）、短沟蜷（*Semisulcospira*）的影响作用较小，对长角涵螺（*Alocinma longicornis*）、纹沼螺（*Parafossarulus striatulus*）的影响作用很大，纹沼螺和长角涵螺的密度、生物量与水草生物量呈正相关。在河流中，摇蚊科幼虫的现存量动态明显受到硅藻季节变化的影响，而寡毛纲的生物量随着水草的减少而增加，Welch 等认为浮游植物的生产力可用来预测底栖动物的生产力。植物类型不同则该水域分布的底栖动物类群也不同。沿岸带和沉水植物区软体动物占优势，水生昆虫次之，寡毛纲再次，其他种类最少；挺水植物区水生昆虫密度大，寡毛纲和软体动物密度低，其他种类密度则更低。在不同种类红树林的潮滩剖面上，底栖动物组成、密度、生物量和多样性呈现不同的垂直分布格局。水岸植被（riparian vegetation）也会影响一些水生昆虫的分布和种群动力学特征。在河流源头及上游河段，来自陆生植被的落叶是水体的主要能量来源，大型底栖动物中的食腐者和捕食者通常占据优势。

6.3.2　动物

捕食者对底栖动物的物种多样性、生物量、生产力的影响十分显著。Diehl 研究表明，河鲈（*Perca fluviatilis*）直接捕食肉食性大型无脊椎动物，导致后者现存量减少、平均体长下降，而河鲈对草食性小型无脊椎动物的现存量影响较小。急流水体中鱼类对无脊椎动物的影响很小。美国佛罗里达州北部湖泊中的翻车鱼（*Lepomis macrochirus*）有两种摄食方式：静止摄食和运动摄食。与静止摄食相比，运动摄食对底栖动物群落的空间分布、瞬间变动和物种组成起着更大的作用。除鱼类外，其他一些动物（如鸟类）也可能成为底栖动物群落变化的因素。养鱼池中底栖动物生物量一般远低于浮游动物生物量，通常只有后者的 1/5～1/3，有时不及 1/20～1/10，只在某些低产鱼池中两者相近或底栖动物生物量高于浮游动物生物量。

6.3.3　种间关系

种间关系对底栖动物次级生产力的作用较为复杂，主要涉及竞争和捕食 2 个影响因子。竞争在种内和种间均可发生，往往导致底栖动物生存空间的挤压、摄食条件的恶化、生长发育进程的延缓和次级生产力的降低。一方面，捕食减少了底栖动物的现存量和物种相对丰度，不同程度地抑制次级生产力；另一方面，捕食在降低底栖动物生物量的同时，可能减小消费者对生态资源（食物、空间等）的竞争强度，加快底栖动物的生长率，刺激次级生产力的增长，两方面作用的相对权重关系可产生不同的结果。放牧对崇明东滩底栖动物的生物多样性产生了一定的负面影响，不同程度地改变了底栖动物的密度、生物量及分布格局。鱼类或其他无脊椎动物对底栖动物的捕食影响有时十分微小，不足以显著改变次级生产力的格局。

6.4　人为因素

6.4.1　土地利用

人类的土地利用活动改变了水文、土壤等重要的自然生境特征，导致水生植被减少，是水生生物群落退化（部分水生生物灭绝、群落结构改变、生长和繁殖特征变化等）的主要驱动力之一。城市化造成大型底栖动物多样性的降低和敏感物种的丧失，耐污类群密度的极度增加显著降低了生物评价得分。河岸带森林砍伐增加了河道的阳光照射，河流水温升高，浮游植物大量繁殖，底栖动物中以藻类为食的刮食者（scraper）类群增加，而主要摄食粗颗粒植物碎屑的撕食者（shredder）类群减少。农业开垦显著增加了河流的泥沙和各种污染物输入量，降低了底栖动物的生境异质性，蜉蝣目、襀翅目等敏感类群的物种减少、密度降低，而寡毛类、摇蚊科幼虫等耐污类群生物量显著增加。城市景观中总的非透水性区域比例（percentage of total impervious area，PTIA）是造成河流水环境和大型底栖动物群落退化的主要因素。

6.4.2 生境破碎化

生境的完整性和连通性是生物多样性保护的必要条件。在破碎的栖息地中，各种随机因素的作用明显增大，个体的生长发育、群体的遗传多样性、物种的存活和进化潜力受到隔离效应的负面影响。在生境发生破碎化的大多数水体中，适宜的栖息地面积不断缩小，限制了底栖动物的建群、迁移和营养物质的正常扩散过程；底栖动物的物种组成发生变化，多样性明显下降，种群规模变小。修建水库造成水生栖息地破碎和隔离，对蜉蝣目种群造成难以逆转的不利影响。近 50 年来，长江通江湖泊群逐渐被隔离，底栖动物物种丰度显著降低，总数由 46 种减少到 30 种。

6.4.3 工程建设

大型水利工程建设如建坝、筑堤等改变了水体底质的冲淤过程和粒径级配等，使得自然生境严重隔离。水库上游泥沙淤积造成卵石河床被细沙覆盖，下游河床剧烈冲淤造成底质条件极度不稳定，都会使许多底栖动物丧失原有的栖息地。水库下游河床冲刷粗化使寡毛类、摇蚊科幼虫等生活在细颗粒底质（如淤泥等）中的底栖动物类群无处栖身，并逐渐消失。像黄河这样冲淤剧烈的多沙河流对底栖动物的栖息极为不利。某些不合理的山区河流水利工程会引起泥沙淤积，破坏有利于维持河流生态的"阶梯 – 深潭"（step-pool）结构。长江口南岸的滩涂围垦使大型底栖动物群落结构发生明显改变，甲壳动物种类数大幅减少，水生昆虫和软体动物种类数明显增加。在长时间围垦且潮水无法进入的潮滩，底栖动物的多样性指数、均匀度指数和优势度指数普遍降低。

6.4.4 富营养化

氮和磷是水体富营养化的重要指标，水体中总磷和总氮等营养元素对底栖动物的影响作用很大。底栖动物的多样性与水体中总磷、总氮含量均呈负相关关系。随着富营养化程度的不断加重，底栖动物群落结构发生变化，敏感类群消退，组成趋于简单化和单一化，某种或少数几种耐污类群的优势地位突出，多样性显著降低，但底栖动物密度和生物量可能增加。水体富营养化改变了底栖动物的功能摄食群（functional feeding group，FFG）结构。在清洁水体中，各类摄食群均有分布；在中度污染水体中，以有机碎片为食的牧食收集者和以悬浮颗粒为食的过滤收集者比例增加，而刮食者、撕食者和捕食者的比例明显降低；在重度污染水体中，刮食者先行消退，撕食者、捕食者和滤食收集者的比例减小，牧食收集者的比例持续增加，直至成为底栖动物群落的绝对优势类群。

在贫营养型湖泊中，水蚯蚓生物量占底栖动物生物量的比例为 1.0% ~ 30.8%，摇蚊科幼虫生物量占 1.8% ~ 77.5%；而在富营养型湖泊中，水蚯蚓生物量则达 29.4% ~ 60.0%，摇蚊科幼虫占 27.0% ~ 43.0%。霍甫水丝蚓能够忍受由于富营养化导致的低氧环境，其密度与水体营养水平呈正相关关系；中国长足摇蚊属超富营养水体的指示种，但其耐受性低于霍甫水丝蚓。在淡水河流和湖泊中，水生昆虫、寡毛类和软体动物的分布、密度、生物量常与水体富营养化水平显著相关，底栖动物对氮、磷等营养元素的富集表现为"补贴 – 压力响应"（subsidy-stress response）关系，总磷和总氮浓度超过阈值会造成底栖动物群落结构的严重退化。陈其羽等将湖北省武汉市东湖 3 个湖区底栖动物（不包括软体动物）的现存量与各区域营养元素含量的年平均值进行比较分析，发现当总氮含量的年平均值增加 1 mg/L 时，底栖动物密度可增加约 1 900 个 /m^2，生物量相应增加约 13 g/m^2。水中总磷含量的消长将使底栖动物的密度和生物量出现指数式的增减，总磷每上升 0.001 mg/L 时，底栖动物生物量实际增长率为 5% 左右。

6.5 研究案例：吉林省长春市南湖底栖动物群落特征与环境因素的关系

6.5.1 研究地点

吉林省长春市南湖（43°51′N，125°18′E）的汇水区面积 14.36 km^2，湖水面积 8.528 × 10^5 m^2，最大库容量 3.369 × 10^6 m^3，最大水深和平均水深分别为 6.65 m 和 2.84 m，水力滞留时间（hydraulic retention time，HRT）平均为 270 天。该地区属于典型的温带大陆性气候，海拔 214 m，多年平均降水量 576.3 mm、蒸发量 1 438.4 mm，每年无霜期约为 145 天。南湖是一个小型半封闭式的城市人工湖泊，水质自 20 世纪 70 年代中期开始恶化。从 20 世纪 90 年代开始，南湖实施了综合性的生态工程治理，水质有所改善。

6.5.2 研究方法

在整个湖区设置 7 个样站，采样并测定环境因子和生物指标。螺、蚌等软体动物使用三角拖网，每次拖曳 30 m；寡毛类、摇蚊科幼虫等使用彼得逊抓斗式采泥器（sediment grab sampler），每个样站采集 2 次。利用孔径 0.5 mm 的金属筛滤洗底栖动物样品，挑选肉眼可见的生物，用 4% 甲醛溶液固定后，进行镜检、分类和鉴定，计算底栖动物的密度和生物量。采用热分析仪（TA Instruments）测定底栖动物的能值，碘量法测定溶解氧值，燃烧失重法测定底质有机物含量。SPSS 软件包用于统计分析。

6.5.3　研究结果

1. 底栖动物的种类组成

共采集 21 种底栖动物，包括水生昆虫 10 种（占 47.6%）、软体动物 6 种（占 28.6%）、寡毛类 4 种（占 19.0%）。寡毛类中的尾鳃蚓（*Branchiura sowerbyi*）和霍甫水丝蚓是最常见和分布最广的种类。水生昆虫主要种类为羽摇蚊幼虫，另外还可见到细长摇蚊幼虫、大蚊科幼虫和蠓蚊科幼虫。软体动物常见种主要为褶纹冠蚌、中华园田螺和赤豆螺。南湖底质中的大型底栖动物种类较少，且优势种突出。尾鳃蚓和水丝蚓分别属于中污染 / 中度富营养化和重污染 / 重度富营养化水体的指示种，两者的数量合计占底栖动物个体总数的 66%；羽摇蚊幼虫为富营养化水体指示种，数量占底栖动物个体总数的 21%。它们都具有很强的低氧耐受能力和喜有机质的习性，表明南湖水体属于有机污染严重的富营养化湖泊。

2. 底栖动物现存量及其季节变化

长春市南湖中大型底栖动物的现存量表现出一定的季节变化（表 6-1）。水生昆虫的个体数量在春季和秋季各有一次峰值，而夏季则处于低谷。底栖动物群落生物量和能量现存量的峰值均出现在 7 月，分别为 48.23 g ww/m² 和 241.16 kJ/m²，而数量现存量的峰值则出现在 5 月，为 401 个 /m²。夏季水生昆虫羽化使底栖动物个体总数减少，但水生昆虫的个体小（数量级为 10-3 g ww/ 个），在底栖动物生物量现存量中的全年平均比例仅为 0.8%；与此同时，夏季水温增高，各种饵料丰富，是软体动物机体生长的高峰期，底栖动物的生物量现存量基本上由软体动物所决定（全年平均占 76.4%），所以夏季出现底栖动物生物量和能量现存量的峰值。

表 6-1　长春市南湖底栖动物的现存量及其季节变化

类群	指标	冰期	4 月	5 月	6 月	7 月	8 月	9 月	10 月	年均
寡毛类	数量（个 /m²）	180	222	231	213	294	304	252	191	217
	生物量（g ww/m²）	4.86	5.99	6.85	6.60	10.32	10.64	7.88	5.73	6.45
	能量（kJ/m²）	20.20	25.86	29.57	28.49	44.55	45.94	34.02	24.74	27.85
水生昆虫	数量（个 /m²）	98	124	160	65	44	82	113	127	100
	生物量（g ww/m²）	0.20	0.26	0.34	0.15	0.10	0.19	0.27	0.31	0.22
	能量（kJ/m²）	0.70	0.91	1.20	0.53	0.35	0.67	0.95	1.09	0.77
软体动物	数量（个 /m²）	6	5	10	9	11	7	9	12	8
	生物量（g ww/m²）	11.14	13.43	29.33	29.68	37.81	28.00	30.60	35.64	21.68
	能量（kJ/m²）	57.83	69.69	152.22	154.04	196.26	145.32	158.81	185.00	112.54
合计	数量（个 /m²）	284	351	401	287	349	393	374	330	325
	生物量（g ww/m²）	16.02	19.68	36.52	36.43	48.23	38.83	38.75	41.68	28.35
	能量（kJ/m²）	78.73	96.46	182.99	183.06	241.16	191.93	193.78	210.83	141.16

3. 底栖动物能量现存量与环境因素的相关关系

长春市南湖根据7个样站理化环境因子和底栖动物能量现存量的分布情况，建立了不同类别底栖动物与环境因子之间的相关矩阵（表6-2）。寡毛类和水生昆虫的能量现存量与底质有机物含量呈显著正相关，而软体动物的能量现存量与各种环境因子之间无明显的相关关系。底栖动物群落结构充分体现了南湖作为温带富营养化湖泊的特征。

表 6-2　长春市南湖底栖动物能量现存量与环境因子的相关矩阵

指标	水深	溶解氧	底质有机物含量	寡毛类	水生昆虫	软体动物
水深（m）	—	0.227	0.535	0.091	0.470	0.241
溶解氧（mg/L）	0.227	—	0.026	−0.010	−0.422	−0.494
底质有机物含量（%）	0.535	0.026	—	0.865*	0.888*	−0.055
寡毛类（kJ/m^2）	0.091	−0.010	0.865*	—	0.098	−0.403
水生昆虫（kJ/m^2）	0.470	−0.422	0.888*	0.098	—	0.683
软体动物（kJ/m^2）	0.241	−0.494	−0.055	−0.403	0.683	—

* 表示 $P < 0.05$。

思考题

1. 影响底栖动物群落组成的物理因素有哪些？

2. 影响底栖动物群落组成的化学因素有哪些？

3. 为什么底质对底栖动物的分布和物种组成起到重要作用？

4. 水流如何影响底栖动物群落的组成和特征？

5. 溶解氧与底栖动物种类组成之间有什么关系？

6. 在有机污染严重的水体中，底栖动物的生物量一定会降低吗？为什么？

7. 底栖动物群落结构与盐度之间是否存在一定的相关性？

8. 在富营养化水体中，底栖动物群落呈现哪些特征？

第7章 底栖动物的环境指示作用

7.1 指示物种

7.1.1 指示物种的定义

指示物种（indicator species）是指能够对环境中扰动因素（如污染物等）作出定性和定量反应、判断自然环境类型和特点的生物总称，包括环境敏感生物和抗性生物（耐性生物）。指示物种是很独特的生态系统指标，被用于评价环境中的胁迫种类及程度，监测其他物种的种群动态和种间竞争，对环境问题（如疾病暴发、污染、气候变化等）具有预警作用。

指示物种的含义包括：①指示物种的出现可以表明某些其他物种的存在，其缺失可能导致同一个生态系统中其他物种的存在、多度和频度发生重要变化。②指示物种可能是构成一个生态系统中大部分个体数量或生物量的优势物种。③指示物种的数量、形态、生理或行为特征可以表征某一地区人类活动引起的环境质量变化，如空气污染或水质污染。④指示物种能够表征某种特殊环境条件（如特定土壤或岩石类型）。⑤指示物种的生态幅狭窄，为窄幅适应种，其存在可表示生活环境条件相对稳定。⑥指示物种在生态系统管理中，可反映生态压力的影响或评价生态恢复的效果。①和②是指指示物种对生物条件和生物多样性的指示作用，③、④、⑤和⑥是指指示物种对非生物条件或生态过程的指示作用。利用指示物种进行生态评价的一般假设条件是，如果被评价的生物栖息地对指示物种是适宜的，那么该栖息地对其他物种也是适宜的。

7.1.2 指示物种的分类

1. 环境指示种

环境指示种（environmental indicator species）被用来评价温度、pH、污染物等环境条件对有机体或生态系统过程的影响，如植物经常被用作水体和土壤状况的指示生物。黄芪属（*Aslragalus*）植物是硒的指示生物；芥类和百合是硫的指示植物；裸子植物红松（*Pinus koraiensis*）和圆柏（*Sabina chinensis*）叶片中铀含量超过 2 mg/kg（灰分重）时，显示地下蕴藏着有开发价值的铀矿。一些具有致命危险的化学物质常常会累积于某类物种（如无脊椎动物）体内特定的组织或器官，这些物种的分布密度和丰富度可用来测量特定时期和地点某种污染物的富集浓度。环境污染评价已扩展到农牧业发展、森林采伐和渔猎等资源和土地综合开发活动的环境影响评价（environmental impact assessment）。如依据斑点猫头鹰（*Strix occidentalis*）种群规模和繁殖率的变化，将其用作所谓"管理指示种"（management indicator species，MIS），以评估和预测过熟林采伐对较低营养级水平动物和小型哺乳类种群生存力（population viability）的影响。不运动、活动范围有限的小型物种更加有利于精确判断污染或干扰的位置。由于需要接受持续的环境胁迫，环境指示种常常为居留种（resident species），但迁徙种也可能是有效的，例如对有关鹈鹕（*Pelecannus occidentalis*）的研究表明它可以用来指示 DDT 的水平。当环境指示种的种群规模较大、地理分布区广泛时，可反映环境变化更为完整的信息。有效的环境指示种对环境扰动具高度的敏感性，而个体水平的变异较低（表7-1）。

表 7-1　不同类型指示种的稀有性、生活史特性、生态学特性和环境变化敏感性

	指标	环境指示种	种群指示种	生物多样性指示种
稀有性	较大种群规模	很可能	很可能	不确定
	广泛的地理分布区	是	是	是
	生境特异性	很可能	不一定	具有
生活史特性	体型	较小	不相关	不相关
	世代周期	较短	较短	不确定
	代谢速率	较快	不相关	不相关
生态学特性	领域面积	中等	不相关	不相关
	定居或迁徙	定居	定居	定居或迁徙
	处于特定营养级水平	是	可能	否
环境变化敏感性	对人类干扰敏感	是	是	不相关
	较低的个体反应差异	是	较低	不相关
	较长的种群维持时间	不相关	不相关	不相关

2. 种群指示种

在保护生物学研究中，一些物种可以用来指示同域其他物种种群的变化趋势，称为种群指示种（biodiversity indicator species）。例如，塘鹅（*Morus capensis*）亚成体不能潜入足够深的冷水区域捕食鱼类，其死亡率可指示海洋鱼类随温度变化的分布趋势；杂草群落的种类组成是农业生产潜力的最好指标。种群指示种（种组）应具有一定的可测度性（measurability），至少在其生活史中的某一阶段较容易被观测（表7-2）。同时，种群指示种的世代周期应较短，因为繁殖周期较长的物种，种群动态变化往往

缓慢且不易监测（表 7-2）。

表 7-2　不同类型指示种的可测度性

指示种类型	对其他物种的指示性	单种 / 种组	对生物学特性的透彻了解	易于取样、观测	易于接近繁殖地
环境指示种	不一定	单种或种组	需要	是	很可能
种群指示种	具有	单种	需要	是	可能
生物多样性指示种	具有	种组	需要	是	否

3. 生物多样性指示种

目前，国际上越来越多的研究者开始利用生物多样性指示种，判断不同区域生物多样性的高低。例如，某些甲虫类的多样性可能预示着较大尺度上鸟类和蝴蝶的多样性，利用这种方法可以快速地评估较大区域的生物多样性水平。在同一进化分支的不同分类等级水平的类群中，较高等级分类群与较低水平分类群之间的数量呈正相关关系。生物多样性指示种应能体现一定区域内该分类群边界的完整性，具有较广泛的地理分布区域和较高的出现频率，个体能够被鉴定到科、属、种等分类水平，可以在野外比较方便、迅速地进行调查和统计（表 7-1、表 7-2）。

7.2　生物监测

7.2.1　生物监测的概念

在一定条件下，生物群落与环境之间互相作用、互相联系、互相制约，物种与生态系统趋于和谐的稳定平衡状态。当生态系统受到外界胁迫（如污染物质）时，必然影响生态系统的结构和功能（如原有生物种群的物种组成、多度、生理特征、生产力、稳定性、多样性等），一些生物类群逐渐消亡，而另一些生物类群则能继续生存下去，但它们的结构功能指标将产生明显的变化。生物监测是环境监测方法的一种，利用生物个体、种群或群落对环境污染或变化所产生的反应，进行定期、定位分析与测定，评价环境污染状况，从生物学角度为环境质量的监测和评价提供依据。生物监测是理化监测的重要补充，对于生态环境质量评价具有十分重要的作用。

7.2.2　生物监测的优点

1. 真实性

沉积物是水环境中污染物的最终归宿，沉积环境的特殊性决定了污染物的低降解速率，所以沉积物中污染物浓度通常较高，并且能维持很长时间。在各大生物类群中，底栖动物生活在污染物浓度较高的沉积物附近，受污染影响较大，具有富集污染物的能力，在一定程度上更能够体现出环境污染的影响，在环境评价中具有广泛的应用潜力。

2. 累积性

理化监测只能代表采样期间的环境状况，而生物一般具有较长的生命周期，其群落的破坏和重建需要相对较长的时间，可体现环境在较长时间内的变化情况。例如，当河流受到苯酚和农药等有机物污染后，虽然采取适当措施可使水体理化条件短期内恢复正常，但持久性的污染物会沉入水体的底泥中，对水体生物产生持续毒害。在这种情况下，借助对底栖动物的研究可了解水体环境的真实情况。

3. 代表性

底栖动物的生存和活动场所比较固定，移动性和迁徙能力差，行为方式与游泳动物、浮游生物显著不同，生活周期长，对逆境的逃避相对迟缓，受环境影响更为深刻，因此，底栖动物的种类组成、群落结构、次级生产力的变化能够更加准确地反映出所处环境的宏观变化。

4. 综合性

环境中往往多种污染物同时存在，理化监测只能测定特定条件下环境污染的种类和浓度，但无法体现环境胁迫对生物的影响。同种生物对多种污染物、不同种生物对一种污染物均可显示不同综合征（syndrome）。生物监测可以反映出多种污染成分在自然条件下的综合效应，更加客观、全面、科学地评价环境质量。

5. 灵敏性

有些生物对污染物非常敏感，甚至连精密科学仪器都无法测出的某些微量、痕量污染物对其却可能造成严重危害，生物迅速作出反应，表现出可见症状或可测变化。例如，隆线溞（*Daphina carinata*）在浓度 0.29 μg/L 马拉硫磷的作用下，48 h 内可致死；农药单甲脒（monoformamidine）对金鱼和鲤鱼的半抑制浓度分别为 125.9 mg/L 和 25.7 mg/L，离体实验 4 天后，鱼脑中生物神经传导的一种关键性酶——乙酰胆碱酯酶（acetyl cholinesterase，AchE）活性受到显著抑制。底栖动物从环境中吸收污染物质，体内浓度可升至环境浓度的数千至数万倍，如昆虫纲蜻蜓目长叶异痣蟌（*Ischnura elegans*）对水中汞的富集系数高达 5 448 ～ 7 600 倍，可作为水体汞污染的监测生物。利用生物监测的灵敏性，可以反映这种富集和放大作用，在早期发现环境污染并及时作出预报。

6. 准确性

不同种类底栖动物对外界扰动（如水质污染）的适应性、耐受力和敏感性不同，其群落结构、优势种类和数量可对生态环境的恶化或改善作出准确响应，能确切地指示采样断面的污染性质和污染程度，很好地反映污染物的累积效应和综合毒性，被称为优秀的"水下哨兵"，对水体污染防治、生物多样性保护、生态恢复等具有极其重要的参考价值和指导意义。

7. 广域性

相对于大多数其他生物类群而言，底栖动物在各类水域中普遍存在且广泛分布。生物监测的结果可以反映出环境状况在广阔范围内、连续空间上的平均变化，而理化监测往往是在个别样站的取样和测定结果。

8. 经济性

大型底栖动物是生活在水体底部的肉眼可见的动物群落，主要包括水栖寡毛类、软体动物和水生昆虫幼虫等。个体相对较大，易于辨认，采集时只需少量的人力和简单工具即可，成本低、效率高。底栖动物的数量一般较大，抽样对相同区域内生活的其他生物造成的不利影响非常小。生物监测不需要理化监测的连续取样、烦琐的仪器保养和维修等，费用大大减少。

7.2.3　生物监测的局限性

1. 缺乏定量关系

无法像理化监测那样定量获得环境污染物的种类及其实际浓度，不能确定环境质量（如水质）的实际等级，缺乏生态系统量化指标与生态系统健康等级（很健康、健康、亚健康、不健康、病态等）之间的合理对应关系。

2. 操作时间较长

相对于理化监测而言，生物监测的取样、处理、鉴定等更加耗时耗力，而且需要相应的专业知识，不能利用仪器自动化分析在较短时间内迅速获取监测结果。

3. 难以确定来源

尽管指示生物能够较为灵敏地反映环境污染的严重程度，但无法据此确定造成环境污染的"源"，也就难以采取有效的污染控制与治理措施。

4. 多重影响因素

多种因素（如环境条件的变化、指示生物的生长发育状况、新污染物的不断出现等）可能影响生物监测结果和生物监测性能。

5. 内在机理复杂

指示生物种类繁多，栖息环境多样，生物学特性复杂，选取哪些代表类群或指标能更好地反映环境质量状况，其中的很多机理尚不清楚。

7.2.4　水环境的生物监测方法

自从德国科学家考科维茨与麦尔松首次应用指示生物颤蚓评估淡水河流有机污染至今，水质生物评价经历了一个多世纪的发展，越来越显示出在水环境监测和管理中的不可替代性。常用的生物监测方法包括生物群落法、毒理学方法、微生物学方法、模型预测法等，涉及相关生物或类群的生长指标、生理生化指标、污染物含量、受害症状、密度、现存量、生产力、群落结构、系统功能和动态变化等。

1. 生物群落法

水生生态系统中生活着各种生物类群，如鱼类、底栖动物、浮游植物、浮游动物、高等维管束植物、附生生物、微生物等，其群落结构、种类和数量的变化能反映水质污染状况。许木启根据白洋淀中浮游动物群落结构的变化，判断水体的污染程度和自净能力；从上游到下游，浮游动物耐污种类减少，广布型种类逐渐增多；原生动物由上游的鞭毛虫到中游的纤毛虫，再到下游的清洁水体指示种类，表明府河－白洋淀从上游到下游的污染水平不断降低，水体具有较为稳定的自净功能。蒋昭凤等将底栖动物群落变化用于湘江干流的污染评价，发现大型底栖动物的种类数和多样性指数从上游到下游呈减少趋势，说明湘江的水质污染较为严重，可依据各断面的底栖动物结构大体判断其污染程度。

2. 毒理学方法

（1）生物毒理学方法：在各种污染物的胁迫下，水生生物发生生理机能的变化，以此反映水体污染状况。水生生物毒理学方法常使用鱼类、藻类等，其中以鱼类试验更为广泛，当水环境变化达到一定程度时，引起鱼类一系列中毒反应。利用急性毒理学试验，确定某种废水或污染物使受试鱼类半数死亡的半致死浓度（median lethal concentration，LC_{50}）和不具毒害作用的安全浓度（safe concentration，SC），为废水排放标准和水质标准提供科学依据。原生生物门纤毛虫纲中的四膜虫是一种在淡水水域中游离生活的单细胞真核生物，对致突变阳性物质极为敏感，且具有剂量－效应的对应关系，利用四膜虫刺泡发射（tricocyst）可以快速、简便、准确地评价水体的致突变性。日本 JANUS 公司开发了一种低毒性水体的"水生生物环境诊断"（aquatic organisms environment diagnostics，AOD）技术，主要采用淡水虾（*Paratya compressa*）和唐鱼（金丝鱼，*Tanichthys albonubes*）作为测试生物。

（2）分子毒理学方法：采用现代分子生物学理论和方法，研究污染物对生物大分子（核酸、蛋白质、酶等）的作用、靶位及机理，预测个体、种群、群落或生态系统水平的变化。三磷酸腺苷酶（ATPase）是目前最常用的生物学标志之一，体内的 ATPase 活性可作为多种污染物胁迫的指标。金属硫蛋白（metallothionein，MT）是动物对环境中过量金属的一种抵御机制。Petrovi 等利用贻贝消化腺上皮细胞的溶酶体（lysosome）膜稳定性和 MT 含量，监测水中的重金属等有毒物质。桡足类和藤壶对海水中的痕量金属具有较高的敏感度和生物累积率。蛤、贻贝和白鲑（*Leuciscus cephalus*）体内的乙酰胆碱酯酶活性以及比目鱼（*Pleuronectes americanus*）体内的乙氧基－异吩噁唑酮－脱乙基酶（Ethoxyresorufin-O-Deethylase，EROD）活性，对水体污染状况也有很好的监测效果。

（3）遗传毒理学方法：随着细胞微核（卫星核，micronucleus，MCN）技术和四分体微核（tetrad micronucleus）技术的快速发展，遗传毒理学方法在环境诱变和致癌因子的检测中，特别是在水质污染和致突变剂检测中得到了广泛应用。当外界环境中存在一定浓度的致突变物时，细胞发生损伤，微核细胞率升高。单细胞凝胶电泳（single cell gel electrophoresis，SCGE）又称彗星试验（comet assay），通过检测哺乳动物、蚯蚓、两栖动物、鱼类的 DNA 链损伤，判断污染物的遗传毒性。SOS 显色反应（SOS color reaction）是国内在 20 世纪 80 年代发展起来的一种遗传毒性检测方法，因其简便、快速、灵敏、准确，被广泛用于遗传毒性测定和水质监测评价。

3. 微生物学方法

微生物在各种不同的自然环境中生长，水的微生物学检验尤其是肠道细菌检验，在环境卫生学上具有重要意义。在实际工作中，经常以细菌（特别是代表粪便污染程度的粪大肠菌群、总大肠菌群、粪链球菌等）总数，间接判断水体的卫生学质量；利用细菌的新陈代谢能力（细菌的活动能力、细菌生长抑制试验、细菌的呼吸代谢强度等），检测废水毒性。发光细菌（luminescent bacteria）试验使用具有发光特性的天然微生物，毒性物质抑制其发光，且毒性越强抑制作用越明显，这种环境毒性的生物测试方法具有快速、简便、灵敏、可靠等优点，已被列入德国国家标准（DIN38412）和国际标准（ISO11348）。水体被污染后，水生植物的生产力则会发生变化。通过测定浮游植物中叶绿素含量、光合作用强度、固氮能力等指标的变化，可以反映水体的污染状况。聚氨酯泡沫塑料块法（polyurethane foam unit，PFU）是一种微型水生生物群落监测方法，采用泡沫塑料块作为人工基质，收集并测定微型生物群落的结构与功能参数，评价水质污染情况。PFU 法更加适用于湖泊、水库、池塘、大江、河流、溪流等淡水水体，可鉴别水体是有机污染还是毒性污染。Xu 等将一种改良的PFU 法——瓶装聚氨酯泡沫塑料块法（BPFU）用于海水的生物监测，比传统 PFU 法表现出更好的稳定性和精确性。

4. 模型预测法

模型预测法已从水质监测发展到水生生态系统健康评价中。模型预测法选择无人为干扰或干扰最小的样点为对照，建立理想条件下环境因子及生物组成的经验模型，以样点实际值（O）与模型预期值（E）的比值（O/E 值）评价环境状况和水质级别。英国的"河流无脊椎动物预测和分类系统"（river invertebrate prediction and classification system，RIVPACS）和"澳大利亚河流评价系统"（australian river assessment system，AusRIVAS）等都是基于大型底栖无脊椎动物而构建的河流健康评价模型。O/E 值法也被用于湿地动态的快速评估，比值越接近 1，该样点的健康状况越好。

7.3 底栖动物在水生生态系统健康评价中的应用

生态系统健康是指生态系统在外界扰动下能够保持活力、自主性、稳定性、完整性、复杂性、丰富度、多样性和组织功能，受到环境胁迫后容易恢复，能为人类提供生态系统产品和服务（如食物、药物、氧气、水、木材、纤维、分解、物质循环、气候格局、文化娱乐等），满足人类生存和可持续发展的需求。主要从生物物理、人类健康、社会经济和时间空间范畴进行生态系统健康评价。生态系统健康是一个新的研究领域，生态系统健康学是一门新的综合性学科，有待于从新的角度开拓思路，建立更合理的评价标准和参照系。

底栖动物、鱼类、浮游生物（浮游动物、浮游植物）、附生藻类、微生物等都可作为指示物种，用于水生生态系统的生态评价。浮游生物（如浮游植物、原生动物、其他浮游动物等）对水体质量具有较强的指示作用。Palmer 对具有指示作用的藻类及其变种进行评分，列出了耐受有机污染得分最高的 80 个种，其中名列前 5 名的属依次为裸藻属（*Euglena*）、颤藻属（*Oscillatoria*）、衣藻属（*Chlamydomonas*）、栅藻属（*Scenedesmus*）和小球藻属（*Chlorella*）。许多藻类作为指示物种的指示效果很理想，如睫毛针杆硅藻（*Synedra ulna*）和簇生竹枝藻（*Draparnaldia glomerata*）等只能在溶解氧含量高且未受污染的水体中大量繁殖，是清洁水体的指示生物；而舟形硅藻（*Wavicula aecomoda*）和小颤藻（*Oscillatoria minima*）等则是有机污染十分严重的水体中的优势种，是水体严重污染的指示生物。藻类的生活周期短，对环境污染物的反应灵敏，缺点是不能反映水体的综合生态条件。原生动物是单细胞浮游动物，通过细胞膜与周围的环境接触，对环境的微小变化很敏感，是水污染监测中的一类重要生物类群，常用的指示物种很多，如污水性种类小口钟虫（*Vorticella microstoma*）和寡污性指示物种匣壳虫（*Centropyxis*）等。浮游动物中的其他种类，如轮虫、桡足类和枝角类等，也有许多是能够反映水质污染程度的指示物种，如轮虫中的无尾无柄轮虫（*Ascomorpha ecaudis*）和枝角类的长刺蚤（*Daphnia longispina*）等都是寡污性或未受污染水体中的优势种；而近邻剑水蚤（*Cyclops vicinus*）、短尾秀体蚤（*Diaphanosoma brachyurum*）、萼花臂尾轮虫（*Brachionus calyciflorus*）等都是污染水体的指示物种。

细菌能在各种自然条件下生长，而且繁殖速度快，对环境变化反应迅速。使用较多的指示细菌种类是异养细菌、大肠埃希菌等。通过计算异养细菌的活菌数可以判断水质的有机污染程度和营养状况，富营养化水体中的异养细菌数量较多。在水污染的细菌学测试中，应用最普遍的是利用大肠埃希菌群检测天然水的细菌性污染。大肠埃希菌群主要寄生于人和动物的肠道中，一旦在水体中出现就意味着水体可能或已经被病原菌污染。我国生活饮用水水质标准中规定 1 L 水中总大肠埃希菌群数不超过 3 个，这是以 37 ℃下培养生长的总大肠埃希菌群作为指标菌来规定的。通过镜检计数总菌数量，或者通过培养计数异养细菌的活菌数，可以测定细菌数量。细菌种类鉴定和计数上的困难在某种程度上限制了它在环境监测中的应用。

鱼类处于水生生态系统食物链的末端，能较好地反映水体综合生态条件。但鱼类对环境变化的反应不够快速灵敏，鱼群在污染时可以游走，而且采样成本太高，因此应用并不普遍。底栖大型无脊椎动物处于水生生态系统食物链的中间环节，具有浮游生物和鱼类的优点，是水体生物评价的最佳选择，在 90% 的生物评价项目中被选择为指示性物种，并已经成功地应用到水环境评价研究中。欧洲上百种生物评价方法中有 2/3 是基于大型底栖无脊椎动物的。美国环境保护署（U. S. Environmental Protection Agency，EPA）在 2000 年制定的 5 个水质生物快速评价条例中，前 3 个均与大型底栖动物有关，后 2 个则是关于鱼类的。

在污染水体中，摇蚊科部分种的幼虫（如大红德永摇蚊、羽摇蚊等）和寡毛纲少数种（如霍甫水丝蚓）明显成为优势物种，被广泛用来作为水质污染的指示生物。颤蚓科物种可以在极度缺氧的水中生活。当一个水域出现了大量颤蚓科物种时，就基本意味着生活污水或其他耗氧有机物的侵入，导致水质变差。相比之卜，清洁水体中的大部分动物则对氧气的要求很高，例如 EPT 物种（蜉蝣目、襀翅目、毛翅目）的稚虫。通常，某种指示物种的缺失是环境变化或环境污染的预兆。例如，如果襀翅目稚虫没有出现在能正常生存的河流中，就表明这条河流缺氧或者已经受到污染。而双翅目的相对丰度在受损河流中会增加，这通常被认为是河床淤积的指示标志。在贫营养型水体中，水蚯蚓生物量占底栖动物生物量的 1.0% ~ 30.8%，摇蚊幼虫生物量占 1.8% ~ 77.5%；而在富营养化湖泊中，水蚯蚓生物量高达 29.4% ~ 60.0%，摇蚊幼虫生物量高达 27.0% ~ 43.0%。霍甫水丝蚓能忍受由于富营养导致的低氧环境，其密度与水体营养水平呈正相关关系。中国长足摇蚊属超富营养水体的指示种，但其耐受性较霍甫水丝蚓差。

未经处理或未经充分处理的废水在注入水体后会明显改变水环境，即使经过污水处理厂处理过的污水排入水体时，也可能影响水环境的生态稳定性，使得原本生活在那里的大部分生物会消失，特别是脊椎动物和软体动物，取代它们的是一些新的生物类群，包括摇蚊幼虫和颤蚓。污水处理厂下游底栖动物群落结构发生变化，物种丰富度降低，优势度增加，敏感物种如 EPT 物种减少甚至消失，耐污物种（如摇蚊幼虫、寡毛纲等）成为优势物种，而物种减少和优势度增加导致了下游河段的生物多样性较低。王俊才等对辽宁省浑河、苏子河等河流的研究发现，随着水质变差，摇蚊幼虫的种类变得单一，非耐污物种逐渐消失，耐污物种占优势；在流动水体中，摇蚊幼虫出现 15 种以上，稀有种和常见种中有寡角摇蚊亚科和长足摇蚊亚科的部分种类时，水质为 Ⅰ、Ⅱ类水体；摇蚊幼虫出现 1 ~ 5 种，而且是羽摇蚊、双线环足摇蚊、三带环足摇蚊等耐污种类，水质为Ⅴ类水体（表7-3）。

表7-3　摇蚊幼虫分布与水质的关系

水质类型	优势类群
Ⅰ、Ⅱ类	寡角摇蚊亚科、长足摇蚊亚科及其他亚科的稀有种
Ⅲ类	直突摇蚊亚科和摇蚊亚科的种类
Ⅳ类	前突摇蚊、环足摇蚊、水摇蚊、多足摇蚊、二叉摇蚊
Ⅴ类	双线环足摇蚊、三带环足摇蚊及羽摇蚊
超Ⅴ类	无摇蚊分布

有机污染淡水水体中主要的底栖类群为颤蚓科、摇蚊科、沼梭科、水蝇科、毛蠓科、蜻科、球蚬科、膀胱螺科等耐污物种。当污染严重以致完全缺氧时，蜉蝣目、毛翅目、襀翅目和广翅目的水生昆虫幼虫和软体动物等敏感类群几乎不能生存。当受到污染的水质逐渐变好后，某些由于受到水体污染而消失的物种会重新出现，如某些水生昆虫幼虫通过其成虫阶段的飞行扩散，还会在河流下游重新出现。底栖动物组成相对单一，物种丰富度非常低，某种或某几种物种优势地位突出，动物密度可能极大。对于古气候，某种现存的物种可以指示以前的气候条件，例如，内齿螺科（Endodontidae）的一种螺（*Discus macclintocki*）在美国中西部的出现确定了前冰原的存在。

虽然生物类群指示法已成为生态系统健康的常用研究方法，但仍存在着一些不足，例如指示物种的筛选标准不统一；很多指示物种具有较强的移动能力，对胁迫的耐受程度较低；指示物种在生态系统中的作用、指示物种与生态系统变化的相关性、指示物种减少或缺失对生态系统的影响等还难以确定，不能全面反映复杂生态系统的变化趋势。Boulton在研究中就发现指示物种变化与整个系统的功能和整体性质的变化相关性很小。另外，指示物种方法中所涉及的种群多样性指数测量及计算方法的有效性也存在着争论。尽管底栖动物监测还存在一定的局限性，但是，它在环境评价中的地位和作用仍然是非常重要的。用底栖动物指示环境污染，绝不是试图取代物理指标或化学指标。通过生物监测可以揭示和评价水生生态系统在某一时段的质量状况，为利用、改善和保护水体生态功能指出方向。只有将不同的监测手段有机结合，互相补充，才能深入了解污染物的生态效应，确定其作用机理，并进行生态系统变化的预测和管理，最终将环境污染所导致的生态系统变化控制在可接受范围之内。

7.4　底栖动物生物指数

7.4.1　与群落结构和功能有关的生物指数

1. Shannon-Wiener 指数

$$H' = -\sum_{i=1}^{S} P_i \ln P_i \tag{7-1}$$

式中，H' 为 Shannon-Wiener 指数，S 为物种丰富度，P_i 为第 i 种个体数 n_i 占样本总个体数 N 的比例（$P_i = n_i/N$）。该指数除了用于生物多样性评价，还可用于一个地区的水质评价：$H' > 3$，清洁水体；$H' = 2 \sim 3$，轻度污染水体；$H' = 1 \sim 2$，中度污染水体；$H' = 0 \sim 1$，重污染水体；$H' = 0$（无底栖动物），严重污染水体。颜京松等应用不同的生物指数评价甘肃境内黄河干支流枯水期的水质时指出，Shannon-Wiener 指数只适于评价水质差异较大的水体，难以比较水质差异较小的水体。

2. Margalef 丰富度指数

$$d_{\mathrm{M}} = \frac{S-1}{\ln N} \tag{7-2}$$

式中，d_{M} 为 Margalef 丰富度指数，S 为物种丰富度，N 为样本总个体数。该指数不仅用于物种丰富度评价，还可用于水质评价，能够较为客观地反映水体的污染状态。评价标准：$d_{\mathrm{M}} > 3$，清洁水体；$d_{\mathrm{M}} = 2 \sim 3$，中度污染水体；$d_{\mathrm{M}} = 1 \sim 2$，重污染水体；$d_{\mathrm{M}} < 1$，严重污染水体。

3. EPT 物种丰富度指数

EPT 物种丰富度指数为水体底栖动物群落中蜉蝣目（Ephemeroptera）、襀翅目（Plecoptera）和毛翅目（Trichoptera）的物种数之和，用于评价水体的污染状况。评价标准：EPT 指数 > 41，很清洁；EPT 指数 = 41 ~ 32，清洁；EPT 指数 = 31 ~ 16，尚清洁；EPT 指数 < 16，一般。该指数只考虑物种数，未涉及每个物种的个体数，水质评价有时出现误差，因此只适合于在野外对水质做初步评估。

7.4.2　与物种耐污值有关的生物指数

1. Goodnight 生物指数

Goodnight 生物指数（GI）是最常用的底栖动物评价水体环境的指标之一，以寡毛类与底栖动物个体数比值的百分数表示：

$$\mathrm{GI} = \frac{\text{寡毛类个体数}}{\text{底栖动物总个数}} \times 100\% \tag{7-3}$$

评价标准：GI=80% ~ 100%，重污染；GI=50% ~ 80%，中度污染；GI=30% ~ 50%，轻度污染；GI < 30%，清洁水体。

2. Wright 生物指数

Wright 生物指数（WI）以寡毛类个体密度（ind./m²）评价水环境质量。评价标准：WI < 100，清洁；WI =100 ~ 999，轻度污染；WI=1 000 ~ 5 000，中污染；WI > 5 000，重污染。

3. Beck 指数

Beck 指数（BI）也称 Florida 指数，由 Beck 在美国佛罗里达州（Florida）创立。根据污染耐受性将底栖动物分为 3 个类群，底栖动物只需鉴定到属，通过较少次数的调查采样即可了解某水域的平均水质污染水平：

$$BI=2n_1+n_2 \qquad (7\text{-}4)$$

式中，n_1 为第 1 类群（敏感种类，如蜉蝣稚虫、石蝇幼虫、石蚕幼虫等）的种类数，n_2 为第 2 类群（中度耐污种类，如蜻蜓目稚虫、等足类、贝类、虾类等）的种类数。第 3 类群为非常耐污的种类，如摇蚊幼虫、寡毛类、水蛭等。计算该指数时仅包括第 1 类群和第 2 类群的种类。评价标准：BI=0 ~ 10，严重污染；BI=11 ~ 20，中度污染；BI=21 ~ 30，清洁，但栖息地质量不是非常好；BI ≥ 30，非常清洁。

4. 生物学污染指数

对比耐污种类与敏感种类的多度，计算生物学污染指数（biological pollution index，BPI），评价水质污染程度：

$$BPI=\frac{lg(N_1+2)}{lg(N_2+2)+lg(N_3+2)} \qquad (7\text{-}5)$$

式中，N_1 为耐污种类（寡毛类、摇蚊科幼虫、蛭类等）个体数（ind./m²），N_2 为甲壳类、多毛类、除摇蚊科幼虫之外的水生昆虫个体数（ind./m²），N_3 为软体动物个体数（ind./m²）。评价标准：BPI < 0.1，清洁；BPI=0.1 ~ 0.5，轻污染；BPI=0.5 ~ 1.5，β- 中污染（轻中污染）；BPI=1.5 ~ 5.0，α- 中污染（重中污染）；BPI > 5，重污染；无生物存在，严重污染。

5. BMWP 计分系统

该计分系统起源于英国，1979 年由欧洲国际标准化组织中的生物监测工作组（Biological Monitoring Working Party）修订为标准化评价方法。底栖动物鉴定到科级水平，根据对污染物的敏感性，评价栖息地的水质，也被称为底栖动物敏感性计分系统（SIGNAL）：

$$SIGNAL= 敏感性分数总和 / 科的数目 \qquad (7\text{-}6)$$

不同类群的敏感性赋值及敏感性分数计算方法见表 7-4。评价标准：SIGNAL >

6，健康；SIGNAL=5 ~ 6，略有污染；SIGNAL=4 ~ 5，中等污染；SIGNAL < 4，严重污染。

表 7-4　底栖动物的敏感性分数和 SIGNAL 计算方法

底栖动物类群	敏感性赋值	出现的科	出现类群的敏感性分数
襀翅目（Plecoptera）	10		
蜉蝣目（Ephemeroptera）	9		
毛翅目（Trichoptera）	8		
广翅目（Megaloptera）	8		
半翅目（Hemiptera）	2		
脉翅目（Neuroptera）	6		
鞘翅目（Coleoptera）	5		
双翅目（Diptera）	3		
蜻蜓目（Odonata）	3		
鳞翅目（Lepidoptera）	2		
蜱形目（Acariformes）	6		
十足目（Decapoda）	4		
腹足纲（Gastropoda）	1		
双壳纲（Bivalvia）	3		
等足目（Isopoda）	2		
端足目（Amphipoda）	3		
涡虫纲（Turbellaria）	2		
寡毛纲（Oligochaeta）	2		
蛭纲（Hirudinea）	1		
介形亚纲（Ostracoda）	4		
弹尾目（Collembola）	1		

6. 科级生物指数

科级生物指数（family biotic index，FBI）由 Hilsenhoff 创立，应用于美国威斯康星州（Wisconsin）的河流水质评价，主要用来监测有机污染，也称为 Hilsenhoff 生物指数（Hilsenhoff biological index，HBI）：

$$FBI = \sum_{i=1}^{F} \frac{n_i t_i}{N} \qquad (7\text{-}7)$$

式中，F 为科数，n_i 为第 i 科的个体数，t_i 为第 i 科的耐污值，N 为各科个体总数。各类群耐污值的赋值原则与 BMWP 计分系统相反，越耐污的类群，赋值越高；越敏感的类群，赋值越低。评价标准：FBI=0.00 ~ 3.75，水质优；FBI=3.76 ~ 4.25，水质很好，轻微有机污染；FBI=4.26 ~ 5.00，水质好，有些有机污染；FBI=5.01 ~ 5.75，水质较好，较污染；FBI=5.76 ~ 6.50，水质较差，污染；FBI=6.51 ~ 7.25，水质差，非常污染；FBI=7.26 ~ 10.00，水质很差，严重有机污染。早期的科级生物指数只纳入水生昆虫、等足目和端足目等类群，后来 Hilsenhoff 将耐污值范围由最初的 0 ~ 5 调整为 0 ~ 10，并扩大至整个底栖动物类群。科级生物指数考虑了各个物种因个体数量和耐污能力不同而在群落中的地位差异，弥补了 Shannon-Wiener 指数的不足。目前，该指数在美国已被大量使用，成为标准方法。段学花等采用 Hilsenhoff 生物指数和水化学指标，对长江上游支流、中下游干流及沿江湖泊水质进行评价，获得 36 个代表性样点的污染分布状况。

7. Chandler 生物记分系统

Chandler 对苏格兰的斯克河（North Esk River）等高地河流进行了系统研究，将底栖动物群落与水体理化指标结合，创立了 Chandler 生物记分系统（Chandler's biotic score，CBS）进行水质评价。该指数引入了大型无脊椎动物等一些相对定量的数据，建立了物种丰富度的等级：绝对数量 1 ~ 2，标注为出现（present）；3 ~ 30，标注为少（few）；31 ~ 50，标注为普遍（common）；51 ~ 100，标注为多（abundant）；> 100，标注为很多（very abundant）。评价标准：0，无底栖动物存在，水体严重污染；45 ~ 300，水体中度污染；300 ~ 3 000，水体轻度或未污染。

8. Trent 生物指数（TBI）

Woodiwiss 对英格兰中东部诺丁汉（Nottingham）地区的特伦特河（Trent River）的浅滩进行了研究，以底栖动物类群创立了 Trent 生物指数（TBI）体系。Woodiwiss 用手抄网和踢网在河流的各种小生境采集样本，筛选石蝇幼虫、蜉蝣稚虫、石蚕幼虫、钩虾、等足目、颤蚓科－摇蚊幼虫等 6 类关键性指示生物，根据它们的出现情况和总种类数进行水质分级。评价标准：0，极度重污染；10，水质很好，清洁。Trent 生物指数的操作性强，很好地区分中度到重度污染的水体，但不能区分轻度到中度污染的水体，因此不适宜作为水质分级的标准。

9. 比利时生物指数

De 等在 Trent 生物指数的基础上建立了比利时生物指数（Belgian biotic index，BBI），并广泛应用于欧洲国家和地区的水质评价中。BBI 分值在 0 ~ 10 之间，评价标准：0，水质最差，严重污染；10，水质最好，未受污染。采样时使用"D"形手抄网，应涵盖各种类型的微生境，采样时间为 3 ~ 5 min。BBI 在应用中存在一定的问题，如：评定污染程度时缺乏可操作性的分级标准，"D"形手抄网的使用范围有限等。De 等在比利时和葡萄牙通过人工基质法取样，使用 BBI 生物指数评价水质，认为人工基质法可以克服"D"形手抄网造成的结果偏差。

10. MCI 指数

MCI 指数（macroinvertebrate community index，MCI）经 BMWP 计分系统修正后得到，主要在新西兰使用：

$$MCI = \frac{\sum_{i=1}^{s} a_i}{S} \times 20 \tag{7-8}$$

式中，S 为物种总数，a_i 为第 i 种的耐污值，赋值原则与 BMWP 计分系统相同，越耐污的类群，赋值越低；越敏感的类群，赋值越高。定量 MCI（QMCI）和半定量 MCI（S-QMCI）随后也发展起来：

$$QMCI = \sum_{i=1}^{s} \frac{n_i a_i}{N} \tag{7-9}$$

式中，n_i、a_i 分别为第 i 分类单元的数量、耐污值，N 为总个体数（池仕运等，2010）。

$$S-QMCI = \sum_{i=1}^{s} \frac{n_i a_i}{N} \tag{7-10}$$

S-QMCI 的计算方法与 QMCI 类似，只是 n_i 的赋值不同于 QMCI，n_i 根据第 i 分类单元数量的多寡分别赋予不同的代码：R（race）、C（common）、A（abundant）、VA（very abundant）、VVA（very very abundant），在实际计算中，R=1，C=5，A=20，VA=100，VVA=500。N 为样点的所有代码值的总和。

11. 多指标评价法

单个生物参数无法准确地反映水体健康状况和受损程度，生物评价中应用较多的是多指标评价法。生态系统健康可以通过物理学、化学和生物学的完整性体现。Karr 提出了生物完整性指数（index of biological integrity，IBI），该指数包括水体中鱼类的生物量、物种多样性、营养级、指示物种类别等 12 项指标。底栖动物完整性指数（B-IBI）由 Kerans 等提出，主要从生物集合体的结构和多样性反映水体质量，是水生生态系统健康评价中应用最广泛的指标之一。B-IBI 评价标准：等于 5，高环境质量水体；3.0 ~ 4.9，良好水体；2.7 ~ 2.9，轻胁迫水体；2.0 ~ 2.6，胁迫水体；< 2，严重胁迫水体。B-IBI 指数与海拔、生境条件和水温显著相关。

基于底栖动物耐污能力的生物参数是许多国家主要采用的水质评价指标之一，强调了底栖动物在群落水平上的结构组成与空间变化，较单个物种分析能够更为客观地评判环境压力对生态系统的影响。在发达国家，底栖动物广泛应用于水污染研究中，并形成了许多相对成熟的监测体系与分析方法，底栖动物生物指数已成为国际通用的水质评价技术。我国应用生物指数评价水质已有近 40 年的历史，也已经积累了较好的研究基础。底栖动物生物指数在水质生物评价中具有指示性强、操作简单、结果明晰、易于解释、便于理解等突出优点，建立有效的生物指数体系是我国水质生物监测和评价的重要工作。应继续丰富和完善底栖动物鉴定资料，建立规范化的采样方法、生物学质量分级评价标准，从底栖动物角度建立生物指数水质基准，为我国底栖动物水质生物监测的健康发展提供坚实的基础。

7.5 研究案例

7.5.1 河流水质生物学评价：松花江下游

松花江位于中国东北地区的北部，流域面积约为 55 万 km²，现已建设为我国重要的商品粮基地之一。松花江是东北地区工农业生产的命脉和人民生活的重要地表水资源，同时也是东北地区最重要的水上运输线和淡水鱼场，被称为东北人民的母亲河。随着工农业的迅猛发展，沿江排放的污染物种类和数量越来越多，加上有时突发的污染泄漏事件，导致松花江水体环境遭受严重污染，已引起国家高度重视。刘录三等以1999—2005 年在松花江下游开展的底栖动物调查为依据，结合相关水质理化参数，对松花江水质进行了生物学评价。

1. 研究地点

在江南屯附近的松花江干流与支流，分别进行底栖动物采样（图 7-1）。梧桐河为松花江的一级支流，流域面积为 4 536 km²，洪峰流量最高可达 1 150 m³/s。

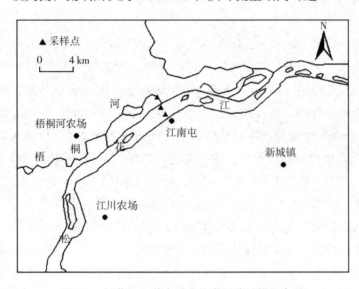

图 7-1　松花江下游水质生物学评价采样位点图

2. 研究方法

选择水深 1.0 ～ 1.5 m 的样站，利用人工基质采样器即挂笼法进行采样。圆柱形铁笼的直径 20 cm、高 25 cm，在河底放置 15 d 后取出。用 40 目分样筛拣出底栖动物，固定后带回实验室分类鉴定。样站的水质指标参考佳木斯环境保护监测站在该断面的平均监测数值。基于生物学污染指数（BPI）和 Chandler 生物指数（CBI），探讨底栖动物对水体污染的指示作用及水质生物学评价。表 7-5 为部分底栖动物在 Chandler 记分表中的赋值情况。

表 7-5　部分底栖动物的 Chandler 记分表

在样本中出现的类群	多度				
	1 ~ 2	3 ~ 30	31 ~ 50	51 ~ 100	> 100
石蝇科（Perlidae）、带襀科（Taeniopterygidae）、真涡虫（Planaria）	90	94	98	99	100
蜉蝣目（Ephemeroptera）中除去四节蜉科（Baetidae）外各种建巢的石蛾	79	84	90	94	97
脉翅目（Neuroptera）中泥蛉亚目（Sialodea）、钩螺	75	80	86	91	94
原石蛾科（Rhyacophilidae）	70	75	82	87	91
鞘翅目（Coleoptera）、线虫纲（Nematoda）各类	56	61	67	73	75
钩虾（Gammarus）	47	50	54	58	63
水螨群（Hydrachnellae）中各属	32	30	28	25	21
除去钩螺外的所有软体动物中每一种	30	28	25	22	18
除去溪流摇蚊（Orthocladius rivulorum）外的摇蚊科（Tendipedidae）的每一种	28	25	21	18	15
扁蛭属（Glossiphonia）的每一种	26	23	20	16	13
除去扁蛭属和吸血蛭外的所有水蛭	24	20	16	12	9
吸血蛭（Gnathobdellida）	23	19	15	10	7
颤蚓（Tubificidae）	22	18	13	12	9
溪流摇蚊	21	17	12	7	4
仙女虫属（Naididae）	20	16	10	6	2
尾呼吸种类的每一种	19	15	9	5	1

3. 研究结果

共采集底栖动物 39 种，包括水生昆虫 21 种、软体动物 12 种、环节动物 4 种、甲壳动物 2 种，其中只有纹石蚕、粗腹摇蚊、东北田螺等 14 种在江南屯和梧桐河 2 个断面均有分布（表 7-6）。与梧桐河断面（松花江支流）相比，江南屯断面（松花江干流）的常见种（纹石蚕、黑龙江短沟蜷、箭蜓、钩虾、细蜉、二尾蜉、灯蛾蜉、东北田螺等）更多，生物多样性更高，生态习性更加复杂。江南屯断面和梧桐河断面分别以水生昆虫和软体动物的生物量最大。

表 7-6　松花江下游采样点底栖动物群落的种类组成与分布

种类	1999 年		2000 年		2001 年		2002 年		2005 年	
	梧桐河	江南屯	梧桐河	江南屯	梧桐河	江南屯	梧桐河	江南屯	梧桐河	江南屯
水生昆虫										
多距石蛾（Polycentropodidae）	+	++					+	+		
纹石蚕（*Hydropsyche*）	+	++		+	+	++	+			+
低头石蚕（*Neureclipsis*）	+	+			+	+				
扁蜉（*Ecdyrus*）	+	+			+	+				
石蝇（*Perla*）		+						+		
前突摇蚊（*Procladius* sp.）		+								
二尾蜉（*Siphlonurus*）		+		+		+				
寡脉蜉（Oligoneuriellidae）	+	+								
箭蜓（*Gomphus*）	+	+		+				+	+	+
细蜉（*Ecdyrus*）	+	+				+		+		
菱附摇蚊（*Clinotanypus* sp.）		+								
宽箭蜓（*Sieboldius* sp.）	+									
蜉蝣（*Sphemera*）				+		+				
灯蛾蜉（*Oligoneuriella rhenana*）				+		++		++		
小裳蜉（*Leptophlebia*）				+		+				
粗腹摇蚊（*Pelopia*）				+	+	+				
虎蜻（*Epitheca marginata*）									+	
蚋（*Simulium*）				+		+				
小蜉（*Ephemerella*）						+		+		
花鳃蜉（*Potamanthus*）								+		
摇蚊（Tendipedidae）							+	+		
软体动物										
黑龙江短沟蜷（*Semisulcospira amurensis*）	+		+					++	++	+
东北田螺（*Viviparus chui*）	++	+	++		++	+	++		++	+
珍珠蚌（*Margaritana margaritifera*）	+					+			+	+
球蚬（*Sphaerium* sp.）	+									
豌豆蚬（*Pisidium*）	+			+	+					
狭口螺（*Stenothyra* sp.）	+									
方格短沟蜷（*Semisulcospira cancellata*）				+	+					

续表

种类	1999 年 梧桐河	江南屯	2000 年 梧桐河	江南屯	2001 年 梧桐河	江南屯	2002 年 梧桐河	江南屯	2005 年 梧桐河	江南屯
软体动物 扁螺（*Hippeutis* sp.）									+	
旋螺（*Gyraulus* sp.）			+							
萝卜螺（*Radix* sp.）				+	+					
圆顶珠蚌（*Unio douglasiae*）							+			
土蜗（*Galba*）							+			
环节动物 扁蛭（*Glossiphonia* sp.）	+		+		++		+		+	
医蛭（*Hirudo* sp.）			+		+					
金线蛭（*Whitmania* sp.）			+		+					
仙女虫属（*Naididae*）						+				
甲壳动物 钩虾（*Gammarus*）		+	+				+	+	+	+
中华小长臂虾（*Palaemonetes sinensis*）		+								

注："+"表示出现种，"++"表示优势种。

根据生物学污染指数（BPI）和 Chandler 生物指数（CBI），梧桐河断面多年处于中污染状态，仅 2002 年污染状态相对较轻；江南屯断面 1999 年、2001 年和 2002 年处于轻污染状态，2000 年和 2005 年处于中污染状态，2 个断面的水质均呈现一定的年际波动性（表 7-7）。在各项水质化学指标中，DO 与生物学评价结果较为一致，DO 含量与 CBI 呈显著正相关（$R=0.776$，$P < 0.01$）。从水质理化指标来看，江南屯断面的高锰酸盐指数、BOD_5 和氨氮浓度均劣于梧桐河断面，该江段的污染主要来自工业废水（造纸、化工、纺织等）、农业污水和沿江生活污水，高负荷的污染对底栖动物造成了严重威胁，导致底栖动物种类减少、密度下降。

表 7-7 松花江下游 2 个断面的水质生物学评价和化学指标

指标		1999 年 梧桐河	江南屯	2000 年 梧桐河	江南屯	2001 年 梧桐河	江南屯	2002 年 梧桐河	江南屯	2005 年 梧桐河	江南屯
生物学评价	BPI	0.2	0.3	0.3	0.3	0.5	0.2	0.3	0.2	0.3	0.2
	CBI	223	347	79	195	111	345	273	338	108	80
	综合评价	中	轻	中	中	中	轻	轻-中	轻	中	中
化学指标（mg/L）	高锰酸盐指数	5.97	6.47	7.64	6.24	7.39	7.38	7.47	7.70	6.33	6.78
	BOD5	2.09	2.55	4.05	3.17	2.55	3.85	2.75	3.02	2.82	3.25
	DO	6.49	6.89	4.98	6.27	5.86	6.30	6.22	6.65	5.73	6.15
	氨氮	0.026	0.026	0.046	0.052	0.025	0.040	1.033	1.003	0.844	0.882

7.5.2　湖泊水质生物学评价：菜子湖

1. 研究地点

菜子湖位于长江北岸，大别山东南侧，地处安徽省安庆市、枞阳县和桐城县交界处，地理位置为东经 117°01′ ~ 117°10′，北纬 30°45′ ~ 30°56′，平均海拔 9.1 m，平均水深 1.67 m，系浅水型漫滩湖泊，由 3 个相互连通的湖区（白兔湖、菜子湖、嬉子湖）组成。其中，嬉子湖南端建有拦水坝，枯水期保持水深约 1 m，白兔湖和菜子湖湖水通过枞阳闸与长江连通。菜子湖渔业资源丰富，自 20 世纪 90 年代开始发展渔业养殖，养殖密度较高，沉水植被和大型底栖动物等渔业资源破坏严重。其中以嬉子湖发展较早，白兔湖和菜子湖较晚。嬉子湖南端建有拦水坝，泥沙输入受阻，造成泥沙大量淤积，湖底沉积物深度 20 ~ 30 cm，部分湖区可达 40 cm，水文环境受到一定影响。菜子湖是长江中下游地区具有代表性的浅水型湖泊之一，20 世纪 90 年代以来，湖区内围网养殖强度逐渐增大，沉水植被大量减少，加之周边农田的农药、化肥随水土流失进入湖区，水质状况不断恶化。徐小雨对菜子湖大型底栖动物群落进行了调查，利用生物指数法评价了水体污染状况，以期为湖泊生态系统的保护提供基础资料。

2. 研究方法

2008 年 7 月—2009 年 6 月对菜子湖 3 个湖区的 35 样点进行了 7 次大型底栖动物调查。其中，在白兔湖青鱼、鳙鱼、中华绒螯蟹混养区选取 8 个采样点（BT1-BT8）；在菜子湖选取 15 个采样点（CZ1 ~ CZ15），CZ1 ~ CZ9 以鳙鱼、中华绒螯蟹混养为主，CZ10 ~ CZ15 以草鱼、鲢鱼、中华绒螯蟹混养为主；在嬉子湖选取 12 个采样点（XZ1 ~ XZ12），其中 XZ1 ~ XZ3 为天然捕捞区，其余属于鳙鱼、鲢鱼、青鱼混养区。利用分样筛在水中冲洗底泥，洗净后用镊子收集大型底栖动物，将样品保存于 50 ml 样品管中，加入适量 75% 乙醇固定，室内对标本进行鉴定、数量统计，最后将每个样点的个体数量换算成单位面积上的密度（ind./m^2）。采用 Goodnight 生物指数（GI）、生物学污染指数（BPI）、科级生物指数（FBI，也称 Hilsenhoff 生物指数），评价不同湖区的水质状况。

3. 研究结果

3 个湖区共发现大型底栖动物 8 科 28 种：扁蛭科（Glossiphonidae）的腹平扁蛭（*Glossiphonia complanata*），颤蚓科（Tubificidae）的中华颤蚓（*Tubifex sinicus*）、苏氏尾鳃蚓（*Branchiura sowerbyi*）、前囊管水蚓（*Aulodrilus prothecatus*）、霍甫水丝蚓（*Limnodrilus hoffmeisteri*），田螺科（Viviparidae）的方形环棱螺（*Bellamya quadrata*）、铜锈环棱螺（*Bellamya aeruginosa*）、梨形环棱螺（*Bellamya purificata*）、中华圆田螺（*Cipangopaludina cathayensis*），觿螺科（Hydrobiidae）的湖北钉螺（*Oncomelania hupensis*）、长角涵螺（*Alocinma longicornis*）、纹沼螺

（*Parafossarulus striatulus*）、大沼螺（*Parafossarulus eximius*）、椎实螺科（Lymnaeidae）的椭圆萝卜螺（*Radix swinhoei*），贻贝科（Mytilidae）的淡水壳菜（*Limnoperna lacustris*），蚌科（Unionidae）的圆顶珠蚌（*Unio douglasiae*）、射线裂脊蚌（*Schistodesmus lampreyanus*）、背角无齿蚌（*Anodonta woodiana*），蚬科（Corbiculidae）的河蚬（*Corbicula fluminea*），摇蚊科（Chironomidae）的指突隐摇蚊（*Cryptochironomus digitatus*）、细长摇蚊（*Tendipes attenuatus*）、侧叶雕翅摇蚊（*Glyptotendipes lobiferus*）、罗干小突摇蚊（*Micropsectra logana*）、菱跗摇蚊属一种（*Clinotanyus* sp.）、前突摇蚊属一种（*Procladius* sp.）、多足摇蚊属一种（*Polypedilum* sp.）、摇蚊属一种（*Tendipes* sp.）、毛突摇蚊属一种（*Trichocladius* sp.）。白兔湖发现大型底栖动物 25 种，其中软体动物 13 种、节肢动物 7 种、环节动物 5 种；菜子湖发现大型底栖动物 21 种，其中软体动物 13 种、节肢动物 4 种、环节动物 4 种；嬉子湖发现大型底栖动物 19 种，其中节肢动物 8 种、软体动物 7 种、环节动物 4 种。白兔湖、菜子湖和嬉子湖大型底栖动物的密度分别为 73.2 ind./m²、38.6 ind./m² 和 69.1 ind./m²。其中，白兔湖和菜子湖中均以软体动物的密度最大，分别为 44.1 ind./m² 和 23.3 ind./m²，嬉子湖以节肢动物的密度最大，为 48.0 ind./m²（图 7-2）。

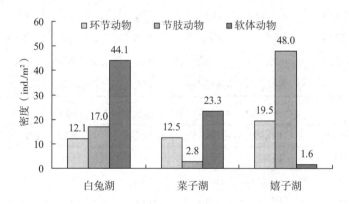

图 7-2 菜子湖 3 个湖区大型底栖动物的密度

菜子湖鳙鱼、中华绒螯蟹混养区和草鱼、鲢鱼、中华绒螯蟹混养区的 GI 指数评价结果多为清洁或轻度污染；BPI 指数评价结果为轻中污染或轻污染；FBI 指数评价结果多为中度污染或严重污染（表 7-8）。

白兔湖青鱼、鳙鱼、中华绒螯蟹混养区采样点的 GI 指数评价结果为清洁或轻度污染；BPI 指数评价结果均为轻中污染；而 FBI 指数评价结果包括一般、轻度污染、中度污染和严重污染等 4 个等级（表 7-9）。

表 7-8　菜子湖各样点的生物指数和水体污染评价

养殖区	菜子湖	GI 指数	污染等级	BPI 指数	污染等级	FBI 指数	污染等级
鳊鱼、河蟹混养区	CZ1	35%	轻度污染	0.62	轻中污染	5.88	轻度污染
	CZ2	36%	轻度污染	0.64	轻中污染	7.14	中度污染
	CZ3	38%	轻度污染	0.78	轻中污染	8.11	严重污染
	CZ4	35%	轻度污染	1.16	轻中污染	7.69	严重污染
	CZ5	12%	清洁	0.73	轻中污染	6.44	中度污染
	CZ6	46%	轻度污染	0.58	轻中污染	7.62	严重污染
	CZ7	40%	轻度污染	0.86	轻中污染	8.28	严重污染
	CZ8	26%	清洁	0.94	轻中污染	7.21	中度污染
	CZ9	32%	清洁	0.43	轻中污染	5.77	轻度污染
平均值		33%	轻度污染	0.75	轻中污染	7.13	中度污染
草鱼、鲢鱼、河蟹混养区	CZ10	44%	轻度污染	0.88	轻中污染	7.06	中度污染
	CZ11	71%	中度污染	0.99	轻中污染	8.67	严重污染
	CZ12	47%	轻度污染	0.85	轻中污染	6.61	中度污染
	CZ13	100%	重度污染	1.23	轻中污染	10.00	严重污染
	CZ14	0%	清洁	0.18	轻污染	5.65	轻度污染
	CZ15	0%	清洁	0.18	轻污染	5.08	一般污染
平均值		44%	轻度污染	0.72	轻中污染	7.18	中度污染

表 7-9　白兔湖各样点的生物指数和水体污染评价

养殖区	白兔湖	GI 指数	污染等级	BPI 指数	污染等级	FBI 指数	污染等级
青鱼、鳊鱼、河蟹混养区	BT1	15%	清洁	0.56	轻中污染	5.11	一般
	BT2	10%	清洁	0.52	轻中污染	5.78	轻度污染
	BT3	15%	清洁	0.71	轻中污染	7.31	中度污染
	BT4	46%	轻度污染	0.99	轻中污染	8.85	严重污染
	BT5	33%	轻度污染	0.77	轻中污染	7.74	严重污染
	BT6	14%	清洁	0.79	轻中污染	7.68	严重污染
	BT7	19%	清洁	0.55	轻中污染	6.66	轻度污染
	BT8	11%	清洁	0.88	轻中污染	7.18	中度污染
平均值		20%	清洁	0.72	轻中污染	7.04	中度污染

　　嬉子湖天然捕捞区和鳊鱼、鲢鱼、青鱼混养区的 GI 指数评价结果均为轻度污染或中度污染；BPI 指数评价结果为轻中污染或重中污染；FBI 指数评价结果均为严重污染（表 7-10）。

表 7-10　嬉子湖各样点的生物指数和水体污染评价

养殖区	嬉子湖	GI 指数	污染等级	BPI 指数	污染等级	FBI 指数	污染等级
天然捕捞区	XZ1	41%	轻度污染	1.56	重中污染	8.69	严重污染
	XZ2	59%	中度污染	1.70	重中污染	9.33	严重污染
	XZ3	68%	中度污染	1.14	轻中污染	9.62	严重污染
平均值		56%	中度污染	1.47	轻中污染	9.21	严重污染
鳙鱼、鲢鱼、青鱼混养区	XZ4	41%	轻度污染	1.16	轻中污染	8.30	严重污染
	XZ5	66%	中度污染	1.24	轻中污染	9.41	严重污染
	XZ6	69%	中度污染	1.17	轻中污染	9.05	严重污染
	XZ7	60%	中度污染	1.65	重中污染	8.49	严重污染
	XZ8	38%	轻度污染	1.60	重中污染	8.67	严重污染
	XZ9	52%	中度污染	1.88	重中污染	9.03	严重污染
	XZ10	56%	中度污染	1.22	轻中污染	9.34	严重污染
	XZ11	43%	轻度污染	1.16	轻中污染	8.58	严重污染
	XZ12	64%	中度污染	1.41	轻中污染	9.40	严重污染
平均值		54%	中度污染	1.39	轻中污染	8.92	严重污染

白兔湖和菜子湖软体动物均有 13 种，嬉子湖仅有 7 种，同时，软体动物在白兔湖（44.1 ind./m²）和菜子湖（23.3 ind./m²）中的密度远大于嬉子湖（1.6 ind./m²），而节肢动物在嬉子湖中的密度（48.0 ind./m²）大于白兔湖（17.0 ind./m²）和菜子湖（2.8 ind./m²），说明白兔湖和菜子湖的水体环境优于嬉子湖。从 GI 指数的评价情况来看，嬉子湖为中度污染，白兔湖为清洁，菜子湖两种不同养殖区的水体污染评价结果均为轻度污染。从 BPI 生物指数评价结果来看，白兔湖青鱼、鳙鱼、中华绒螯蟹混养区均为轻中污染，菜子湖鳙鱼、中华绒螯蟹混养区和草鱼、鲢鱼、中华绒螯蟹混养区为轻中污染或轻污染，而嬉子湖为轻中污染或重中污染。这可能与嬉子湖渔业养殖年限较长且前期以高密度养殖中华绒螯蟹（*Eriocheir sinensis*）有关；同时嬉子湖南端建有水坝，沉积物和有机物不断积累，苏氏尾鳃蚓（*Branchiura sowerbyi*）、霍甫水丝蚓（*Limnodrilus hoffmeisteri*）等耐污种类大量增加，使得嬉子湖 GI 生物指数和 BPI 生物指数显著大于白兔湖和菜子湖。从 FBI 指数的评价情况来看，白兔湖和菜子湖的评价结果均为中度污染，嬉子湖评价结果为严重污染。综合对比 3 个湖区中的 GI、BPI、FBI 生物指数，白兔湖与菜子湖的水体质量较为接近，两者均优于嬉子湖（图 7-3）。

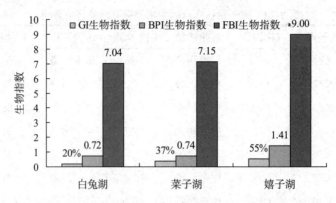

图 7-3　菜子湖 3 个湖区大型底栖动物的生物指数

　　GI 指数利用大型底栖动物中的颤蚓类比例，评价水体污染状况，当渔业养殖引起的捕食压力使颤蚓类数量变化较大时，GI 指数难以准确反映不同水域的水体质量。BPI 指数根据大型底栖动物 3 个类群的比例，进行水质评价。GI 指数与 BPI 指数的区分度较小。FBI 指数考虑到不同科的大型底栖动物的耐污水平，因此评价结果更为准确，区分度更大。在利用生物指数对湖泊水体进行评价时，可同时采用多种指数，以更加全面地了解水体污染的真实状况。

思考题

1. 简述指示物种的含义。
2. 指示物种可分为哪几种类型？
3. 什么叫生物监测？
4. 生物监测有哪些优点和局限性？
5. 水域环境质量的生物监测可采用哪些方法？
6. 阐述底栖动物在水生生态系统健康评价中的应用。
7. 与群落结构和功能有关的底栖动物生物指数有哪些？
8. 与物种耐污值有关的底栖动物生物指数有哪些？
9. 什么是 EPT 物种丰富度指数？
10. 比较 Goodnight 生物指数（GI）与 Wright 生物指数（WI）的异同。

第8章 底栖动物的环境修复功能

水体环境修复主要包括物理修复、化学修复和生物修复。物理修复是人工的物理过程，包括疏浚、掩蔽、引水、捞取等方法，虽然见效快，但是工程耗时耗力，难以达到要求的水质标准。化学修复是人工的化学过程，向水体施放化学修复剂，改变水体的化学组成，与污染物发生化学反应，使污染物被固定、易降解或毒性减小，但可能产生二次污染，对生态环境的破坏作用较大。生物修复（bioremediation）利用生物（细菌、真菌、植物、动物、游离细胞酶等）的生命代谢活动，去除、转化、降解或富集环境中的污染物，降低有毒有害物质的浓度或使其无害化，使受损生态系统得到部分或完全恢复，具有经济、低耗、高效和安全等优势，包括植物修复、微生物修复、动物修复和游离细胞酶修复等多种类型。生物修复技术问世之后，近40年来迅速发展。从1991年开始，美国投资了数千亿美元，实施了庞大的地下水、土壤、海滩等危险污染的生物治理项目。欧洲从20世纪80年代中期开始对生物修复技术进行了初步研究，整个欧洲从事生物修复工程的专门研究机构和商业公司已超过千家。由德国和荷兰研发、运用的生物修复技术在欧洲领先。我国的生物修复尚处于起步阶段，主要是利用微生物和植物治理土壤、农田、地下水等环境污染，正在由有机污染物的生物修复拓展到无机污染物的生物修复。动物修复方法也得到越来越广泛的应用。底栖动物对受损水体的修复主要包括过滤作用、降解作用、同化吸收、富集作用、转移作用和"生态岛"效应等。

8.1 过滤作用

很多底栖动物可以过滤水体中的有机碎屑、藻类、悬浮物质等，改变浮游生物群落结构和种群相对数量，使水体环境朝着有利方向发展。滤食性软体动物通过生物过滤和生物沉积作用，去除水体中的悬浮颗粒物质，同时也能直接利用氨基酸、脂类等有机物，其分泌物还具有絮凝作用，从而改善水质。贝类对水中的颗粒物质并不是全部滤过，被拒绝的部分便产生假粪（pseudofaeces）。在被滤过的颗粒物质中，也有一部分未被吸收而形成粪便（faeces）。假粪和粪便的沉降称为生物沉降（biodeposition），其沉降速率较原悬浮颗粒更快，流变特性（rheological behavior）也变得更为稳定。

河蚌有很强的滤水能力，水温30℃时，平均湿质量为297.4 g的背角无齿蚌（*Anodonta woodiana*）的滤水率达 1.09 mL/g/min，平均湿质量为 394.3 g 的三角帆蚌（*Hyriopsis cumingii*）的滤水率达 0.67 mL/g/min。三角帆蚌可降低池塘和湿地中的悬浮物和叶绿素 a 含量，透明度由 26 cm 升高到 80 cm。栉孔扇贝（*Chlamys nobilis*）的滤水率在 0.43 ~ 6.35 L/h。菲律宾蛤仔（*Ruditapes philippinarum*）等滤食性贝类对食物具有明显的选择性，倾向于摄食含有某种脂肪酸的藻类，少摄食或不摄食不易消化和含有毒素的藻类。贝类不仅唇瓣具有食物的选择功能，而且鳃和胃也起到一定的作用。滤食性贝类对食物颗粒的选择性可以分为质量选择型和数量选择型。

8.2　降解作用

底栖动物的解毒机制是通过抗氧化的防御系统实现的，抗氧化系统包括抗氧化酶系统（超氧化物歧化酶、过氧化氢酶、谷胱甘肽过氧化物酶等）及其他具有抗氧化性能的生物化学物质。许多污染物可参与生物体的氧化还原反应，产生大量的自由基，可能导致机体内 DNA 断裂，使酶（如碱性磷酸酶、谷丙转氨酶及谷草转氨酶、Na^+-K^+-ATPase 酶等）活性发生改变。底栖动物通过代谢作用，改变一些重金属的化合价态。正常情况下，金属硫蛋白（Metallothionein，MT）在生物体内的含量很低，但当镉、汞、锌、铜等重金属污染严重时，将诱导此类蛋白质的合成，进入细胞内的重金属与新合成的这类蛋白质结合，或者取代该蛋白质上结合的原有金属。一种生活在污泥中的蚯蚓（*Elsenia foetida*）体内能够累积大量的镉，体内的镉浓度与环境中的镉浓度呈正相关。在一种沙蚕（*Neanthes arenaceodentata*）体内，镉主要分布在细胞质里，大多数镉与类似于 MT 的蛋白结合。河蚬（*Corbicula fluminea*）体内的 MT 浓度与镉、锌的累积显著相关，MT 能够限制镉和锌的生物累积。河蚬体内的相关蛋白和缩氨酸（peptides）也能对重金属产生抑制作用。从河蚬中提取的糖蛋白具有体外抗癌作用，采用 20 μg/mL 和 40 μg/mL 的糖蛋白分别处理肝癌细胞（BEL7404）48 h 后，用流式细胞仪（flow cytometry，FCM）检测细胞凋亡情况，凋亡率分别为 10.99% 和 15.51%。主要以沉积物为食的杂食性底栖动物对重金属有很强的积累能力，原因包括河口淤泥中较高的重金属浓度（来自陆地径流）、底栖动物本身的特性（较多的黏液、较大的比表面积）、重金属的理化状态等，这也显示了底栖动物作为水体重金属污染监测生物的潜能。

8.3　同化吸收

底栖动物既可以从水中直接吸收各种污染物，又可以通过营养途径摄取污染食物、悬浮颗粒和沉积淤泥等。在急性污染时，底栖动物从水中吸收污染物是比较重要的途径；在慢性污染时，取食则是更加重要的污染物摄入方式。当食物充足时，底栖动物主要以取食的途径吸收污染物；当食物不足时，则主要从底泥沉积物中吸收污染物。小头虫（*Capitella capitata*）等多毛类可快速降解水底的疏水性污染物（hydrophobic contaminants，HOCs），在摄食后数分钟内已有 2/3 以上的 HOCs 被降解。12 ℃下一种多毛类太平洋沙蠋（*Abarenicola pacifica*）对苯并芘（BaP）和多环芳烃（PAH）的消化率分别为 23% ~ 56% 和 17% ~ 77%。Ahrens 等利用同位素示踪法，测定了24 ℃下两种沙蚕（5 ~ 10 cm 的 *Nereis succinea*、2 ~ 3 cm 的 *Pectinaria gouldii*）对六氯联苯（hexachlorobenzene）的吸收率分别为（72.5 ± 4.6）%、（72.8 ± 3.3）%，对四氯联苯（tetrachlorobiphenyl）的吸收率分别为（37.2 ± 8.3）%、（35.3 ± 6.5）%。双齿围沙蚕（*Nereis succinea*）对底质中溶解态汞和有机态汞的可利用率分别为（14.4 ± 8.4）% ~（30.5 ± 9.7）% 和（49.3 ± 12.9）% ~（76.4 ± 12.5）%。多齿围沙蚕（*Perinereis nuntia*）摄食牙鲆（*Paralichthys olivaceus*）粪便后，对氮素的吸收率为 12.2% ~ 44.1%，其中约有 50% 的氮素转化为自身组织。沙蚕（*Nereis virens*）摄食脂肪烃（aliphatic hydrocarbons）15 d 后，34.9% 从粪便排出，3.1% 在肠道内积累。多毛类通过摄食活动，每天可处理与体重（干质量）相当数量的沉积物。以对虾养殖池塘为例，若沙蚕生物量为 200 g ww/m²，每天处理的沉积物总量可达 762.6 g/m²，3 个月内可将虾池底质表层 5 cm 的沉积物整个翻新一遍。当沙蚕与贝类混养时，沙蚕摄食有机碎屑，不易造成有害物质（如 H₂S 等）积累，同时有益于底栖硅藻的繁殖，促进贝类生长。底栖动物对污染物的吸收受到污染物浓度、化学形式、理化环境、生物因素等影响。渤海湾毛蚶（*Scapharca subcrenata*）的含汞量（μg/ind.）与体重呈幂函数关系。但褐虾（*Crangon septemspinosa*）对多氯联苯（polychlorinated biphenyls，PCB）的累积率与体重无关。某些重金属（如镉、汞、铅等）和有机氯污染物在底栖动物体内的含量，通常随着动物年龄的增长呈增高的趋势。

　　生物稀释（biodilution）是污染物从底栖动物体内排出的一种重要方式，即通过生长、发育和繁殖，降低了污染物在细胞中的原有浓度。例如，褐片阔沙蚕（*Platynereis dumerilii*）的淋巴细胞能将体内的 ⁹⁰Sr 转运到体表，然后排出。贻贝、牡蛎体内某些组织中的变形细胞，能够转运重金属和人工放射性核素，牡蛎从外套膜转移到贝壳，贻贝则通过足丝分泌的途径排出。生物半衰期或生物半排出期（biological half-life；biological half-time，$b_{1/2}$）是指某种污染物自生物体全身或某一部位、组织或器官排出原有污染物一半所需的时间，是衡量污染物自生物体内排出速度的一个指标。生物半衰期越短，表示污染物自生物体内消除的速度越快；相反，半衰期越长，则消除污染物速度越慢。生物体对污染物的半衰期因生物种类、污染物的种类与理化形式而不同。某种生物对于某种形式的污染物的半衰期大小还取决于污染物的浓度、生物体的代谢强度、污染物进入生物体的途径和方式等因素，因此差别会很大。在一次燃油泄漏后，贻贝（*Mytilus edulis*）对 n-C_{16} 正烷烃（n-alkanes）、降植烷（pristane）、C-2 二甲基萘（dimethyl ethylnapthalenes）、C-2 乙基萘（ethyl ethylnapthalenes）和甲基苯（methyl phenanthrenes）的 $b_{1/2}$ 分别为 0.2～0.8 天、1.5 天、0.9 天、0.9 天和 1.7 天，而贻贝对汞的 $b_{1/2}$ 竟高达 1 000 天以上。

8.4 富集作用

生物浓缩（bioconcentration）是指生物体从环境中浓缩某种物质的能力（通常用浓缩系数表示）。生物积累（bioaccumulation）是指生物体在其生命的不同阶段对污染物连续进行生物浓缩的能力（即浓缩系数不断增大）。由于生物浓缩和生物累积有时难以区分，所以在水生生物学的研究中经常混用。浓缩系数（concentration factor，CF）是某种污染物质在生物体（或某个组织）内的浓度与相同质量水中同种污染物质浓度的比值。CF 值越小，表示生物体对该种污染物的浓缩能力越弱；反之，表示浓缩能力越强。污染物沿着食物链、随生物所处营养级的递增而浓度升高的现象，称为生物放大（biomagnification）。生物放大的典型研究案例是 Woodwell 等对美国长岛（Long Island）Carmans 河口环境中和不同营养阶层生物体内 DDT（dichlorodiphenyltrichloroethane，双对氯苯基三氯乙烷）含量的测定。大气颗粒中的 DDT 含量为 3×10^{-6} mg/kg，河口水中的 DDT 含量为 50×10^{-6} mg/kg。随着生物所处营养阶层的提高，生物体内的 DDT 含量明显增高，浮游动物的 DDT 含量为 0.04 mg/kg（高于河口水约 800 倍），鱼类的 DDT 含量为 2.07 mg/kg（高于河口水约 4×10^4 倍），而鸟类的 DDT 含量更高，达到 75.5 mg/kg。污染物的生物放大作用主要取决于 3 个条件：①污染物质在环境中是比较稳定的；②污染物质是生物能够吸收的；③污染物质是生物体代谢过程中不易分解的。

螺蛳（环棱螺，*Bellamya*）对水体中的重金属（铜、锌、铬、镉、铅）具有很强的富集能力，体内的重金属含量是水体的 800 倍至 20 多万倍，其中对铜的富集系数最高 2.03×10^5 倍，平均 6.17×10^3 倍；对锌的富集系数最高 2.45×10^5 倍，平均 7.18×10^4 倍；对铅的富集系数最高 1.20×10^4 倍，平均 3.50×10^3 倍，对铬和镉的富集程度较差。徐寅良等发现，螺蛳（*Bellamya* sp.）、喜旱莲子草（*Alternanthera philoxeroides*)、金鱼藻（*Ceratophyllum demersum*）等对放射性 ^{137}Cs 有很强的吸收作用，尤以螺蛳的吸收作用最强。根据长时间低浓度的暴露试验结果，紫贻贝（*Mytilus edulis*）、魁蚶（*Scapharca broughtonii*）、褶牡蛎（*Ostrea plicatula*）、菲律宾蛤仔（*Ruditapes philippinarum*）和刺参（*Stichopus japonicus*）对镉都有一定程度的积累，体内镉浓度与环境镉浓度之间均呈线性相关关系；紫贻贝和褶牡蛎对铜有较强的积累能力；褶牡蛎和近江牡蛎（*Ostrea rivularis*）对锌也表现出较强的积累能力。背角无齿蚌（*Anodonta woodiana*）对锌、铅和铜的富集系数分别为 3.45×10^7 倍、8.58×10^4 倍和 2.83×10^3 倍。在黄海和渤海的 13 种底栖软体动物中，分别有 9 种和 4 种表现出对锌和铜的高富集能力。潮滩的泥螺（*Bullacta exarata*）幼体单位面积内对铜、铅、铁、铬的吸收量明显高于其他底栖动物；在所有大型底栖动物体内，铁的浓度最高，其次是锰、锌和铜，铅和铬的浓度最低。胡勤海等研究了稀土元素镧（La）在螺蛳（*Bellamya purificata*）体内的富集积累，以 ^{140}La 放射性同位素作为示踪元素，半衰期约为 40 h。螺蛳的不同部位对镧的富集能力不同，依次为内脏囊＞螺壳＞头足部；高浓度（10 mg/L）处理组螺蛳中镧的富集量高于低浓度（2 mg/L）处理组，但富集能力差异不大。重金属主要在河蚬的软体组织中产生富集。底栖动物具有选择吸收污染物的能力，污染物通过复杂的食物链再被鱼类及更高营养阶层的生物富集。

8.5　转移作用

　　水生生物从水体中吸收污染物质，通过身体移动改变污染物的时空分布，将污染物转移和扩散，包括水平转移和垂直转移。污染物在水体中的水平转移可分为被动转移和主动转移。被动转移是指漂浮或浮游生物吸收和积累污染物后，随水流漂移将污染物移出污染水域。这类生物主要包括浮游动物、浮游植物、微生物和营漂浮生活的藻类（如马尾藻 *Sargassum*）等。在河口和近岸水域，有些营固着生活的海藻、草本植物和红树林的叶子、碎屑等，因机械作用、风浪冲击或死亡脱落，被海流或潮流挟带，也可漂移一定的距离。主动转移是指那些能自主移动的水生动物，如无脊椎动物中的头足类、某些甲壳类、脊椎动物中的鱼类、爬行类和海兽等，通过游泳、匍匐、爬行等将污染物质转移到较远的水域。McCauley 对鲑鱼（Salmonidae）中 ^{65}Zn 含量与洄游习性之间关系的研究，是鱼类水平转移污染物质的一个实例。大鳞大麻哈鱼（*Oncorhynchus tshawytscha*）沿着太平洋北美沿岸洄游，当鱼群进入哥伦比亚河（Columbia River）河口受 ^{65}Zn 污染的水域时，由于吸收累积了较多的 ^{65}Zn，因而鱼体内的 ^{65}Zn 含量明显增多，内脏的 ^{65}Zn 含量可达 81.9 pCi/g dw。当鱼群继续向北洄游时，鱼体逐渐向水中排出已吸收的 ^{65}Zn，因而内脏的 ^{65}Zn 含量降至 3.5 pCi/g dw。这说明，大鳞大麻哈鱼将哥伦比亚河口的 ^{65}Zn 向北转移。

　　污染物质在水体中的垂直转移可通过 4 个途径：①水生动物的昼夜垂直运动：使其体内的污染物质发生时空分布的垂直变化，并使动物所摄取的污染物质沿此途径转移到水体深处。②水生动物的粪便、蜕皮、卵以及动植物尸体、碎屑等：绝大多数污染物质在水生动物粪粒中的含量都要高于动物整体、蜕皮和卵。粪粒在水体中有较高的沉降速率。由于粪粒的来源、大小、组成、形状以及水温等因素的不同，各类动物的粪粒沉降速率差异较大。例如，用桡足类幼体进行试验，研究饵料对粪球沉降速率的影响，结果表明，以窄隙角毛藻（*Chaetoceros affinis*）和沉积物混合物为饵料时，产生褐色粪粒，其沉降速率为 100.7 m/ 天，而仅以浮游植物为饵料时，则产生绿色粪球，其沉降速率为 19.5 m/ 天。动物的个体大小不同，产生的粪粒大小和沉降速率也不同。③水生动植物的有机分泌物等：水生动植物可通过分泌物吸附、凝集某些污染物质，从而加速这些物质向水体底部的垂直转移。④水生昆虫的羽化：某些昆虫（如摇蚊）的数量极大且成虫羽化后脱离水体，从而使体内的污染物质发生垂直转移。在水体富营养化治理方面，一些科学家把摇蚊等昆虫视为过多营养物质（尤其是磷）的有效去除者。

8.6　"生态岛"效应

Cairns 等认为，各种类型水体中的石块、木块等都是一个"生态岛"，对周围环境产生互动作用，并据此提出"PFU 法"（polyurethane foam unit）采集水中的微型生物群落。生长在水体底部的底栖动物个体实际上也是独立的"生态岛"，会产生"生态岛"效应。经过一定时间，底栖动物身体（如软体动物贝壳）上会着生一层生物膜，含有大量生物物质，对于水环境中的污染物具有转移和富集作用，该过程具有特殊的动力学性质和可变性。水体中的生物膜内存在着棒状或球形的细菌、藻类、有机碎屑、原生动物和甲壳动物等。长江中游湖泊水草上的周丛藻类有 135 种，其中保安湖、桥墩湖、扁担湖中聚草（穗状狐尾藻、泥茜、金鱼藻、聚藻，*Myriophyllum spicatum*）上周丛藻类的氧气生产量分别为 10.3 mg/（g·d）、5.08 mg/（g·d）、6.59 mg/（g·d）。刘冬启对湖北道观河水库周丛生物的研究表明，周丛藻类有 35 属，周丛原生动物有 60 种；塑料挂片上的周丛藻类生物量为 0.2 783 mg/cm^2，周丛藻类叶绿素 a 含量为 1.39 μg/cm^2。软体动物的贝壳粗糙，比表面积远大于同样大小的塑料挂片，更容易附着生物膜，吸附的生物量更大。

8.7　研究案例：底栖动物在湖泊生态工程治理中的应用

8.7.1　研究地点

室内实验在东北师范大学环境科学系环境生物学实验室进行，野外实验在吉林省长春市南湖定位站进行。

8.7.2　研究方法

在东北师范大学人工湖采集田螺（*Cipangludina* sp.），在库里泡水库采集河蚌

（*Cristaria plicata*），带回实验室驯养备用。取长春市南湖湖水 25 L 放入水族箱内，设置不同田螺密度（$D_{螺1}$、$D_{螺2}$、$D_{螺3}$、$D_{螺4}$、$D_{螺5}$）和不同河蚌密度（$D_{蚌1}$、$D_{蚌2}$、$D_{蚌3}$、$D_{蚌4}$、$D_{蚌5}$）的实验组及对照组（表 8-1）。48 h 后观测水色、透明度、TN、TP、悬浮物、pH、浮游植物和浮游动物等指标。

表 8-1　底栖动物净化长春市南湖湖水的室内实验设置

种类	密度梯度（g/L）					对照
田螺	$D_{螺1}$（2.83）	$D_{螺2}$（10.09）	$D_{螺3}$（15.52）	$D_{螺4}$（20.18）	$D_{螺5}$（30.98）	0
河蚌	$D_{蚌1}$（5.66）	$D_{蚌2}$（20.18）	$D_{蚌3}$（30.04）	$D_{蚌4}$（50.36）	$D_{蚌5}$（61.76）	0

野外实验包括鱼池实验和湖区实验。在长春市南湖西侧选取一个鱼池，注入湖水约 1 200 m³，水深 1 m，静止 2 d 后投放河蚌 1 200 ind.，总重量约 600 kg WW，鱼池内的河蚌平均密度为 1.0 ind./m²，同时在附近设置一个不投放河蚌的对照鱼池。选取南湖船台湖区、湖心岛外湖区进行湖区实验，这 2 个湖区的平均水深 2.0 m，河蚌的自然密度较低，在这 2 个实验湖区分别投放河蚌 12 000 ind.，总重量约 8 000 kg WW，投放后的河蚌密度为 0.3 ind./m²，同时在游泳区、大桥以南湖区设置不投放河蚌的对照湖区。每隔一定时间，测定实验鱼池、对照鱼池、实验湖区和对照湖区的水色、透明度、TN、TP、悬浮物、pH、浮游植物和浮游动物等指标。

8.7.3　研究结果

1. 室内实验结果

在室内实验中，田螺和河蚌都表现出对湖水的净化作用。经过田螺 48 h 的处理后，水色由暗绿转为淡绿或微绿，透明度平均增加 7.52%，TN 含量平均降低 26.74%，TP 含量平均降低 16.67%，悬浮物浓度平均下降 51.33%，pH 平均下降 7.03%，浮游植物密度平均减少 68.45%。经过河蚌 48 h 的处理，水色由暗绿转为淡绿，透明度平均增加 21.79%，TN 含量平均降低 22.74%，TP 含量平均降低 26.52%，悬浮物浓度平均下降 50.34%，pH 平均下降 9.34%，浮游植物密度平均减少 66.77%（表 8-2）。

表 8-2　室内实验中河蚌和田螺对长春市南湖湖水的净化效果

指标	处理 48 h										对照
	$D_{螺1}$	$D_{螺2}$	$D_{螺3}$	$D_{螺4}$	$D_{螺5}$	$D_{蚌1}$	$D_{蚌2}$	$D_{蚌3}$	$D_{蚌4}$	$D_{蚌5}$	
水色	微绿	淡绿	淡绿	淡绿	淡绿	淡绿	淡绿	淡绿	淡绿	淡绿	暗绿
透明度（cm）	35.4	36.8	37.6	35.7	34.6	40.0	39.0	41.0	40.0	44.0	33.5
TN（mg/L）	3.22	2.82	3.12	3.52	3.06	3.10	3.41	3.20	4.10	2.80	4.30
TP（mg/L）	0.104	0.110	0.100	0.126	0.109	0.100	0.083	0.082	0.090	0.130	0.132
悬浮物（mg/L）	27.7	37.1	24.5	26.1	22.1	30.1	35.5	26.2	26.1	22.4	56.5

续表

指标	处理 48 h										
	$D_{螺1}$	$D_{螺2}$	$D_{螺3}$	$D_{螺4}$	$D_{螺5}$	$D_{蚌1}$	$D_{蚌2}$	$D_{蚌3}$	$D_{蚌4}$	$D_{蚌5}$	对照
pH	7.48	7.12	7.14	7.38	7.51	7.24	7.03	7.16	7.07	7.22	7.88
浮游植物（10^4 ind./L）	316.74	353.50	342.19	545.80	380.37	531.66	501.97	234.21	388.85	384.61	1 228.77

2. 野外实验结果

河蚌对湖水颜色的作用：水色是一项物理学指标，正常情况下，湖水一般呈淡绿色，而富营养型水体则呈暗绿色。投放河蚌后，实验鱼池和实验湖区的水色都逐渐由暗绿色变为淡绿色，实验鱼池的效果尤为显著，投放河蚌 2 天后水色基本恢复正常。由于实验湖区的范围较大，湖水易与其他湖区发生混合作用，脱色效果不如实验鱼池明显，但投放河蚌 3 天后较对照湖区也有一定的变化（表 8-3）。

表 8-3　野外实验中河蚌对长春市南湖湖水的脱色作用

地点	投放天数			
	1 天	2 天	3 天	4 天
实验鱼池	暗绿	淡绿	淡绿	淡绿
对照鱼池	暗绿	暗绿	暗绿	暗绿
实验湖区	暗绿	暗绿	淡绿	淡绿
对照湖区	暗绿	暗绿	暗绿	暗绿

河蚌对湖水透明度的作用：水体的透明度是一项综合性指标，富营养型水体的透明度一般都较低。河蚌使水体透明度增加，并且能维持较长时间。投放 4 天后实验鱼池和对照鱼池的透明度分别为 60 cm 和 36 cm，投放 8 天后实验湖区和对照湖区的透明度分别为 54 cm 和 38 cm（图 8-1）。

河蚌对湖水中悬浮物的去除作用：长春市南湖水体中悬浮物含量较高，投放河蚌使湖水中悬浮物含量呈明显下降趋势。投放 4 天后，实验鱼池悬浮物含量为 45 mg/L，比对照鱼池（85 mg/L）下降 47.06%；实验湖区悬浮物含量为 60 mg/L，比对照湖区（88 mg/L）下降 31.82%（图 8-2）。可见河蚌去除水体中悬浮物的作用十分明显。

河蚌对湖水中营养元素的去除作用：南湖底泥中含有丰富的氮、磷等营养元素，并不断向湖水中释放，使湖水中氮、磷含量常年处于较高的水平，达到了富营养化水体的标准。在实验鱼池，投放河蚌 4 天后氮、磷比对照鱼池分别减少 25.80% 和 38.46%，8 天后氮、磷基本维持在此水平上。在实验湖区，投放河蚌 4 天后氮、磷比对照鱼池分别减少 30.66% 和 56.67%，10 天后氮、磷比对照鱼池分别减少 32.31% 和 47.06%（图 8-3）。

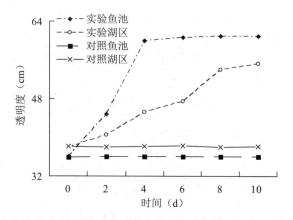

图 8-1　河蚌对长春市南湖水体透明度的作用

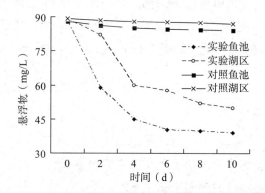

图 8-2　河蚌对长春市南湖湖水中悬浮物的去除作用

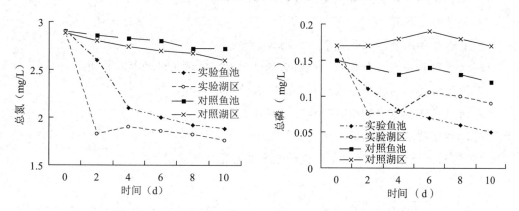

图 8-3　河蚌对长春市南湖湖水中总氮（TN）和总磷（TP）的去除作用

河蚌对湖水中浮游植物的去除作用：控制浮游植物是富营养化水体治理的主要目标之一。野外实验期间，对照鱼池和对照湖区的浮游植物密度保持在较为稳定的水平。在投放河蚌 4 d、6 d、8 d、10 d 后，实验鱼池的浮游植物密度比对照鱼池分别减少 44.87%、49.26%、52.18%、54.10%，实验湖区的浮游植物密度比对照湖区分别减少 30.85%、40.10%、47.09%、51.71%（图 8-4）。

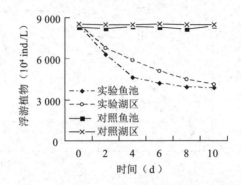

图 8-4 河蚌对长春市南湖湖水中浮游植物的去除作用

通过室内和野外实验可以看出，底栖动物田螺、河蚌都表现出对湖水的净化作用，使水色由暗绿转为淡绿或微绿，透明度增加，TN 和 TP 含量降低，悬浮物浓度和 pH 下降，浮游植物密度减少。但底栖动物密度过大时，由于代谢产物积累，也可能对水质产生不利影响。

思考题

1. 底栖动物对受损水体的修复主要体现在哪些方面？

2. 底栖动物如何通过过滤作用净化水体？

3. 底栖动物如何实现对重金属污染的降解作用？

4. 什么叫生物稀释？

5. 解释生物浓缩、生物积累、生物放大。

6. 从水平和垂直 2 个方向，说明底栖动物对水体污染物的转移作用。

7. 污染物的主动转移与被动转移之间有什么联系和区别？

8. 污染物在水体中的垂直转移包括哪些途径？

9. 怎样理解底栖动物的"生态岛"效应。

10. 尝试为城市富营养化湖泊设计生态工程治理的方案。

第 9 章　底栖动物的生态扰动效应

9.1　底栖动物对沉积物的扰动效应

9.1.1　底栖动物对沉积物物理性质的扰动效应

底栖动物通过游泳、爬行、匍匐、蠕动、掘穴、凿洞等机械作用和摄食、呼吸、代谢等生命活动，改变沉积物的物理性质，包括地形地貌、含水率、渗透性、容重、孔隙度、粒度组成、垂直分布、强度、稳定性等。

1. 地形地貌

底栖动物对沉积物的地形地貌起到重要的塑造作用。牡蛎的滤食活动导致潮滩沉积物在岩石之间聚集，形成沉积性压实。在杂色刺沙蚕（*Nereis diversicolor*）生长的沉积物中，表面趋于粗糙化和不规则化，出现高度 0.5 ~ 1.0 cm 的烟囱状结构。双齿围沙蚕（*Nereis virens*）和波罗的海白樱蛤（*Macoma balthica*）在沉积物上伸展虹吸管（siphon），用黏液包裹沉积物，出现褐色氧化带。Hopmans 等研究荷兰 Mok 海湾（Mok Bay）的沉积环境发现，有机质的大量积累、富营养化与沉积食性的大型底栖动物扰动有关。在快速堆积的河口潮滩地区，沉积物出现垂直分层，包括混合层、过渡混合层、过渡层和原始层。利用"沉积物剖面成像"（sediment profile images，SPIs）技术，可建立沉积动力学模型，揭示扰动生物与水体底质之间的相互作用。如果底栖动物数量足够丰富，可能影响更大尺度的沉积模式和地形学过程。

河口生态系统属淡水与海洋栖息地的生态交错区，是连接河流与海洋的通道，生物多样性和生物量富有，是各种底栖动物生存活动的主要场所之一。蟹类动物在潮滩上活动范围广，运动形式多样，行为和功能复杂，如步行、奔跑、埋伏、游泳、穴居等，对潮滩生态系统产生综合的扰动作用。在潮沟两侧的潮坪上，有大量的螃蟹和洞穴存在；而在紧靠潮沟的边缘带，则螃蟹和洞穴很少。这与 Dugan 等对不同螃蟹适应不同潮滩水动力学特性的研究结果一致。在黄河三角洲潮滩，螃蟹洞穴深达数十厘米，有 U 形、Y 形、垂直、倾斜等形态，取决于螃蟹的种类和大小。螃蟹挖穴排出的沉积物滚成 3 ~ 4 cm 的球粒，堆积在洞穴周围，高达几厘米至几十厘米。根据许学工的调查，黄河三角洲潮间带底栖动物共有 195 种，优势种为日本大眼蟹（*Macrophthalmus japonicus*）、青蟹（*Scylla serrata*）、四角蛤蜊（*Mactra veneriformis*）、文蛤（*Meretrix meretrix*）、青蛤（*Cyclina sinensis*）、近江牡蛎（*Ostrea rivularis*）、光滑河蓝蛤（*Potamocorbula laevis*）等。与生物扰动伴生的微地貌广泛存在，包括侵蚀、通道、洞穴、圆丘、凹坑、爬痕、波痕、粪球、土墩、堆积体、气胀构造等，是底栖动物与底质环境共同作用的结果。

2. 含水率

底栖动物的洞穴和管路增大了沉积物接触上覆水的表面积，水流被引入沉积物中，通过"生物淋洗作用"（bioirrigation）把水泵进、泵出，极大地增加沉积物的含水率。生物扰动组的沉积物含水率可升高 50% 以上，有时甚至接近 80% ~ 90%。在张雷等使用太湖梅梁湾和大浦口沉积物进行的模拟实验中，水丝蚓（*Limnodrilus hoffmeisteri*）显著增大了表层沉积物的含水率（梅梁湾 $P < 0.001$，大浦口 $P < 0.001$），无生物对照组与水丝蚓扰动组的沉积物含水率均随深度的增加而减小（梅梁湾 $P < 0.001$，大浦口 $P < 0.001$），但当沉积物增加到一定深度时，这种变化逐渐减小，在 4 m 左右逐渐消失。在高丽模拟波浪作用下黄河口潮滩沉积物的室内土柱实验中，生物（日本大眼蟹 *Macrophthalmus japonicus*、伍氏厚蟹 *Helice wuana*）扰动组和对照组的沉积物含水率均在表层最高，分别为 32.7% 和 30.8%。生物扰动沉积物的含水率最低值出现在 36 cm 处，为 29.2%，而对照沉积物的含水率最低值出现在 30 cm 处，为 29.7%。生物扰动组沉积物的含水量在 0 ~ 30 cm 之间大于对照沉积物，但在 30 cm 以下则低于对照沉积物（图 9-1）。生物扰动组沉积物的平均含水率大于无生物扰动沉积物的平均含水率，两者之间的差异随深度增加而逐渐降低。

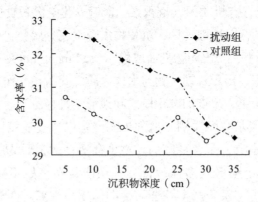

图 9-1 黄河口潮滩沉积物有、无螃蟹扰动的含水率对比

3. 渗透性

底栖动物的扰动行为对沉积物的结构、成分、力学性质和渗透性（permeability）等都产生一定的影响，从而改变波能衰减速率、渗流场（seepage field）和应力场（stress field）特性。底栖动物对沉积物渗透性的作用方式有：通过取食、建管、筑穴等活动，形成生物活动通道，改变沉积物的地形地貌和渗流格局。生物活动对沉积物渗流影响的研究方法包括现场模拟、室内模拟和数学模型三大类。刘道彬使用"对流扩散模型"（convection-diffusion model），模拟沉积物中的生物洞穴和蚯蚓管道中的优势流（preferential flow，PF），实测值与预测值高度吻合。Weiler 使用"渗滤起始反应模型"（INfiltration-INitiation-INteraction Model，IN^3M），模拟大孔隙的渗流，使用示踪剂检验模型的有效性。刘道彬以黄河三角洲为天然实验室，结合室内实验，研究了海床沉积物渗透性对循环荷载和生物（螃蟹）活动的响应，分析了有、无生物扰动的海底沉积物在自然固结过程中渗透性的差异（图 9-2）。沉积物的渗透系数在 10^{-5} cm/s 左右。在实验开始阶段，有生物洞穴海底沉积物的渗透系数比无生物洞穴海底沉积物降低更快。5 h 后，两者的下降速度都有所减缓。到了实验后期，有生物洞穴海底沉积物的渗透系数小于无生物洞穴海底沉积物。陈友媛等通过渗透性原位实验得出，螃蟹扰动组与无螃蟹对照组的沉积物渗透系数分别为 4.6×10^{-5} cm/s 和 3.4×10^{-5} cm/s。底栖动物对液－固界面、液－液界面的扰动效应明显，可能引起渗流规律某种程度的变化而偏离达西定律（Darcy's Law，反映水在岩土孔隙中渗流规律的实验定律）。

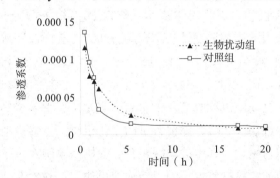

图 9-2　螃蟹扰动对黄河三角洲海底沉积物渗透系数的影响

4. 容重和孔隙度

容重是单位体积土壤（包括孔隙）的质量，受到质地结构、松紧度和有机质含量等的影响。孔隙度也是土壤的主要物理性质之一，孔隙度良好的土壤，能够同时满足作物对水分、空气和肥力的要求，有利于养分调节和植物根系伸展。适于作物生长的土壤耕层总孔隙度为 50% ~ 60%。孙刚等在室内模拟水田生态系统中，以泥鳅（*Misgurnus anguillicaudatus*）作为扰动生物，对比了扰动组和对照组的土壤容重、孔隙度等指标（表 9-1）。泥鳅扰动水田土壤容重比对照降低 0.11 g/cm^3，方差分析结果表明差异极显著（$P < 0.01$）。泥鳅扰动水田的土壤总孔隙度提高了 9.72%，差异极显著（$P < 0.01$）；非毛管孔隙度提高了 0.21%，但差异不显著（$P > 0.05$）（表 9-1）。水田养鱼有利于疏松土壤，提高土壤的通气性。

表 9-1　泥鳅扰动水田与对照水田的土壤物理性状

处理	容重（g/cm³）	总孔隙度（%）	非毛管孔隙度（%）	> 0.25 mm 团聚体（%）	< 0.001 mm 微团聚体（%）	分散系数（%）	结构系数（%）
泥鳅扰动水田	0.86a	64.85a	7.24a	21.28a	1.45a	4.72a	95.09a
对照水田	0.97c	55.13c	7.03a	16.57c	3.66b	12.38c	86.41b

注：表中数值为 3 次重复的平均值。同一列的数字，后面带有相同字母（a 与 a）表示差异不显著（$P > 0.05$），相邻字母（a 与 b）表示差异显著（$P < 0.05$），相间字母（a 与 c）表示差异极显著（$P < 0.01$）。

5. 粒度组成

水稳性团聚体的垒结和孔隙状况反映了沉积物的紧实度和通气性。在孙刚等的模拟实验中，与对照水田土壤相比，泥鳅扰动水田土壤中 > 0.25 mm 团聚体提高 4.71%，差异极显著（$P < 0.01$）；< 0.001 mm 微团聚体减少 2.21%，差异显著（$P < 0.05$）（表 9-1）。水稳性团聚体数量的增加，说明团聚化程度加强，分散性减弱。在陈友媛等的底栖动物扰动实验中，螃蟹扰动区的洞穴密度为 22.25 个 /m²，螃蟹为了维护洞穴，在每个潮汐周期（tidal periodicity）都会掘出大量的沉积物，数量可达 502.08 g dw/m²/d。粒度组成分析结果表明，螃蟹掘出物的平均粒径小于表层沉积物的平均粒径。高丽采用筛析和密度计相结合的方法，对黄河口潮滩沉积物样品进行室内颗粒分析实验，其中筛分粒级为 2、1、0.5、0.25、0.125、0.075、0.063、0.032、0.016、0.004，分别测定 0.5、1、2、5、15、30、60、120、1 440 等沉降时间对应的悬浊液比重。生物（螃蟹）扰动组沉积物表层的黏粒含量最大，为 9.67%，随着深度增加黏粒含量减小。深度超过 30 cm 后，黏粒含量的变化很小。生物扰动使潮滩表层的沉积物细化、深层的沉积物粗化，其中的原因包括：底栖动物洞穴捕获碎屑物等细颗粒物质；底栖动物洞穴为细颗粒物质由下向上传输提供通道；滤食性动物取食悬浮物，以粪球的形式排放到沉积物表面，这些生物沉降的粒度都很细；扰动生物挖出沉积物和粪球使表面颗粒细化。

6. 垂直分布

孙刚等利用化学性质稳定的玻璃微球作为示踪颗粒，通过室内控制实验，研究了泥鳅、水丝蚓和颤蚓对水田沉积物颗粒垂直分布的扰动作用。

（1）泥鳅扰动

沉积物 – 上覆水界面示踪：泥鳅对水田沉积物扰动 10 天后，界面层示踪颗粒在不同深度的分布见表 9-2。扰动组 43.2% 的示踪颗粒向沉积物深处迁移，最大迁移深度为 7.5 cm；对照组的示踪颗粒保留在沉积物表层，几乎没有向下迁移。扰动组与对照组之间存在极显著性差异（$P < 0.01$）。扰动生物的总质量为 28 g WW，扰动面积为 201 cm²，扰动时间为 10 天，表层沉积物颗粒在泥鳅扰动下的垂直迁移率为 7.676 ×

10^{-4} g（$cm^2 \cdot d$）。

表 9-2　泥鳅扰动 10 天后，水田沉积物 – 上覆水界面示踪颗粒在不同深度的分布（%）

深度（cm）	扰动组			对照组		
	平行 1	平行 2	平行 3	平行 1	平行 2	平行 3
0 ~ 1	57.3	55.6	57.5	99.8	99.9	99.8
1 ~ 2	22.5	25.4	20.3	0.2	0.1	0.2
2 ~ 3	9.3	8.4	11.2	0	0	0
3 ~ 4	6.8	6.0	5.7	0	0	0
4 ~ 5	3.7	4.5	5.1	0	0	0
5 ~ 6	0.3	0	0.2	0	0	0
6 ~ 7	0	0.1	0	0	0	0
7 ~ 8	0.1	0	0	0	0	0
8 ~ 9	0	0	0	0	0	0
9 ~ 10	0	0	0	0	0	0
Σ	100	100	100	100	100	100

沉积物 6 cm 深处示踪：扰动组 6 cm 深处的示踪颗粒在上、下 2 个方向均发生垂直移动，39.7% 的示踪颗粒在扰动后向上迁移，9.9% 的示踪颗粒在扰动后向下迁移（表 9-3）。示踪颗粒向上、向下最大迁移距离分别为 4.5 cm、5.1 cm。对照组的示踪颗粒仍保持在 6 cm 深处左右，无明显迁移现象。扰动组与对照组之间存在极显著性差异（$P < 0.01$）。扰动生物的总质量为 26 g WW，扰动面积为 201 cm^2，扰动时间为 10 d，6 cm 深处沉积物颗粒在泥鳅扰动下的垂直向上、向下迁移率分别为 7.597 × 10^{-4} g/（$cm^2 \cdot d$）、1.894 × 10^{-4} g/（$cm^2 \cdot d$）。

表 9-3　泥鳅扰动 10 天后，水田沉积物 6 cm 深处示踪颗粒在不同深度的分布（%）

深度（cm）	扰动组			对照组		
	平行 1	平行 2	平行 3	平行 1	平行 2	平行 3
0 ~ 1	0	0	0	0	0	0
1 ~ 2	0.1	0.1	0	0	0	0
2 ~ 3	0.3	0.2	0.1	0	0	0
3 ~ 4	1.6	1.1	1.5	0	0	0
4 ~ 5	6.5	5.0	7.8	0	0	0
5 ~ 6	31.3	33.9	29.7	0	0.1	0.1
6 ~ 7	50.3	48.5	52.2	96.7	98.5	97.8

深度（cm）	扰动组			对照组		
	平行1	平行2	平行3	平行1	平行2	平行3
7 ~ 8	6.2	7.8	5.6	3.3	1.4	2.1
8 ~ 9	2.2	1.8	1.6	0	0	0
9 ~ 10	1.4	1.5	1.4	0	0	0
10 ~ 11	0	0.1	0.1	0	0	0
11 ~ 12	0.1	0	0	0	0	0
12 ~ 13	0	0	0	0	0	0
13 ~ 14	0	0	0	0	0	0
∑	100	100	100	100	100	100

（2）水丝蚓扰动

沉积物 – 上覆水界面示踪：水丝蚓对水田沉积物扰动 10 天后，界面层示踪颗粒向不同深度迁移（表 9-4）。扰动组 31.6% 的示踪颗粒向沉积物深处迁移，最大迁移深度为 6.3 cm，对照组的示踪颗粒基本保留在沉积物表层，几乎没有向下迁移。扰动组与对照组之间呈极显著性差异（$P < 0.01$）。扰动生物的总质量为 15 g WW，扰动面积为 201 cm²，扰动时间为 10 天，表层沉积物颗粒在水丝蚓扰动下的垂直迁移率为 1.048×10^{-3} g/（cm² · d）。

表 9-4　水丝蚓扰动 10 天后，水田沉积物 – 上覆水界面示踪颗粒在不同深度的分布（%）

深度（cm）	扰动组			对照组		
	平行1	平行2	平行3	平行1	平行2	平行3
0 ~ 1	68.4	65.2	71.5	99.9	99.8	99.9
1 ~ 2	17.8	18.7	15.0	0.1	0.2	0.1
2 ~ 3	7.5	10.1	9.4	0	0	0
3 ~ 4	4.6	3.8	3.3	0	0	0
4 ~ 5	1.5	1.9	0.7	0	0	0
5 ~ 6	0.2	0.2	0.1	0	0	0
6 ~ 7	0	0.1	0	0	0	0
7 ~ 8	0	0	0	0	0	0
∑	100	100	100	100	100	100

沉积物 6 cm 深处示踪：扰动组 6 cm 深处的示踪颗粒在上、下 2 个方向均发生垂

直移动，32.0% 和 21.1% 的示踪颗粒分别向上和向下迁移（表 9-5）。示踪颗粒向上、向下最大迁移距离分别为 4.1 cm、3.4 cm。对照组的示踪颗粒仍保持在 6 cm 深处左右，无明显迁移现象。扰动组与对照组之间存在极显著性差异（$P < 0.01$）。扰动生物的总质量为 15 g WW，扰动面积为 201 cm^2，扰动时间为 10 天，6 cm 深处沉积物颗粒在水丝蚓扰动下的垂直向上、向下迁移率分别为 1.061×10^{-3} g/（cm^2·d）、6.998×10^{-4} g/（cm^2·d）。

表 9-5 水丝蚓扰动 10 天后，水田沉积物 6 cm 深处示踪颗粒在不同深度的分布（%）

深度（cm）	扰动组			对照组		
	平行 1	平行 2	平行 3	平行 1	平行 2	平行 3
0 ~ 1	0	0	0	0	0	0
1 ~ 2	0	0.2	0.1	0	0	0
2 ~ 3	0.3	1.0	0.3	0	0	0
3 ~ 4	3.2	2.8	1.5	0	0	0
4 ~ 5	7.0	4.3	3.5	0	0	0
5 ~ 6	22.4	26.1	23.2	0.1	0	0
6 ~ 7	46.6	43.7	50.4	98.5	99.2	98.8
7 ~ 8	16.8	18.5	14.8	1.4	0.8	1.2
8 ~ 9	2.9	3.2	5.6	0	0	0
9 ~ 10	0.6	0.2	0.5	0	0	0
10 ~ 11	0.2	0	0.1	0	0	0
11 ~ 12	0	0	0	0	0	0
Σ	100	100	100	100	100	100

（3）颤蚓扰动

沉积物 – 上覆水界面示踪：颤蚓是自然水体中常见的底栖寡毛类动物，常被用于生物扰动研究。颤蚓对水田沉积物扰动 10 天后，界面层示踪颗粒向不同深度迁移（表 9-6）。扰动组 41.3% 的示踪颗粒向沉积物深处迁移，最大迁移深度为 9.4 cm，对照组的示踪颗粒基本保留在沉积物表层，没有向下迁移。扰动组与对照组之间存在极显著性差异（$P < 0.01$）。扰动生物的总质量为 15 g WW，扰动面积为 201 cm^2，扰动时间为 10 天，因此表层沉积物颗粒在颤蚓扰动下的垂直迁移率为 1.370×10^{-3} g/（cm^2·d）。

表 9-6 颤蚓扰动 10 天后，水田沉积物 – 上覆水界面示踪颗粒在不同深度的分布（%）

深度（cm）	扰动组			对照组		
	平行 1	平行 2	平行 3	平行 1	平行 2	平行 3
0 ~ 1	57.5	60.4	58.2	99.9	99.8	99.9

深度（cm）	扰动组			对照组		
	平行 1	平行 2	平行 3	平行 1	平行 2	平行 3
1 ~ 2	21.0	17.6	18.8	0.1	0.2	0.1
2 ~ 3	12.3	14.1	14.4	0	0	0
3 ~ 4	5.3	4.2	6.3	0	0	0
4 ~ 5	2.4	3.0	1.7	0	0	0
5 ~ 6	0.8	0.4	0.4	0	0	0
6 ~ 7	0.3	0.1	0.1	0	0	0
7 ~ 8	0.3	0.2	0	0	0	0
8 ~ 9	0	0	0.1	0	0	0
9 ~ 10	0.1	0	0	0	0	0
∑	100	100	100	100	100	100

沉积物 6 cm 深处示踪：扰动组 6 cm 深处的示踪颗粒在上、下 2 个方向均发生垂直移动，25.8% 的示踪颗粒在扰动后向上迁移，17.3% 的示踪颗粒在扰动后向下迁移（表 9-7）。示踪颗粒向上最大迁移距离为 5.2 cm，向下最大迁移距离为 2.7 cm。对照组的示踪颗粒基本保持在 6 cm 深处左右，无明显迁移现象。扰动组与对照组之间存在极显著性差异（$P < 0.01$）。扰动生物的总质量为 15 g WW，扰动面积为 201 cm²，扰动时间为 10 天，因此 6 cm 深处沉积物颗粒在颤蚓扰动下的垂直向上、向下迁移率分别为 8.557×10^{-4} g/（cm² · d）、5.738×10^{-4} g/（cm² · d）。

表 9-7　颤蚓扰动 10 天后，水田沉积物 6 cm 深处示踪颗粒在不同深度的分布（%）

深度（cm）	扰动组			对照组		
	平行 1	平行 2	平行 3	平行 1	平行 2	平行 3
0 ~ 1	0	0	0	0	0	0
1 ~ 2	0	0.1	0	0	0	0
2 ~ 3	0.2	0	0.1	0	0	0
3 ~ 4	5.1	1.4	4.4	0	0	0
4 ~ 5	4.8	2.8	4.2	0	0	0
5 ~ 6	17.3	19.2	17.8	0.1	0	0
6 ~ 7	55.8	55.6	59.3	98.5	99.2	98.8
7 ~ 8	13.4	16.7	11.1	1.4	0.8	1.2
8 ~ 9	3.2	4.1	3.1	0	0	0

续表

深度（cm）	扰动组			对照组		
	平行 1	平行 2	平行 3	平行 1	平行 2	平行 3
9 ~ 10	0.2	0.1	0	0	0	0
10 ~ 11	0	0	0	0	0	0
Σ	100	100	100	100	100	100

　　底栖动物的扰动行为使表层和深层的沉积物颗粒在垂直方向上发生移动和重新分布，改变了底质环境和理化特性，促进了沉积物 - 上覆水界面的物质交换和扩散过程。生物体积的差异有时不能解释深层沉积物扰动强度的不同，目前在研究底栖动物对沉积物的扰动时，表层扩散系数是最常用的指标。

　　7. 强度

　　底栖动物扰动在一定程度上破坏了沉积物的原生结构，对沉积物的强度产生较大的影响。高丽在黄河口潮滩区，选择有生物扰动和无生物扰动的 2 个对照样站，使用 WG- Ⅱ 型电子普氏贯入仪（沈阳市建科仪器研究所），进行了微型贯入试验（penetration test）。贯入速度 2 cm/s，贯入深度 100 cm，每贯入 5 cm 读数。贯入阻力越大，说明沉积物的强度越大，反之亦然。图 9-3 反映了沉积物强度在垂直方向上的变化趋势。表层沉积物的强度最小，有、无生物扰动区的贯入阻力分别为 1.4 N 和 5.0 N；10 cm 处的贯入阻力分别为 10.6 N 和 17.1 N；最大值均出现在 100 cm 处。沉积物强度随着深度的增加而增大，在 35 cm 以上深度，有、无生物扰动区的沉积物最大强度分别出现在 30 cm 和 20 cm 处，对应的贯入阻力分别为 16.6 N 和 59.0 N；在 35 cm 及以下深度，有生物扰动的沉积物强度（贯入阻力平均值 69.1 N）高于无生物扰动的沉积物强度（贯入阻力平均值 64.9 N）。螃蟹、泥虾和海星等的掘穴活动使沉积物的含水率增加，

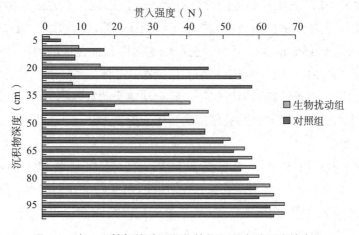

图 9-3　有、无螃蟹扰动沉积物的贯入强度随深度的变化

结构变得疏松。底栖动物扰动把下部的细颗粒物质带到表层，沉积物上部的强度降低，沉积物下部粗化。底栖动物洞穴和粗颗粒物质有利于沉积物的排水固结，使沉积物下部的强度增大。

8. 稳定性

（1）再悬浮

沉积物的悬浮、再悬浮过程与水体的内源释放密切相关，影响光照强度、透明度、营养元素浓度等，并进而影响初级生产力、次级生产力和水生生态环境。关于沉积物再悬浮及其动力学机制的研究是从海岸工程发展起来的。20世纪90年代以来，沉积物再悬浮速率的原位测量在简单取样法（synoptic grab sampling）、光学和声学方法的基础上，增添了数理方法、模拟实验等，使用的仪器包括缩时摄影机（time lapse camera）、浊度计、瞬时多点采水器、电波透射表、高频回音发音器、红外线传感器等。使用一系列沉积物捕捉器，在水体底部的垂直方向上收集沉积物，估算再悬浮速率。对比沉积物累积速率和被捕捉的沉降流量，如果前者明显低于后者，则发生了再悬浮。还可以利用半衰期长（如 ^{137}Cs）和半衰期短（如 ^{7}Be）的放射性核子测量再悬浮。一般来说，^{137}Cs 在底部沉积物里累积，若悬浮物中 ^{137}Cs 浓度增加，则意味着再悬浮的发生；^{7}Be 则相反，若悬浮物中 ^{7}Be 浓度降低，则说明再悬浮发生了。颗粒物质在两次悬浮的间隔期，暂时沉降下来，在扬净的（winnowed）沉积物表面形成一张"泥毯"，其厚度可用来表征再悬浮总量。波浪对沉积物再悬浮的动力起到主要作用，贡献可超过70%。底栖动物扰动改变了沉积物的粒径分布和再悬浮临界条件，增加了沉积物的流动性和再悬浮速率。

（2）抗侵蚀

底栖动物群落是沉积物侵蚀的重要影响因素，主要体现在生物堆积、生物淋洗、生物稳定、生物汇聚等方面。优势底栖动物种类和密度的时空变化直接影响沉积物的侵蚀性。底栖动物对沉积物的侵蚀性具有多方面的作用。一方面，生物洞穴和管路增加了沉积物与上覆水的接触面积，提高了沉积物表层的含水率、粗糙度和各向异性（anisotropism；anisotropy），降低了沉积物的强度和抗侵蚀能力；另一方面，生物黏液可使沉积物黏固，从而增强沉积物的稳定性。总体而言，底栖动物活动对水底糙度、沉积物侵蚀和再悬浮起到促进作用。底栖动物扰动对沉积物抗侵蚀和稳定性的影响，需要结合水体和生物群落的实际情况具体分析。

（3）抗冲刷

冲刷掉1 g沉积物所需的水量和时间称为抗冲刷系数（coefficient of anti-scouring），可用于比较不同沉积物的抗冲刷性能。沉积物的冲刷表现可分为颗粒型（细砂）、片状（粉砂）和团块型（黏土）3种类型。高丽使用粉质黏土，进行了沉积物的抗冲刷实验。图9-4显示了进水流速分别为10 cm/s、20 cm/s、40 cm/s、45 cm/s

时，生物扰动组和无生物扰动组沉积物的分层冲刷结果。当流速达到沉积物的临界起动流速时，沉积物表面出现许多小的局部破坏或撕裂，冲刷发生。在不同的流速下，生物扰动组和无生物扰动组沉积物的最小抗冲刷系数都是发生在表层处。当进水流速为 45 cm/s 时，有生物洞穴扰动与无生物洞穴扰动沉积物的抗冲刷系数差值减小为 0.54 L·s/g。底质的抗冲刷性能与黏粒含量、沉积物密度、含水量等均呈一定的相关关系。

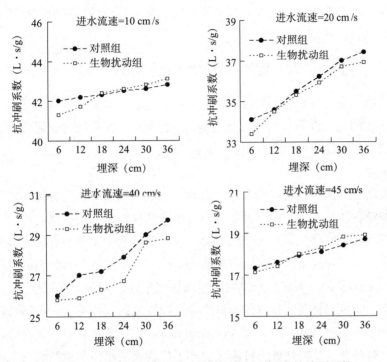

图 9-4　有、无生物扰动的沉积物在不同流速下的抗冲刷系数

（4）抗崩解

崩解是指沉积物在水中发生解体、碎裂或塌落的现象，可反映沉积物的侵蚀和强度减弱程度。在高丽的实验中，沉积物在水中的崩解速度较快，5 min 内大部分沉积物完成崩解，只有少量沉积物颗粒残留在盛土器上。生物扰动组沉积物的崩解量小于无生物扰动组，并且不论是否有生物扰动，沉积物在 120 ~ 180 s 的崩解速度最大。含水量、裂隙发育状况、微结构等是沉积物崩解的主要影响因素。一般来说，含水量越小、裂隙发育程度越高，沉积物的崩解速度越快。生物扰动组沉积物中形成生物膜、管状或丝状结构，含水量和黏粒含量大于无生物扰动组，减少沉积物的崩解量。Weadows 等研究了河口区两种丰度较大的底栖动物对沉积物稳定性的影响，多毛类（Polychaeta）的杂色刺沙蚕（*Nereis diversicolor*）和端足类（Amphipoda）的蜾蠃蜚（*Corophium volutator*）增加了沉积物的初始破坏力，但破坏程度因生物种类的不同而存在差异。除了生物洞穴对沉积物物理结构的直接影响外，还有生物扰动过程中的化学效应。潮滩地区露滩时间的差异将导致叶绿素、胞外黏液物质（extracellular polymeric substances，EPS）、多糖或胶状材料的变化，从而引起沉积物固结失水，因此露滩时间对沉积物抗崩解性、抗侵蚀性和抗冲刷性的影响不可忽略。底栖鱼类扰动水田的土壤分散系数比无扰动对照水田减少 7.66%，而结构系数增加 8.68%，结构系数和分散系数反映了土壤结构稳定性，说明底栖鱼类增强了土壤的结构稳定性，底栖鱼类扰动与沉积物稳定性之间表现为明显的正向互作效应。底栖动物能够捕获迁移和运动中的颗粒，并使之沉淀下来。

9.1.2 底栖动物对沉积物化学性质的扰动效应

底栖动物在改变沉积物物理性质的同时，还能通过摄食、循环、呼吸、排泄等行为改变沉积物的化学性质，如有机物含量、DO 含量、硫和铁的地化行为、重金属的形态和生物可利用性、氧化还原电位（Eh）等。

1. 有机质

生物扰动区沉积物的有机质含量一般高于无生物扰动区。生物扰动使表层沉积物细化，细颗粒物质具有巨大的表面积，能够吸附和保存大量的有机物质。生物洞穴漏斗状的入口增加了捕获沉积碎屑物的机会，这些碎屑物中丰富的有机质增加了深层沉积物的营养。螃蟹扰动组沉积物的有机质含量高于无生物扰动对照组的沉积物，在深度 15 cm 以上表现尤为明显，有机质含量随深度呈递减趋势，在深度 15～30 cm 两者相差不大。无生物扰动沉积物的有机质含量随深度的变化不大。根据吕敬等的室内模拟实验结果，铜锈环棱螺（*Bellamya aeruginosa*）的扰动增加了沉积物表层有机质的含量，同时降低了其稳定性。孙刚等对比了生物扰动水田与对照水田土壤有机质含量的差异，在水稻不同生长期内，底栖鱼类泥鳅扰动水田土壤有机质含量比对照水田增加了 0.34～0.62 g/kg，提高了 5.6%（孕穗期）～13.1%（齐穗期），差异极显著（$P < 0.01$）（图 9-5）。在淹水土壤中，往往通气性差，生物扰动有利于有机质的积累。有机质分解率随沉积物深度增加而减弱的主要原因，不是电子受体效用的降低，而是有机物质量的下降。郑忠明、孙思志根据沉积物中的 C/N 值和 C/P 值发现，刺参（*Apostichopus japonicus*）的生物扰动降低了池塘表层沉积物中有机物的稳定性，对下层沉积物基本没有影响。底栖动物翻动颗粒，引起基质暴露，通过排泄、分泌和代谢，释放黏液、营养素，刺激微生物生长，增强有机质的分解和再矿化作用（remineralization）。

2. 生源要素

（1）氮

作为生源要素之一的氮，其存在形式包括有机氮、NO_3^--N、NH_4^+-N、NO_2^--N 等，

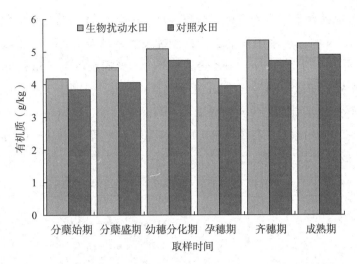

图 9-5 底栖鱼类泥鳅对水稻不同生长期土壤有机质含量的影响

底栖动物的扰动作用会对沉积物中氮的释放造成显著影响。颤蚓虽然对沉积物中 NO_3^--N 的释放有一定的抑制作用，但大幅增加 NH_4^+-N 的释放量，最终表现出对沉积物 TN 释放较强的促进作用。余婕等以软体动物河蚬（*Corbicula fluminea*）为例，运用实验模拟的方法，通过对上覆水、孔隙水和沉积物的对比分析，研究了底栖动物对潮滩氮素迁移转化的影响，发现河蚬主要通过排泄和生物扰动等方式，使 NO_3^--N 在上覆水中持续累积，NO_2^--N 在沉积物中累积，NH_4^+-N 在较深层孔隙水中累积。孙刚等通过对比实验表明，泥鳅扰动水田的土壤全氮含量高于对照处理；泥鳅扰动水田的土壤速效氮（碱解氮）含量由分蘖始期到齐穗期一直升高，成熟期保持稳定，高于对照处理，差异极显著（$P < 0.01$）（图 9-6）。

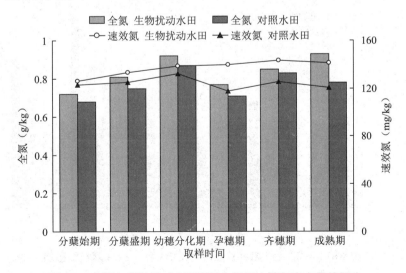

图 9-6 底栖鱼类泥鳅对水稻不同生长期土壤氮素含量的影响

185

在颤蚓扰动条件下，生物密度、温度、DO 含量、pH 等对沉积物的 TN 释放产生不同的影响。TN 的释放集中在前 5 天，颤蚓投放密度越大，对沉积物中 TN 释放的促进作用越明显。与空白（$\rho=0$ ind./cm²）相比，颤蚓密度为 1 ind./cm² 和 2 ind./cm² 时引起的 TN 释放增量分别为 0.62 mg/L 和 1.20 mg/L。自第 5 天后，上覆水中 TN 浓度基本保持不变，分别稳定在 5.6 mg/L（$\rho=0$ ind./cm²）、6.4 mg/L（$\rho=1$ ind./cm²）和 7.2 mg/L（$\rho=2$ ind./cm²）左右（图 9-7）。这与付春平等（2004）对三峡库区沉积物 TN 释放规律的研究结果一致。

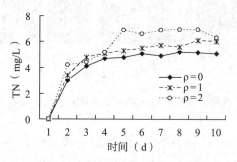

图 9-7　不同密度（$\rho=0$、1、2 ind./cm²）下颤蚓扰动对沉积物总氮（TN）释放的影响

在 $\rho=2$ ind./cm²、pH=7、好氧条件下，设置了 3 种不同的实验温度（5℃、15℃、25℃）。3 种温度下，颤蚓组的上覆水 TN 浓度在整个释放过程中均高于空白组，表明各个温度下颤蚓的生物扰动都对 TN 释放有促进作用（图 9-8）。颤蚓正常发育的最低和最高水温分别为 0℃和 34℃，因此 5～25℃下颤蚓均可正常生长繁殖。各个温度下颤蚓生物扰动对沉积物 TN 释放增量的影响不尽相同（图 9-9）。15℃与5℃的促进效果相近，而 25℃时 TN 释放的促进效果显著增强。

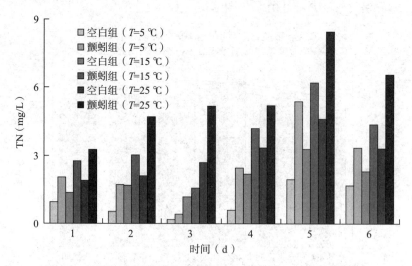

图 9-8　不同温度下颤蚓扰动对沉积物总氮（TN）释放的影响

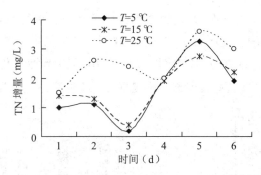

图 9-9　不同温度下颤蚓扰动对沉积物总氮（TN）释放增量的影响

在 pH=7、温度 25 ℃条件下，设置了 2 种处理：扰动组（ρ=2 ind./cm^2）、对照组（ρ=0 ind./cm^2），考察不同 DO 下颤蚓扰动对沉积物 TN 释放的影响。实验第 1 天～第 6 天为好氧阶段，保持空气曝气，上覆水 DO ≥ 8 mg/L；第 7 天～第 12 天为厌氧阶段，保持氮气曝气，上覆水 DO ≤ 0.5 mg/L。对照组和扰动组的 TN 释放呈现相似的规律。在好氧阶段，上覆水 TN 浓度迅速增加，到达峰值后逐渐减小；进入厌氧阶段，上覆水 TN 浓度则又开始增加，表明 DO 的降低能促进 TN 的释放（图 9-10）。在不同 DO 状态下，颤蚓扰动对沉积物 TN 释放的促进效果也不相同。厌氧状态下，颤蚓引起的 TN 释放增量明显高于好氧状态（图 9-11）。这与颤蚓的耐污能力有关，在厌氧状态下仍能大量存活，常常作为重污染水体的指示生物。

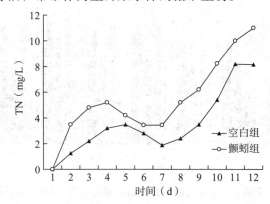

图 9-10　不同 DO 下颤蚓扰动对沉积物总氮（TN）释放过程的影响

（第 1 天～第 6 天：好氧阶段；第 7 天～第 12 天：厌氧阶段）

在温度 25℃、自然复氧条件下，设置扰动组（ρ=1 ind./cm^2）和对照组（ρ=0 ind./cm^2），考察不同 pH 下颤蚓扰动对沉积物 TN 释放的影响。与对照组相比，扰动组中上覆水的 TN 浓度明显升高，在这种 pH 条件下（pH=5、7、9、11）颤蚓扰动均能促进沉积物中 TN 的释放。对照组在酸性和碱性环境的 TN 释放强度均高于中性环境，pH=5、7、9、11 对应的上覆水 TN 浓度分别为 4.44 mg/L、3.89 mg/L、4.67 mg/L、5.15 mg/L；扰动组 pH 5、7、9、11 对应的上覆水 TN 浓度分别为 7.50 mg/L、5.91 mg/L、

7.72 mg/L、9.35 mg/L（图 9-12）。酸性或碱性条件下，颤蚓扰动组的沉积物 TN 释放增量均要高于中性条件，pH 为 5、7、9 和 11 时，各自的平均增幅分别为 3.06 mg/L、2.02 mg/L、3.05 mg/L、3.20 mg/L（图 9-13）。酸性或碱性条件均能促进沉积物中 TN 的释放。中性条件更加适合颤蚓生长繁殖，pH 过高或过低都可能改变沉积物中

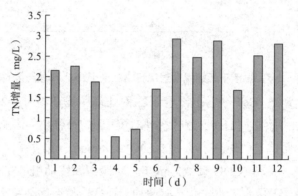

图 9-11　不同 DO 下颤蚓扰动对沉积物总氮（TN）释放增量的影响

（第 1 天～第 6 天：好氧阶段；第 7 天～第 12 天：厌氧阶段）

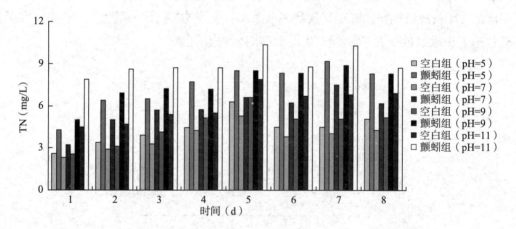

图 9-12　不同 pH 条件下颤蚓扰动对沉积物总氮（TN）释放的影响

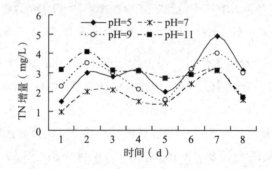

图 9-13　不同 pH 条件下颤蚓扰动对沉积物总氮（TN）释放增量的影响

部分有毒物质的存在形态，增强对颤蚓生长繁殖的逆境胁迫作用，颤蚓大规模主动迁移，在沉积物中产生更多的过水通道，利于沉积物与上覆水的交换过程，从而加速 TN 的释放。

底栖动物具有显著的"生物淋洗作用"（bioirrigation）和"生物搬运作用"（bioconveying），迁移方式和规模直接影响生物扰动的效果。底栖动物在沉积物中的迁移钻行、在泥水界面的活动加速了沉积物与上覆水的传质过程，发达的生物洞穴结构使得沉积物中氧的可利用性增大，提供了更多沉积物早期成岩过程所需的电子受体，改善了沉积物中的微生物活动，有效促进沉积物内部有机氮的矿化和沉积物 – 水界面的物质交换。

（2）磷

水体底部常存在一个活性有机碎屑层，有机态磷的转化溶解维持着较高的 PO_4^{3-} 浓度，在表层沉积物间隙水中形成高于上覆水的 PO_4^{3-} 浓度，驱使 PO_4^{3-} 由沉积物向上覆水扩散迁移。底栖动物扰动对沉积物中磷的释放造成显著影响，促进沉积物间隙中的磷被释放出来。在孙刚等的野外对比实验中，土壤全磷（P_2O_5）含量在水稻整个生长期内较为平缓，泥鳅扰动水田高于对照水田，但差异并不显著（$P > 0.05$）。土壤速效磷（P_2O_5）含量在齐穗期达到最高，然后开始下降。泥鳅扰动水田土壤速效磷（P_2O_5）含量高于对照水田，差异极显著（$P < 0.01$）（图 9-14）。

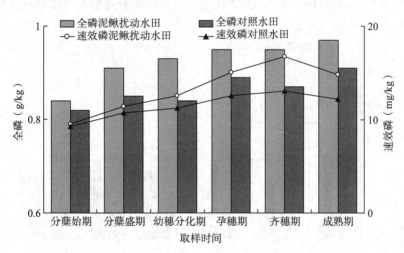

图 9-14　底栖鱼类泥鳅对水稻不同生长期土壤磷素含量的影响

吴淑娟研究了 pH=7、T=25 ℃、好氧条件下，不同颤蚓密度（ρ=0 ind./cm^2 即对照组、ρ=1 ind./cm^2、ρ=2 ind./cm^2）对沉积物磷释放的影响。对照组和高密度组（ρ=2 ind./cm^2）上覆水的总磷浓度均是第 5 天达到最大值，分别为 0.35、0.93 mg/L；而低密度组（ρ=1 ind./cm^2）上覆水的总磷浓度第 4 天达到最大值（0.88 mg/L），约为对照组的 2 倍（图 9-15）。颤蚓引起的生物扰动对沉积物中磷释放起到明显的促进作用，且释放速率与数量密度呈正相关。

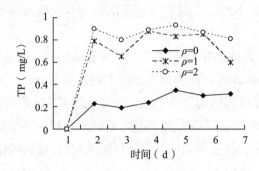

图 9-15　不同密度（$\rho=0$、1、2 ind./cm^2）下颤蚓扰动对沉积物总磷（TP）释放的影响

在吴淑娟的模拟实验中（颤蚓密度 $\rho=1$ ind./cm^2、pH=7、好氧条件、自然复氧），设定 3 种温度（5℃、15℃、25℃）考察颤蚓扰动对磷释放的影响。在整个释放过程中，各个温度下扰动组的上覆水总磷浓度均高于对照组。5℃和15℃时，磷释放量明显低于25℃（图 9-16）。颤蚓扰动对沉积物中总磷释放增量的促进效果不尽相同，25℃时较5℃、15℃时的促进效果显著加强，而15℃时的促进效果明显高于5℃时（图 9-17）。5℃、15℃和25℃条件下，与对照组相比，扰动组总磷释放增量分别为 0.07 mg/L、0.26 mg/L 和 0.56 mg/L。低温时颤蚓个体极不活跃，行动迟缓，排粪很少；随着水温升高，排粪率和释磷量逐渐增加。生物扰动下营养物质释放量与温度常呈线性关系。

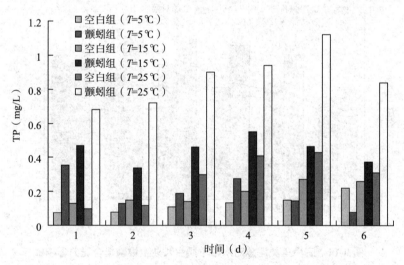

图 9-16　不同温度下颤蚓扰动对沉积物总磷（TP）释放的影响

在吴淑娟的模拟实验中（颤蚓密度 $\rho=1$ ind./cm^2、$T=25$ ℃、好氧条件、自然复氧），当 pH=5、7、9 时，与对照组相比，扰动组中上覆水的总磷浓度均明显升高，表明颤蚓扰动促进了总磷由沉积物向上覆水的释放；当 pH=11 时，实验前 2 天颤蚓组中上覆水的总磷浓度高于对照组，第 3 天开始低于对照组，表明颤蚓抑制了总磷由沉积物

向上覆水的释放（图 9-18）。颤蚓对沉积物总磷释放的促进作用同样也受到 pH 影响。上覆水中的总磷含量只有 pH=11 时减少，pH=5、7、9 时均升高，且 pH=5、9 时颤蚓扰动引起的沉积物总磷释放增量均高于中性条件（图 9-19）。pH=5、7、9 和 11 时，总磷含量的平均增幅分别为 0.09 mg/L、0.05 mg/L、0.17 mg/L 和 –0.03 mg/L。

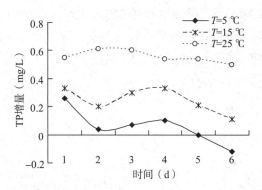

图 9-17　不同温度下颤蚓扰动对总磷（TP）释放增量的促进效果

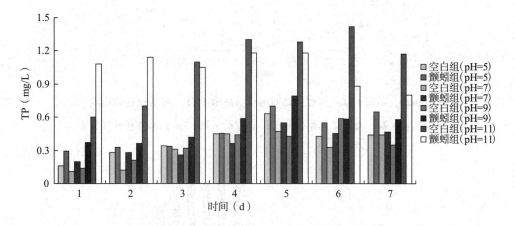

图 9-18　不同 pH 条件下颤蚓扰动对沉积物总磷（TP）释放的影响

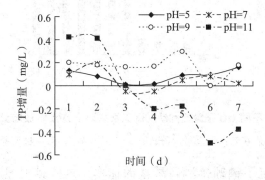

图 9-19　不同 pH 条件下颤蚓扰动对沉积物总磷（TP）释放增量的影响

在 pH=7、T=25℃条件下，设置了 2 种处理：扰动组（颤蚓密度 ρ=1 ind./cm^2）、

对照组（$\rho=0$ ind./cm^2），考察不同 DO 下生物扰动对磷释放的影响。第 1 天~第 6 天为好氧阶段，第 7 天~第 12 天为厌氧阶段。DO 对颤蚓扰动组和对照组沉积物磷释放的影响大致相同，均在好氧阶段释放量递减，在厌氧阶段迅速上升，颤蚓明显增加了磷由沉积物向上覆水的释放（图 9-20）。由于颤蚓能忍耐缺氧，并在此条件下迅速繁殖，因此在厌氧状态下，颤蚓组的释磷量大大高于对照组。在不同 DO 状态下，颤蚓扰动对沉积物总磷释放的促进效果有较大差别。厌氧状态下颤蚓扰动对沉积物磷释放的促进效果更为明显，平均增量为 1.40 mg/L，而好氧状态下颤蚓组的总磷释放平均增量仅为 0.16 mg/L（图 9-21）。

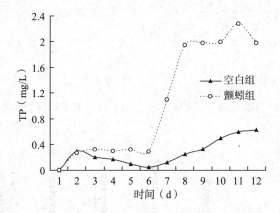

图 9-20　不同 DO 下颤蚓扰动对沉积物总磷（TP）释放过程的影响

（第 1 天~第 6 天：好氧释放阶段；第 7 天~第 12 天：厌氧释放阶段）

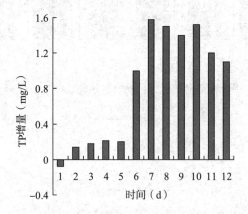

图 9-21　不同 DO 下颤蚓扰动对沉积物总磷（TP）释放增量的影响

（第 1 天~第 6 天：好氧释放阶段；第 7 天~第 12 天：厌氧释放阶段）

Postolache 等测定了颤蚓排泄磷酸盐的速率，这些排泄量占水体营养负荷的 7.56%。在 Mermillod-Blondin 等的研究中，颤蚓扰动显著影响间隙水中的磷浓度，导致 PO_4^{3-} 释放量增加了 4 倍。颤蚓显著促进了沉积物中磷的释放，一方面因为颤蚓的扰动行为和生态习性（包括爬行、游泳、掘穴、栖所建造等），加快底层的磷迁移到亚表层和表层，最终释放到上覆水中；另一方面还与颤蚓的新陈代谢（包括摄食、分泌、排泄等）有关。

（3）硫

硫是生物必需的大量营养元素之一，是蛋白质、酶、维生素 B_1 等物质的重要构成成分。硫是可变价态的元素，价态在 −2 价至 +6 价之间变化，可形成多种无机和有机硫化合物，并对环境的氧化还原电位（Eh）和酸碱度带来影响。在土壤和水体底质中，硫因 Eh 不同而呈现不同的化学价态。"酸可挥发性硫化物"（acid volatile sulfide，AVS）是指沉积物中通过冷酸处理可挥发释放出硫化氢的硫化物，主要包括马基诺矿、非晶质 FeS、Fe_3S_4（硫复铁矿）以及其他一些重金属与 S^{2-} 化合而成的硫化物，是重金属的重要结合物。AVS 是沉积物总硫含量中活性最大的组分，当沉积物处于还原态时，AVS 控制着孔隙水中的重金属浓度和化学活性，可作为沉积物中重金属污染评价的一个指标和依据。"同步提取金属"（simultaneously extracted metals，SEM）则是指酸作用下由沉积物释放进入水相的重金属。AVS 优先与 SEM 结合，但是当沉积物中 [SEM]/[AVS] > 1 时，其他物质会与重金属离子结合，从而降低孔隙水中的重金属浓度。在红树林这一特殊的沿海生态系统中，蟹类的扰动作用在改变沉积物理化性质（如含氧状况、pH、Eh）的基础上，强烈影响 AVS 的含量和分布，掘穴活动导致沉积物中的 AVS 部分氧化，进而影响 AVS 与重金属的存在形态和分布模式，而 AVS 及其独特性质又对重金属的地球化学行为和生物可利用性产生重要影响。对沉积物 AVS 的变化趋势进行长期的监测和评估时，必须考虑到外部影响因子特别是季节变化，使研究更具科学性和完整性。

（4）铁

铁是维持生命的重要物质。铁作为血红蛋白、肌红蛋白、细胞色素的组成部分，参与体内氧、电子、营养物质的输送，调节组织呼吸，防止疲劳，增加机体对疾病的抵抗力。铁还是生物体内氧化还原反应系统中多种酶（如过氧化氢酶）和维生素 B 族的必需元素，具有促进免疫、促进生长发育、促进代谢、促进神经系统发育的作用。底栖动物的扰动作用改变了铁离子及其化合物在沉积物中的存在形态和空间分布，可能在小尺度范围内影响铁的地化行为特征。一定密度的底栖动物洞穴对沉积物中 AVS（如 FeS）、H_2S 的浓度有较强的影响，使可溶解性 Fe^{2+} 向表层迁移并以铁的氢氧化物形式发生沉淀。但生物洞穴对性质稳定的黄铁矿的影响则相对较小。生物掘穴活动使沉积物深层的单硫铁（FeS）和黄铁矿（FeS_2）部分迁移到浅层。张弛等在研究生物扰动对互花米草（*Spartina alterniflora*）盐沼地沉积物性质的影响时发现，相对于无生物扰动的对照区域，扰动区域沉积物 0 ~ 10 cm 深度的硫酸还原速率降低 25%，总铁和 Fe^{3+} 浓度分别升高 1.5 倍和 6 倍。Fe^{3+} 的还原速率随着与蟹洞的距离加大而迅速降低。Nielsen 等观察到红树（*Rhizophora apiculata*）树根下，招潮蟹（*Uca vocans*）洞穴使沉积物表层至 7 cm 深处出现 Fe^{3+} 含量降低的现象。

3. 氧化还原特征

吕继涛通过对比实验，研究了颤蚓对长春南湖沉积物 Eh 的扰动作用。无生物扰动沉积物的 Eh 随时间变化不大，3 cm 以上随深度增加而降低，3 cm 以下趋于平稳。有生物扰动沉积物的 Eh 随时间增加而减小，随深度增加首先显著减小，1 cm 左右达到最低，之后缓慢回升，形成一个还原层，且厚度随时间不断增加。有、无生物扰动沉积物之间的 Eh 差异随时间逐渐加大，在 2 cm 深度达到最大（图 9-22）。颤蚓的呼吸作用、有机物在沉积物表面的有氧分解、低价金属在沉积物 – 水界面的氧化还原反应等，降低了表层沉积物的 Eh，增加了还原层沉积物的厚度。

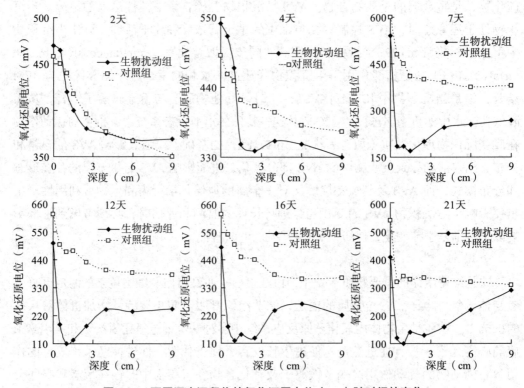

图 9-22　不同深度沉积物的氧化还原电位（Eh）随时间的变化

在 Kristensen 等的红树林围隔实验中，招潮蟹（*Uca vocans*）对沉积物中氧化还原敏感性元素（如铁、硫等）的影响可达 2 cm 深。沉积物表层较高浓度的氧化型化合物，是由蟹类的扰动而不断混合和氧化形成的，与蟹类的摄食、搬动、摩擦和掘穴等行为有关。在水稻 – 底栖鱼类（泥鳅）复合生态系统中，土壤氧化还原状况较为复杂。一方面，泥鳅的粪便、黏液、分泌物等代谢产物在淹水条件下分解，土壤的还原性增强；另一方面，泥鳅营底栖生活，其摄食、游泳、潜穴等活动对水田土壤起到中耕的作用，

DO 含量增加，促进活性有机还原物质的氧化。与对照水田相比，泥鳅扰动水田的土壤 Eh 增加 18.5 mV 和 14.5 mV，还原物质总量降低 0.61 cmol/kg 和 0.22 cmol/kg，活性还原物质含量降低 0.63 cmol/kg 和 0.30 cmol/kg，Fe^{2+} 含量降低 0.25 cmol/kg 和 0.27 cmol/kg，活性有机还原性物质含量降低 0.29 cmol/kg 和 0.13 cmol/kg（表 9-8）。

表 9-8　底栖鱼类对水田土壤氧化还原特征及 pH 的扰动作用

| 年份 | 处理 | 指标 | 生长期 | | | | | | 平均 |
			分蘖始期	分蘖盛期	幼穗分化期	孕穗期	齐穗期	成熟期	
2007	泥鳅扰动水田	氧化还原电位（mV）	30.2	61.4	75.8	115.5	124.0	71.1	79.7
		还原物质总量（cmol/kg）	5.33	6.14	4.58	3.75	1.78	1.02	3.77
		活性还原物质含量（cmol/kg）	4.61	3.79	2.67	2.25	0.78	0.58	2.45
		Fe^{2+} 含量（cmol/kg）	2.96	1.75	1.10	0.87	0.79	0.82	1.38
		活性有机还原性物质数量（cmol/kg）	1.92	1.97	1.54	0.91	0.25	0.21	1.13
		pH	5.85	5.88	5.92	5.86	5.70	5.61	5.80
	对照水田	氧化还原电位（mV）	21.4	57.3	60.2	86.4	95.7	46.5	61.2
		还原物质总量（cmol/kg）	6.17	6.26	5.42	4.70	2.53	1.19	4.38
		活性还原物质含量（cmol/kg）	4.98	4.34	3.65	3.13	1.46	0.95	3.08
		Fe^{2+} 含量（cmol/kg）	3.12	2.05	1.54	1.22	1.03	0.83	1.63
		活性有机还原性物质数量（cmol/kg）	2.03	2.42	1.85	1.37	0.48	0.36	1.42
		pH	5.87	5.92	5.95	5.82	5.63	5.58	5.80
2008	泥鳅扰动水田	氧化还原电位（mV）	32.4	58.6	68.2	97.8	103.6	67.5	71.4
		还原物质总量（cmol/kg）	7.18	6.35	5.83	4.57	2.36	1.79	4.68
		活性还原物质含量（cmol/kg）	6.72	4.33	2.85	3.05	1.21	0.70	3.14
		Fe^{2+} 含量（cmol/kg）	2.66	2.17	1.38	0.96	0.87	1.12	1.53
		活性有机还原性物质数量（cmol/kg）	2.08	1.73	1.42	0.74	0.45	0.36	1.13
		pH	5.76	5.82	5.87	5.82	5.85	5.71	5.80
	对照水田	氧化还原电位（mV）	23.3	50.8	53.1	79.6	83.4	51.3	56.9
		还原物质总量（cmol/kg）	7.13	6.52	6.17	4.85	2.64	2.10	4.90
		活性还原物质含量（cmol/kg）	6.74	4.68	3.76	3.12	1.55	0.79	3.44
		Fe^{2+} 含量（cmol/kg）	2.62	2.73	1.87	1.28	1.02	1.25	1.80
		活性有机还原性物质数量（cmol/kg）	2.13	1.96	1.56	0.91	0.54	0.43	1.26
		pH	5.75	5.77	5.81	5.83	5.86	5.75	5.80

4. 污染物

在底栖动物对底质污染物的扰动效应研究中，目前使用较多的扰动生物是环节动物和甲壳动物。

（1）COD

化学需氧量（chemical oxygen demand，COD）综合反映了水体的有机污染程度。COD 越大，说明水体受有机物的污染越严重。吴淑娟通过模拟实验，探讨了颤蚓扰动对东洞庭湖沉积物中 COD 等污染物释放的影响。在 pH=7、T=25℃、好氧、自然复氧的条件下，设置 3 种颤蚓密度：ρ=0 ind./cm^2（对照）、ρ=1 ind./cm^2（低密度）、ρ=2 ind./cm^2（高密度），考察不同密度的颤蚓对 COD 释放的影响。总体上颤蚓扰动对沉积物中的 COD 释放起到促进作用，且释放速率与颤蚓密度呈正相关。与对照相比，颤蚓密度 1 ind./cm^2、2 ind./cm^2 时引起的 COD 释放增量分别为 5.73 mg/L、9.43 mg/L。从释放过程看，颤蚓密度 1 ind./cm^2 和 2 ind./cm^2 的 COD 释放量均在第 3 天达到最大，分别为 34.87 mg/L、40.00 mg/L，然后趋于下降；而对照的 COD 释放量在第 4 天达到峰值（22.00 mg/L），之后也趋于减小（图 9-23）。这与胶州湾河口沉积物中耗氧有机物的释放规律一致。在朱健等的研究中，沉积物 COD 达到"释放 - 吸附"平衡历时 5 天。

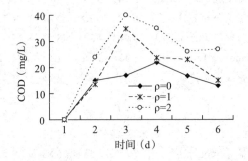

图 9-23　不同密度（ρ=0、1、2 ind./cm^2）下颤蚓扰动对沉积物 COD 释放的影响

在 ρ=2 ind./cm^2、pH=7、好氧、自然复氧条件下，设置 3 种温度（5℃、15℃和 25℃），考察不同温度下颤蚓对沉积物 COD 释放的影响。各个温度下，只有实验第 3 天时颤蚓组的上覆水 COD 浓度高于对照组，其他时间颤蚓组的上覆水 COD 浓度都低于对照组（图 9-24）。颤蚓的迁移钻行、对泥水界面的扰动能够增加沉积物的过水通道，提高沉积物中的 DO 含量，但颤蚓自身的新陈代谢也需要耗氧，降低底栖环境的 DO。颤蚓投入系统时，处于饥饿状态，只摄食不排泄；在实验中期，颤蚓将粪便排泄在泥水界面的表层，导致水中 COD 增加。各个温度下颤蚓扰动对沉积物中 COD 释放的促进效果不尽相同，温度越高，上覆水中 COD 的释放增量越大（图 9-25）。

在 T=25℃、好氧、颤蚓密度 ρ=2 ind./cm^2、自然复氧的条件下，设置 pH=5、7、9、11。酸性和碱性环境时，对照组 COD 的释放强度均高于中性环境。pH 为 5、7、9 和 11 时，扰动组上覆水中 COD 的平均浓度分别为 15.29 mg/L、18.06 mg/L、18.34 mg/L 和 18.28 mg/L，明显低于对照组，说明颤蚓的存在抑制了沉积物中 COD 向

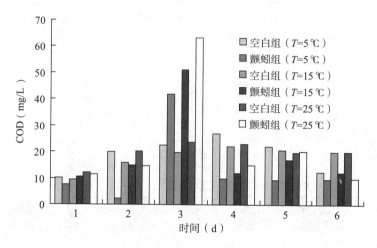

图 9-24　不同温度下颤蚓扰动对沉积物 COD 释放的影响

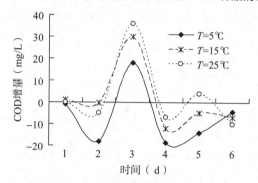

图 9-25　不同温度下颤蚓扰动对沉积物 COD 释放增量的影响

上覆水的释放。当 pH=7、pH=9 时，颤蚓扰动组中上覆水的 COD 最大浓度高于对照组；但是当 pH=5、pH=11 时，颤蚓扰动组并未明显促进沉积物中 COD 向上覆水的释放（图 9-26）。各 pH 条件下大部分时间的 COD 释放增量都是负值，pH=5、7、9 和 11 时对应的 COD 增量分别为 -7.36、-2.13、-2.66 和 -8.41 mg/L（图 9-27）。在不适于颤蚓生存的逆境条件下，颤蚓能一定程度抑制沉积物中 COD 向上覆水中的释放。

吴淑娟采用平行对照实验（pH=7、T=25 ℃），考察了不同 DO 下生物扰动对 COD 释放的影响。释放时间为 12 天，第 1 天~第 6 天为好氧阶段，第 7 天~第 12 天为厌氧阶段。在好氧阶段，扰动组（颤蚓密度 ρ=2 ind./cm²）和对照组（ρ= 0 ind./cm²）上覆水中 COD 浓度迅速增加，到达峰值后逐渐减小；对照组释放的 COD 最大值（8.89 mg/L）小于颤蚓组（12.62 mg/L），表明颤蚓的投放促进了沉积物中 COD 的释放。进入厌氧阶段，上覆水中 COD 浓度再次开始增加，DO 的降低促进了 COD 的释放（图 9-28）。在不同 DO 状态下，颤蚓扰动对沉积物 COD 释放的促进效果也不相同。好氧状态下，颤蚓引起的 COD 释放增量逐渐增加；而厌氧状态下则相反，颤蚓引起的 COD 释放增量逐渐减小，两种状态下的 COD 平均增量分别为 1.74 mg/L、

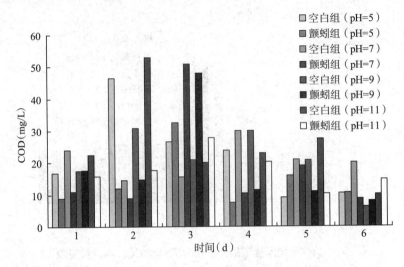

图 9-26　不同 pH 条件下颤蚓扰动对沉积物 COD 释放的影响

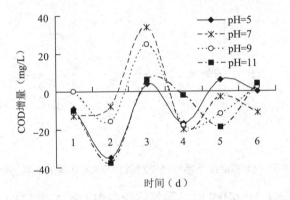

图 9-27　不同 pH 条件下颤蚓扰动对沉积物 COD 释放增量的影响

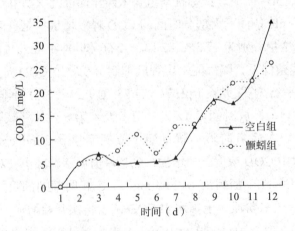

图 9-28　不同 DO 下颤蚓扰动对沉积物 COD 释放的影响

（第 1 天~第 6 天：好氧阶段；第 7 天~第 12 天：厌氧阶段）

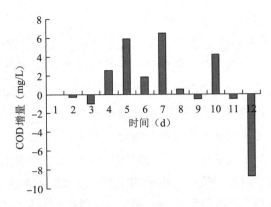

图 9-29　不同 DO 下颤蚓扰动对沉积物 COD 释放增量的影响

（第 1 天 ~ 第 6 天：好氧阶段；第 7 天 ~ 第 12 天：厌氧阶段）

0.06 mg/L（图 9-29）。较高的 DO 含量增加了 Eh，提高了有机质的矿化反应，加上颤蚓的机械、生理、生化扰动作用，使上覆水中的 COD 浓度升高；随着 DO 的降低，颤蚓的扰动强度大大减弱，其自身生存也需要耗氧，对沉积物 COD 的释放起到抑制作用。

（2）重金属

在生物扰动对沉积物中重金属释放的研究中，室内微宇宙系统（indoor microcosms）是常用的方法。生物扰动导致沉积物 – 水界面的颗粒物不断更新，颗粒物上面的吸附点位增加，促进了吸附态或结合相的重金属重新释放，增加了沉积物颗粒的吸附和重金属富集层的厚度，对水生生物产生毒害作用。底栖动物扰动改变沉积物表层的有机质降解速率，而有机质可以部分螯合沉积物中的重金属，因此生物扰动可能不同程度地改变重金属的生物可利用性。湖蝇（*Hexagenia rigida*）扰动显著促进了沉积物的再悬浮和重金属的释放，但镉和锌在河蚬（*Corbicula fluminea*）体内的富集量十分有限，甚至低于无生物扰动的对照体系。杨群慧与周怀阳发现，在贫营养、生产力低下的热带太平洋深海海底，底栖动物扰动对多金属结核在沉积物表面的长期赋存起到积极的作用。Atkinson 等研究了不同 pH、DO、盐度和扰动对沉积物中镉、铜、铅、锌 4 种重金属释放及螯合的影响，表明 pH 和物理扰动对重金属释放及螯合速率的影响较 DO 和盐度更加显著，物理扰动对重金属释放速率的影响大于生物扰动。蟹类的生物扰动作用加快 AVS 氧化，影响表层沉积物中某些重金属离子的形态、浓度、分布、迁移及生物可利用性。生物掘穴活动可以减少表层沉积物中的 AVS 浓度，使本来与 AVS 结合的重金属释放出来，导致上覆水和孔隙水中的重金属浓度显著上升。蟹类使表层沉积物颗粒细化，增强了重金属的吸附作用。蟹类捕获沉积物后，重金属离子在垂直方向上发生迁移或释放。除了镉、锌离子之外，汞、铅、铜等大多数重金属离子在生物扰动作用下只具有较低的可移动性，而且与硫化物结合的镉、铜和锌被氧化释放后，其生物可利用性也相对较低。

Ciutat 等运用室内微宇宙系统和荧光示踪剂，研究了污染水体中颤蚓扰动对沉积物颗粒垂直移动、镉释放及生物富集的影响，建立了扰动速率函数。镉能够被颤蚓大量富集，体内浓度最高可达环境浓度的 50 倍，成为更高营养级水生动物的潜在污染源。铜对颤蚓具有较强的毒性作用，在低剂量铜接触条件下，虽未观察到颤蚓死亡，但聚团的颤蚓将分散开并以剧烈颤动抵抗毒性。长春市南湖沉积物中可交换态铜的含量较低，仅占全铜含量的 6.18%，有、无生物扰动沉积物中可交换态铜浓度均随实验时间而增加，生物扰动组的可交换态铜平均浓度高于无生物对照组。在生物扰动条件下，上覆水中铜的浓度与 pH 成反比。上覆水 pH 越高，性质稳定的颗粒态铜所占比例越大。有、无生物扰动的长春市南湖沉积物表层总镉浓度均相对较小，实验开始时沉积物表层有部分镉向上覆水释放，且释放速率较快。生物扰动既可促进金属离子在沉积物中的扩散迁移，又能提高沉积物对金属离子的吸附能力，使生物扰动组沉积物表层镉浓度低于对照组。生物扰动组沉积物中的镉浓度随时间变化较对照组显著。有、无生物扰动沉积物中可交换态镉的浓度在实验第 2 天均低于初始值，此后随时间变化不显著。沉积物中可交换态镉经历了从快速解吸到平衡到再吸附的过程。在实验初始阶段，移动性较强的可交换态镉快速解吸，实验中期可交换态镉浓度的迅速增加表明有其他形态的镉转化为可交换态镉，而较低的 pH 和 Eh 是铁锰氧化物结合态镉含量减少的主要原因。有、无生物扰动沉积物中可交换态镉与上覆水中溶解态镉浓度均存在较好的正相关，碳酸盐结合态镉与上覆水中镉浓度均呈负相关。当 pH=4.5 时，上覆水中镉的浓度随时间的推移而增加，主要来源于沉积物中颗粒态镉的溶解释放；当 pH ≥ 6.5 时，上覆水中镉浓度较小且变化不大，沉积物中的颗粒态镉稳定存在，不易向水中释放。在高 pH 条件下上覆水中溶解态镉所占比重较低，颗粒态镉是镉的主要存在形态。吸附能力较弱、移动性较强的镉和锌在上覆水中主要以溶解态存在，在沉积物中的潜在释放能力强，易以溶解态的形式释放进入上覆水。生物扰动组上覆水中溶解态镉和锌浓度低于无生物组，生物扰动可以在一定程度上抑制沉积物中镉和锌的溶解释放。被沉积物强烈吸附的铜和铅在上覆水中主要以颗粒态存在，沉积物中铜和铅的释放较少，不易引起二次污染，但也增加了沉积物重金属污染的治理难度。

（3）有机污染物

张夏梅等利用室内实验，研究了小头虫（*Capitella capitata*）生物扰动作用对沉积物中油污降解的影响。实验水体中加入了柴油，在 6 个月内连续测定氧化还原电位不连续层（redox potential discontinuity layer，RPD）深度、Eh、烃类氧化菌生物量和油浓度等参数。小头虫通过生物扰动作用，改善了沉积物次表层的氧含量水平，促进了烃类氧化菌的生长，使沉积物中油污的生物降解率提高了 15%。相对于无蟹类扰动区，掘穴活动使蟹洞分布区浅层沉积物的电导率和 Eh 显著高于深层，从而加速了沉积物中植物碎屑、脂肪酸（FA）、多环芳烃（PAH）等有机物的降解过程。

9.1.3　底栖动物对沉积物生物学性质的扰动效应

1. 土壤呼吸

土壤呼吸（soil respiration）是指土壤释放二氧化碳的过程，包括3个生物学过程（植物根系呼吸、土壤微生物呼吸、土壤动物呼吸）和1个非生物学过程（含碳矿物质的氧化作用）。土壤呼吸是体现土壤质量与肥力、预测生产力的重要指标，其速率及方向的变化反映了生态系统对胁迫的敏感程度和耐受力。土壤呼吸直接决定着土壤中碳素周转的速度，是陆地生态系统碳循环研究的核心之一，土壤呼吸的微小变化将对全球碳收支平衡产生明显的影响。农田土壤呼吸是目前已建立的全球二氧化碳通量长期监测网站的重要组成，对农学、生态学、环境科学、土壤学及地球表层系统科学意义重大。土壤呼吸的季节变化主要受到温度、水分及二者间配置的影响。在水田等水生生态系统中，水分不是限制因子，土壤（底质）呼吸基本由温度制约。根据孙刚等的野外实验结果，在 6—10 月的水稻生长期内，水田土壤 CO_2 排放通量表现出明显的季节性，在 72.9 ~ 221.3 mg/（$m^2 \cdot$ h）之间波动。随着生长季的进行，温度逐渐升高，水田土壤呼吸速率于 8 月达到峰值，随后开始下降。最大值和最小值分别出现在 8 月的泥鳅扰动水田和 6 月的对照水田中（图 9-30）。泥鳅扰动水田的土壤呼吸高于对照水田，平均土壤呼吸速率分别为 139.2 mg/（$m^2 \cdot$ h）和 114.2 mg/（$m^2 \cdot$ h）（图 9-30），可见底栖鱼类提高了水田的土壤呼吸强度。根据方差分析（ANOVA）结果，泥鳅扰动水田与对照水田的土壤呼吸在 8 月的差异极显著（$P < 0.01$），9 月的差异显著（$P < 0.05$），6 月、7 月和 10 月的差异不显著（$P > 0.05$）。土壤呼吸作为复杂的生物学和化学过程，受到多种因素的作用，使得土壤呼吸一方面具有某种规律性，另一方面又表现出一定的不规则性。

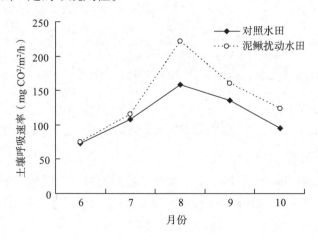

图 9-30　泥鳅扰动水田与对照水田土壤呼吸速率的季节变化 ［mg CO_2/（$m^2 \cdot$ h）］

2. 土壤酶活性

土壤酶（soil enzyme）是存在于土壤中各种酶类的总称，是土壤生态系统最活跃的有机组分之一，具有高度的催化作用和突出的专一性，主要来源于土壤中植物根系、动物、微生物的分泌物和残体的分解物，可在常温、常压和中性酸碱度的条件下，加快生化反应的速度。土壤酶参与了土壤发生、发育以及肥力形成、演化的全过程，是土壤物质循环和能量流动的重要参与者。土壤酶活性可以灵敏地反映环境状况，是监测和评价土壤污染的一种生物学方法。

（1）过氧化氢酶

土壤过氧化氢酶（catalase，CAT）活性与土壤微生物相关，可表征土壤腐殖化强度、有机质积累程度和总的生物活性。根据孙刚等的研究结果，水田同一土壤深度、不同处理间的土壤 CAT 活性相差很大。在 0 ~ 10 cm 的表层，泥鳅扰动水田的土壤 CAT 活性高于对照 65.5%，差异极显著（$P < 0.01$）；在 10 ~ 20 cm 土层，泥鳅扰动水田的土壤 CAT 活性高于对照 17.8%，差异显著（$P < 0.05$）；在 20 ~ 30 cm 土层，泥鳅扰动水田的土壤 CAT 活性比对照低 1.1%，差异不显著（$P > 0.05$）（表 9-9）。在同一处理样地，随着土层深度的增加，土壤 CAT 活性呈下降趋势。在对照水田，10 ~ 20 cm 土层和 20 ~ 30 cm 土层的土壤 CAT 活性分别为 0 ~ 10 cm 土层的 83.9% 和 55.3%；在泥鳅扰动水田，10 ~ 20 cm 土层和 20 ~ 30 cm 土层的土壤 CAT 活性分别为 0 ~ 10 cm 土层的 59.7% 和 33.0%（表 9-9）。

表 9-9　泥鳅扰动水田和对照水田的土壤酶活性及垂直分布

土壤酶	对照水田				泥鳅扰动水田			
	0 ~ 10 cm	10 ~ 20 cm	20 ~ 30 cm	平均	0 ~ 10 cm	10 ~ 20 cm	20 ~ 30 cm	平均
过氧化氢酶（0.1 mmol/L KMnO$_4$，mL/g/h）	3.42 ± 0.10	2.87 ± 0.08	1.89 ± 0.13	2.73	5.66 ± 0.21	3.38 ± 0.23	1.87 ± 0.10	3.64
磷酸酶（phenol，mg/kg/h）	4.84 ± 0.12	3.70 ± 0.15	2.48 ± 0.17	3.67	6.42 ± 1.20	4.17 ± 0.76	2.55 ± 0.28	4.38
脲酶（NH$_3$N，mg/kg/h）	38.15 ± 3.40	26.41 ± 3.86	20.56 ± 2.04	28.37	51.89 ± 3.77	38.62 ± 2.28	11.75 ± 1.78	34.09
蔗糖酶（0.1 mmol/L Na$_2$S$_2$O$_3$，mL/g/h）	14.22 ± 1.78	11.78 ± 1.27	6.55 ± 0.76	10.85	21.30 ± 0.89	15.48 ± 1.72	8.73 ± 0.95	15.17
脱氢酶（TPF，mg/g/d）	0.51 ± 0.03	0.37 ± 0.02	0.12 ± 0.01	0.33	0.62 ± 0.05	0.42 ± 0.04	0.18 ± 0.01	0.57

（2）磷酸酶

磷酸酶（phosphatase，PHO）是一种能够将对应底物去磷酸化的酶，可加速土壤有机磷的脱磷速度，有利于水稻生长和叶绿素合成，其活性能够表示土壤有机磷的转化状况。水田同一土壤深度、不同处理间的土壤 PHO 活性相差很大。泥鳅扰动水田 0 ~ 10 cm 表层、10 ~ 20 cm 土层和 20 ~ 30 cm 土层的土壤 PHO 活性分别高于对照

32.6%（差异极显著，$P < 0.01$）、12.7%（差异显著，$P < 0.05$）和 2.8%（差异不显著，$P > 0.05$）（表 9-9）。在同一处理样地，土壤 PHO 活性随着土层深度的增加呈下降趋势。在对照水田，10 ~ 20 cm 土层和 20 ~ 30 cm 土层的土壤 PHO 活性分别比 0 ~ 10 cm 土层降低 23.6% 和 48.8%；在泥鳅扰动水田，10 ~ 20 cm 土层和 20 ~ 30 cm 土层的土壤 PHO 活性分别比 0 ~ 10 cm 土层降低 35.0% 和 60.3%（表 9-9）。

（3）脲酶

脲酶（urease，EC）对尿素转化起关键作用，促进土壤释放氮素，有利于叶绿素的合成。与对照水田相比，底栖鱼类泥鳅提高了 0 ~ 10 cm 表层和 10 ~ 20 cm 土层的土壤 EC 活性，差异均达到极显著（$P < 0.01$）。在土壤垂直剖面上，EC 活性由表层到深层逐渐降低。在对照水田，10 ~ 20 cm 土层和 20 ~ 30 cm 土层的土壤 EC 活性分别为 0 ~ 10 cm 土层的 69.2% 和 53.9%；在泥鳅扰动水田，10 ~ 20 cm 土层和 20 ~ 30 cm 土层的土壤 EC 活性分别为 0 ~ 10 cm 土层的 74.4% 和 22.6%（表 9-9）。

（4）蔗糖酶

蔗糖酶（sucrase，SUC）广泛存在于土壤中，直接参与土壤有机质的代谢过程，将土壤中的高分子量蔗糖分子分解为植物和土壤微生物可利用的葡萄糖和果糖，为土壤生物体提供能源。在 3 个土壤层次上，泥鳅扰动水田的土壤 SUC 活性分别高于对照 49.8%（0 ~ 10 cm 土层，差异极显著，$P < 0.01$）、31.4%（10 ~ 20 cm 土层，差异极显著，$P < 0.01$）和 33.3%（20 ~ 30 cm 土层，差异极显著，$P < 0.01$）。在同一处理样地，土壤 SUC 活性随着土层深度的增加呈下降趋势（表 9-9）。SUC 活性反映了土壤有机碳累积、分解转化与循环状况，不仅能够表征土壤生物学活性强度，也可以作为评价土壤熟化程度和土壤肥力的指标。

（5）脱氢酶

土壤脱氢酶（dehydrogenases，DEH）促进有机物质的脱氢作用，为水稻生长提供氮源，其活性被认为是土壤微生物活性的有效指标。同一土壤深度、不同处理间的土壤 DEH 活性相差很大。泥鳅扰动水田 0 ~ 10 cm 表层、10 ~ 20 cm 土层和 20 ~ 30 cm 土层的土壤 DEH 活性分别高于对照 21.6%（差异极显著，$P < 0.01$）、13.5%（差异显著，$P < 0.05$）和 50.0%（差异极显著，$P < 0.01$）。在同一处理样地，土壤 DEH 活性随着土层深度的增加而降低。在对照水田，10 ~ 20 cm 土层和 20 ~ 30 cm 土层的土壤 DEH 活性分别为 0 ~ 10 cm 土层的 72.5% 和 23.5%；在泥鳅扰动水田，10 ~ 20 cm 土层和 20 ~ 30 cm 土层的土壤 DEH 活性分别为 0 ~ 10 cm 土层的 67.7% 和 29.0%（表 9-9）。

土壤中的生化反应都是在土壤酶的参与下完成的，土壤酶活性的高低反映了土壤生物活性、土壤生化反应强度和土壤养分循环状况，是评价土壤质量的重要指标。泥鳅扰动水田土壤的 CAT、PHO、EC、SUC 和 DEH 活性分别高于对照样地 33.3%、

19.3%、20.2%、39.8% 和 72.7%。底栖鱼类泥鳅对水田土壤 DEH 和 SUC 活性的影响最大，其次为 CAT、EC 和 PHO 活性。各样地的土壤酶活性均是在 0 ~ 10 cm 土层最高。底栖鱼类泥鳅对水田土壤酶活性的影响主要体现在 0 ~ 10 cm 土层（表 9-9）。

3. 土壤微生物

微生物是土壤生态系统中最活跃的成分，担负着分解动植物残体的重要作用。底栖动物通过取食、掘穴、通气等活动，改变沉积物的物理、化学和生物学性质，进而影响沉积物中的微生物群落。目前对于生物扰动过程中微生物数量及种群变化的报道不多。根据 Papaspyrou 等的研究，与缺氧的沉积物相比，底栖动物洞穴管道壁及其氧化表面上附着的活性微生物数量更多。磷脂脂肪酸分析和核酸分析结果表明，在不同的洞穴环境中，微生物群落结构、活性和反应速率显著不同，在很大程度上取决于洞穴管道中的理化特性。

（1）微生物区系

在泥鳅扰动水田和对照水田的土壤中，均以细菌的数量最多，其次是放线菌和真菌。放线菌和真菌多为好气性，受土壤的通气状况影响较大。泥鳅扰动组的土壤细菌、真菌和放线菌数量分别为对照组的 1.4 倍、2.0 倍和 1.7 倍。细菌数量达到了显著差异水平（$P < 0.05$），放线菌和真菌数量达到了极显著差异水平（$P < 0.01$）。水稻 – 泥鳅复合系统中土壤微生物数量高于对照处理，说明底栖鱼类的存在改善了土壤微生物的生存条件，提高了水田土壤的生化活性，有助于提高养分利用效率（表 9-10）。

表 9-10　泥鳅扰动水田和对照水田的土壤微生物数量（10^4/g 干土）

处理	细菌	真菌	放线菌	总数
泥鳅扰动水田	22.7	4.8	6.7	34.2
对照水田	16.6	2.4	3.9	24.9

（2）微生物生物量

泥鳅扰动水田土壤微生物生物量 C（B_C）平均含量为 1 054.4 mg/kg，主要分布区间为 827.4 ~ 1 215.8 mg/kg；土壤微生物生物量 N（B_N）平均含量为 163.9 mg/kg，主要分布区间为 136.5 ~ 187.0 mg/kg；土壤微生物生物量 P（B_P）平均含量为 30.3 mg/kg，主要分布区间为 26.7 ~ 35.2 mg/kg。对照水田土壤微生物生物量 C（B_C）平均含量为 726.8 mg/kg，主要分布区间为 538.4 ~ 811.5 mg/kg；土壤微生物生物量 N（B_N）平均含量为 105.2 mg/kg，主要分布区间为 82.6 ~ 123.4 mg/kg；土壤微生物生物量 P（B_P）平均含量为 25.7 mg/kg，主要分布区间为 18.1 ~ 33.2 mg/kg（图 9-31）。泥鳅扰动水田的土壤微生物生物量 C 和 N 明显高于对照水田，经 ANOVA 分析，均达到极显著差异水平（$P < 0.01$）。泥鳅扰动水田的土壤微生物生物量 P 也高于对照水田，但未达到显著差异水平（$P > 0.05$）。这与彭佩钦等对洞庭湖区水田的研究结果是一致的。

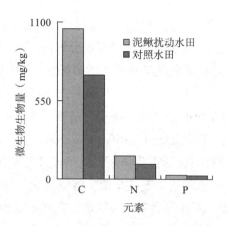

图 9-31　泥鳅扰动水田与对照水田的土壤微生物生物量碳（C）、氮（N）、磷（P）

（3）微生物生理群

微生物生理群是指具有相同或不同形态、执行同种功能的一类微生物，直接影响土壤养分的有效性和作物生长，如氮素微生物生理群（固氮细菌、硝化细菌、反硝化细菌、氨化细菌等）在土壤氮素转化中发挥着不可忽视的作用。固氮菌（nitrogen fixing bacteria；diazotrophs）的数量可作为土壤肥力和熟化程度的评价指标之一。土壤肥力高、C/N 比高、熟化程度高，则固氮菌数量多；反之，则固氮菌数量少。自生固氮菌（*Azotobacter*）为固氮菌科（Azotobacteraceae）中专性好氧性的一个属，由于培养相对容易，在实验室内可固定大量的氮素，因此固氮研究中常使用该细菌。在孙刚等的模拟实验中，泥鳅扰动水田土壤中的固氮菌数量（8370 cfu/g 干土）高于对照水田（5830 cfu/g 干土），达到显著差异水平（$P < 0.05$）（表 9-11）。泥鳅扰动提高了水田土壤的 pH，有利于固氮菌的生长。该菌除固氮之外，还具有一定的溶磷作用和极高的呼吸活性，呼吸商（respiratory quotient，RQ）高达 2000。在土壤中适当加入固氮微生物肥料及有机物，可提高土壤氮、磷等养分元素的供给能力。

表 9-11　泥鳅扰动水田和对照水田中某些土壤微生物生理群的数量

处理	固氮菌（cfu/g 干土）	好气性纤维素分解菌（cfu/g 干土）	厌气性纤维素分解菌（个/g 干土）	硝化细菌（个/g 干土）	反硝化细菌（个/g 干土）	硫化细菌（个/g 干土）	反硫化细菌（个/g 干土）	氨化细菌（个/g 干土）
对照水田	5830[a]	1360[a]	125[a]	3440[a]	12 100[a]	50 600[a]	15 480[a]	3 200 000[a]
泥鳅扰动水田	8370[b]	3230[c]	151[a]	5680[b]	8500[b]	97 300[c]	7800[c]	5 700 000[c]

注：在同一列数字后，a 与 c 之间为极显著差异（$P < 0.01$），a 与 b 之间为显著差异（$P < 0.05$），a 与 a 之间为差异不显著（$P > 0.05$）。

纤维素分解菌（cellulose decomposing bacteria）促进土壤中有机物质的分解和转化，包括好气性和厌气性两类，其数量可指示土壤的有机质含量、肥力和熟化程度。在两种处理的水田土壤中，好气性纤维素分解菌数量均明显高于厌气性纤维素分解菌数量。泥鳅扰动水田土壤的好气性纤维素分解菌（3 230 cfu/g 干土）高于对照（1 360 cfu/g 干土），达到极显著差异水平（$P < 0.01$）；厌气性纤维素分解菌（151个/g 干土）也高于对照（125 个/g 干土），但差异并不显著（$P > 0.05$）（表 9-11）。底栖鱼类泥鳅增加了水田土壤的好气性纤维素分解菌数量，促进了有机纤维物质的矿化，提高了土壤供氮能力。硝化细菌（nitrifying bacteria）是一种好气性细菌，在自然界氮素循环和水质净化过程中起到重要作用，包括亚硝酸菌属（*Nitrosomonas*）和硝酸菌属（*Nitrobacter*）。亚硝酸菌（氨氧化菌）将氨氧化为亚硝酸，硝酸菌（硝化细菌）将亚硝酸氧化为硝酸。两者均为专性好气菌，有利于植物可利用氮素的供给和机体的正常生长。在孙刚等的模拟实验中，泥鳅扰动水田的土壤硝化细菌（5 680 个/g 干土）显著高于对照水田（3 440 个/g 干土）（$P < 0.05$）（表 9-11）。反硝化细菌（denitrifying bacteria）是引起反硝化作用（即硝酸还原作用）的细菌，多为异养、兼性厌氧细菌，利用硝酸中的氧，将葡萄糖氧化成二氧化碳和水，释放能量供自身生命活动的需要。泥鳅扰动水田的土壤反硝化细菌（8 500 个/g 干土）显著低于对照水田（12 100 个/g 干土）（$P < 0.05$）（表 9-11）。土壤中硝化细菌与反硝化细菌的数量分布受有机质含量、pH、Eh 等多种因素的影响。底栖鱼类改善了水田土壤的氧化还原状况，减少了还原性物质含量，有利于硝化细菌的生长，并抑制了反硝化细菌的繁殖。水体沉积物中存在着强烈的以细菌为媒介的硝化与反硝化反应，分别发生在沉积物的富氧层和缺氧层。

硫化细菌（sulfur bacterial）专性化能自养，将元素硫或还原态硫化物（如 H_2S）氧化为硫酸，以获得能量，如氧化亚铁硫杆菌（*Thiobacillus ferrooxidans*）、脱氮硫杆菌（*Thiobacillus denitrificans*）等。反硫化细菌（anti-sulfur bacterial）是在厌氧条件下将 SO_4^{2-} 还原为 H_2S 的一类细菌，如脱硫弧菌（*Desulfovibrio*）。在孙刚等的供试水田土壤中，泥鳅扰动组的硫化细菌（97 300 个/g 干土）高于对照组（50 600 个/g 干土），达到极显著差异水平（$P < 0.01$）；扰动组的反硫化细菌（7 800 个/g 干土）低于对照组（15 480 个/g 干土），也达到极显著差异水平（$P < 0.01$）（表 9-11）。硫化细菌与反硫化细菌的活动改变土壤中的硫素价态，硫化细菌的氧化作用为植物提供可利用的硫酸态硫素，而反硫化作用的产物 H2S 对植物根部造成毒害。氨化作用（ammonification）是指将有机氮化合物转化为氨的过程，参与氨化作用的细菌称为氨化细菌（ammonifying bacteria）。泥鳅扰动水田的土壤氨化细菌（5 700 000 个/g 干土）高于对照水田（3 200 000 个/g 干土），达到极显著差异水平（$P < 0.01$）（表 9-11）。氨化作用强度在一定程度上反映了土壤（底质）的供氮能力。

4. 土壤动物

土壤动物（soil animal）既是消费者，又是分解者，同时也是次级生产者，在生态系统物质循环和能量流动中起到不可替代的作用。

（1）区系组成

根据孙刚等的研究结果，泥鳅扰动水田和对照水田土壤动物种类较为丰富。6—10 月 5 次采样共获得土壤动物 856 个，隶属 20 个类群。其中，腹足类、线虫类和线蚓类为优势类群（频度＞10%），占捕获总量的 68.46%；甲螨类、弹尾类、寡毛类、双翅类、鞘翅类、膜翅类、甲壳类和鳞翅类为常见类群（频度为 1% ~ 10%），占捕获总量的 28.97%；其余 9 类为稀有类群（频度＜1%），占捕获总量的 2.57%，该类群数量少，仅分布在个别生境中（表 9-12）。

表 9-12　泥鳅扰动水田与对照水田的土壤动物区系组成

土壤动物类群	对照水田		泥鳅扰动水田		个体总数	频度（%）	多度
	个体数	占样地总数（%）	个体数	占样地总数（%）			
腹足类（Gastropoda）	137	30.65	183	44.74	320	37.38	+++
线虫类（Nematoda）	97	21.70	62	15.16	159	18.57	+++
线蚓类（Enchytraeidae）	62	13.87	45	11.00	107	12.50	+++
甲螨类（Oribatida）	35	7.83	40	9.78	75	8.76	++
弹尾类（Collemobola）	26	5.82	22	5.38	48	5.61	++
寡毛类（Oligochaeta）	26	5.82	10	2.44	36	4.21	++
双翅类（Diptera）	14	3.13	8	1.96	22	2.57	++
鞘翅类（Coleoptera）	13	2.91	7	1.72	20	2.34	++
膜翅类（Hymenoptera）	11	2.46	7	1.72	18	2.10	++
甲壳类（Crustacea）	11	2.46	7	1.72	18	2.10	++
鳞翅类（Lepidoptera）	5	1.12	6	1.47	11	1.29	++
多毛类（Polychaeta）	4	0.90	3	0.73	7	0.82	+
双尾类（Diplura）	2	0.45	3	0.73	5	0.58	+
倍足类（Diplopoda）	1	0.22	1	0.24	2	0.23	+
唇足类（Chilopoda）	0	0	2	0.49	2	0.23	+
蜱螨类（Acarina）	1	0.22	1	0.24	2	0.23	+
蜘蛛类（Araneae）	0	0	1	0.24	1	0.12	+
涡虫类（Turbellaria）	1	0.22	0	0	1	0.12	+
蜈蚣类（Scolopendromorpha）	0	0	1	0.24	1	0.12	+
轮虫类（Rotifera）	1	0.22	0	0	1	0.12	+
总计∑	447	100	409	100	856	100	

注："+++"为优势类群（频度＞10%），"++"为常见类群（频度为 1% ~ 10%），"+"为稀有类群（频度＜1%）。

泥鳅扰动水田的土壤动物个体数（409）少于对照水田（447）。在优势类群和常见类群中，泥鳅扰动水田中腹足类、甲螨类和鳞翅类的个体数多于对照水田，而线虫类、线蚓类、弹尾类、寡毛类、双翅类、鞘翅类、膜翅类和甲壳类的个体数少于对照水田，这与泥鳅的摄食有关。根据镜检结果，泥鳅在其幼体阶段主要以浮游动物为食，平均每尾泥鳅肠道内出现的轮虫、小型甲壳类、无节幼体、原生动物和线蚓类数量分别为13.4、7.6、1.4、1.3和0.7。泥鳅进入成体阶段后，主要摄食底栖无脊椎动物和浮游动物，同时摄食藻类、植物碎片等，平均每尾泥鳅肠道内出现的线虫类、水生昆虫（含幼虫）、线蚓类、寡毛类、小型甲壳类和腹足类数量分别为5.4、6.8、2.8、2.2、1.6和1.2。

（2）群落数量特征

多样性指数、均匀性指数和优势度指数反映了生物群落的数量特征，这3个指数的大小取决于生物类群数和各类群的个体数，可用于定量描述生物群落的结构、功能及稳定性。在孙刚等的模拟实验中，3个层次上（0～5 cm、5～10 cm和10～15 cm）水稻－泥鳅复合系统的多样性指数和均匀性指数均高于对照样地，而优势度指数低于对照样地。在0～5 cm层次，水稻－泥鳅复合系统与对照样地的数量特征（多样性指数、均匀性指数和优势度指数）差异不显著（$P > 0.05$）；而在5～10 cm和10～15 cm层次，水稻－泥鳅复合系统与对照样地的数量特征差异分别为显著水平（$P < 0.05$）和极显著水平（$P < 0.01$）（表9-13）。底栖鱼类改善了水田土壤的理化特性和氧化还原状况，摄食活动降低了被捕食物种之间的竞争强度，使更多的被捕食物种可以共存，有利于系统的稳定。

表 9-13　泥鳅扰动水田和对照水田土壤动物群落的数量特征

处理	0～5 cm			5～10 cm			10～15 cm		
	H'	E	C	H'	E	C	H'	E	C
对照水田	1.95 ± 0.11[a]	0.87 ± 0.06[a]	0.18 ± 0.03[a]	1.14 ± 0.04[a]	0.68 ± 0.09[a]	0.21 ± 0.03[a]	0.96 ± 0.10[a]	0.44 ± 0.06[a]	0.25 ± 0.04[a]
泥鳅扰动水田	2.04 ± 0.08[a]	0.96 ± 0.09[a]	0.16 ± 0.02[a]	1.52 ± 0.08[b]	0.82 ± 0.06[b]	0.19 ± 0.05[b]	1.31 ± 0.08[b]	0.69 ± 0.06[b]	0.23 ± 0.04[b]

注：H'、E和C分别为多样性指数、均匀性指数和优势度指数。数据为平均值 ± 标准差。同一列数字后英文字母相同表示差异不显著（$P > 0.05$），英文字母不同表示差异显著（$P < 0.05$）。

（3）垂直分布

对照水田和泥鳅扰动水田的土壤动物在垂直分布上具有表聚性，类群数和个体数从上至下均依次降低。以6—10月平均值计，对照样地有92.7%的土壤动物类群数和75.8%的土壤动物个体数集聚在0～5 cm土层中；水稻－泥鳅复合系统则有86.4%的土壤动物类群数和68.8%的土壤动物个体数集聚在0～5 cm土层中。水稻－泥鳅复合系统的土壤动物表聚性小于对照样地，与泥鳅对0～5 cm土层中土壤动物的捕食强度较大有关（图9-32）。

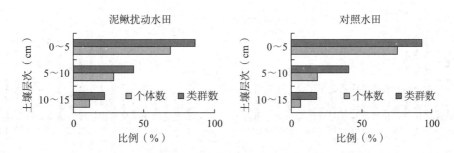

图 9-32 泥鳅扰动水田和对照水田土壤动物的垂直分布

9.2 底栖动物对上覆水的扰动效应

9.2.1 底栖动物对上覆水氮素浓度的扰动效应

1. 泥鳅扰动

孙刚等通过模拟实验，对比分析了氮素含量在有、无底栖动物活动时的差异，探讨了底栖鱼类对水田上覆水中氮素动态的扰动效应及其机制。

（1）氮素浓度

在无生物扰动的对照组中，整个实验期间溶解性无机氮（dissolved inorganic nitrogen，DIN）和总氮（TN）浓度变化很小。随着实验的进行，水体与空气的暴露时间增加，上覆水中 DO 含量上升，水体氧化性增强，硝化细菌增殖，使得亚硝态氮（NO_2^--N）和氨氮（NH_4^+-N）浓度分别从第 6 天和第 7 天开始降低，而硝态氮（NO_3^--N）浓度逐渐升高。到了实验后期，对照组中的 NH_4^+-N、NO_3^--N 和 NO_2^--N 浓度保持相对稳定（图 9-33）。

泥鳅扰动组的 NH_4^+-N 浓度在整个实验期间均高于对照组，除第 13 天和第 17 天外，均达到显著差异水平（$P < 0.05$）；NH_4^+-N 浓度在实验前期明显升高，从第 8 天开始降低到 2.00 mg/L 以下的水平（图 9-33a）。除第 1 天外，扰动组的 NO_3^--N 浓度均显著高于对照组（$P < 0.05$）。扰动组的 NO_3^--N 浓度在第 8 天明显上升，这恰好与 NH_4^+-N 浓度的下降相对应，显示了硝化细菌群体的增长（图 9-33b）。扰动组的 NO_2^--N 浓度在大多数时间里低于对照组（图 9-33c）。NO_2^--N 处于低氧化态，作为 NH_4^+-N 和 NO_3^--N 之间的中间转化产物，NO_2^--N 是 NH_4^+-N 氧化和 NO_3^--N 还原的过渡及不稳定形式，但整个实验期间泥鳅扰动对 NO_2^--N 浓度的影响未表现出明显的规律性。在 3 种形式的 DIN 中，泥鳅扰动对 NO_3^--N 浓度的增加作用最为显著。在扰动组中，整个实验期间 DIN 和 TN 浓度均高于对照组，体现了泥鳅扰动对沉积物中氮素释放的增加作用。扰动组的 DIN 和 TN 浓度最高分别达到 4.66 mg/L 和 6.42 mg/L，而对照组最高分别只有 2.35 mg/L 和 3.96 mg/L（图 9-33d、图 9-33e）。

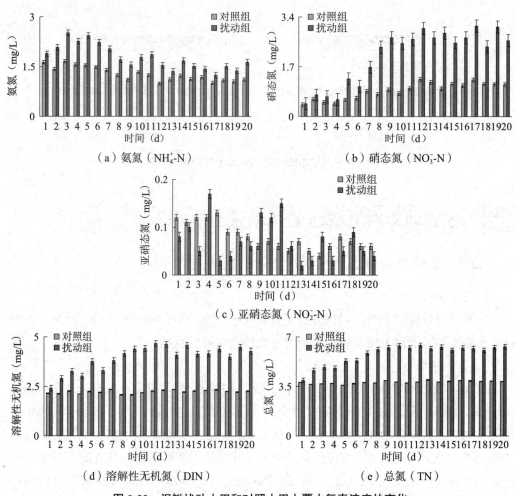

图 9-33 泥鳅扰动水田和对照水田上覆水氮素浓度的变化

（2）NH_4^+-N/TN 比值

NH_4^+-N 是决定各类形态氮素数量及相互转化的关键物质，上覆水中 NH_4^+-N 与 TN 浓度的比值可以反映氮素周转与流失潜能的相对水平。生物扰动组和对照组的 NH_4^+-N/TN 比值在整个动态观察期的变化范围分别为 0.20 ~ 0.52 和 0.26 ~ 0.45，在实验前 6 天处于较高水平（≥ 0.39），此后随着时间的推移，呈下降趋势。最大值均出现在第 3 天，扰动组的最小值出现在第 17 天，对照组的最小值出现在第 12 天和第 17 天。泥鳅活动促进了沉积物 – 水界面处溶解态和吸附态 NH_4^+-N 的交换，使实验前期生物扰动组的 NH_4^+-N/TN 比值高于对照组。随着实验的进行，泥鳅的扰动增加了沉积物与水的接触面，逐渐加深了氧气的渗入，增大了沉积物氧化区的面积和体积，扩展了硝化细菌活动的范围并改善了硝化活动进行的环境条件，从而加强了硝化作用，促进了 NH_4^+-N 向 NO_2^--N 和 NO_3^--N 的转化，使实验中、后期扰动组的 NH_4^+-N/TN 比值低于对照组（图 9-34）。

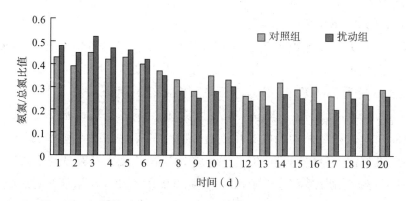

图 9-34　泥鳅扰动水田和对照水田上覆水氨氮／总氮比值的变化

（3）DIN/TN 比值

DIN 包括 NO_3^--N、NH_4^+-N 和 NO_2^--N，是植物生长可以利用的有效氮素形式，主要由 NO_3^--N 和 NH_4^+-N 决定。对照组的 DIN/TN 比值在整个实验期间变化不大（0.53～0.63），最大值和最小值分别出现在第 5 天和第 9 天。泥鳅扰动组的 NO_3^--N、NH_4^+-N 浓度在实验期间的 17 天里高于对照组（$P < 0.05$），平均值分别为 2.078 mg/L 和 1.784 mg/L，而同期对照组的 NO_3^--N、NH_4^+-N 浓度平均值分别为 0.874mg/L 和 1.273 mg/L。扰动组的 NO_3^--N 和 NH_4^+-N 浓度分别比对照组平均高出 137.8% 和 40.1%，使扰动组的 DIN/TN 比值高于对照组。泥鳅扰动增加了 DIN 占 TN 的比例，随着实验的进行，这种促进作用在实验的中、后期更加明显（图 9-35）。可见，底栖鱼类泥鳅对水田上覆水中的氮素动态具有强烈的扰动作用，显著增加了 DIN 和 TN 的浓度。

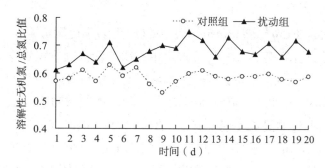

图 9-35　泥鳅扰动水田和对照水田上覆水溶解性无机氮／总氮比值的变化

2. 水丝蚓扰动

（1）TN 浓度

在房岩等的室内模拟实验中，对照组的 TN 浓度在实验期间没有大的变化。生物扰动组的 TN 浓度随着实验进行而升高，在第 13 天达到最高值 6.42 mg/L，然后开始降低（表 9-14）。

（2）NO_3^--N、NO_2^--N 浓度

随着实验的进行，上覆水与空气的暴露时间延长、暴露强度增加，DO 含量升高，加强了上覆水的氧化性，使水生硝化细菌得以增殖，NO_2^--N 浓度逐渐降低，而 NO_3^--N 浓度保持升高（表 9-14）。姚思鹏等根据太湖梅梁湾大型底栖动物的自然分布特征，运用沉积物 – 水微宇宙实验系统，评估了霍甫水丝蚓（*Limnodrilus hoffmeisteri*）对太湖沉积物无机氮释放的影响。在实验中，生物扰动组 NO_3^--N 浓度呈现随时间推移而上升的趋势，但各扰动组 NO_3^--N 浓度上升幅度并不相同，对照组 NO_3^--N 浓度在各时间段都远高于扰动组（$P < 0.01$）。NO_2^--N 浓度在对照组和扰动组中呈现出不同的变化规律。NO_2^--N 作为硝化和反硝化作用的中间态，其变化说明水丝蚓的存在影响硝化作用和反硝化作用的进程。

（3）NH_4^+-N 浓度

在房岩等的室内模拟实验中，由于水体氧化性的增强，NH_4^+-N 浓度与 NO_2^--N 浓度均表现出逐渐降低的变化规律，这是因为 NH_4^+-N 被氧化为 NO_3^--N（表 9-14）。水丝蚓的扰动增加了上覆水中的 DIN 浓度。在 3 种形式的 DIN（NO_3^--N、NO_2^--N、NH_4^+-N）中，水丝蚓对 NO_3^--N 浓度的升高作用相对更加显著，扰动组最高达到对照组的 3.05 倍（实验第 14 天）。DIN 是植物生长发育可利用的有效形式，从这个意义上来说，底栖动物扰动有利于植物吸收养分。在姚思鹏等的沉积物 – 水微宇宙实验系统中，随着水丝蚓密度的增加，上覆水中 NH_4^+-N 浓度变化各不相同。水丝蚓密度对上覆水 NH_4^+-N 浓度有显著影响（$P < 0.05$），增加水丝蚓的密度显著影响沉积物和上覆水中无机氮的浓度。

3. 河蚬扰动

余婕等以河蚬（*Corbicula fluminea*）为扰动生物，运用模拟实验，发现在富氧的环境下，河蚬的活动使 NO_3^--N 在上覆水中有明显的持续累积效应，NH_4^+-N 在较深层孔隙水中积累，而 NO_2^--N 易在沉积物中累积。在短期实验（0 ~ 6 h）中，对照样 NH_4^+-N 浓度在 2.19 ~ 25.65 mg/L，波动较大，扰动样在 5.95 ~ 41.13 mg/L，波动与对照样相似，但含量明显高于对照样。在长期实验（0 ~ 20 d）中，对照样 NH_4^+-N 浓度在 6.18 ~ 41.74 mg/L，扰动样在 1.26 ~ 70.11 mg/L，第 1 天 ~ 第 6 天高于对照样，第 7 天起低于对照样，之后两者都呈下降的趋势。对照样和扰动样的 NO_3^--N 浓度在短期内差别不大，为 92.18 ~ 112.73 mg/L。经过 20 d 培养，两者差异增大。其中对照样为 97.51 ~ 151.11 mg/L，而扰动样为 126.43 ~ 358.49 mg/L。两者均呈现随时间增加而上升的趋势，培养后期扰动样 NO_3^--N 含量是对照样的 2 ~ 3 倍。从 6 h 的短期实验看，对照样 NO_2^--N 浓度在 1.50 mg/L 上下，变动很小，扰动样略低于对照样。从 20 d 的长期实验看，培养前期对照样 NO_2^--N 浓度呈逐渐增长的趋势，第 6 天后稳定在 4.5 mg/L 左右；扰动样 NO_2^--N 浓度也逐渐上升，但增长速率缓慢，总体水平明

表 9-14　水丝蚓扰动水田和对照水田上覆水氮素浓度的变化（mg/L）

氮素		第 n 天																			
		1	2	3	4	5	6	7	8	9	10	11	12	13	14	15	16	17	18	19	20
氨氮（NH_4^+-N）	对照组	1.63	1.42	1.66	1.56	1.54	1.48	1.39	1.24	1.10	1.33	1.24	0.99	1.11	1.22	1.12	1.18	1.01	1.08	1.05	1.11
	扰动组	1.93	2.14	2.43	2.35	2.38	2.20	1.98	1.74	1.62	1.83	1.85	1.60	1.42	1.71	1.56	1.47	1.28	1.45	1.33	1.57
硝态氮（NO_3^--N）	对照组	0.40	0.59	0.48	0.43	0.57	0.63	0.87	0.76	0.91	0.78	0.96	1.27	1.17	0.95	1.11	1.06	1.25	1.10	1.10	1.09
	扰动组	0.45	0.66	0.72	0.62	1.04	1.25	1.71	1.66	2.01	2.28	2.43	2.82	2.64	2.90	2.47	2.59	2.66	2.84	3.03	2.92
亚硝态氮（NO_2^--N）	对照组	0.12	0.11	0.12	0.12	0.13	0.09	0.09	0.08	0.06	0.07	0.06	0.05	0.07	0.05	0.04	0.06	0.08	0.07	0.06	0.06
	扰动组	0.07	0.08	0.06	0.13	0.04	0.06	0.08	0.07	0.14	0.13	0.14	0.07	0.03	0.03	0.06	0.04	0.04	0.06	0.08	0.06
溶解性无机氮（DIN）	对照组	2.15	2.12	2.26	2.11	2.24	2.20	2.35	2.08	2.07	2.18	2.26	2.31	2.35	2.22	2.27	2.30	2.34	2.25	2.21	2.26
	扰动组	2.45	2.88	3.21	3.10	3.46	3.51	3.77	3.47	3.77	4.24	4.42	4.49	4.09	4.64	4.09	4.10	3.98	4.35	4.44	4.55
总氮（TN）	对照组	3.78	3.65	3.68	3.72	3.58	3.70	3.77	3.75	3.92	3.81	3.75	3.82	3.96	3.82	3.86	3.92	3.90	3.85	3.88	3.84
	扰动组	4.12	4.57	4.83	4.96	5.15	5.25	5.56	5.87	6.04	6.11	6.23	6.38	6.42	6.25	6.14	6.05	6.08	6.06	6.10	6.16

注：表中为 3 个平行样的平均值。

显低于对照样。

9.2.2 底栖动物对上覆水磷素浓度的扰动效应

1. 总磷

在孙刚等的模拟实验中，实验期间对照组总磷（total phosphorus，TP）浓度变化很小（0.21 ~ 0.46 mg/L）。随着时间的推移，磷素从沉积物中释放，TP 浓度逐渐升高，从第 10 天开始保持相对稳定。在泥鳅扰动组中，整个实验期间 TP 浓度均高于对照组，体现了泥鳅扰动对沉积物中磷素释放的促进作用。扰动组的 TP 浓度在第 22 天达到最大值 0.85 mg/L（表 9-15）。在实验开始阶段，泥鳅扰动组的 TP 浓度与对照组并无显著差异，从第 13 天开始，扰动组与对照组的 TP 浓度一直呈显著差异水平（$P < 0.05$）。

表 9-15 泥鳅扰动水田和对照水田上覆水磷素浓度的变化（mg/L）

磷素		实验开始后的天数（d）										
		1	4	7	10	13	16	19	22	25	28	31	平均
总磷（TP）	对照组	0.21	0.27	0.32	0.45	0.43	0.39	0.41	0.37	0.46	0.42	0.40	0.38
	扰动组	0.23	0.33	0.38	0.56	0.79	0.75	0.66	0.85	0.70	0.82	0.78	0.62
溶解性总磷（DTP）	对照组	0.17	0.22	0.26	0.36	0.35	0.33	0.33	0.29	0.38	0.35	0.33	0.31
	扰动组	0.18	0.25	0.26	0.52	0.49	0.39	0.39	0.43	0.40	0.45	0.41	0.38
溶解性无机磷（DIP）	对照组	0.02	0.02	0.04	0.06	0.05	0.05	0.05	0.04	0.05	0.05	0.04	0.04
	扰动组	0.02	0.03	0.05	0.08	0.15	0.14	0.12	0.12	0.10	0.13	0.12	0.10
溶解性有机磷（DOP）	对照组	0.15	0.20	0.22	0.30	0.30	0.28	0.28	0.25	0.33	0.30	0.29	0.26
	扰动组	0.16	0.22	0.21	0.32	0.37	0.35	0.27	0.31	0.30	0.32	0.29	0.28
颗粒磷(PP)	对照组	0.04	0.05	0.06	0.09	0.08	0.06	0.08	0.08	0.08	0.07	0.07	0.07
	扰动组	0.05	0.08	0.12	0.16	0.27	0.26	0.27	0.42	0.30	0.37	0.37	0.24

2. 溶解性磷

实验期间，泥鳅扰动组中的溶解性总磷（dissolved total phosphorus，DTP）浓度高于或等于对照组，其中在第 13 天、第 16 天、第 22 天和第 28 天达到显著差异水平（$P < 0.05$）（表 9-15）。对照组的溶解性无机磷（dissolved inorganic phosphorus，DIP）浓度在实验期间保持相对稳定（0.02 ~ 0.06 mg/L）；泥鳅扰动组的 DIP 浓度随着实验的进行呈增加趋势，在第 13 天达到最高值 0.15 mg/L，之后保持稳定。扰动组的溶解性有机磷（dissolved organic phosphorus，DOP）浓度在大部分实验期间（除第 7 天、第 19 天、第 25 天）高于或等于对照组，但两者差异并不显著（$P > 0.05$）（表 9-15）。

3.颗粒态磷

实验期间,泥鳅扰动组中的颗粒态磷(particulate phosphorus,PP)浓度高于对照组,在实验中、后期(从第 13 天开始)一直呈显著差异水平($P < 0.05$)(表 9-15)。

4.DTP/TP 和 PP/TP、DIP/DTP 和 DOP/DTP

扰动组的 PP/TP 比高于对照组、DTP/TP 比低于对照组,说明扰动组中 TP 浓度的增加主要是因为 PP 的增加(图 9-36)。

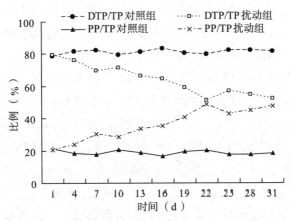

图 9-36　生物扰动对水田上覆水 DTP/TP 和 PP/TP 比值的影响

随着实验的进行,扰动组的 DIP/DTP 比显著升高,在第 19 天达到最大值 31.2%(图 9-37)。除第 1 天、第 4 天外,扰动组的 DIP/DTP 比与对照组之间均呈显著性差异($P < 0.05$)。泥鳅扰动增加了水田上覆水中的 DIP 含量,有利于为水稻生长提供可吸收利用的磷素养分。

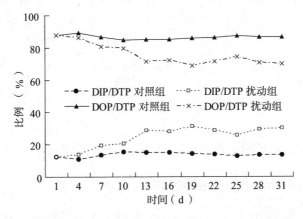

图 9-37　生物扰动对水田上覆水 DIP/DTP 和 DOP/DTP 比值的影响

水丝蚓、泥鳅、河蚬等底栖动物通过身体运动导致泥水混合程度增加,改变了沉积物物理结构和氧化还原状态,增加了沉积物 – 水 – 气三相界面之间的接触面积,促进了界面处的氮素、磷素交换过程,加快了水田中生源要素的再生和生物地球化学循环速率。同时，底栖动物通过吸收、转化、分泌、降解和排泄等生理代谢活动，影响着生源要素在水生生态系统中的转化和扩散。

9.2.3 底栖动物对上覆水 pH 的扰动效应

吕继涛采用实验室模拟实验，研究了颤蚓扰动对上覆水 pH 的影响。扰动生物颤蚓采自污染水体，以霍甫水丝蚓（*Limnodrilus hoffmeisteri*）为主，还包括苏氏尾鳃蚓（*Branchiura sowerbyi*）和克拉泊丝蚓（*Limnodrilus claparedeianus*）等。通过建立颤蚓数量与鲜质量之间的线性关系进行颤蚓的定量。长春市南湖、新开河、伊通河3 种沉积物的上覆水 pH 变化如图 9-38 所示。在实验初期，3 个无生物对照组上覆水的 pH 均先快速小幅上升，然后在第 2 天 ~ 第 10 天迅速降低，之后趋于稳定。与初始值相比，南湖、新开河、伊通河的无生物对照组上覆水 pH 分别降低了 2.67、3.02、1.05，最低值分别为 4.04、5.96、4.37。在生物扰动组，南湖上覆水 pH 变化与无生物组基本一致；新开河和伊通河上覆水 pH 在实验前期有较大波动，第 10 天后趋于稳定，pH 与初始值相当。3 个体系中生物扰动组上覆水 pH 均高于无生物对照组，实验结束时南湖、新开河、伊通河有、无生物扰动上覆水 pH 之差分别为 1.37、2.03、2.07。随着实验的进行，有、无生物上覆水的 pH 都有所降低，是因为通入的空气加剧了有机物的有氧分解，产生 CO_2，同时将低价的金属氧化，造成沉积物的酸化。生物扰动组上覆水的 pH 明显高于无生物对照组，颤蚓扰动能够有效抑制上覆水 pH 的降低，增强体系对酸碱的缓冲能力。

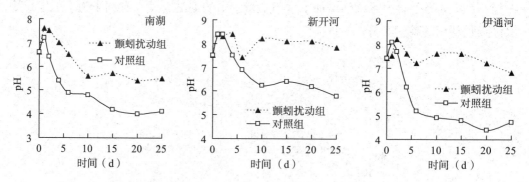

图 9-38　生物扰动对不同水体（长春市南湖、新开河、伊通河）上覆水 pH 的影响

9.2.4 底栖动物对上覆水浊度的扰动效应

在吕继涛的模拟实验中，长春市南湖沉积物上覆水的浊度变化如图 9-39 所示。生物扰动组上覆水的浊度从实验初始便迅速增加，在第 7 天达到最大值，之后降低；对照组上覆水的浊度除了在实验初期小幅降低之外，基本保持不变。实验初期颤蚓在沉积物 - 水界面活动剧烈，导致大量沉积物再悬浮，一段时间后颤蚓的活动范围逐渐

加深，沉积物的再悬浮速率减小，沉降速率加大并占据优势，水体悬浮颗粒物浓度降低。对照组由于未受生物扰动作用，沉积物的"悬浮 – 沉降过程"基本处于平衡状态，因此上覆水的浊度较低且无明显变化。

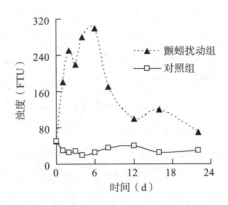

图 9-39　生物扰动对长春市南湖上覆水浊度的影响

9.2.5　底栖动物对上覆水重金属浓度的扰动效应

在吕继涛的室内模拟实验中，向长春市南湖、新开河、伊通河的沉积物样品中加入一定量的硝酸镉、硝酸锌、硝酸铅、硝酸铜溶液进行人为污染，在室温下自然放置 6 个月，采用 Tessier 连续萃取法，分析了颤蚓对不同沉积物中镉、锌、铅、铜 4 种金属存在形态及释放的扰动效应。

1. 长春市南湖

在实验初期，颤蚓扰动通过对沉积物颗粒的再悬浮作用增加了上覆水中颗粒态镉的浓度，但并不影响上覆水中溶解态镉的浓度；在实验后期，颤蚓扰动增强了上覆水的 pH 缓冲作用和沉积物颗粒的再吸附作用，抑制了沉积物镉的释放，使得上覆水中总镉及溶解态镉浓度均低于无生物对照组。上覆水中锌浓度的变化规律与镉相似。生物扰动组上覆水离心前的锌浓度在实验前期的第 0 天～第 5 天迅速升高，之后缓慢上升；生物扰动组上覆水离心后的锌浓度在第 21 天内呈线性增加，在第 0 天～第 10 天上覆水中颗粒态锌占优势，第 10 天后逐渐由溶解态锌占据优势。沉积物中的镉和锌主要以移动性较高的可交换态、碳酸盐结合态和铁锰氧化物结合态存在，因此它们在沉积物中的潜在释放能力很强，易以溶解态的形式进入上覆水，造成二次污染。长春市南湖沉积物上覆水中铜浓度和铅浓度的变化规律相似，上覆水中的铜和铅主要以颗粒态存在，沉积物中铜和铅的释放较少。沉积物中金属总量与上覆水中金属浓度并不完全一致，锌和镉在上覆水中的浓度较高，具有更大的生态风险。

2. 新开河

新开河有、无生物扰动组上覆水中都以溶解态锌占据优势。生物扰动组上覆水离心前镉浓度随时间先是增高，在第 5 天左右达到最高，之后降低，第 10 天后趋于稳定；离心后镉浓度较小且基本保持稳定。无生物扰动组上覆水中镉浓度在第 0 天～第 5 天随时间的增加而迅速升高，之后缓慢上升，第 7 天后无生物扰动组上覆水中总镉浓度超过生物扰动组。上覆水中溶解态镉浓度较小且不随实验的进行而增加，上覆水中颗粒态镉的比例较大从而决定了总镉的变化。新开河上覆水中铅和铜的浓度变化规律一致，且与南湖上覆水中铅和铜的浓度变化规律相似。这是因为铅和铜在上覆水中的溶解态浓度较低，颗粒态含量较高，且颗粒态的铅和铜很难溶解或解吸，生物扰动引起的 pH 变化对上覆水中溶解态铅和铜浓度的影响甚微。4 种金属在新开河上覆水中的平均浓度依次为，生物扰动组金属总浓度：Zn > Cu > Pb > Cd，生物扰动组溶解态金属浓度：Zn > Cu > Pb > Cd，无生物组金属总浓度：Zn > Cu ≈ Cd > Pb。4 种重金属在沉积物中的平均总量依次为 Zn > Cu > Pb > Cd。新开河无生物扰动组沉积物中镉的溶解释放能力较其他金属更强。

3. 伊通河

伊通河上覆水中镉的变化规律与新开河基本一致。伊通河上覆水中锌的浓度变化规律与新开河不同，因为伊通河无生物扰动组上覆水 pH 的降幅较大，pH 最终在 4.5 左右，促进了沉积物及悬浮物中锌的溶解与解吸。可见，上覆水 pH 对沉积物中镉释放的影响大于对锌释放的影响。新开河和伊通河生物扰动组上覆水中溶解态镉和锌浓度不随时间的增加而上升，同样是由于新开河和伊通河生物扰动组上覆水 pH 较高（约 7.5），在接近中性条件下颗粒态镉和锌很难溶解。伊通河上覆水中铅和铜的变化规律与新开河、南湖一致，进一步说明颤蚓对上覆水中铅和铜的影响主要表现在物理扰动作用上，沉积物中的铅和铜以稳定的颗粒态存在，当 pH 降低到 4.2 左右时（无生物扰动组南湖上覆水 pH 最终在 4.2 左右，无生物扰动组伊通河上覆水 pH 最终在 4.5 左右），沉积物中的颗粒态铜和铅仍然很难溶解和解吸。在自然水体中，上覆水的 pH 通常不会低于 5.5，铜和铅的溶解态浓度很低，生物可利用性很小。

9.3 底栖动物对间隙水的扰动效应

间隙水（interstitial water）又称自由水（free water）、孔隙水（pore water）、空隙水、底质水、软泥水，是土壤或水体沉积物孔隙中不受土粒吸附、能够自由移动的水分。自由水是相对束缚水而言的，束缚水是受土粒吸附不能移动的水分。自由水包括毛管水、重力水和气态水。毛管水是借助于毛细管力的作用、保存在土壤孔隙系统中的液态水，一部分毛管水受地下水支持，即支持毛管水。重力水受到重力作用，可向下或斜向移动，速度较快，是地下水的主要来源。间隙水中含有多种化学物质，如养分元素、重金属、有机污染等，其组成不仅随沉积深度而异，而且存在区域分布，与水体沉积过程、成岩过程和生物扰动有关。在海洋中，有机质含量少的间隙水，一般分布在大洋或开阔的海洋底部；有机质含量多的间隙水，多分布在大陆附近的海底。各种化学物质随着毛管水、重力水下移可影响地下水，随着支持毛管水上移可影响上层土壤。大洋沉积物的沉积速率一般较慢，但在沉积物较深处，由于逐渐生成的蒙脱石能吸附镁离子，进而使镁离子嵌入其晶格的夹层中，间隙水中的镁随深度的增加而减少；同时由于钾长石的生成、碳酸钙或钙斜长石的溶解，使间隙水中的钾减少而钙增多。此外，由于大洋沉积物中碳酸盐的重结晶作用，使间隙水中 $^{18}O/^{16}O$ 的比值增高；火山物质的蚀变作用使间隙水中 $^{87}Sr/^{86}Sr$ 的比值降低。沉积物中的微量金属常以氧化物、氢氧化物、碳酸盐、磷酸盐和硫化物等形式存在，微量金属离子可与配位体形成络离子，从而使微量金属的溶解度和间隙水中的浓度增大。而黏土矿物或水合氧化物等固体物质可吸附一部分微量金属离子，使金属浓度降低。在通常采集到的海洋沉积物间隙水中微量金属元素的浓度，大多比海水中高 1 ~ 2 个数量级。目前采集间隙水的方法主要有离心分离法、挤压法和沥滤法。

在水层 – 底栖界面耦合过程的研究中，常采用"现场法""实验室培养法"和"浓度梯度估算法"，通过实验测定间隙水和上覆水中的物质浓度，利用 Fick 第一定律计算水层 – 底栖界面的物质通量：

$$J=-D(dc/dx) \tag{9-1}$$

其中，J 为扩散通量；D 为扩散系数，与材料、温度有关；c 为浓度；x 为离基点的距离；dc/dx 为 c 对 x 的导数，即浓度梯度；负号表示扩散通量的方向与浓度梯度方向相反。蔡立胜使用这种方法，估算了山东省桑沟湾养殖海区沉积物 – 海水界面无机氮、磷营养盐（NO_3^-、NH_4^+、NO_2^-、PO_4^{3+}）的通量。余婕等研究了底栖动物河蚬扰动下，沉积物间隙水中无机氮的变化。从柱样沉积物间隙水的垂直分布特征可看出，无生物对照组的 NH_4^+-N 浓度为 78.60 ~ 342.63 mg/L，随深度增加而增大，略有波动；生物扰动组的 NH_4^+-N 浓度为 41.70 ~ 426.43 mg/L，也是随深度增加而增大。对照组中 NO_3^--N 浓度为 3.17 ~ 182.97 mg/L，随深度增加而显著减小；生物扰动组中 NO_3^--N 浓度为 12.26 ~ 216.37 mg/L，分布模式与对照组一致，但各层浓度略有增加。NO_2^--N 含量除 0 ~ 1.0 cm 生物扰动组高于对照组外，1.0 ~ 5.0 cm 生物扰动样与对照样的 NO_2^--N 含量相当（图 9-40）。底栖动物的活动有利于 NH_4^+-N 在较深层间隙水中的积累。吕敬等在实验室内建立小型模拟生态系统，根据铜锈环棱螺（*Bellamya aeruginosa*）的密度设置了 3 个生物扰动组和 1 个对照组。铜锈环棱螺扰动组的间隙水 NH_4^+-N 含量与对照组之间在沉积物 0 ~ 0.5 cm 和 0.5 ~ 2.0 cm 均存在显著差异（$P < 0.05$）。间隙水中"NO_2^--N+NO_3^--N"含量的变化较复杂，生物扰动组

"$NO_2^--N+NO_3^--N$"含量在沉积物 0 ~ 0.5 cm、0.5 ~ 2.0 cm 及 2.0 ~ 4.0 cm 与对照组均存在显著差异（$P < 0.05$）。间隙水中溶解性无机磷（DIP）含量随沉积物深度先增加后减少，在 2.0 ~ 4.0 cm 达到最大含量，生物扰动组与对照组的 DIP 含量在 0.5 ~ 2.0 cm 有显著差异（$P < 0.05$）。

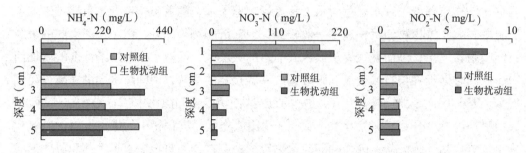

图 9-40　生物扰动组和对照组孔隙水中无机氮的垂直分布

间隙水中的溶解性反应（活性）磷（soluble reactive phosphorus，SRP）是反映沉积物磷地球化学特征的敏感指标。张雷等选取太湖西岸大浦口（河口区）和北部梅梁湾（湖湾区）2 个富营养化湖区，通过室内培养实验和 Rhizon 间隙水采集器（Rhizon core solution sampler），发现 2 个湖区沉积物间隙水中 SRP 含量在相同的数量级范围内，水丝蚓的引入并没有显著改变梅梁湾湖区间隙水中的 SRP 含量（$P > 0.05$）；而在大浦口湖区，水丝蚓的引入则极显著减少了沉积物间隙水中的 SRP 含量（$P < 0.01$）。梅梁湾最上层间隙水中的 Fe^{2+} 浓度高于大浦口。引入水丝蚓后，2 个湖区间隙水中的 Fe^{2+} 浓度均显著减小。水丝蚓是一种"上行搬运者"（upward conveyor），可以钻入沉积物 – 水界面下 20 cm，但是最强烈的活动与摄食发生在沉积物 – 水界面下 3.0 ~ 4.0 cm。水丝蚓活动为沉积物中的化学反应提供了丰富的电子受体（如 O_2、NO_3^- 等），使更多的 Fe^{2+} 被氧化，减小了间隙水中的 Fe^{2+} 浓度。Fe^{2+} 氧化所形成的氢氧化铁可吸附间隙水中的 SRP。水丝蚓扰动未能显著减小间隙水中的 SRP 浓度，同时促进了 SRP 由沉积物向上覆水的释放。间隙水是地球水圈的一部分，是工农业生产和生活用水的重要供水水源。间隙水的移动与污染物的迁移、释放、转化密切相关。

9.4　底栖动物对水层 – 底栖界面耦合的扰动机制

水层 – 底栖界面是水相与沉积物相之间的过渡区和转换区，是水生生态系统中一个特殊而重要的区域，对水体中的物质赋存、转化、循环、再生等起到举足轻重的作用。底栖动物扰动改变了沉积物的物理结构、微生物群落结构、氧气分布均一性等，加速了化学物质在上覆水 – 沉积物界面的迁移和耦合，对界面营养元素通量、收支和动力学特征产生较大影响。

Michaud 等通过室内模拟实验，分析了底栖动物对水层－底栖界面营养盐和溶解性有机碳（dissolved organic carbon，DOC）通量的影响。相对于没有大型底栖动物的对照组，"生物扩散者"波罗的海白樱蛤（*Macoma balthica*）、砂海螂（大蚬，蚬蛤，*Mya arenaria*）和"管道扩散者"双齿围沙蚕（*Nereis virens*）都增加了水层－底栖界面的营养盐通量。波罗的海白樱蛤由于生活在沉积物表面附近，使得硝酸盐从沉积物中向上覆水释放；而砂海螂对硝酸盐通量的影响则相反，使得上覆水中的硝酸盐被沉积物吸收。波罗的海白樱蛤和砂海螂都使 NH_4^+-N 从沉积物向上覆水释放，但砂海螂的影响更大。Christensen 等使用实验室培养法，模拟了悬浮物食性的杂色刺沙蚕（*Nereis diversicolor*）和沉积物食性的双齿围沙蚕（*N. virens*）对水层－底栖界面氮通量的影响，两者都能加快沉积物中 NH_4^+ 和 NO_3^- 的释放。双壳类底栖动物河蚬主要通过生物扰动、排泄和代谢，影响氮素在水层－底栖界面间的迁移和转化。在富氧环境下，河蚬的活动使 NO_3^--N 在上覆水中有明显的持续累积效应，NH_4^+-N 在较深层间隙水中积累，而 NO_2^--N 易在沉积物中累积。陈振楼等基于模拟实验，比较了长江口潮滩无机氮交换通量、循环规律及剖面特征在有、无底栖动物扰动下的差异。河蚬的代谢产物和消化残留物易于分解产生大量 NH_4^+-N，同时也增大了 NO_3^--N 向上覆水的释放通量。在通气条件下，对照组间隙水中的 NH_4^+-N 难以穿透沉积物表面的强氧化层。扰动组中的河蚬有效促进了间隙水中高浓度 NH_4^+-N 释放到上覆水中。河蚬的喷灌活动也会产生界面扰动，使上覆水与沉积物间隙水的溶质交换速率维持较高水平，打破了水层－底栖界面硝化和反硝化强度的平衡，导致 NO_3^--N 释放量成倍增长。硝化与反硝化是沉积物中氮循环的核心过程，底栖动物在水层－底栖界面的活动同时促进了硝化和反硝化作用。硝化细菌在沉积物中的分布受控于氧气扩散深度，一般限制在表面薄层内（1.0～6.5 mm）。在低氧情况下，沉积物亚表层是硝化和反硝化耦合度最高的区域。河蚬扰动下实测的 NH_4^+-N 释放通量值大大高于扩散通量的理论值。

在杨东妹等的微型生态系统中，背角无齿蚌（*Anodonta woodiana*）明显增加了水体中的 DTP 含量，但是对 TP 和 PO_4^{3+} 含量没有显著影响。摇蚊科幼虫可通过扰动作用和生理生化活动，增加上覆水中的 DTP 浓度。Mortimer 等研究了英国 Humber 河口潮滩沉积物中底栖动物对营养盐界面通量的影响，发现底栖动物的扰动降低了沉积物磷的释放通量。在张雷等的室内培养实验中，无论是梅梁湾还是大浦口湖区，无生物扰动对照组的水层－底栖界面 SRP 通量均不存在显著差异。水丝蚓对下层沉积物的搬运速率很大，不断更新表层沉积物，形成对 SRP 具有良好吸附能力的氧化层，改变了水层－底栖界面的 SRP 通量。在梅梁湾湖区，水丝蚓扰动产生的氢氧化铁较少，对 SRP 的吸附能力较弱，未显著改变间隙水中的 SRP 浓度；在大浦口湖区，水丝蚓扰动产生的氢氧化铁较多，减小了间隙水中的 SRP 浓度，降低了 SRP 在水层－底栖界面的扩散浓度梯度。当底质表面氢氧化铁层对 SRP 的吸附效应超过水丝蚓扰动对

SRP 释放的促进作用时，扩散浓度梯度不断降低，表现为水丝蚓抑制 SRP 自沉积物向上覆水的扩散，甚至产生沉积物吸附上覆水中 SRP 的现象。底栖动物对沉积在水底的动植物残体具有降解作用，将有机结合态磷快速转化为其他形式的磷，其中一些可溶性磷被再次释放到水层中。底栖动物不断将大量底层沉积物输送到沉积物表层，增加了深层沉积物与上覆水的接触，缩短了下层沉积物中 SRP 的扩散路径；同时，底栖动物的新陈代谢活动增大了沉积物孔隙度，促进 SRP 向上覆水的扩散。生物扰动可促进二价铁的氧化，生成的氢氧化铁通过吸附作用影响 SRP 在水层－底栖界面的扩散方向和通量。

底栖动物加速了各种物质在水层－底栖界面的迁移和耦合，使界面附近的生物地化循环更加复杂，影响到水体富营养化进程中的关键环节，如有机氮矿化、硝化和反硝化等，学者们依此建立了一系列实用的数学模型。底栖动物对水生生态系统的扰动方式及强度主要取决于功能群（functional group），即生物扩散者（biodiffusor）、下行搬运者（downward conveyor）、上行搬运者（upward conveyor）、再生者（regenerator）和管路扩散者（gallery diffusor）。例如，厚蟹（Helice）为再生者，沙蚕（Nereis）为管路扩散者，泥螺（Bullacta）为下行搬运者，青蛤（Cyclina）为生物扩散者。沙蚕和厚蟹均是典型的底内动物（infauna），主要在沉积物内部活动，其取食和掘穴行为对沉积物的重新分布产生较大影响。管路扩散者对表层沉积物的作用最为明显，这是由于管路扩散者在沉积物中活动时，形成了许多"Y"形或"U"形的结构，并且这两种结构主要分布于沉积物的表层。再生者对表层和深层沉积物的扰动强度均较大，因为掘穴时将深层沉积物带到了表层，同时穴内大量沉积物被推出洞外，在水层－底栖界面形成较大的开口，当洞穴不再利用时，在水力学作用下容易塌陷，造成上层的沉积物迁移到下层。下行搬运者对沉积物的扰动程度主要与其摄食行为相关。

底栖动物是水生生态系统底栖亚系统的最重要组成部分，其摄食、爬行、避敌、掘穴和建造栖所等活动可以引起沉积物的各种复杂变化，一方面影响水层－底栖界面的元素循环，改变沉积物的吸附特征及 Eh，另一方面影响沉积物中污染物的生物地球化学循环，如污染物的再次释放和生物降解等。生物扰动是河口、近岸和浅海等水体中的关键生态过程，其扰动强度同时受到生物因子（如密度、生物量、生物体积等）和环境因子（如温度、pH、食物等）的影响。各类污染物、营养盐和生物残体积累于水体底部，在一定的环境条件下，上覆水与沉积物的源、汇关系可以相互转化。即使外源污染得到有效控制，水生生物群落和环境状况的变化也可能导致污染物和营养盐重新释放到上覆水中，从而增加了受损水体修复的难度。进一步研究生物扰动的变化规律，深入了解水层－底栖界面耦合机理，更加全面、精准地揭示水域中的生物地化循环过程，对于水体内源污染的控制、富营养化的治理等具有重要意义。

思考题

1. 什么叫生物扰动效应？

2. 底栖动物通过哪些方式影响沉积物的物理性质？

3. 简述底栖动物对沉积物地形地貌的扰动效应。

4. 简述底栖动物对沉积物含水率和渗透性的扰动效应。

5. 底栖动物对沉积物颗粒垂直分布有哪些扰动效应？

6. 简述底栖动物对沉积物稳定性的扰动效应。

7. 阐述底栖动物对沉积物中生源要素含量的扰动效应。

8. 什么叫生物淋洗作用（bioirrigation）和生物搬运作用（bioconveying）？

9. 底栖动物对沉积物的生物学性质有哪些扰动效应？

10. 在底栖动物扰动的底质中，土壤酶活性呈现哪些特征？

11. 阐述底栖动物对上覆水的扰动效应。

12. 简述底栖动物对间隙水的扰动效应。

13. 综合分析底栖动物对水层 – 底栖界面耦合的扰动机制。

第 10 章　底栖动物研究热点与展望

10.1　底栖动物的扰动效应研究

　　底栖动物由于摄食、运动、建管、避敌、筑穴、代谢等活动，引起底质结构和水体性质的变化，称为生物扰动（bioturbation）。水生生态系统通过能流、物流的传递和转化，将沉积物与上覆水融为一体的过程称为底栖系统与水层系统的耦合。水层 – 底栖界面耦合构成湖泊、河流、近岸等水域中的关键生态过程，而生物扰动正是其中至关重要的环节和枢纽。在"全球海洋生态系统动态研究""全球海洋通量联合研究""沿岸带陆海相互作用研究"等重大国际科学计划的支持下，底栖动物在水层 – 底栖耦合及生物地球化学循环中的功能被纳入水生态动力学的研究范畴。作为水域生态学的热点之一，生物扰动研究是进一步了解水生生态系统结构与功能的启动点，也是在区域尺度或更大时空尺度上开展水生态动力学和生物资源补充机制研究的一项核心内容。深入揭示生物扰动的变化规律，探讨水层 – 底栖耦合机制，优化水生态动力学模型，对于正确认识水体的内源负荷特点、生态建模和水体修复等具有重要意义，在控制水华暴发、开展水体生物监测、实现水生生物资源的可持续利用和农牧化生产中展现出广阔的前景。

10.2　底栖动物的生态服务研究

　　生态系统服务（ecosystem service）是人类文明和可持续发展的基础，包括产品、调节、文化和支持等功能，即生产和提供产品的功能、对环境的调控和缓冲功能、使人们获得非物质利益（如精神感受、教育素材、科学启迪、知识获取、消遣娱乐、美学体验、艺术灵感等）的功能、对生命系统和环境系统的支持功能（如营养元素循环、废弃物分解与处理、生物控制、遗传资源库、水文调节、生物地化循环等）。底栖动物的种类繁多（包括绝大多数的动物门类），数量惊人，分布广泛，群落结构复杂，种间关系多样，其个体大小、起源、生境、摄食方式、生活史、生活方式、耐污能力、营养类型、繁殖方式、对氧气的需求等各有不同，是一个庞大的生态学类群，具有强大的生态服务功能。底栖动物是水生生态系统中的重要组成部分，在食物网中扮演生产者、消费者和分解者的多重角色，对水体物质循环、能量流动、营养结构等起到关键作用。在沉积环境相对稳定但生物扰动活跃的水域，复杂的底栖动物群落能够接纳、储存、吸收、转化、运移、埋藏水层的沉降物质，加速水底有机碎屑的分解和利用，控制沉积物与上覆水的溶解性矿物成分交换，活跃水底边界系统，促进水体自净。一些水生昆虫（如摇蚊科幼虫）在富营养化水体中的密度极大，成虫羽化后离开水体，成为沉积物中氮、磷等营养元素的有效利用者和清除者。底栖动物被鱼类摄食转化为渔产品，而具有经济价值的底栖动物和鱼类被捕获时，从水体中带离大量的氮、磷、污染物，成为降低水体营养水平和污染程度的有效途径之一。底栖动物与人类有着非常密切的关系，其生态服务功能日益受到重视，以往研究较为薄弱的类群（如小型和微型底栖动物、极端环境中的底栖动物等）的服务功能将会成为新的研究热点。

10.3　底栖动物的功能群研究

功能群（functional group）基于生物的生理、形态、生活史等进行划分，是群落中功能相似的所有物种的集合。它们与某一生态系统过程相关，或者具有与物种行为相联系的一些生物学特性。划分功能群的优点在于：①不是纯粹地以物种分类为标准，简化群落内部物种之间的关系，减小生态系统研究中的复杂性，使得群落能量流动和物质循环的研究简单化，有利于清晰认识系统的结构和功能，特别是在植物群落生态学研究领域得到广泛应用，但在动物群落生态学中报道相对较少；②弱化个别物种的作用，强调物种功能群的集体作用；③具有很好的可操作性，并与功能生物多样性联系起来。大型底栖动物群落存在一定的时空变化，仅仅用一些群落特征参数评价区域生态系统的质量较为困难。但如果运用功能群的方法，则可以避免短时间内群落时空变化带来的影响，增加群落在时空上的可测性和稳定性。这种非系统发育（进化）的功能分类法（functional classification）已被许多生物学家、生态学家和环境学家采用。根据底栖动物在生态系统中的功能，可以分为次级生产者、粉碎者、分解促进者、生物扰动者等。以底栖动物的食性为基础，可以分为 5 种类型：浮游生物食性类群（如许多双壳纲、甲壳纲动物等）、植食性类群（如某些腹足纲、双壳纲、十足目动物等）、肉食性类群（如某些环节动物门、十足目动物等）、杂食性类群（如某些节肢动物门、寡毛纲动物等）、碎屑食性类群（如某些双壳纲、线虫纲动物等）。袁兴中等研究长江口大型底栖动物时，以食性类型、运动能力、摄食方法为标准，确定了肉食者、植食者、食悬浮物者、表层碎屑取食者、掘穴取食碎屑者等功能群。功能群概念的引入及其方法的发展，能够更好地认识生物群落结构与功能的关系，为研究生态系统多样性及维持机制注入新的活力。

10.4 底栖动物的环境指示作用研究

底栖动物暴露于各种环境压力之下，生存状态与其周围的环境条件息息相关，许多群落特征成为有效的水体环境质量指标。生物监测需要采用经过反复验证的实验生物，按照一定的操作要求和程序，根据实验生物的效应指标（如半致死浓度等），对进入环境的外源化合物毒性做出评价。在这个过程中，很多因素会影响生物对毒性反应的灵敏度。所以，在以生物群落指标为主的水质监测中，要尽可能做到采样流程、采样方法、样品处理方法、样品鉴定水平、数据处理手段、评价标准的统一化与规范化，使结果具有较高的可比性。底栖动物的环境指示作用虽然已开展了一些研究，但很多领域仍属空白。伴随着沿海地区经济的迅速发展、城市化进程的加快、近海石油的开发以及工业污水的大量排放，海洋环境质量逐年下降，污染范围不断扩大，对海洋资源、海洋经济以至于人类的健康造成严重的威胁。底栖动物生物监测在水体生态系统健康评价中起着重要作用。应加强对水域水质、底质等环境因子的监测分析，进一步揭示环境因子对底栖动物的制约作用，开展典型底栖动物的生态毒理学研究，尤其是底栖动物对新型污染物的反应、小型和微型底栖动物的环境指示作用等，以阐明特定污染物对底栖动物的影响机制。底栖动物及其扰动行为的遗迹或化石，还具有地质史上的环境指示作用。底栖动物的活动破坏了沉积物的原始胶结和构造，对其周围沉积颗粒进行搅动、混合和破坏，留下可以鉴定和无法鉴定的各种潜穴、足迹和移迹。Drosertffu 等首次提出了半定量划分生物扰动等级的方案。底栖动物由于生活环境的特殊性，有些种类对环境变化的反应极其敏锐，当环境因子发生波动时，它们可能濒于灭绝或向适于生存的区域迁移，底栖动物对环境的依赖关系已广泛应用于地质资料的分析中。

10.5 底栖动物的环境修复功能研究

生物修复是环境治理的热点和富有挑战性的前沿领域，近年来在国内外受到广泛重视，有关学术活动也相当活跃。生物修复通过优化水体结构，恢复自然、良性和稳定的水体功能，增强对外界干扰的缓冲能力，使水生生态系统处于健康与可持续循环状态，是水环境治理的最佳途径之一。水层生物修复目前较多应用微生物技术。底质生物修复可分为原位生物修复（in-situ bioremediation）、异位生物修复（ex-situ bioremediation）和联合生物修复（associated bioremediation）。底栖动物分布广、种类多、食性杂，从水体中大量摄取、吸收、积累营养元素和污染物质，可协同其他多种措施，形成新型复合净化系统，有效降低水域中营养物质的含量，降解有毒物质，显示出可观的应用前景。底栖动物在秋冬季节生长速度减缓，但不存在死亡或衰退等现象，因此仍然发挥一定的水体净化功能，具有水生植物和微生物不可比拟的季节优势。底栖动物虽生活在水体底部，但可在水体的中、上层吊养或笼养，这样就能够对水体的上、中、下层同时起到净化作用。但这种生物修复技术还处于围隔试验阶段，应用范围极其有限。河蚬是淡水水域中广泛分布的底栖动物，也是重要的淡水经济贝类，既可以作为水环境中污染物尤其是重金属的监测指示生物，又可以作为受损水体的修复生物。应进一步揭示底栖动物净化环境的生理生化机理，利用现代基因工程技术，筛选优良的底栖动物品种，合理构建水生群落，深入研究与生物修复配套的种群组合技术、放养技术、资源化技术、物理工程技术等。

10.6　底栖动物的仿生学研究

在 35 亿年的协同演化和优胜劣汰过程中，形形色色的环境压力和生存问题造就了现存生物的优秀性状、模式、结构和生命活动过程。"物竞天择"的生物世界是人类科技创新不可替代、取之不竭的知识宝库和学习泉源。生物材料结构多样，性能优异，且合成条件温和，为新型功能材料的设计和制备提供了无穷灵感和启迪，已成为生命科学、材料科学、机械科学、物理学、化学、仿生学等学科的前沿研究课题。形貌各异、色彩丰富、曲线流畅、斑纹美丽的软体动物贝壳包含着许多几何曲线，极大地拓展了数学家的研究视野，也成为现代建筑设计模仿的对象，这种仿生建筑既能消除应力集中的区域，又可用最少的材料承载最大的负荷。贝壳中的珍珠层属天然复合材料和生物矿化材料，尽管基本组成成分非常普通（碳酸钙占总质量的 95%、有机质占 5%），但由于贝壳经历长期的进化，拥有适应其环境及功能需要的结构组装，其力学性能和机械性能是传统人工材料无可比拟的。纳米结构在珍珠母（mother of pearl；nacre）界面中的特殊分布不仅增大裂纹扩展阻力（crack propagation resistance），而且能够有效提高材料的强度、韧性和弹性模量（elastic modulus），因此成为新型高性能人工合成材料的仿生目标，是制备轻质、高强度、超韧性、层状复合材料的理想模板，已应用于航空航天、军事、民用工程及机械等领域。目前，世界上对材料微结构及其仿生的研究仍处于初级阶段，人工仿生材料还无法达到贝壳珍珠层那样的完美结构。在优化结构参数的基础上，调整合适的界面结合强度，选择有机或无机组分，改变界面性质，以进一步提高仿生材料的综合性能，具有深远的意义。

10.7 极端环境中的底栖动物研究

10.7.1 热泉

20 世纪 70 年代末，深海热泉（hot springs）生物群落的发现为海洋底栖生物研究提出了新课题。1977—1979 年，美国的深潜器"阿尔文号"（Alvin）在加拉帕戈斯（Galapagos）群岛约 3 000 m 深处中央海脊的火山口附近，首次发现了深海热泉，并在喷涌热水的烟筒状结构周围很小的区域内，发现了与已知生物迥然不同的奇特生命形式，如高度聚集的大型双壳类、大得出奇的红蛤、血红色的管虫、形似蒲公英的水螅等，其中以滤食性动物为主。1984 年在大西洋 3 200 m 的海底发现了快速生长的生物群落，其中蛤类的代谢速度比一般的深海蛤类约快 500 倍，生长为成体所需的时间缩短几十倍。烟筒状出口处涌出的热液温度很高（250 ~ 400℃），当热液与周围海水混合时，温度降至 8 ~ 23℃，比正常情况下的海水仍高出 2.4℃。在热泉喷出的海水中，富含硫化氢和硫酸盐类。热泉生物群落中含有丰富的硫化细菌，将二氧化碳、氧气、硫化氢和水合成为有机质，改变了人们对地球生命进化的认知。这些化能细菌是热泉生物群落食物链的主要生产者，是深海热泉生态系统存在的基础，它们的生物量很大，在海底形成厚厚的细菌垫，为滤食性动物提供饵料，并且与一些个体巨大的蠕虫和双壳类等动物共生。海底热泉动物群落的成员具有特殊的营养途径，包括滤食细菌和有机物的双壳类（贝壳长达 30 cm）、铠甲虾（*Galatheidae*），与细菌共生的巨型管栖动物（体长 2 m 多），管水母、蟹类、某些腹足类和鱼类等，共同构成了极为特殊的生态系统，被称为"深海绿洲"。热泉口附近底栖动物生物量相当于其他同深度海区生物量的 2 000 ~ 3 000 倍，但是群落的物种多样性很低，这种差异与热泉独特的环境密切相关。热泉环境类似于前寒武纪早期生命所处的环境，对海底热泉环境、生物组成、生态系统及其适应机制的深入研究，具有重要的生物学和生态学意义，将推动地球生命起源和演化问题的探索。

10.7.2 深海

深海环境特点包括高压（水深每增加 10 m 约增加 1 个大气压，在 10 000 m 深渊，压力约为 1 000 个大气压）、无光（黑暗，不能进行光合作用）、低温（除个别海域如地中海水温较高外，深海水温平均为 1 ~ 3℃，最低可达 –1.8℃，且恒定）、高盐（盐度可高达 35‰，且变化小）、富氧（氧含量较丰富，通常 500 ~ 1000 米水深处含氧最低，其上下水层含氧量均较高）、静水（底层水流稳定，流速缓慢）、泥质（沉积物多为软泥和黏土）等。深海生物指生活在大洋带以下（通常包括水深

200 m 以下的全部水域）的生物，种属组成与浅海生物大不相同。深海没有营光合作用的植物，动物种类和数量非常贫乏，缺少植食性动物，大多数为碎屑性动物、异养微生物，只有少量滤食性动物、肉食性动物。种属数量和生物量随海水深度增加而不断减少。水深超过 1 000 m 处的海洋生物包括微生物、无脊椎动物和鱼类等。水深超过 2 000 m 时，生物色泽较暗淡，如灰白或黑色。生活在海面 6 000 m 以下超深渊带（hadal zone）的底栖动物优势类群有须腕动物（Pogonophora）、螠形动物（Echiurida）、海参类（*Holothuria*）和等足类（*Isopoda*）等。在海洋最深处，包括超过 10 000 m 的海沟中也发现了底栖动物的生存，包括有孔虫（*Foraminiferida*）、海葵（*Actiniaria*）、多毛类（*Polychaeta*）、等足类（*Isopoda*）、端足类（*Amphipoda*）、双壳类（*Bivalvia*）和海参类（*Holothuria*）等。

深海生物进化出了更为牢固的细胞膜，以承受巨大的压力，同时又具有弹性，能让营养物质和废物进出。黑暗环境中的许多深海动物，如对虾类（*Penacus*）、樱虾类（*Sergestidae*），尤其是头足类（*Cephalopoda*）常有结构复杂的发光器官或发光组织，能发出比较强的冷光。深海底栖动物包括微型底栖动物（个体大小 2 ~ 40 μm），如肉足纲（Sarcodına）、纤毛虫纲（Ciliata）、吸管虫（*Suctoria*）、有孔虫等；小型底栖动物（个体大小 40 ~ 1 000 μm），如有孔虫、水螅、涡虫纲（Turbellaria）、线虫动物门（Nematoda）、腹毛动物门（Gastrotricha）、动吻动物门（Kinorhyncha）、缓步动物门（Tardigrata）、寡毛纲（Oligochaeta）、海螨（*Halacaroidea*）、介形类（*Ostracoda*）和猛水蚤目（Harpacticoida）的一些种类；大型底栖动物（个体大小超过 1 000 μm），如海绵（*Spongia*）、腔肠动物（Coelenterata）、星虫（*Sipunculidae*）、曳鳃虫（*Priapulida*）、肠鳃动物（Enteropneusta）、螠虫（*Echiura*）、环节动物（Annelida）、软体动物（Mollusca）、节肢动物（Arthropoda）、棘皮动物（Echinodermata）、须腕动物（Pogonophora），以及少量脊索动物（Chordata）（如海鞘 Ascidiacea）和底栖鱼类。深海海绵的体长可达 1.0 m，多数长有一个可插入沉积物的长柄。生活在万米深渊的海葵可以附生在其他动物身上，或筑管栖息。在太平洋西部深海采得的大型底栖动物共有 8 种，其中多毛类 4 种，即吻沙蚕科（Glyceridae）、海蛹科（Ophellidae）、小头虫科（Capitellidae）和缩头虫科（Maldanidae）各一种；其余 4 种为深海珊瑚、胡桃蛤（*Nuculidae*）、扇贝和一种钩虾亚目（Gammaridea）动物。棘皮动物门的各纲均有深海种类，多数是底栖取食者，有的海星是肉食者，捕食有孔虫、多毛类和软体动物。在有机物较丰富的地方，海参往往是优势种，且个体较大（有的可达 0.5 m），有的具叶状的"足"，或具一排侧乳头，适于在软泥上爬行。随着深海调查技术和设备（如深海潜水器、深海潜水球、水下摄像机、水中立体照相机、机械手、深海拖网和样品保存技术等）的持续改进，对深海环境和深海生物（包括种群生态、生理、生化和适应机制等）的研究将不断取得进展。

10.7.3　极地

比起地球上的其他区域，极地所经受的气候变化更加显著。为了适应极端恶劣的气候条件，极地生物的形态非常独特，对气候变化的反应也相当敏感。根据"国际海洋生物普查计划"（Census of Marine Life，CoML）公布的数据，南极洲海域和北冰洋海域分别生活着 7 500 种和 5 500 种生物。南极海域有多种奇异的深海生物，近年来在环绕南极洲的海洋深处发现了 700 多个新物种，大部分为无脊椎生物，包括心形海胆、食肉类海绵、几十种盘子大小的海蜘蛛、类虾甲壳动物等。南极一些相对较大的深海甲壳类生物还保留着眼睛，这也是一种进化的印迹。北冰洋气候寒冷，洋面大部分常年冰冻，但蕴含着丰富而独特的生物类群，它们的生活史、生理学、生态学特征与极端环境条件高度适应，这要归功于寒冷气候和冰雪覆盖给生存带来的严酷挑战。北冰洋海域中的无脊椎动物 90% 以上都生活在洋底。北极冰层中可以见到丰富的原生动物和后生动物（特别是线虫类、轮虫类、涡虫类、介形虫类等），特殊的冰层环境为一些特有物种的进化提供了绝佳的条件。世界各国正在加大对极地海域底栖动物的研究力度。

10.7.4　洞穴

洞穴生物在黑暗而封闭的状态下诞生、成长直到死亡，如藻类、微生物、盲鱼、盲鳅、盲海狗、蜘蛛、马陆、班灶马、蜈蚣等。洞穴动物的眼睛明显退化，缺乏色素，但能够凭借细小的附属肢体和发达的神经中枢感知气压和温度，捕捉气味和声音的细微变化。一些洞穴动物拥有很多长长的尖锐触脚，可以越过砂石和瓦砾，在潮湿环境下抓牢岩壁。世界上的洞穴约 90% 都是难以找到入口的未知洞穴。虽然目前已经确认了约 7 700 种洞穴生物，但这个数字只不过是冰山一角。为了生存下去，许多洞穴生物的新陈代谢变得极其缓慢。一种生活在美国亚拉巴马州（Alabama）谢尔塔洞穴（Shelta Cave）中的蜊蛄（*Cambaridae*），在 100 岁时仍能产子，其寿命高达 175 岁。探险家在高加索西部临近黑海的偏远洞穴中，以奶酪为诱饵，在 1 980 m 深的地下捕捉到一种此前未知的无翅昆虫，依靠食用真菌和分解腐烂物质而生存，具有"洞穴居民"的典型特征，如没有眼睛、长着长长的触须。这是迄今在陆地上最深洞穴中发现的原始"无眼昆虫"新物种，也是目前新发现的 4 种无翼昆虫之一，被称为跳虫。洞穴生物的存在使科学家们改变了对地下深处生物习性的认知，至今仍充满着无数的不解之谜。通过洞穴生物的不同特化方式及程度，可以探索洞穴物种的进化规律和亲缘关系，对一些洞穴水体底栖动物的研究还可用于监测地下水污染及水文变化情况。

10.8　底栖动物的开发利用研究

　　底栖动物是重要的新药成分来源和工农业原料，许多底栖动物的次级代谢产物对制药和化学工业极具吸引力。已从海洋底栖动物体内提取多种酶、激素、多糖类、多肽类、脂肪酸等，用于新型抗生素、降压药、止血药、麻醉药、神经毒素、抗癌物质等药物的研发。柳珊瑚（Gorgonacea）可提取前列腺素，鲍（Haliotis）、珍珠、海人草（Digenea simplex）等是传统的中药原料。近年来，世界上传统的渔场和渔业资源普遍出现了过度捕捞的问题。许多底栖动物可供食用，是渔业采捕或养殖的对象，具有重要的经济价值。应大力开辟新的底栖动物渔业资源，探索远洋和深海底栖动物资源的开发利用，包括水深 2 000 m 以下的底栖动物资源、食物链层次较低的底栖动物种类等。人类从公元前已经开始认知底栖动物，近一个世纪不断取得新的成果。随着水体生态调查范围的持续扩大、计算机技术和现代统计方法的广泛应用，底栖动物生态学研究逐步由单纯的野外观测转入模拟控制实验，由定性描述阶段跃入定量解析阶段。在研究内容上，注重过程、机制、动态规律的研究；在研究设计上，强调多学科交叉、渗透与综合；在研究方法上，大量应用高新技术，如计算机数据库、系统建模等；在信息交流上，突出数据资料的标准化、可比性以及信息平台的建立和应用。随着人类加大对水域的利用、进一步走向海洋以及科学技术的创新，水域生态学的研究进展将愈加迅速，底栖动物的理论、应用与开发研究将越来越受到各国的重视，在环境保护、生态监测、经济发展等领域发挥更加显著的作用。

思考题

　　1. 关于底栖动物的热点研究领域有哪些？

　　2. 什么是生态系统服务？底栖动物可提供哪些生态系统服务？

　　3. 什么叫功能群？如何划分底栖动物的功能群？

　　4. 如何理解底栖动物在仿生学研究中的意义？

　　5. 深海热泉附近的底栖动物群落有哪些特点？

　　6. 底栖动物的研究和利用有哪些趋势？

参考文献

［1］安传光. 长江口潮间带大型底栖群落的生态学研究 [D]. 上海：华东师范大学，2010.

［2］鲍毅新，胡知渊，李欢欢，等. 灵昆东滩围垦区内外大型底栖动物季节变化和功能群的比较 [J]. 动物学报，2008, 54 (3): 416-427.

［3］毕春娟，陈振楼，许世远. 长江口潮滩大型底栖动物对重金属的累积特征 [J]. 应用生态学报，2006, 17 (2): 309-314.

［4］毕远溥，董婧，王文波，等. 小窑湾海水养殖环境现状的研究 [J]. 海洋环境科学，2001, 20 (4): 30-33.

［5］蔡立胜. 浅海规模化贝类养殖系统氮、磷营养盐的垂直通量研究 [D]. 青岛：中国海洋大学，2003.

［6］蔡立哲. 大型底栖动物污染指数 (MPI)[J]. 环境科学学报，2003, 23 (5): 625-629.

［7］蔡立哲. 海洋底栖生物生态学和生物多样性研究进展 [J]. 厦门大学学报 (自然科学版), 2006, 45 (增刊 2): 83-89.

［8］蔡立哲，李复雪. 厦门潮间带泥滩和虾池小型底栖动物类群的丰度 [J]. 台湾海峡，1998, 17 (1): 91-95.

［9］蔡立哲，马丽，高阳，等. 海洋底栖动物多样性指数污染程度评价标准的分析 [J]. 厦门大学学报 (自然科学版), 2002, 41 (5): 641-646.

［10］蔡立哲，许鹏，傅素晶，等. 湛江高桥红树林和盐沼湿地的大型底栖动物次级生产力 [J]. 应用生态学报，2012, 23 (4): 965-971.

［11］蔡立哲，邹朝中. 深圳河口福田泥滩海洋线虫的种类组成及季节变化 [J]. 生物多样性，2000, 8 (4): 385-390.

［12］曹勇. 独墅湖颤蚓翻新底泥量的估算 [J]. 生态学杂志，1993, 12 (1): 56-58.

［13］曹正光，蒋忻坡. 几种环境因子对梨形环棱螺的影响 [J]. 上海水产大学学报，1998, 7 (3): 200-205.

［14］陈安磊，谢小立，王凯荣，等. 长期有机物循环利用对红壤稻田土壤供磷能力的影响 [J]. 植物营养与肥料学报，2008, 14 (5): 874-879.

［15］陈斌林，方涛，李道季. 连云港近岸海域底栖动物群落组成及多样性特征 [J].

华东师范大学学报 (自然科学版), 2007 (2): 1-10.

[16] 陈斌林 , 方涛 , 张存勇 , 等 . 连云港核电站周围海域 2005 年与 1998 年大型底栖动物群落组成多样性特征比较 [J]. 海洋科学 , 2007, 31 (3): 94-96.

[17] 陈芳艳 , 唐玉斌 . 污染水体的生物修复技术进展 [J]. 环境科学与技术 , 2004, 27 (z1): 133-135.

[18] 陈静生 , 周家义 . 中国水环境重金属研究 [M]. 北京 : 中国环境科学出版社 , 1992.

[19] 陈荷生 , 石建华 . 太湖底泥的生态疏浚工程 – 太湖水污染综合治理措施之一 [J]. 水资源保护 , 1998 (3): 11-16.

[20] 陈华林 , 陈英旭 . 污染底泥修复技术进展 [J]. 农业环境保护 , 2002, 21 (2): 179-182.

[21] 陈惠哲 , 朱德峰 . 全球水稻生产与稻作生态系统概况 [J]. 杂交水稻 , 2003, 18 (5): 1-4.

[22] 陈立婧 , 彭自然 , 孙家平 , 等 . 安徽南漪湖大型底栖动物群落结构 [J]. 动物学杂志 , 2008, 43 (1): 63-68.

[23] 陈泮勤 , 郭裕福 . 全球气候变化的研究与进展 [J]. 环境科学 , 1993, 14 (4): 16-23+93.

[24] 陈泮勤 , 黄耀 , 于贵瑞 . 地球系统碳循环 [M]. 北京 : 科学出版社 , 2004.

[25] 陈鹏 . 土壤动物的采集和调查方法 [J]. 生态学杂志 , 1983, 2 (3): 46-51.

[26] 陈其羽 . 黑龙江的底栖动物及水利枢纽建成后的预报 [J]. 水生生物学集刊 , 1959 (2): 147-156.

[27] 陈其羽 . 武汉东湖铜锈环棱螺种群变动和生产量的初步观察 [J]. 水生生物学报 , 1987, 11 (2): 117-130.

[28] 陈其羽 , 梁彦龄 , 吴天惠 . 武汉东湖底栖动物群落结构和动态的研究 [J]. 水生生物学集刊 , 1980, 7 (1): 41-55.

[29] 陈其羽 , 谢翠娴 , 梁彦龄 , 等 . 望天湖底栖动物种群密度与季节变动的初步研究 [J]. 海洋与湖沼 , 1982, 13 (1): 78-86.

[30] 陈瑞明 . 截污后武汉东湖底栖动物群落结构及环境质量评价 [D]. 武汉 : 华中农业大学 , 2004.

[31] 陈天乙 , 刘孜 . 摇蚊幼虫对底泥中氮、磷释放作用的研究 [J]. 昆虫学报 , 1995, 38 (4): 448-451.

[32] 陈雪 , 贺强 , 辛沛 , 等 . 河口海岸潮滩蟹类生物扰动行为过程研究进展 [J]. 海洋科学 , 2021, 45 (10): 113-122.

[33] 陈义 . 无脊椎动物比较形态学 [M]. 杭州 : 杭州大学出版社 , 1993.

[34] 陈友媛, 刘道彬, 贾永刚, 等. 生物活动对黄河口潮滩表层沉积物扰动作用的研究 [J]. 中国海洋大学学报 (自然科学版), 2007, 37 (5): 829-833.

[35] 陈友媛, 刘红军, 贾永刚, 等. 循环荷载作用下海床结构粉质土的液化渗流机理定性研究 [J]. 岩土力学, 2007, 28 (8): 1631-1635.

[36] 陈玉成. 污染环境生物修复工程 [M]. 北京: 化学工业出版社, 2003.

[37] 陈玉霞, 卢晓明, 何岩, 等. 底栖软体动物水环境生态修复研究进展 [J]. 净化技术, 2010, 29 (1): 5-8.

[38] 陈振楼, 刘杰, 许世远, 等. 大型底栖动物对长江口潮滩沉积物-水界面无机氮交换的影响 [J]. 环境科学, 2005, 26 (6): 43-50.

[39] 陈中义, 付萃长, 王海毅, 等. 互花米草入侵东滩盐沼对大型底栖无脊椎动物群落的影响 [J]. 湿地科学, 2005, 3 (1): 1-7.

[40] 程岩雄, 郑肥拓, 李利卫, 等. 双齿围沙蚕生态养殖的初步研究 [J]. 海洋渔业, 2004, 26 (1): 48-51.

[41] 程英, 裴宗平, 邓霞, 等. 生物监测在水环境中的应用及存在问题探讨 [J]. 环境科学与管理, 2008, 33 (2): 112-114.

[42] 池仕运, 胡菊香, 高少波, 等. 底栖动物监测方法研究进展 [J]. 河海大学学报, 2010, 38 (增刊 2): 356-360.

[43] 池仕运, 王瑞, 汪鄂洲, 等. 三峡库区生态牧场底栖动物群落特征及影响因素分析 [J]. 环境保护科学, 2022, 48 (3): 20-28.

[44] 崔毅, 陈碧鹃, 宋云利, 等. 胶州湾海水、海洋生物体中重金属含量的研究 [J]. 应用生态学报, 1997, 8 (6): 650-654.

[45] 崔玉珩, 孙道元. 渤海湾排污区底栖动物调查初步报告 [J]. 海洋科学, 1983 (3): 31-37.

[46] 戴爱云, 杨思谅, 宋玉枝, 等. 中国海洋蟹类 [M]. 北京: 海洋出版社, 1986.

[47] 戴纪翠, 倪晋仁. 底栖动物在水生生态系统健康评价中的作用分析 [J]. 生态环境, 2008, 17 (6): 2107-2111.

[48] 戴友芝, 唐受印, 张建波. 洞庭湖底栖动物种类分布及水质生物学评价 [J]. 生态学报, 2000, 20 (2): 277-282.

[49] 戴媛媛, 吴会民, 张韦, 等. 基于 Ecopath 模型的我国海洋渔业生态系统研究概况 [J]. 海洋湖沼通报, 2020 (6): 150-157.

[50] 邓可, 张志南, 黄勇, 等. 南黄海典型站位底栖动物粒径谱及其应用 [J]. 中国海洋大学学报 (自然科学版), 2005, 35 (6): 1005-1010.

[51] Dieter Mueller-Dombois, Heinz Ellenberg. 植被生态学的目的和方法 [M]. 鲍显诚, 译. 北京: 科学出版社, 1986.

［52］丁敬坤，薛素燕，李加琦，等.基于大型底栖动物的桑沟湾不同养殖区底栖生境健康评价 [J]. 中国水产科学，2020, 27 (12): 1393-1401.

［53］丁克强，孙铁珩，李培军.石油污染土壤的生物修复技术 [J]. 生态学杂志，2000, 19 (2): 50-55.

［54］董波，薛钦昭，李军.环境因子对菲律宾蛤仔摄食生理生态的影响 [J]. 海洋与湖沼，2000, 31 (6): 636-642.

［55］董哲仁.国外河流健康评估技术 [J]. 水利水电技术，2005 (11): 15-19.

［56］窦国仁.再论泥沙起动流速 [J]. 泥沙研究，1999 (6): 1-9.

［57］都兴莉，房岩，孙刚.底栖动物对水层 - 底栖界面生源要素循环的扰动效应 [J]. 生物技术世界，2014 (2): 5-6.

［58］杜永芬，张志南.菲律宾蛤仔的生物扰动对沉积物颗粒垂直分布的影响 [J]. 中国海洋大学学报 (自然科学版), 2004, 34 (6): 988-992.

［59］段学花，王兆印，程东升.典型河床底质组成中底栖动物群落及多样性 [J]. 生态学报，2007, 27 (4): 1664-1672.

［60］段学花，工兆印，徐梦珍.底栖动物与河流生态评价 [M]. 北京 . 清华大学出版社 , 2010.

［61］段学花，王兆印，余国安.以底栖动物为指示物种对长江流域水生态进行评价 [J]. 长江流域资源与环境，2009, 18 (3): 241-247.

［62］范泽宇，白雪兰，徐聚臣，等.基于 Ecopath 模型的浍水水库生态系统特征及鲢、鳙生态容量分析 [J]. 中国水产科学，2021, 28 (6): 773-784.

［63］方修琦，殷培红.弹性、脆弱性和适应——IHDP 三个核心概念综述 [J]. 地理科学进展，2007, 26 (5): 11-22.

［64］方圆，倪晋仁，蔡立哲.湿地泥沙环境动态评估方法及其应用研究 (II) 应用 [J]. 环境科学学报，2000, 20 (6): 670-675.

［65］房岩，韩德复，刘倩，等.长春南湖水生生态系统的能流特征 [J]. 长春师范学院学报 (自然科学版), 2011, 30 (4): 66-69.

［66］房岩，韩德复，刘倩，等.长春南湖水体生物能量的垂直分布格局 [J]. 长春师范学院学报 (自然科学版), 2011, 30 (5): 56-58.

［67］房岩，孙刚.长春南湖水生生态系统中浮游动物群落牧食力的研究 [J]. 吉林师范大学学报 (自然科学版), 2003, 24 (3): 4-6.

［68］房岩，孙刚，丛茜，等.仿生材料学研究进展 [J]. 农业机械学报，2006, 37 (11): 163-167.

［69］房岩，孙刚，刘倩.长春南湖水体的鱼产力估算 [J]. 广东农业科学，2011, 38 (19): 112, 127.

［70］房岩，孙刚，刘倩.水丝蚓对稻田上覆水氮素浓度的影响 [J].广东农业科学，2011, 38 (18): 42-43.

［71］房岩，孙刚，王誉茜，等.底栖动物对水体沉积物物理性状的扰动效应 [J].长春师范大学学报，2016, 35 (2): 58-60.

［72］房岩，徐淑敏，孙刚.长春南湖水生生态系统的初级生产.Ⅱ.附生藻类与大型水生植物 [J].吉林农业大学学报，2004, 26 (1): 46-49.

［73］房岩，许振文，孙刚，等.长春南湖富营养化进程中鱼类群落的变化 [J].中国环境监测，2003, 19 (2): 9-12.

［74］费鸿年.动物生态学纲要 [M].上海：中华书局，1937.

［75］冯士筰，李凤岐，李少菁.海洋科学导论 [M].北京：高等教育出版社，2010.

［76］Frederick Herbert Bormann, Gene Likens.森林生态系统的格局与过程 [M].李景文，译.北京：科学出版社，1985.

［77］付春平，钟成华，邓春光.pH 与三峡库区底泥氮磷释放关系的试验 [J].重庆大学学报 (自然科学版), 2004, 27 (10): 125-127.

［78］高爱根，王春生，杨俊毅，等.中国多金属结核开辟区东、西两小区小型底栖动物的空间分布 [J].东海海洋，2002, 20 (1): 28-35.

［79］高丽.生物扰动对黄河口潮滩沉积物侵蚀性的试验研究 [D].青岛：中国海洋大学，2008.

［80］高明，周保同，魏朝富，等.不同耕作方式对稻田土壤动物、微生物及酶活性的影响研究 [J].应用生态学报，2004, 15 (7): 1177-1181.

［81］高善明，李元芳，安凤桐，等.华北平原农业自然条件与区域开发研究——黄河三角洲形成和沉积环境 [M].北京：科学出版社，1989.

［82］高世和，李复雪.九龙江口红树区底相大型底栖动物的群落生态 [J].台湾海峡，1985, 4 (2): 179-190.

［83］葛宝明，鲍毅新，程宏毅，等.灵昆岛东滩潮间带大型底栖动物功能群及营养等级构成 [J].生态学报，2008, 28 (10): 4796-4804.

［84］葛宝明，鲍毅新，郑祥.灵昆岛围垦滩涂潮沟大型底栖动物群落生态学研究 [J].生态学报，2005, 25 (3): 446-453.

［85］龚世园，朱子义，杨学芬，等.网湖绢丝丽蚌食性的研究 [J].华中农业大学学报，1997, 16 (6): 61-65.

［86］龚志军.长江中游浅水湖泊大型底栖动物的生态学研究 [D].武汉：中国科学院水生生物研究所，2002.

［87］龚志军，李艳玲，谢平.武汉东湖湖球蚬种群动态及生产力的研究 [J].水生生物学报，2004, 28 (5): 552-556.

［88］龚志军，谢平，阎云君. 底栖动物次级生产力研究的理论与方法 [J]. 湖泊科学，2001, 13 (1): 79-88.

［89］龚紫娟，张青田. 生物扰动影响沉积物理化特征的研究进展 [J]. 海洋湖沼通报，2022, 44 (2): 166-172.

［90］关松荫. 土壤酶及其研究法 [M]. 北京：农业出版社，1986.

［91］郭尚平，刘慈群，阎庆来，等. 渗流力学的近况和展望 [J]. 力学与实践，1981 (3): 11-16.

［92］郭先武. 武汉南湖三种摇蚊幼虫生物学特性及其种群变动的研究 [J]. 湖泊科学，1995 (3): 249-255.

［93］郭先武. 武汉南湖摇蚊幼虫群落的研究 [J]. 华中农业大学学报，1995 (6): 578-585.

［94］韩洁，张志南，于子山. 渤海大型底栖动物丰度和生物量的研究 [J]. 青岛海洋大学学报 (自然科学版), 2001, 31 (6): 889-896.

［95］郝卫民，王士达，王德铭. 洪湖底栖动物群落结构及其对水质的初步评价 [J]. 水生生物学报，1995, 19 (2): 124-134.

［96］何斌源，邓朝亮，罗砚. 环境扰动对钦州港潮间带大型底栖动物群落的影响 [J]. 广西科学，2004, 11 (2): 143-147.

［97］何明海. 九龙江口红树林海岸潮间带多毛类生态研究 [J]. 海洋通报，1991, 10 (3): 56-61.

［98］何明海，蔡尔西，徐惠州，等. 九龙江口红树林区底栖动物的生态 [J]. 台湾海峡，1993, 12 (1): 61-68.

［99］何志辉. 淡水生态学 [M]. 北京：中国农业大学出版社，2004.

［100］河海大学《水利大辞典》编辑修订委员会. 水利大辞典 [Z]. 上海：上海辞书出版社，2015.

［101］Helmut Lieth, Robert Harding Whittaker. 生物圈的第一性生产力 [M]. 王业蘧，译. 北京：科学出版社，1985.

［102］贺广凯. 黄渤海沿岸经济贝类体中重金属残留量水平 [J]. 中国环境科学，1999, 16 (2): 96-100.

［103］侯诒然，高勤峰，董双林，等. 不同规格刺参的生物扰动作用对沉积物中磷赋存形态及吸附特性的影响 [J]. 中国海洋大学学报 (自然科学版), 2017, 47 (9): 36-45.

［104］胡勤海，胡志强，叶兆杰. 稀土元素镧在底泥及底栖生物螺蛳中的积累 [J]. 中国环境科学，1997, 17 (2): 156-159.

［105］胡水根，吴萍萍. 园背角无齿蚌抗肿瘤有效成分的研究 [J]. 中国海洋药物，

1997 (2): 19-21.

［106］胡勇军，孙刚，房岩，等．底栖鱼类对水田土壤微生物的扰动效应 [J]. 安徽农业科学，2010, 38 (23): 12496-12498.

［107］胡勇军，孙刚，韩德复．长春南湖水生生态系统的初级生产 I. 浮游植物 [J]. 东北师大学报（自然科学版），2001, 33 (2): 80-83.

［108］胡知渊．生境干扰对滩涂湿地大型底栖动物群落结构的影响 [D]. 金华：浙江师范大学，2009.

［109］华尔，张志南．黄河口邻近海域底栖动物粒径谱研究 [J]. 中国海洋大学学报（自然科学版），2009, 39 (5): 971-978.

［110］华尔，张志南，张艳．长江口及邻近海域小型底栖生物丰度和生物量 [J]. 生态学报，2005, 25 (9): 2234-2242.

［111］滑丽萍，郝红，李贵宝，等．河湖底泥的生物修复研究进展 [J]. 中国水利水电科学研究院学报，2005, 3 (2): 124-129.

［112］黄勃，张本，陆健健，等．东寨港红树林区大型底栖动物生态与滩涂养殖容量的研究 I. 潮间带表层底栖动物数量的初步研究 [J]. 海洋科学，2002, 26 (3): 65-68.

［113］黄恢柏，王建国，唐振华，等．两种指数对庐山水体环境质量状况的评价 [J]. 中国环境科学，2002, 22 (5): 416-420.

［114］黄沛生．太湖梅梁湾消浪工程对沉积物再悬浮的抑制效应及其对水体营养结构的影响 [D]. 广州：暨南大学，2005.

［115］黄廷林，聂小保，张金松，等．铜对颤蚓的快速灭活机制及其在水厂应用分析 [J]. 环境科学，2010, 31 (2): 331-337.

［116］黄廷林，武海霞，陈千娇．水中颤蚓灭活实验研究 [J]. 西安建筑科技大学学报（自然科学版），2006, 38 (2): 263-268.

［117］黄湘，李卫红，陈亚宁，等．塔里木河下游荒漠河岸林群落土壤呼吸及其影响因子 [J]. 生态学报，2007, 27 (5): 1952-1959.

［118］黄勇，张志南，刘晓收．南黄海冬季自由生活海洋线虫群落结构的研究 [J]. 海洋与湖沼，2007, 38 (3): 199-205.

［119］黄玉瑶，滕德兴，赵忠宪．应用大型无脊椎动物群落结构特征及其多样性指数监测蓟运河污染 [J]. 动物学集刊，1982 (2): 133-146.

［120］吉红，梁朝军，高俊．漳河的底栖动物现状及水质评价研究 [J]. 西北农林科技大学学报（自然科学版），2006, 34 (3): 42-48.

［121］贾胜华，寿鹿，廖一波，等．海洋大型底栖动物群落次级生产力估算模型研究进展及应用评价 [J]. 海洋通报，2017, 36 (4): 370-378.

［122］贾永刚，周其健，马德翠. 生物活动对海床沉积物工程地质特征改造研究 [J].
工程地质学报，2005, 13 (1): 49-56.

［123］姜建国，沈韫芬. 用于评价水污染的生物指数 [J]. 云南环境科学，2000, 19 (S1):
251-253.

［124］姜联合，王建中，郑元润. 叶片投影盖度——描述植物群落结构的有效方法 [J].
云南植物研究，2004, 26 (2): 166-172.

［125］姜苹红，梁小民，陈芳，等. 月湖底栖动物的空间格局及其对水草可恢复区的
指示 [J]. 长江流域资源与环境，2006, 15 (4): 502-505.

［126］江晶. 清江流域二级河流大型底栖动物群落结构和生产量的研究 [D]. 武汉：
华中科技大学，2008.

［127］蒋定生，王宁，王煜. 黄土高原水土流失与治理模式 [M]. 北京：中国水利水电
出版社，1997.

［128］蒋昭凤，王菊芳，齐庆临. 用底栖动物的变化趋势评价湘江水质污染 [J]. 江苏
环境科技，1997 (4): 21-25.

［129］焦燕，金文标，赵庆良，等. 异位／原位联合生物修复技术处理受污染河水 [J].
中国给水排水，2011, 27 (11): 59-62.

［130］金相灿，荆一凤. 湖泊污染底泥疏浚工程技术——滇池草海底泥疏挖及处置
[J]. 环境科学研究，1999, 12 (5): 9-12.

［131］金相灿，屠清瑛. 湖泊富营养化调查规范 [M]. 2 版. 北京：中国环境科学出版
社，1990.

［132］Karl Ritter von Frisch. 蜜蜂的生活 [M]. 李灿茂，译. 上海：上海科学技术出版
社，1983.

［133］柯欣，杨莲芳，孙长海. 安徽丰溪河水生昆虫多样性及其水质生物评价 [J]. 南
京农业大学学报，1996, 19 (3): 37-43.

［134］Klaus Stern, Laurence Roche. 森林生态系统遗传学 [M]. 毛士田，译. 北京：中
国林业出版社，1984.

［135］孔红梅，赵景柱，姬兰柱. 生态学健康评价方法初探 [J]. 应用生态学报，2002,
13 (4): 486-490.

［136］孔业富，尹成杰，王林龙，等. 基于 Ecopath 模型的三门湾生态系统结构与功
能 [J]. 应用生态学报，2022, 33 (3): 829-836.

［137］匡世焕，孙慧玲. 野生和养殖牡蛎种群的比较摄食生理研究 [J]. 海洋水产研究，
1996, 17 (2): 87-94.

［138］Rexford Daubenmire. 植物群落：植物群落生态学教程 [M]. 陈庆诚，译. 北京：
人民教育出版社，1981.

[139] 黎颖治，夏北成. 影响湖泊沉积物 – 水界面磷交换的重要环境因子分析 [J]. 土壤通报，2007, 38 (1): 162-166.

[140] 李兵，袁旭音，邓旭. 不同 pH 条件下太湖入湖河道沉积物磷的释放 [J]. 生态与农村环境学报，2008, 24 (4): 57-62.

[141] 李博，杨持，林鹏. 生态学 [M]. 北京：高等教育出版社，2000.

[142] 李汉卿. 环境污染与生物 [M]. 哈尔滨：黑龙江科学技术出版社，1985.

[143] 李继业，冷宇，潘玉龙，等. 石岛海域污损生物生态学研究 [J]. 海洋湖沼通报，2019 (6): 139-146.

[144] 李丽娜，陈振楼，许世远，等. 非生物因子对河蚬重金属富集量的影响 [J]. 生态学杂志，2005, 24 (9): 1017-1020.

[145] 李平. 松花江水环境问题剖析与污染防治对策研究 [J]. 环境科学与管理，2005, 30 (3): 5-8.

[146] 李强，杨莲芳，吴璟，等. 底栖动物完整性指数评价西苕溪溪流健康 [J]. 环境科学，2007, 28 (9): 2141-2147.

[147] 李仁熙. 水温对正颤蚓繁殖的影响 [J]. 水生生物学报，2003, 27 (4): 443-444.

[148] 李晓文，张玲，方精云. 指示种、伞护种与旗舰种：有关概念及其在保护生物学中的应用 [J]. 生物多样性，2002, 10 (1): 72-79.

[149] 李新正，刘录三，李宝泉，等. 中国海洋大型底栖生物 [M]. 北京：海洋出版社，2010.

[150] 李勇，王超. 城市浅水型湖泊底泥磷释放特性实验研究 [J]. 环境科学与技术，2003, 26 (1): 26-28.

[151] 李玉洁，王小谷，林施泉，等. 长江口及邻近陆架海区夏季小型底栖动物群落结构研究 [J]. 海洋学研究，2022, 40 (2): 102-112.

[152] 李媛. 碧流河水库及流域浮游生物群落结构与粒径谱研究 [D]. 大连：大连海洋大学，2016.

[153] 李再培，程英，吕琳. 松花江（哈尔滨段）底栖无脊椎动物群落构成与水质状况的研究 [J]. 黑龙江环境通报，2000, 24 (2): 114-116.

[154] 李众，林和山，黄雅琴，等. 浙江北关港污损生物的群落结构及其主要影响因子 [J]. 海洋学报，2018, 40 (12): 81-93.

[155] 厉红梅，孟海涛. 深圳湾底栖动物群落结构时空变化环境影响因素分析 [J]. 海洋环境科学，2004, 23 (1): 37-40.

[156] 梁彦龄. 武昌东湖水栖寡毛类及水生昆虫的生态分布及种群密度 [J]. 动物学报，1963, 15 (4): 560-570.

[157] 梁彦龄. 中国水栖寡毛类的研究 Ⅲ. 花马湖的水栖寡毛类 [J]. 海洋与湖沼，

1979, 10 (3): 273-281.

［158］廖一波，曾江宁，陈全震，等．嵊泗海岛不同底质潮间带春秋季大型底栖动物的群落格局 [J]. 动物学报，2007 (6): 1000-1010.

［159］林岿漩，张志南，王睿照．东、黄海典型站位底栖动物粒径谱研究 [J]. 生态学报，2004, 24 (2): 241-245.

［160］林双淡，张水浸，蔡尔西，等．杭州湾北岸软相潮间带底栖动物群落结构的分析 [J]. 海洋学报，1984, 3 (2): 235-243.

［161］刘保元，王士达，王永明，等．利用底栖动物评价图们江污染的研究 [J]. 环境科学学报，1981, 1 (4): 337-348.

［162］刘缠民，冯照军．京杭大运河徐州段水质底栖动物多样性及 BPI 评价 [J]. 河南科学，2008, 26 (9): 1062-1065.

［163］刘道彬．底栖动物对黄河口海床土渗透性影响的试验研究 [D]. 青岛：中国海洋大学，2008.

［164］刘冬启．观道河水库周丛生物群落结构和渔产潜力的研究 [D]. 武汉：华中农业大学，2001.

［165］刘建康．东湖生态学研究 (二)[M]. 北京：科学出版社，1995.

［166］刘建康．高级水生生物学 [M]. 北京：科学出版社，1999.

［167］刘杰，陈振楼，许世远，等．蟹类底栖动物对河口潮滩无机氮界面交换的影响 [J]. 海洋科学，2008, 32 (2): 10-16.

［168］刘杰，万细妹，徐明生，等．河蚬酶解液体外抗氧化作用的研究 [J]. 江西农业大学学报，2009, 31 (6): 1093-1096.

［169］刘景春，严重玲，胡俊．水体沉积物中酸可挥发性硫化物 (AVS) 研究进展 [J]. 生态学报，2004, 24 (4): 812-818.

［170］刘坤，林和山，李众，等．平潭岛东北部近岸海域大型污损生物群落结构特征 [J]. 海洋学报，2020, 42 (6): 70-82.

［171］刘坤，林和山，王建军，等．厦门近岸海域大型底栖动物次级生产力 [J]. 生态学杂志，2015, 34 (12): 3409-3415.

［172］刘凌云，郑光美．普通动物学 [M]. 4 版．北京：高等教育出版社，2009.

［173］刘录三，李中宇，孟伟，等．松花江下游底栖动物群落结构与水质生物学评价 [J]. 环境科学研究，2007, 20 (3): 81-86.

［174］刘略昌．梭罗自然思想研究补遗 [J]. 浙江师范大学学报 (社会科学版)，2016, 41 (4): 79-84.

［175］刘敏，侯立军，许世远，等．长江口潮滩生态系统氮微循环过程中大型底栖动物效应实验模拟 [J]. 生态学报，2005, 25 (5): 1132-1137.

［176］刘敏，熊邦喜 . 河蚬的生态习性及其对重金属的富集作用 [J]. 安徽农业科学，2008, 36 (1): 221-224.

［177］刘绍辉，方精云 . 土壤呼吸的影响因素及全球尺度下温度的影响 [J]. 生态学报，1997, 17 (5): 469-476.

［178］刘学勤 . 湖泊底栖动物食物组成与食物网研究 [D]. 武汉：中国科学院水生生物研究所，2006.

［179］刘玉，Vermaat J E, Ruyter E D de, 等 . 珠江、流溪河大型底栖动物分布和氮磷因子的相关分析 [J]. 中山大学学报（自然科学版），2003, 42 (1): 95-99.

［180］陆超华，谢文造，周国君 . 近江牡蛎作为海洋重金属锌污染监测生物 [J]. 中国环境科学，1997, 18 (6): 527-530.

［181］陆光华，王超，包国章 . 江中有机污染物结构与生物降解性定量关系研究 [J]. 河海大学学报（自然科学版），2003, 31 (2): 200-202.

［182］陆健健 . 河口生态学 [M]. 北京：海洋出版社，2003.

［183］罗岳平，李宁，汤光明 . 生物早期警报系统在水和废水水质评价中的应用 [J]. 重庆环境科学，2002, 24 (1): 49-54.

［184］吕光俊，熊邦喜，刘敏，等 . 不同营养类型水库大型底栖动物的群落结构特征及其水质评价 [J]. 生态学报，2009, 29 (10): 5339-5349.

［185］吕继涛 . 颤蚓生物扰动对沉积物中重金属释放及形态分布的影响 [D]. 长春：吉林大学，2009.

［186］吕敬，郑忠明，陆开宏，等 . 铜锈环棱螺生物扰动对"蓝藻水华"水体底泥及其间隙水中碳、氮、磷含量的影响 [J]. 生态科学，2010, 29 (6): 538-542.

［187］马尔科夫 . 社会生态学 [M]. 雒启珂，刘志明，张耀平，译 . 北京：中国环境科学出版社，1989.

［188］马克明，孔红梅，关文彬，等 . 生态系统健康评价：方法与方向 [J]. 生态学报，2001, 21 (12): 2106-2116.

［189］马世骏，王如松 . 社会 – 经济 – 自然复合生态系统 [J]. 生态学报，1984, 4 (1): 1-9.

［190］梅卓华，方东，楼霄 . SOS 显色法测定水中遗传毒性 [J]. 环境监测管理与技术，1997, 9 (3): 17-18.

［191］孟伟，张远，郑丙辉 . 水环境质量基准标准与流域水污染物总量控制策略 [J]. 环境科学研究，2006, 19 (3): 1-6.

［192］慕芳红，张志南，郭玉清 . 渤海小型底栖生物的丰度和生物量 [J]. 青岛海洋大学学报（自然科学版），2001, 31 (6): 897-905.

［193］倪晋仁，方圆 . 湿地泥沙环境动态评估方法及其应用研究（Ⅰ）理论 [J]. 环境

科学学报 , 2000, 20 (6): 665-669.

［194］聂立凯 . 日本大眼蟹与双齿围沙蚕的生物扰动对河口湿地生源要素动态的影响 [D]. 青岛 : 青岛大学 , 2020.

［195］聂小保 , 吴淑娟 , 吴方同 , 等 . 颤蚓生物扰动对沉积物氮释放的影响 [J]. 环境科学学报 , 2011, 31 (1): 107-113.

［196］聂新华 , 郎印海 , 贾永刚 . 胶州湾河口沉积物中耗氧有机物的释放研究 [J]. 海洋环境科学 , 2006, 25 (4): 11-14.

［197］牛翠娟 , 娄安如 , 孙儒泳 , 等 . 基础生态学 [M]. 北京 : 高等教育出版社 , 2007.

［198］欧阳夏语 , 倪天泽 , 吴晓涵 , 等 . 盐城潮间带大型底栖动物群落分布特征 [J]. 湿地科学 , 2022, 20 (3): 427-434.

［199］潘洪超 . 军山湖底栖动物群落结构及其生产量的研究 [D]. 南昌 : 南昌大学 , 2007.

［200］彭佩钦 , 吴金水 , 黄道友 , 等 . 洞庭湖区不同利用方式对土壤微生物生物量碳氮磷的影响 [J]. 生态学报 , 2006, 26 (7): 2261-2267.

［201］彭永清 . 神奇的洞穴生物世界 [J]. 发明与创新 , 2008 (6): 49-50.

［202］钱伟平 , 许梓荣 . 水体生态系统中藻类、河蚌细菌互相关系的实验研究 [J]. 淡水渔业 , 2002, 32 (3): 40-43.

［203］覃雪波 , 孙红文 , 吴济舟 , 等 . 大型底栖动物对河口沉积物的扰动作用 [J]. 应用生态学报 , 2010, 21 (2): 458-463.

［204］邱光胜 , 印士勇 , 余秋梅 . 水生生物环境诊断 (AOD) 技术应用研究 [J]. 人民长江 , 2001, 32 (7): 47-48.

［205］邱莉萍 , 张兴昌 . Cu、Zn、Cd 和 EDTA 对土壤酶活性影响的研究 [J]. 农业环境科学学报 , 2006, 25 (1): 30-33.

［206］全秋梅 , 徐姗楠 , 肖雅元 , 等 . 胶州湾大型底栖动物次级生产力 [J]. 中国水产科学 , 2020, 27 (4): 414-426.

［207］全为民 , 沈新强 , 严力蛟 . 富营养化水体生物净化效应的研究进展 [J]. 应用生态学报 , 2003, 14 (11): 57-61.

［208］冉景丞 , 陈会明 . 中国洞穴生物研究概述 [J]. 中国岩溶 , 1998, 17 (2): 151-159.

［209］饶义勇 , 蔡立哲 , 黄聪丽 , 等 . 湛江高桥红树林湿地底栖动物粒径谱 [J]. 生态学报 , 2015, 35 (21): 7182-7189.

［210］任海 , 邬建国 , 彭少麟 . 生态系统健康的评估 [J]. 热带地理 , 2000, 20 (4): 310-316.

［211］任淑智 . 北京地区河流中大型底栖无脊椎动物与水质关系的研究 [J]. 环境科学学报 , 1991, 11 (1): 31-46.

［212］任淑智 . 京津及盈邻近地区底栖动物群落特征与水质等级 [J]. 生态学报 , 1991, 11 (3): 262-267.

［213］单红仙 , 贾永刚 , 许国辉 . 波浪作用诱发的黄河口水下斜坡失稳破坏 [J]. 地学前缘 (中国地质大学 , 北京), 2001, 8 (3): 130.

［214］单红仙 , 刘媛媛 , 贾永刚 , 等 . 水动力作用对黄河水下三角洲粉质土微结构改变研究 [J]. 岩土工程学报 , 2004, 26 (5): 654-648.

［215］商书芹 , 相华 , 郭伟 , 等 . 底栖动物功能摄食类群与环境因子的关系 [J]. 人民黄河 , 2021, 43 (S1): 77-79.

［216］邵国生 . 底栖动物在南洞庭湖岸边污染带水质评价中的应用 [J]. 环境科学 , 1989, 10 (1): 77-82.

［217］沈国英 , 施并章 . 海洋生态学 [M]. 北京 : 科学出版社 , 2002.

［218］沈韫芬 , 龚循矩 , 顾曼如 . 用 PFU 原生动物群落进行生物监测的研究 [J]. 水生生物学集刊 , 1985, 9 (4): 299-308.

［219］沈韫芬 , 顾曼如 . 水质 – 微型生物群落监测法 (PFU 法)[J]. 科技开发动态 , 1994 (2): 44.

［220］盛连喜 , 孙刚 . 电厂热排水对水生生态系统的影响 [J]. 农业环境保护 , 2000, 19 (6): 330-331.

［221］时连强 , 李九发 , 应铭 , 等 . 现代黄河三角洲潮滩原状沉积物冲刷试验 [J]. 海洋工程 , 2004, 24 (1): 46-54.

［222］舒凤月 , 王海军 , 潘保柱 , 等 . 长江中下游湖泊贝类物种濒危状况评估 [J]. 水生生物学报 , 2009, 33 (6): 1051-1058.

［223］Sven Erik Jørgensen. 生态模型法原理 [M]. 陆健健 , 译 . 上海 : 上海翻译出版公司 , 1990.

［224］Sven Erik Jørgensen, Brian Fath. 生态建模原理 : 在环境管理和研究中的应用 [M]. 北京 : 科学出版社 , 2012.

［225］Sven Erik Jørgensen, Giuseppe Bendoricchio. 生态模型基础 [M]. 何文珊 , 译 . 北京 : 高等教育出版社 , 2008.

［226］苏华武 , 江晶 , 温芳妮 , 等 . 湖北清江流域叹气沟河底栖动物群落结构与水质生物学评价 [J]. 湖泊科学 , 2008, 20 (4): 520-528.

［227］孙成权 . 国际地圈生物圈计划科学咨询委员会第四次会议简介 [J]. 地球科学进展 , 1996 (3): 304-309.

［228］孙刚 . 海洋的生物多样性 [J]. 工业技术经济 , 1995, 14 (2): 58-59.

［229］孙刚 . 长春南湖的能量生态学研究 [D]. 长春 : 东北师范大学 , 1997.

［230］孙刚 . 生态系统服务的划价 [J]. 环境保护 , 2000 (6): 41-43.

[231] 孙刚. 生态系统服务的核算方法 [J]. 云南环境科学, 2000, 19 (1): 70-72.

[232] 孙刚, 房岩. 底栖动物的生物扰动效应 [M]. 北京: 科学出版社, 2013.

[233] 孙刚, 房岩, 安永辉, 等. 泥鳅对水田上覆水中氮素动态的生物扰动效应 [J]. 生态与农村环境学报, 2009, 25 (2): 39-43.

[234] 孙刚, 房岩, 董刚, 等. 泥鳅扰动对水田沉积物颗粒垂直分布的影响 [J]. 安徽农业科学, 2009, 37 (2): 703-704.

[235] 孙刚, 房岩, 韩德复. 复合种养水田生态系统的综合效益 [J]. 农业与技术, 2006, 26 (5): 48-50.

[236] 孙刚, 房岩, 韩德复, 等. 水丝蚓对水田沉积物颗粒垂直分布的生物扰动作用 [J]. 长春师范学院学报 (自然科学版), 2008, 27 (4): 59-61.

[237] 孙刚, 房岩, 韩德复, 等. 稻 – 鱼复合生态系统对水田土壤微生物生理群的影响 [J]. 长春师范学院学报 (自然科学版), 2008, 27 (6): 53-56.

[238] 孙刚, 房岩, 韩德复. 底栖鱼类对水田上覆水生源要素动态的扰动效应 [J]. 东北师大学报 (自然科学版), 2010, 42 (4): 132-137.

[239] 孙刚, 房岩, 韩国军, 等. 稻 – 鱼复合生态系统对水田土壤理化性状的影响 [J]. 中国土壤与肥料, 2009 (4): 21-24.

[240] 孙刚, 房岩, 胡佳林, 等. 泥鳅对稻田土壤动物的扰动效应 [J]. 生态与农村环境学报, 2011, 27 (1): 100-103.

[241] 孙刚, 房岩, 刘倩. 长春市水生态系统服务价值核算及其动态变化 [J]. 工业技术经济, 2011 (10): 22-26.

[242] 孙刚, 房岩, 刘倩, 等. 豚草发生地土壤微生物的数量特征 [J]. 北方园艺, 2011 (16): 175-177.

[243] 孙刚, 房岩, 汪爱武, 等. 底栖鱼类对水田上覆水中磷素动态的扰动效应 [J]. 安徽农业科学, 2010, 38 (32): 18171-18172+18189.

[244] 孙刚, 房岩, 汪爱武, 等. 颤蚓对水田沉积物颗粒垂直运移的生物扰动效应 [J]. 安徽农业科学, 2010, 38 (35): 20275-20276+20279.

[245] 孙刚, 房岩, 王欣, 等. 稻 – 鱼复合生态系统对水田土壤呼吸的影响 [J]. 农业与技术, 2008, 28 (5): 66-68.

[246] 孙刚, 房岩, 王欣, 等. 稻鱼复合种养对水田土壤酶活性的影响 [J]. 农业与技术, 2009, 29 (1): 23-26.

[247] 孙刚, 房岩, 殷秀琴. 豚草发生地土壤昆虫群落结构及动态 [J]. 昆虫学报, 2006, 49 (2): 271-276.

[248] 孙刚, 房岩, 张慧博. 城市湖泊生态系统服务价值核算 [J]. 工业技术经济, 2008, 27 (11): 117-119.

［249］孙刚，房岩，张胜. 水田立体开发与绿色稻米生产 [J]. 农业与技术，2006, 26 (6): 48-50.

［250］孙刚，国际翔，王振堂，等. 对虾杆状病毒病暴发式大流行的生态机理初步研究 [J]. 生态学报，1999, 19 (2): 283-286.

［251］孙刚，郎宇，房岩. 长春南湖水生生态系统中浮游动物群落特征 [J]. 吉林大学学报 (理学版), 2006, 44 (4): 663-667.

［252］孙刚，盛连喜. 生态系统关键种理论的研究进展 [J]. 动物学杂志，2000, 35 (4): 53-57.

［253］孙刚，盛连喜. 生态系统关键种理论：新思想、新机制、新途径 [J]. 东北师大学报 (自然科学版), 2000, 32 (3): 73-77.

［254］孙刚，盛连喜. 湖泊富营养化治理的生态工程 [J]. 应用生态学报，2001, 12 (4): 590-592.

［255］孙刚，盛连喜，冯江. 生态系统服务的功能分类与价值分类 [J]. 环境科学动态，2000 (1): 19-22.

［256］孙刚，盛连喜，冯江，等. 中国湖泊渔业与富营养化的关系 [J]. 东北师大学报 (自然科学版), 1999 (1): 74-78.

［257］孙刚，盛连喜，冯江，等. 长春南湖生态系统能量收支的研究 [J]. 生态学杂志，2000, 19 (2): 8-12.

［258］孙刚，盛连喜，李明全. 长春南湖底栖动物群落特征及其与环境因子的关系 [J]. 应用生态学报，2001, 12 (2): 319-320.

［259］孙刚，盛连喜，千贺裕太郎. 生物扰动在水层 – 底栖界面耦合中的作用 [J]. 生态环境，2006, 15 (5): 1106-1110.

［260］孙刚，盛连喜，周道玮. 生态系统服务及其保护策略 [J]. 应用生态学报，1999, 10 (3): 365-368.

［261］孙刚，盛连喜，周道玮，等. 胁迫生态学理论框架 (上)——受胁生态系统的症状 [J]. 环境保护，1999 (7): 37-39.

［262］孙刚，盛连喜，周道玮，等. 生态系统服务：对人与自然关系的新认识 [J]. 东北师大学报 (自然科学版), 2000, 32 (1): 79-83.

［263］孙刚，王振堂. 利用生态工程降低湖体含磷量的研究 [J]. 云南环境科学，2000, 19 (1): 127-129.

［264］孙刚，王振堂，王娓. 近岸生物资源的超强开采及其对虾病大流行的影响 [J]. 东北师大学报 (自然科学版), 1995 (3): 72-76.

［265］孙刚，殷秀琴，祖元刚. 豚草发生地土壤动物的初步研究 [J]. 生态学报，2002, 22 (4): 608-611.

［266］孙刚，周道玮．胁迫生态学研究进展 [J]．农村生态环境，1999, 15 (4): 42-46.

［267］孙刚，周道玮，盛连喜，等．胁迫生态学理论框架（下）——受胁生态系统的阶段性适应反应 [J]．环境保护，1999 (8): 32-34.

［268］孙家君，李乾岗，魏婷，等．三角帆蚌生物扰动对白洋淀湿地水环境影响探究 [J]．环境科技，2021, 34 (1): 8-13.

［269］孙娜，吴俊涛，江雷．贝壳珍珠层及其仿生材料的研究进展 [J]．高等学校化学学报，2011, 32 (10): 2231-2239.

［270］孙思志，郑忠明．大型底栖动物的生物干扰对沉积环境影响的研究进展 [J]．浙江农业学报，2010, 22 (2): 263-268.

［271］孙思志，郑忠明，陆开宏，等．铜锈环棱螺对藻华水体沉积物 – 水界面营养盐通量的影响 [J]．生态学杂志，2010, 29 (4): 730-734.

［272］谭燕翔，苏华青，李秀荣，等．砷在渤海湾海水、底质和底栖动物中的分布 [J]．海洋科学，1983 (4): 28-30.

［273］汤琳，张锦平，李备军，等．黄浦江水环境生物监测指标研究 [J]．中国环境监测，2005, 21 (1): 28-30.

［274］陶磊．象山港大型底栖动物生态学研究 [D]．宁波：宁波大学，2010.

［275］童晓辉，陈文祥，彭建华．软体动物在水体环境调控中的作用 [J]．内陆水产，2005 (5): 30-31.

［276］童晓立，胡慧建，陈思源．利用水生昆虫评价南昆山溪流的水质 [J]．华南农业大学学报，1995, 16 (3): 6-10.

［277］王备新．大型底栖无脊椎动物水质生物评价研究 [M]．南京：南京农业大学，2003.

［278］王备新，杨莲芳．大型底栖无脊椎动物水质快速生物评价的研究进展 [J]．南京农业大学学报，2001, 24 (4): 107-111.

［279］王备新，杨莲芳，胡本进，等．应用底栖动物完整性指数 B-IBI 评价溪流健康 [J]．生态学报，2005, 25 (6): 1481-1490.

［280］王国祥．生物监测若干问题的探讨 [J]．环境监测管理与技术，1994, 6 (3): 7-10.

［281］王海涛，张东兴，郑岩．防除海洋污损生物附着的技术研究进展 [J]．水产学杂志，2018, 31 (6): 47-50.

［282］王海英，姚田，王传胜．长江中游水生生物多样性保护面临的威胁和压力 [J]．长江流域环境与资源，2004, 13 (5): 429-432.

［283］王洪道，窦鸿身，颜京松，等．中国湖泊资源 [M]．北京：科学出版社，1989.

［284］王骥．长江中游草型湖泊周丛藻类多样性的季节变化 [J]．水生生物学报，1996, 20 (增刊): 132-140.

［285］王骥，谢志才，刘瑞秋，等．保安湖周丛藻类生产量的初步研究 [J]．水生生物学报，1996, 20（增刊）: 141-148.

［286］王建国，黄恢柏，杨明旭，等．庐山地区底栖大型无脊椎动物耐污值与水质生物学评价 [J]．应用与环境生物学报，2003, 9 (3): 279-284.

［287］王建军．湖泊水土界面室内模拟系统的建立及其在界面氧气生物地球化学过程研究中的应用 [D]．南京：中国科学院南京地理与湖泊研究所，2008.

［288］王俊才，方志刚，鞠复华，等．摇蚊幼虫分布及其与水质的关系 [J]．生态学杂志，2000, 19 (4): 27-37.

［289］王丽珍，李砥，刘永定，等．滇池摇蚊科幼虫和水丝蚓属的生物学特性分析 [J]．水利渔业，2004, 24 (2): 48-50.

［290］王睿照，张志南．海洋底栖生物粒径谱的研究 [J]．海洋湖沼通报，2003 (4): 61-68.

［291］王诗红，张志南．日本刺沙蚕摄食沉积物的实验研究 [J]．青岛海洋大学学报（自然科学版），1998, 28 (4): 587-592.

［292］王诗红，张志南，吕瑞华．丁字湾潮间带日本刺沙蚕幼体对底栖微藻的摄食率 [J]．青岛海洋大学学报（自然科学版），2002, 32 (3): 409-414.

［293］王士达．武汉东湖底栖动物的多样性及其与富营养化的关系 [J]．水生生物学报，1996, 20（增刊）: 75-89.

［294］王魏根，王丽珍，刘永定．椭圆背角无齿蚌对重金属元素的积累作用 [J]．云南大学学报（自然科学版），2004, 26 (6): 541-543.

［295］王延明，李道季，方涛，等．长江口及邻近海域底栖生物分布及与低氧区的关系研究 [J]．海洋环境科学，2008, 27 (2): 139-143.

［296］王燕妮，田伊林，刘雨薇，等．新疆巩乃斯河枯、丰水期大型底栖动物群落结构与环境因子的关系 [J]．生态科学，2022, 41 (5): 208-218.

［297］王银东，熊邦喜，杨学芬．用大型底栖动物对武汉南湖水质的生物学评价 [J]．环境污染与防治，2006, 28 (4): 312-314.

［298］王永兴，吴庆龙，王晓蓉，等．应用四膜虫刺泡发射试验方法评价金属离子的毒性 [J]．中国环境科学，1998 (5): 62-65.

［299］王昱，李宝龙，冯起，等．黑河大型底栖动物功能摄食类群时空分布及水环境评价 [J]．环境科学研究，2022, 35 (1): 150-160.

［300］王兆强．《新生态学：相互作用系统的全新探讨》简介 [J]．生态学杂志，1987, 6 (1): 67.

［301］吴东浩，王备新，张咏，等．底栖动物生物指数水质评价进展及在中国的应用前景 [J]．南京农业大学学报，2011, 34 (2): 129-134.

［302］吴东浩，于海燕，吴海燕，等.基于大型底栖无脊椎动物确定河流营养盐浓度阈值：以西苕溪上游流域为例 [J]. 应用生态学报，2010, 21 (2): 483-488.

［303］吴甘霖.利用蚕豆根尖微核技术 (MCN) 对马鞍山市废水的监测研究 [J]. 安徽师大学报 (自然科学版), 1997, 20 (2): 183-188.

［304］吴甘霖.利用水花生根尖微核技术 (MCN) 对马鞍山市废水的监测研究 [J]. 安庆师范学院学报 (自然科学版), 1997, 8 (8): 57-62.

［305］吴剑峰.蚕豆根尖微核技术监测南通市濠河水质污染的研究 [J]. 生物学杂志，1999, 16 (1): 23-25.

［306］吴荣军，张学雷，郑家声，等.海洋生物监测新技术探索：幼虫变态实验 [J]. 黄渤海海洋，2002, 20 (1): 66-71.

［307］吴淑娟.颤蚓扰动作用对东洞庭湖沉积污染物释放的影响研究 [D]. 长沙：长沙理工大学，2010.

［308］吴天惠.保安湖底栖动物资源及季节动态的研究 [J]. 湖泊科学，1989, 1 (1): 71-78.

［309］吴伟，胡庚东，火村央，等.应用四膜虫刺泡发射评价加氯水体中有机浓集物的致突变性 [J]. 中国环境科学，1999, 19 (5): 413-416.

［310］吴小平.长江中下游淡水贝类研究 [D]. 武汉：中国科学院水生生物研究所，1998.

［311］席玉英，韩凤英，郭婷，等.长叶异痣蟌对水体汞污染的指示作用 [J]. 农业环境保护，2000, 19 (6): 345-346.

［312］夏爱军，陈校辉，蔡永祥，等.长江江苏段底栖动物群落结构现状及其水质的初步评价 [J]. 海洋渔业，2006, 28 (4): 272-277.

［313］肖红，李钟玮，包军，等.大庆水库底栖动物群落调查及生物学评价 [J]. 环境科学与管理，2006 (9): 181-183.

［314］谢建春.水体污染与水生动物 [J]. 生物学通报，2001, 36 (6): 10-11.

［315］谢钦铭，李云，熊国根.鄱阳湖底栖动物生态研究及其底层鱼产力的估算 [J]. 江西科学，1995, 13 (3): 161-170.

［316］谢志才，王骥，梁彦龄.长江流域若干水体寡毛类区系组成及相似性分析 [J]. 水生生物学报，2000, 24 (5): 451-457.

［317］谢志才，张君倩，陈静，等.东洞庭湖保护区大型底栖动物空间分布格局及水质评价 [J]. 湖泊科学，2007, 19 (3): 289-298.

［318］徐镜波，何春光，孙刚.单甲脒农药对鱼脑胆碱酯酶活性的影响 [J]. 环境化学，1998 (1): 55-59.

［319］徐小雨.菜子湖群大型底栖动物的群落结构研究 [D]. 合肥：安徽大学，2010.

[320] 徐寅良, 陈凯旋, 陈传群. 生物对 ^{137}Cs 的吸收和富集 [J]. 环境污染与防治, 2000, 22 (3): 14-16.

[321] 许崇仁, 程红. 动物生物学 [M]. 2 版. 北京: 高等教育出版社, 2013.

[322] 许木启. 从浮游动物群落结构与功能的变化看府河 – 白洋淀水体的自净效果 [J]. 水生生物学报, 1996, 20 (3): 212-220.

[323] 许巧情. 湖泊不同利用方式对底栖动物群落的影响 [D]. 武汉: 华中农业大学, 2001.

[324] 许巧情, 王洪铸, 张世萍. 河蟹过度放养对湖泊底栖动物群落的影响 [J]. 水生生物学报, 2003, 27 (1): 41-46.

[325] 许学工. 黄河三角洲地域结构、综合开发与可持续发展 [M]. 北京: 海洋出版社, 1998.

[326] 薛莹. 黄海中南部主要鱼种摄食生态和鱼类食物网研究 [D]. 青岛: 中国海洋大学, 2005.

[327] 颜京松, 游贤文, 苑省三. 以底栖动物评价甘肃境内黄河干支流枯水期的水质 [J]. 环境科学, 1980, 1 (1): 14-20.

[328] 颜云榕. 北部湾主要鱼类摄食生态及食物关系的研究 [D]. 青岛: 中国科学院海洋研究所, 2010.

[329] 阎云君. 浅水湖泊大型底栖动物生态能量学及生产量的研究 [D]. 武汉: 中国科学院水生生物研究所, 1998.

[330] 闫云君, 李晓宇, 梁彦龄. 草型湖泊和藻型湖泊中大型底栖动物群落结构的比较 [J]. 湖泊科学, 2005, 17 (2): 176-182.

[331] 闫云君, 梁彦龄. 水生大型无脊椎动物的干湿重比的研究 [J]. 华中理工大学学报, 1999, 27 (9): 61-63.

[332] 闫云君, 梁彦龄. 水生大型无脊椎动物的能量密度 [J]. 湖泊科学, 2002, 14 (2): 185-190.

[333] 阎云君, 梁彦龄, 王洪铸. 扁担塘螺类生产力的研究Ⅰ. 铜锈环棱螺的周年生产量 [J]. 水生生物学报, 1999, 23 (4): 346-351.

[334] 阎云君, 梁彦龄, 王洪铸. 扁担塘螺类生产力的研究Ⅱ. 纹沼螺的周年生产量 [J]. 水生生物学报, 2001, 25 (1): 36-41.

[335] 闫云君, 梁彦龄, 王洪铸. 保安湖扁担塘螺类生产力的研究Ⅲ. 长角涵螺的周年生产量 [J]. 水生生物学报, 2002, 26 (4): 322-326.

[336] 杨东妹, 陈宇炜, 刘正文, 等. 背角无齿蚌滤食对营养盐和浮游藻类结构影响的模拟 [J]. 湖泊科学, 2008, 20 (2): 228-234.

[337] 杨建恒, 张永. 河蚌的水质净化试验 [J]. 安徽农业科学, 2003, 31 (4): 680-681.

250

［338］杨建华．浅谈生态学的基本定律及规律 [J]. 中学生物教学，2008 (Z1): 32-33.

［339］杨丽，蔡立哲，童玉贵，等．深圳湾福田潮滩重金属含量及对大型底栖动物的影响 [J]. 台湾海峡，2005, 24 (2): 157-164.

［340］杨莲芳，李佑文，戚道光，等．九华河水生昆虫群落结构和水质生物评价 [J]. 生态学报，1992, 12 (1): 10-17.

［341］杨明生．武汉市南湖大型底栖动物群落结构与生态功能的研究 [D]. 武汉：华中农业大学，2009.

［342］杨培莎，朱艳华．水质生物监测方法及应用展望 [J]. 北方环境，2010, 22 (2): 71-73, 91.

［343］杨群慧，周怀阳．中国多金属结核合同区近表层沉积物生物扰动作用的过剩 210Pb 证据 [J]. 科学通报，2004, 49 (21): 2198-2203.

［344］杨荣金，舒俭民，孟伟，等．空难对湿地底栖大型无脊椎动物的影响 [J]. 环境科学研究，2006, 19 (2): 104-107.

［345］杨瑞斌，谢从新．鱼类摄食生态研究内容及方法综述 [J]. 水利渔业，2000, 20 (3): 1-3.

［346］杨万喜．嵊泗列岛潮间带群落生态学研究 I．岩相潮间带底栖生物群落组成及季节变化 [J]. 应用生态学报，1996, 7 (7): 305-309.

［347］杨万喜．嵊泗列岛潮间带群落生态学研究 II．岩相潮间带底栖动物的群落结构 [J]. 应用生态学报，1998, 9 (1): 75-78.

［348］杨泽华，童春富，陆健健．盐沼植物对大型底栖动物群落的影响 [J]. 生态学报，2007, 27 (11): 4387-4393.

［349］杨震，章惠珠，孔莉．长江南京段沉积物中铜、镉形态对水生生物富集的影响 [J]. 中国环境科学，1996, 16 (3): 200-203.

［350］阳含熙，卢泽愚．植物生态学的数量分类方法 [M]. 北京：科学出版社，1981.

［351］姚思鹏，李柯，周德勇，等．霍甫水丝蚓对太湖梅梁湾沉积物影响 – 水界面无机氮、磷交换 [J]. 环境科学与技术，2011, 34 (1): 100-104.

［352］姚拓，龙瑞军，师尚礼，等．高寒草地不同扰动生境土壤微生物氮素生理群数量特征研究 [J]. 土壤学报，2007, 44 (1): 122-129.

［353］Evelyn Chrystalla Pielou. 数学生态学 [M]. 卢泽愚，译．北京：科学出版社，1988.

［354］尹福祥，杨立辉．应用 PFU 法监测印染废水净化效能的研究 [J]. 环境与开发，2001, 16 (2): 32-33.

［355］尤本胜．太湖沉积物再悬浮和沉降过程中物质的动态迁移及其定量化 [D]. 南京：中国科学院南京地理与湖泊研究所，2007.

［356］Eugene Pleasants Odum. 生态学——科学与社会之间的桥梁 [M]. 何文珊，译. 北京：高等教育出版社，2017.

［357］尤平，任辉. 底栖动物及其在水质评价和监测上的应用 [J]. 淮北煤师院学报（自然科学版），2001，22（4）：44-48.

［358］余婕，刘敏，侯立军，等. 底栖穴居动物对潮滩 N 迁移转化的影响 [J]. 海洋环境科学，2004，23（2）：1-4.

［359］余勉余，孙薇. 中国浅海滩涂渔业资源调查（中国渔业资源调查和区划之三）[M]. 杭州：浙江科学技术出版社，1990.

［360］于业绍，周琳，顾润润，等. 青蛤增养殖技术研究及开发 [J]. 上海水产大学学报，1999，8（1）：53-58.

［361］于子山，王诗红，张志南，等. 紫彩血蛤的生物扰动对沉积物颗粒垂直分布的影响 [J]. 青岛海洋大学学报（自然科学版），1999，29（2）：279-282.

［362］于子山，张志南. 虾池小型底栖动物的数量研究 [J]. 青岛海洋大学学报（自然科学版），1994，24（4）：519-526.

［363］袁维佳，俞膺浩，谷瑗，等. 螺蛳对重金属元素的富集作用 [J]. 上海师范大学学报（自然科学版），2000，29（3）：73-79.

［364］袁伟，张志南，于子山，等. 胶州湾西北部海域大型底栖动物群落研究 [J]. 中国海洋大学学报（自然科学版），2006（S1）：91-97.

［365］袁文权，张锡辉，张丽萍. 不同供氧方式对水库底泥氮磷释放的影响 [J]. 湖泊科学，2004，16（1）：28-34.

［366］袁兴中. 河口潮滩湿地底栖动物群落的生态学研究 [D]. 上海：华东师范大学，2002.

［367］袁兴中，陆健健. 长江口岛屿湿地的底栖动物资源研究 [J]. 自然资源学报，2001，16（1）：37-41.

［368］袁兴中，陆健健. 围垦对长江口南岸底栖动物群落结构及多样性的影响 [J]. 生态学报，2001，21（10）：1642-1647.

［369］袁兴中，陆健健，刘红. 长江口底栖动物功能群分布格局及其变化 [J]. 生态学报，2002，22（12）：2054-2062.

［370］John Jeffers. 系统分析及其在生态学上的应用 [M]. 郎所，译. 北京：科学出版社，1985.

［371］曾晓舵，丁常荣，郑习健. 生态系统健康评价及其问题 [J]. 生态环境，2004，13（2）：287-289.

［372］张弛，王树功，郑耀辉，等. 生物扰动对红树林沉积物中 AVS 和重金属迁移转化的影响 [J]. 生态学报，2010，30（11）：3037-3045.

［373］张恩楼，唐红渠，张楚明，等．中国湖泊摇蚊幼虫亚化石 [M]．北京：科学出版社，2019.

［374］张健，宋坤，宋永昌．法瑞学派的发展历史及其对当代植被生态学的影响 [J]．植物生态学报，2020, 44 (7): 699-714.

［375］张金屯．数量生态学 [M]. 1 版．北京：科学出版社，2004.

［376］张金屯．数量生态学 [M]. 2 版．北京：科学出版社，2011.

［377］张金屯．数量生态学 [M]. 3 版．北京：科学出版社，2018.

［378］张觉民，何志辉．内陆水域渔业自然资源调查手册 [M]．北京：农业出版社，1991.

［379］张雷，古小治，王兆德，等．水丝蚓 (Tubificid worms) 扰动对磷在湖泊沉积物 – 水界面迁移的影响 [J]．湖泊科学，2010, 22 (5): 666-674.

［380］张青田，胡桂坤．渤海湾近岸底栖动物的生物量粒径谱研究 [J]．天津师范大学学报（自然科学版），2013, 33 (2): 81-84+88.

［381］张水浸，林双淡，江锦祥，等．杭州湾北岸潮间带生态研究 II. 软相底栖动物群落的变化 [J]．生态学报，1986, 6 (3). 253-261.

［382］张堂林．扁担塘鱼类生活史策略、营养特征及群落结构研究 [D]．武汉：中国科学院水生生物研究所，2005.

［383］张夏梅，李永祺．海洋沉积物中生物扰动对微生物降解石油烃的影响 [J]．青岛海洋大学学报（自然科学版），1993, 23 (3): 55-59.

［384］张新艳，陈彬，丁少雄，等．基于 Ecopath 模型的厦门湾生态系统结构与功能变化分析 [J]．生态与农村环境学报，2022, 38 (2): 217-224.

［385］张续同，李卫明，张坤，等．长江宜昌段桥边河大型底栖动物功能摄食类群时空分布特征 [J]．生态学报，2022, 42 (7): 2559-2570.

［386］张艳，张志南，黄勇，等．南黄海冬季小型底栖生物丰度和生物量 [J]．应用生态学报，2007, 18 (2): 411-419.

［387］张远，徐成斌，马溪平，等．辽河流域河流底栖动物完整性评价指标与标准 [J]．环境科学学报，2007, 27 (6): 919-927.

［388］张增光．水生生物在水质监测中的应用 [J]．科技情报开发与经济，2004, 14 (7): 150-151.

［389］张志南．水层 – 底栖耦合生态动力学研究的某些进展 [J]．青岛海洋大学学报（自然科学版），2000, 30 (1): 115-122.

［390］张志南，图立红，于子山．黄河口及其邻近海域大型底栖动物的初步研究（一）生物量 [J]．青岛海洋大学学报（自然科学版），1990, 20 (1): 37-45.

［391］张志南，图立红，于子山．黄河口及其邻近海域大型底栖动物的初步研究（二）

生物与沉积环境的关系 [J]. 青岛海洋大学学报 (自然科学版), 1990, 20 (2): 45-52.

［392］张志南，周宇，韩洁，等 . 生物扰动实验系统 (AFS) 的基本结构和工作原理 [J]. 海洋科学 , 1999 (6): 28-30.

［393］张志南，周宇，韩洁，等 . 应用生物扰动实验系统 (Annular Flux System) 研究双壳类生物沉降作用 [J]. 青岛海洋大学学报 (自然科学版), 2000, 30 (2): 270-276.

［394］章飞军，童春富，张衡，等 . 长江口潮下带春季大型底栖动物的群落结构 [J]. 动物学研究 , 2007, 28 (1): 47-52.

［395］赵晶，吴宝玲 . 黄海多毛类异毛虫科初步研究 [J]. 黄渤海海洋 , 1991, 9 (2): 26-35.

［396］赵晓田，宋进喜，程丹东 . 河流潜流带生物扰动对重金属铜 (Cu) 迁移的影响研究 [J]. 西北大学学报 (自然科学版), 2019, 49 (3): 463-472.

［397］赵旭昊，徐东坡，任泷，等 . 基于 Ecopath 模型的太湖鲢鳙生态容量评估 [J]. 中国水产科学 , 2021, 28 (6): 785-795.

［398］赵云龙，安传光，林凌，等 . 放牧对滩涂底栖动物的影响 [J]. 应用生态学报 , 2007, 18 (5): 1086-1090.

［399］郑光明，魏青山 . 武昌南湖圆背角无齿蚌食性与生长的研究 [J]. 华中农业大学学报 , 1999, 18 (1): 67-72.

［400］郑忠明 . 刺参养殖池塘沉积物 – 水界面营养盐通量的研究 [D]. 青岛 : 中国海洋大学 , 2009.

［401］钟章成，曾波 . 植物种群生态研究进展 [J]. 西南师范大学学报 (自然科学版), 2001, 26 (2): 230-236.

［402］周红，张志南 . 大型多元统计软件 PRIMER 的方法原理及其在底栖群落生态学中的应用 [J]. 青岛海洋大学学报 (自然科学版), 2003, 33 (1): 58-64.

［403］周建 . 生态学十大定律和规律简介 [J]. 中学生物学 , 2001, 17 (5): 27-29.

［404］周利红，彭雪华，左家铮 . 东洞庭湖湖洲钉螺幼螺食性的观察 [J]. 实用预防医学 , 1994 (2): 79-80.

［405］周林滨，谭烨辉，黄良民，等 . 水生生物粒径谱 / 生物量谱研究进展 [J]. 生态学报 , 2010, 30 (12): 3319-3333.

［406］周时强，郭丰，吴荔生，等 . 福建海岛潮间带底栖生物群落生态的研究 [J]. 海洋学报 , 2001, 23 (5): 104-109.

［407］周时强，李复雪 . 福建九龙江口红树林上大型底栖动物的群落生态 [J]. 台湾海峡 , 1986, 5 (1): 78-85.

［408］周时强，李复雪，洪荣发 . 九龙江口红树林上附着动物的生态 [J]. 台湾海峡，1993, 12 (4): 335-341.

［409］周细平，吴培芳，李贞，等 . 福建闽江口潮间带大型底栖动物次级生产力时空特征 [J]. 海洋通报，2020, 39 (3): 342-350.

［410］周晓 . 九段沙湿地自然保护区大型底栖动物生态学研究 [D]. 上海：华东师范大学，2006.

［411］周一兵，谢祚浑 . 虾池中日本刺沙蚕的次级生产力研究 [J]. 水产学报，1995, 19 (2): 140-150.

［412］朱健，李捍东，王平 . 环境因子对底泥释放 COD、TN 和 TP 的影响研究 [J]. 水处理技术，2009, 35 (8): 44-49.

［413］朱江，任淑智 . 德兴铜矿废水对乐安江底栖动物群落的影响 [J]. 应用与环境生物学报，1996, 2 (2): 162-168.

［414］祝雯，林志铿，吴祖建，等 . 河蚬糖蛋白对人肝癌细胞凋亡的影响 [J]. 中国公共卫生，2004, 20 (6): 674-675.

［415］祝雯，林志铿，吴祖建，等 . 河蚬中活性蛋白 CFp-a 的分离纯化及其活性 [J]. 中国水产科学，2004, 11 (4): 349-353.

［416］AHOLA V, LEHTONEN R, SOMERVUO P. The *Glanville fritillary* genome retains an ancient karyotype and reveals selective chromosomal fusions in Lepidoptera[J]. Nature Communications, 2014, 5, 4737.

［417］AHRENS M J, HERTZ J, LAMOUREUX E M, et al. The role of digestive surfactants in determining bioavailability of sediment-bound hydrophobic organic contaminants to 2 deposit-feeding polychaetes[J]. Marine Ecology Progress Series, 2001, 212: 145-157.

［418］ALASTAIR M S, JOWETT I G. Effects of floods versus low flows on invertebrates in a New Zealand gravel-bed river[J]. Freshwater Biology, 2006, 51 (12): 2207-2227.

［419］ALEXANDER S F, ALLAN J D. The importance of predation, substrate and spatial rufugia in determining lotic insect distributions[J]. Oecologia, 1984, 64 (3): 306-313.

［420］ALIMOV A F. Structural and functional characteristics of aquatic animal communities[J]. Internationale Revue der gesamten Hydrobiologie und Hydrographie, 1991, 76 (2): 169-182.

［421］ALLAN J D. The effects of reduction in trout density on the invertebrate community of a mountain stream[J]. Ecology, 1982, 63 (5): 1444-1455.

［422］ALLAN J D, CASTILLO M M. Stream Ecology: Structure and Function of Running Waters (2nd edition)[M]. Dordrecht: Springer, 2007.

［423］ALLEN K R. Some aspects of the production and cropping of freshwaters[J]. Transaction of the Royal Society of New Zealand, 1949, 77: 222-228.

［424］ALLEN K R. A study of a trout population[J]. New Zealand Marine Department Fisheries Bulletin, 1951, 10: 1-238.

［425］ALLER R C. Diagenetic processes near the sediment-water interface of Long Island Sound. II. Fe and Mn[J]. Advances in Geophysics, 1980, 22: 351-415.

［426］ALLER R C, ALLER J Y. Meiofauna and solute transport in marine muds[J]. Limnology and Oceanography, 1992, 37 (5): 1018-1033.

［427］ALLER R C, ALLER J Y. The effect of biogenic irrigation intensity and solute exchanges on diagenetic reaction rates in marine sediments[J]. Journal of Marine Research, 1998, 56 (4): 905-936.

［428］AN S, JOYE S B. Enhancement of coupled nitrification-denitrification by benthic photosynthesis in shallow estuarine sediments[J]. Limnology and Oceanography, 2001, 46 (1): 62-74.

［429］ANDERSEN A N. A classification of Australian ant communities, based on functional groups which parallel plant life-forms in relation to stress and disturbance[J]. Journal of Biogeography, 1995, 22 (1): 15-29.

［430］ANDERSEN F Ø, KRISTENSEN E. Oxygen microgradients in the rhizosphere of the mangrove *Avicennia marina*[J]. Marine Ecology Progress Series, 1988, 44 (2): 201-204.

［431］ANDERSEN F Ø, KRISTENSEN E. The importance of benthic macrofauna in decomposition of microalgae in a coastal marine sediment[J]. Limnology and Oceanography, 1992, 37 (7): 1392-1403.

［432］ANDERSEN T J, PEJRUP M. Suspended sediment transport on a temperate, microtidal mudflat, the Danish Wadden Sea[J]. Marine Geology, 2001, 173 (1-4): 69-85.

［433］ANDERSON D W, JEHL J R, RISEBROUGH R W, et al. Brown pelicans: improved reproduction off the southern California coast[J]. Science, 1975, 190 (4216): 806-808.

［434］ANDERSON J M. Ecology for Environmental Sciences: Biosphere Ecosystems and Man[M]. New York: John Wiley & Sons, Inc., 1981.

［435］ANDERSON N H. A survey of aquatic insects associated with wood debris in New

Zealand streams[J]. Mauri Ora, 1982, 10: 21-33.

［436］ANDERSON N H. Xylophagous Chironomidae from Oregon streams[J]. Aquatic Insects, 1989, 11 (1): 33-45.

［437］ANDERSON N H, Cummins K W. Influences of diet on the life histories of aquatic insects[J]. Journal of the Fisheries Research Board of Canada, 1979, 36: 335-342.

［438］ANDERSON N H, GRAFIUS E. Utilization and processing of allochthonous material by stream Trichoptera[J]. Verhandlungen des Internationalen Verein Limnologie, 1975, 19: 3083-3088.

［439］ANDERSON N H, SEDELL J R. Detritus processing by macroinvertebrates in stream ecosystems[J]. Annual Review of Entomology, 1979, 24: 351-377.

［440］ANDERSON R M, MAY R M. The Dynamics of Human Host-Parasite Systems[M]. Princeton: Princeton University Press, 1986.

［441］ANDERSON R M, MAY R M. Infectious Diseases of Humans: Dynamics and Control[M]. Oxford: Oxford University Press, 1992.

［442］ANDERSSON G, GRANÉLI W, STENSON J. The influence of animals on phosphorus cycling in lake ecosystems[J]. Hydrobiologia, 1988, 170 (1): 267-284.

［443］ANDREWARTHA H G, BIRCH L C. The Distribution and Abundance of Animals[M]. Chicago: University of Chicago Press, 1954.

［444］ANKLEY G T, MATTSON V R, LEONARD E N, et al. Predicting the acute toxicity of copper in freshwater sediments: Evaluation of the role of acid-volatile sulfide[J]. Environmental Toxicology and Chemistry, 1993, 12 (2): 315-320.

［445］ARMITAGE P D. Some notes on the food of the chironomid larvae of a shallow woodland lake in south Finland[J]. Annales Zoologici Fennici, 1968, 5: 6-13.

［446］ARMITAGE P D, CRANSTON P S, PINDER L C V. The Chironomidae: The Biology and Ecology of Non-biting Midges[M]. London: Chapman & Hall, 1995.

［447］ARUNACHALAM M, MADHUSOODANAN NAIR K C, VIJVERBERG J, et al. Substrate selection and seasonal variation in densities of invertebrates in stream pools of a tropical river[J]. Hydrobiologia, 1991, 213 (2): 141-148.

［448］ATKINSON C A, JOLLEY D F, SIMPSON S L. Effect of overlying water pH, dissolved oxygen, salinity and sediment disturbances on metal release and sequestration from metal contaminated marine sediments[J]. Chemosphere, 2007, 69 (9): 1428-1437.

［449］AVELAR W E P. Functional anatomy of *Fossula fossiculifera* (D'Orbigny, 1843) (Bivalvia: Mycetopodidae)[J]. American Malacological Bulletin, 1993, 10 (2): 129-

138.

[450] AVELAR W E P, SANTOS S C D. Functional anatomy of *Castalia undosa undosa* (Martens, 1827) (Bivalvia: Hyriidae)[J]. Veliger, 1991, 34 (1): 21-31.

[451] BAKER A S, MCLACHLAN A J. Food preferences of Tanypodinae larvae (Diptera: Chironomidae)[J]. Hydrobiologia, 1979, 62: 283-288.

[452] BALLOCH D, DAVIES C E, JONES F H. Biological assessment of water quality in three British rivers: the North ESK (Scotland), the Ivel (England)and the TAF (Wales)[J]. Water Pollution Control, 1976, 75: 92-110.

[453] BAUDRIMONT M, ANDRES S, DURRIEU G, et al. The key role of metallothioneins in the bivalve *Corbicula fluminea* during the depuration phase, after in situ exposure to Cd and Zn[J]. Aquatic Toxicology, 2003, 63 (2): 89-102.

[454] BEAUGER A, LAIR N, REYES-MARCHANT P, et al. The distribution of macroinvertebrate assemblages in a reach of the River Allier (France), in relation to riverbed characteristics[J]. Hydrobiologia, 2006, 571 (1): 63-76.

[455] BECK W M JR. Suggested method for reporting biotic data[J]. Sewage and Industrial Wastes, 1955, 27 (10): 1193-1197.

[456] BEGON M, HARPER L J, TOWNSEND L J. Ecology: Individuals, Populations and Communities[M]. Oxford: Blackwell Scientific, 1986.

[457] BEISEL J N, USSEGLIO-POLATERA P, THOMAS S, et al. Stream community structure in relation to spatial variation: the influence of mesohabitat characteristics[J]. Hydrobiologia, 1998, 389 (1-3): 73-88.

[458] BELAN T A. Benthos abundance pattern and species composition in conditions of pollution in Amursky Bay (the Peter the Great Bay, the Sea of Japan)[J]. Marine Pollution Bulletin, 2003, 46 (9): 1111-1119.

[459] BELDING D C. The respiratory movements of fish as an indicator of a toxic environment[J]. Transactions of the American Fisheries Society, 1929, 59: 238-246.

[460] BEN-ELIAHU M N. A description of *Hydroides steinitzi* n. sp. (Polychaeta: Serpulidae)from the Suez Canal with remarks on the serpulid fauna of the canal[J]. Israel Journal of Zoology, 1972, 21 (2): 77-81.

[461] BEN-ELIAHU M N. Nereididae of the Suez Canal - potential Lessepsian migrants[J]. Bulletin of Marine Science, 1991, 48 (2): 318-329.

[462] BEN-ELIAHU M N, TEN HOVE H A. Redescription of *Rhodopsis pusilla* Bush, a little-known but widely distributed species of Serpulidae (Polychaeta)[J]. Zoologica Scripta, 1989, 18 (3): 381-395.

［463］BENKE A C. A modification of the Hynes methods for estimating secondary production with particular significance for multivoltine populations[J]. Limnology and Oceanography, 1979, 24 (1): 168-171.

［464］BENKE A C. Concepts and patterns of invertebrate production in running waters[J]. SIL Proceedings (Internationale Vereinigung für Theoretische und Angewandte Limnologie: Verhandlungen), 1993, 25 (1): 15-38.

［465］BENKE A C, HAUER F R, STITES D L, et al. Growth of snag-dwelling mayflies in a blackwater river: the influence of temperature and food[J]. Archiv für Hydrobiologie, 1992, 125: 63-81.

［466］BENKE A C, HENRY R L, GILLESPIE D M, et al. Importance of snag habitat for animal production in southeastern streams[J]. Fisheries, 1985, 10: 8-13.

［467］BENKE A C, JACOBI D I. Growth rates of mayflies in a subtropical river and their implications for secondary production[J]. Journal of the North American Benthological Society, 1986, 5 (2): 107-114.

［468］BENKE A C, PARSONS K A. Modelling black fly production dynamics in blackwater streams[J]. Freshwater Biology, 1990, 24 (1): 167-180.

［469］BENKE A C, VAN ARSDALL JR. T C, GILLESPIE D M, et al. Invertebrate productivity in a subtropical blackwater river: the importance of habitat and life history[J]. Ecological Monographs, 1984, 54 (1): 25-63.

［470］BENKE A C, WALLACE J B. Tropic basis of production among net-spinning caddisflies in a southern Appalachian stream[J]. Ecology, 1980, 61: 108-118.

［471］BENKE A C, WALLACE J B. Trophic basis of production among riverine caddisflies: implications for food web analysis[J]. Ecology, 1997, 78: 1132-1145.

［472］BENNINGER L K, ALLER R C, COCHRAN J K, et al. Effects of biological sediment mixing on the ^{210}Pb chronology and trace metal distribution in a Long Island Sound sediment core[J]. Earth and Planetary Science Letters, 1979, 43 (2): 241-259.

［473］BENOIT J M, SHULL D H, ROBINSON P, et al. Infaunal burrow densities and sediment monomethyl mercury distributions in Boston Harbor, Massachusetts[J]. Marine Chemistry, 2006, 102 (1-2): 124-133.

［474］BEVEN K, GERMANN P. Macropores and water flow in soils[J]. Water Resources Research, 1982, 18 (5): 1311-1325.

［475］BIRD F L, BOON P I, NICHOLS P D. Physicochemical and microbial properties of burrows of the deposit-feeding Thalassinidean ghost shrimp *Biffarius arenosus*

(Decapoda: Callianassidae)[J]. Estuarine, Coastal and Shelf Science, 2000, 51 (3): 279-291.

[476] BISWAS J K, RANA S, BHAKTA J N, et al. Bioturbation potential of chironomid larvae for the sediment-water phosphorus exchange in simulated pond systems of varied nutrient enrichment[J]. Ecological Engineering, 2009, 35 (10): 1444-1453.

[477] BLACKMORE G. Field evidence of metal transfer from invertebrate prey to an intertidal predator, *Thais clavigera* (Gastropoda: Muricidae)[J]. Estuarine, Coastal and Shelf Science, 2000, 51 (2): 127-139.

[478] BODENHEIMER F S. Problems of Animal Ecology[M]. London: Oxford University Press, 1938.

[479] BOLTOVSKOY D, IZAGUIRRE I, CORREA N. Feeding selectivity of *Corbicula fluminea* (Bivalvia)on natural phytoplankton[J]. Hydrobiologia, 1995, 312 (3): 171-182.

[480] BONDERER L J, STUDART A R, GAUCKLER L J. Bioinspired design and assembly of platelet reinforced polymer films[J]. Science, 2008, 319 (5866): 1069-1073.

[481] BORJA A, FRANCO J, PÉREZ V. A marine biotic index to establish the ecological quality of soft-bottom benthos within European estuarine and coastal environments[J]. Marine Pollution Bulletin, 2000, 40 (12): 1100-1114.

[482] BORMANN F H. Factors determining the role of loblolly pine and sweetgum in early old-field succession in the Piedmont of North Carolina[J]. Ecological Monographs, 1953, 23 (4): 339-358.

[483] BORMANN F H, LIKENS G E. Pattern and Process in a Forested Ecosystem[M]. Berlin: Springer-Verlag, 1979.

[484] BOTTO F, IRIBARNE O. Effect of the burrowing crab *Chasmagnathus granulate* (Dana)on the benthic community of a SW Atlantic coastal lagoon[J]. Journal of Experimental Marine Biology and Ecology, 1999, 241 (2): 263-284.

[485] BOTTO F, IRIBARNE O. Contrasting effects of two burrowing crabs (*Chasmagnathus granulata and Uca uruguayensis*)on sediment composition and transport in estuarine environments[J]. Estuarine, Coastal and Shelf Science, 2000, 51 (2): 141-151.

[486] BOULTON A J. An overview of river health assessment: philosophies, practice, problems and prognosis[J]. Freshwater Biology, 1999, 41 (2): 469-479.

[487] BOVBJERG R V. Dispersal and dispersion of pond snails in an experimental

environment varying to three factors, singly and in combination[J]. Physiological Zoology, 1975, 48 (3): 203-215.

[488] BOWYER R T, MCKENNA S A, SHEA M E. Seasonal changes in coyote food habits as determined by fecal analysis[J]. American Midland Naturalist, 1983, 109: 266-273.

[489] BOYSEN-JENSEN P. Valuation of the Limjord: 1. Studies on the fish food in the Limfjord, 1909—1917, its quantity, variation and annual production[J]. Report of the Danish Biological Station, 1919, 26: 5-44.

[490] BRADSHAW C, KUMBLAD L, FAGRELL A. The use of tracers to evaluate the importance of bioturbation in remobilising contaminants in Baltic sediments[J]. Estuarine, Coastal and Shelf Science, 2006, 66 (1/2): 123-134.

[491] BRADT P T. Limestone to mitigate lake acidification: macrozoobenthos response in treated and reference lakes[J]. Hydrobiologia, 1996, 317 (2): 115-126.

[492] BRAUN L M, BRUCET S, MEHNER T. Top-down and bottom-up effects on zooplankton size distribution in a deep stratified lake[J]. Aquatic Ecology, 2021, 55: 527-543.

[493] BRAUN-BLANQUET J. Plant Sociology: The Study of Plant Communities[M]. New York: McGraw-Hill Book Company, Inc., 1932.

[494] BRAZNER J C, DANZ N P, NIEMI G J, et al. Evaluating geographic, geomorphic and human influences on Great Lakes wetland indicators: multi-assemblage variance partitioning[J]. Ecological Indicators, 2007, 7 (3): 610-635.

[495] BREY T. Estimating productivity of macrobenthic invertebrates from biomass and mean individual weight[J]. Archive of Fishery and Marine Research, 1990, 32 (4): 329-343.

[496] BRITTAIN J E, SALTVEIT S J. A review of the effect of river regulation on mayflies (Ephemeroptera)[J]. Regulated Rivers: Research & Management, 1989, 3 (1): 191-204.

[497] BROOKES P C, LANDMAN A, PRUDEN G, et al. Chloroform fumigation and the release of soil nitrogen: A rapid direct extraction method to measure microbial biomass nitrogen in soil[J]. Soil Biology and Biochemistry, 1985, 17 (6): 837-842.

[498] BROOKS A J, HAEUSLER T, REINFELDS I, et al. Hydraulic microhabitats and the distribution of macroinvertebrate assemblages in riffles[J]. Freshwater Biology, 2005, 50 (2): 331-344.

[499] BURKE I C, LAUENROTH W K, COFFIN D P. Soil organic matter recovery

in semiarid grasslands: Implications for the conservation reserve program[J]. Ecological Applications, 1995, 5 (3): 793-801.

[500] BUSS D F, BAPTISTA D F, NESSIMIAN J L, et al. Substrate specificity, environmental degradation and disturbance structuring macroinvertebrate assemblages in neotropical streams[J]. Hydrobiologia, 2004, 518 (1): 179-188.

[501] BUTCHER J T, STEWART P M, SIMON T P. A benthic community index for streams in the northern lakes and forests ecoregion[J]. Ecological Indicators, 2003, 3 (3): 181-193.

[502] CABRAL J A, MARQUES J C. Life history, population dynamics and production of eastern mosquitofish, Gambusia holbrooki (Pisces, Poeciliidae), in rice fields of the lower Mondego River Valley, western Portugal[J]. Acta Oecologica, 1999, 20 (6): 607-620.

[503] CAIRNS J JR, DAHLBERG M L, DICKSON K L, et al. The relationship of freshwater protozoan communities to the MacArthur-Wilson equilibrium model[J]. The American Naturalist, 1969, 103 (933): 439-454.

[504] CALOW P. The feeding strategies of two freshwater gastropods, *Ancylus fluviatilis* Müll. and *Planorbis contortus* Linn. (Pulmonata), in terms of ingestion rates and absorption efficiencies[J]. Oecologia, 1975, 20 (1): 33-49.

[505] CARLEN A, ÓLAFSSON E. The effects of the gastropod *Terebralia palustris* on infaunal communities in a tropical tidal mud-flat in East Africa[J]. Wetlands Ecology and Management, 2002, 10 (4): 303-311.

[506] CARO T M, O'DOHERTY GILLIAN. On the use of surrogate species in conservation biology[J]. Conservation Biology, 1999, 13 (4): 805-814.

[507] CARPENTER S R, KITCHELL J F. The Trophic Cascade in Lakes[M]. Cambridge: Cambridge University Press, 1993.

[508] CASAGRANDA C, BOUDOURESQUE C F. Abundance, population structure and production of *Scrobicularia plana* and *Abra tenuis* (Bivalvia: Scrobiculariidae)in a Mediterranean Brackish Lagoon, Lake Ichkeul, Tunisia[J]. Internatational Review of Hydrobiology, 2005, 90 (4): 376-391.

[509] CATTIN M F, BERSIER L F, BANAŠEK-RICHTER C, et al. Phylogenetic constraints and adaptation explain food-web structure[J]. Nature, 2004, 427 (6977): 835-839.

[510] CHANDLER J R. A biological approach to water quality management[J]. Water Pollution Control, 1970, 69: 415-421.

［511］CHAPMAN P M, BRINKHURST R O. Hair today, gone tomorrow: induced chaetal changes in tubificid oligochaetes[J]. Hydrobiologia, 1987, 155 (1): 45-55.

［512］CHAPMAN R N. Inhibiting the process of metamorphosis in the confused flour beetle (*Tribolium confusum*, Duval)[J]. Journal of Experimental Zoology, 1926, 45 (1): 293-299.

［513］CHAPMAN R N. Animal Ecology[M]. New York: McGraw-Hill Book Company, Inc., 1931.

［514］CHAPMAN R N. Insect population problems in relation to insect outbreak[J]. Ecological Monographs, 1939, 9 (3): 261-269.

［515］CHAPMAN R N, BAIRD L. The biotic constants of *Tribolium confusum* Duval[J]. Journal of Experimental Zoology, 1934, 68 (2): 293-304.

［516］CHAPMAN R N, HARRIS J A. Ecology at the First Pan-Pacific Food Conservation Congress[J]. Ecology, 1925, 6 (1): 91-92.

［517］CHAPMAN R N, MICKEL C E, PARKER J R, et al. Studies in the ecology of sand dune insects[J]. Ecology, 1926, 7 (4): 416-426.

［518］CHAPMAN R N, WALL R, GARLOUGH L, et al. A comparison of temperatures in widely different environments of the same climatic area[J]. Ecology, 1931, 12 (2): 305-322.

［519］CHRISTENSEN B, VEDEL A, KRISTENSEN E. Carbon and nitrogen fluxes in sediment inhabited by suspension-feeding (*Nereis diversicolor*)and non-suspension-feeding (*N. virens*)polychaetes[J]. Marine Ecology Progress Series, 2000, 192: 203-217.

［520］CHRISTENSEN V, PAULY D. ECOPATH II - a software for balancing steady-state ecosystem models and calculating network characteristics[J]. Ecological Modelling, 1992, 61 (3-4): 169-185.

［521］CHUN S. Fundamental studies on the breeding of *Lamprotula coreana*[J]. Bulletin of Pusan Fishery College, 1969, 9: 11-17.

［522］CHUNG C H. Thirty years of ecological engineering with *Spartina* plantations in China[J]. Ecological Engineering, 1993, 2 (3): 261-289.

［523］CHUNG W K, KING G M. Biogeochemical transformations and potential polyaromatic hydrocarbon degradation in macrofaunal burrow sediments[J]. Aquatic Microbial Ecology, 1999, 19 (3): 285-295.

［524］CIAIS P, TANS P P, TROLIER M, et al. A large northern hemisphere terrestrial CO_2 sink indicated by $^{13}C/^{12}C$ ratio of atmospheric CO_2[J]. Science, 1995, 269

(5227): 1098-1102.

［525］CIUTAT A, ANSCHUTZ P, GERINO M, et al. Effects of bioturbation on cadmium transfer and distribution into freshwater sediments[J]. Environmental Toxicology and Chemistry, 2005, 24 (5): 1048-1058.

［526］CIUTAT A, BOUDOU A. Bioturbation effects on cadmium and zinc transfers from a contaminated sediment and on metal bioavailability to benthic bivalves[J]. Environmental Toxicology and Chemistry, 2003, 22 (7): 1574-1581.

［527］CIUTAT A, GERINO M, BOUDOU A. Remobilization and bioavailability of cadmium from historically contaminated sediments: Influence of bioturbation by tubificids[J]. Ecotoxicology and Environmental Safety, 2007, 68 (1): 108-117.

［528］CIUTAT A, GERINO M, MESMER-DUDONS N, et al. Cadmium bioaccumulation in Tubificidae from the overlying water source and effects on bioturbation[J]. Ecotoxicology and Environmental Safety, 2005, 60 (3): 237-246.

［529］CLAMPITT P T. Comparative ecology of the snails *Physa gyrina* and *Physa integra* (Basommatophora: Physidae)[J]. Malacologia, 1970, 10: 113-151.

［530］CLAPHAM G J. Human Ecosystem[M]. New York: MacMillian Publishers, 1981.

［531］CLARKE G L, EDMONDSON W T, RICKER W E. Dynamics of production in a marine area[J]. Ecological Monographs, 1946, 16 (4): 321-337.

［532］CLEMENTS F E. Plant Physiology and Ecology[M]. London: Henry Holt and Company, 1907.

［533］CLEMENTS F E. Plant Succession: An Analysis of the Development of Vegetation[M]. Washington, D. C.: The Carnegie Institute of Washington, 1916.

［534］CLEMENTS F E. Plant Indicators: The Relation of Plant Communities to Process and Practice[M]. Washington, D. C.: The Carnegie Institute of Washington, 1920.

［535］CLEMENTS F E. Plant Succession and Indicators[M]. New York: The H. W. Wilson Company, 1928.

［536］CLEMENTS F E. Nature and structure of the climax[J]. The Journal of Ecology, 1936, 24 (1): 252-284.

［537］CLEMENTS F E, SHELFORD V E. Bio-Ecology[M]. New York: John Wiley & Sons, Inc., 1939.

［538］CLOSS G P, LAKE P S. Spatial and temporal variation in the structure of an intermittent-stream food web[J]. Ecological Monographs, 1994, 64 (1): 1-21.

［539］COATES J D, ANDERSON R T. Emerging techniques for anaerobic bioremediation of contaminated environments[J]. Trends in Biotechnology, 2000,

18 (10): 408-412.

［540］COBB D G, GALLOWAY T D, FLANNAGAN J F. Effects of discharge and substrate stability on density and species composition of stream insects[J]. Canadian Journal of Fisheries and Aquatic Sciences, 1992, 49 (9): 1788-1795.

［541］COFFMAN W P, CUMMINS K W, WUYCHECK J C. Energy flow in a woodland stream ecosystem. 1. Tissue support trophic structure of the autumnal community[J]. Archiv für Hydrobiologie, 1971, 68: 232-276.

［542］COHEN J E. Food Webs and Niche Space[M]. Princeton: Princeton University Press, 1978.

［543］COHEN J E, BRIAND F, NEWMAN C M. Community Food Webs - Data and Theory (Biomathematics, volume 20)[M]. Berlin: Springer-Verlag, 1990.

［544］COIMBRA C N, GRACA M A S, CORTES R M. The effects of a basic effluent on macroinvertebrate community structure in a temporary Mediterranean river[J]. Environmental Pollution, 1996, 94 (3): 301-307.

［545］CONNELL J H. The influence of interspecific competition and other factors on the distribution of the barnacle *Chthamalus stellatus*[J]. Ecology, 1961, 42 (4): 710-723.

［546］CONNELL J H, SLATYER R O. Mechanisms of succession in natural communities and their role in community stability and organization[J]. The American Naturalist, 1977, 111 (982): 1119-1144.

［547］COOPER J E, COOPER M R. Long-term mark-recapture studies of population sizes in the stygobiotic crayfishes (Decapoda: Cambaridae)of Shelta Cave, Alabama, USA[J]. Subterranean Biology, 2010, 7: 35-40.

［548］COOPER S D, BARMUTA L, SARNELLE O, et al. Quantifying spatial heterogeneity in streams[J]. Journal of the North American Benthological Society, 1997, 16 (1): 174-188.

［549］COURTNEY L A, CLEMENTS W H. Assessing the influence of water and substratum quality on benthic macroinvertebrate communities in a metal-polluted stream: an experimental approach[J]. Freshwater Biology, 2002, 47 (9): 1766-1778.

［550］COWLES H C. The ecological relations of the vegetation on the sand dunes of Lake Michigan. Part I.-Geographical relations of the dune floras[J]. Botanical Gazette, 1899, 27 (2): 95-117, 167-202, 281-308, 361-391.

［551］COX P A, ELMQVIST T, PIERSON E D, et al. Flying foxes as strong interactors in South Pacific island ecosystems: a conservation hypothesis[J]. Conservation

Biology, 1991, 5 (4): 448-454.

［552］CRAEYMEERSCH J A. Applicability of the abundance/biomass comparison method to detect pollution effects on intertidal macrobenthic communities[J]. Aquatic Ecology, 1991, 24 (2): 133-140.

［553］CRUSIUS J, BOTHNER M H, SOMMERFIELD C K. Bioturbation depths, rates and processes in Massachusetts Bay sediments inferred from modeling of ^{210}Pb and $^{239+240}$Pu profiles[J]. Estuarine, Coastal and Shelf Science, 2004, 61 (4): 643-655.

［554］CUFFNEY T F, WALLACE J B, LUGTHART G J. Experimental evidence quantifying the role of benthic invertebrates in organic matter dynamics of headwater streams[J]. Freshwater Biology, 1990, 23 (2): 281-299.

［555］CUMMINS K W. Trophic relations of aquatic insects[J]. Annual Review of Entomology, 1973, 18 (1): 183-206.

［556］CUTTER JR G R, DIAZ R J. Biological alteration of physically structured flood deposits on the Eel margin, northern California[J]. Continental Shelf Research, 2000, 20 (3): 235-253.

［557］DALEO P, ESCAPA M, ISACCH J P, et al. Trophic facilitation by the oystercatcher *Haematopus palliatus* Temminick on the scavanger snail *Buccinanops globulosum* Kiener in a Patagonian bay[J]. Journal of Experimental Marine Biology and Ecology, 2005, 325 (1): 27-34.

［558］DATRY T, HERVANT F, MALARD F, et al. Dynamics and adaptive responses of invertebrates to suboxia in contaminated sediments of a stormwater infiltration basin[J]. Archiv für Hydrobiologie, 2003, 156 (3): 339-359.

［559］DAUBENMIRE R. Plant Communities: A Textbook of Plant Synecology[M]. New York: Harper & Row, Inc., 1968.

［560］DAUBENMIRE R. Plant Geography: With Special Reference to North America[M]. New York: Academic Press, 1978.

［561］DAUER D M, LUCKENBACH M W, RODI JR A J. Abundance biomass comparison (ABC method): effects of an estuarine gradient, anoxic/hypoxic events and contaminated sediments[J]. Marine Biology, 1993, 116 (3): 507-518.

［562］DAVEY J T, WATSON P G. The activity of *Nereis diversicolor* (Polychaeta)and its impact on nutrient fluxes in estuarine waters[J]. Ophelia, 1995, 41 (1): 57-70.

［563］DAVIS J, HORWITZ P, NORRIS R, et al. Are river bioassessment methods using macroinvertebrates applicable to wetlands[J]. Hydrobiologia, 2006, 572 (1): 115-128.

［564］DAVIS R B. Tubificids alter profiles of redox potential and pH in profundal lake sediment[J]. Limnology and Oceanography, 1974, 19 (2): 342-346.

［565］DAVIS R B. Stratigraphic effects of tubificids in profundal lake sediments[J]. Limnology and Oceanography, 1974, 19 (3): 466-488.

［566］DE LA PAZ JIMENEZ M, DE LA HORRA A M, PRUZZO L, et al. Soil quality: a new index based on microbiological and biochemical parameters[J]. Biology and Fertility of Soils, 2002, 35 (4): 302-306.

［567］DE PAUW N, ROELS D, FONTOURA A P. Use of artificial substrates for standardized sampling of macroinvertebrates in the assessment of water quality by the Belgian Biotic Index[J]. Hydrobiologia, 1986, 133 (3): 237-258.

［568］DE PAUW N, VANHOOREN G. Method for biological quality assessment of watercourses in Belgium[J]. Hydrobiologia, 1983, 100 (1): 153-168.

［569］DE SMEDT F, WIERENGA P J. Solute transfer through columns of glass beads[J]. Water Resources Research, 1984, 20 (2): 225-232.

［570］DEAN M N, SWANSON B O, SUMMERS A P. Biomaterials: Properties, variation and evolution[J]. Integrative and Comparative Biology, 2009, 49 (1): 15-20.

［571］DEATH R G, WINTERBOURN M J. Diversity patterns in stream benthic invertebrate communities: The influence of habitat stability[J]. Ecology, 1995, 76 (5): 1446-1460.

［572］DEEGAN L A, PETERSON B J, GOLDEN H, et al. Effects of fish density and river fertilization on algal standing stocks, invertebrate communities, and fish production in an arctic river[J]. Canadian Journal of Fisheries and Aquatic Sciences, 1997, 54 (2): 269-283.

［573］DELLALI M, GNASSIA B M, ROMEO M, et al. The use of acetylcholinesterase activity in Ruditapes decussatus and *Mytilus galloprovincialis* in the biomonitoring of Bizerta lagoon[J]. Comparative Biochemistry and Physiology Part C: Toxicology & Pharmacology, 2001, 130 (2): 227-235.

［574］DERMOTT R M, KALFF J, LEGGETT W C, et al. Prodcution of Chironomus, Procladius, and Chaoborus at different levels of phytoplankton biomass in Lake Memphremagog, Quebec-Vermont[J]. Journal of Fisheries Research Board of Canada, 1977, 34: 2001-2007.

［575］DEVINE J A, VANNI M J. Spatial and seasonal variation in nutrient excretion by benthic invertebrates in a eutrophic reservoir[J]. Freshwater Biology, 2002, 47 (6): 1107-1121.

[576] DI TORO D M, MAHONY J D, HANSEN D J, et al. Toxicity of cadmium in sediments: The role of acid volatile sulfide[J]. Environmental Toxicology and Chemistry, 1990, 9 (12): 1487-1502.

[577] DI TORO D M, MAHONY J D, HANSEN D J, ct al. Acid volatile sulfide predicts the acute toxicity of cadmium and nickel in sediments[J]. Environmental Science & Technology, 1992, 26 (1): 96-101.

[578] DIAZ R J, CUTTER JR G R, DAUER D M. A comparison of two methods for estimating the status of benthic habitat quality in the Virginia Chesapeake Bay[J]. Journal of Experimental Marine Biology and Ecology, 2003, 285/286: 371-381.

[579] DIEHL S. Fish predation and benthic community strueture: The role of omnivory and habitat complexity[J]. Ecology, 1992, 73 (5): 1646-1661.

[580] DITTEL A I, EPIFANIO C E, CIFUENTES L A, et al. Carbon and nitrogen sources for shrimp postlarvae fed natural diets from a tropical mangrove system[J]. Estuarine, Coastal and Shelf Science, 1997, 45 (5): 629-637.

[581] DITTMANN S. Impact of foraging soldier crabs (Decapoda: Mictyridae)on meiofauna in a tropical tidal flat[J]. Revista de Biologia Tropical, 1993, 41 (3A): 627-637.

[582] DOBSON A P, RODRIGUEZ J P, ROBERTS W M, et al. Geographic distribution of endangered species in the United States[J]. Science, 1997, 275 (5299): 550-553.

[583] DOEG T, LAKE P S. A technique for assessing the composition and density of the macroinvertebrate fauna of large stones in streams[J]. Hydrobiologia, 1981, 80 (1): 3-6.

[584] DORGAN K M, JUMARS P A, JOHNSON B, et al. Burrow extension by crack propagation[J]. Nature, 2005, 433 (7025): 475.

[585] DOUGHERTY W J, FLEMING N K, COX J W, et al. Phosphorus transfer in surface runoff from intensive pasture systems at various scales: A review[J]. Journal of Environmental Quality, 2004, 33 (6): 1973-1988.

[586] D'OULTREMONT T, GUTIERREZ A P. A multitrophic model of a rice-fish agroecosystem I.A tropical fishpond food web[J]. Ecological Modelling, 2002, 156 (2-3): 123-142.

[587] DOWNES B J, LAKE P S, SCHREIBER E S G, et al. Habitat structure, resources and diversity: the separate effects of surface roughness and macroalgae on stream invertebrates[J]. Oecologia, 2000, 123 (4): 569-581.

[588] DOWNING J A, PLANTE C, LALONDE S. Fish production correlated with

primary productivity, not the morphoedaphic index[J]. Canadian Journal of Fisheries and Aquatic Sciences, 1990, 47 (10): 1929-1936.

[589] DROSER M L, BOTTJER D J. A semiquantitative field classification of ichnofabric[J]. Journal of Sedimentary Petrology, 1986, 56 (4): 558-559.

[590] DU RIETZ G E. Zur Methodologischen Grundlage der Modernen Pflanzensoziologie[M]. Wien: Holzhausen, 1921.

[591] DU RIETZ G E. Linnaeus as a phytogeographer[J]. Vegetatio Acta Geobotanica, 1957, 7 (3): 161-168.

[592] DUARTE C, KALFF J. Littoral slope as a predictor of the maximum biomass of submerged macrophyte communities[J]. Limnology and Oceanography, 1986, 31 (5): 1072-1080.

[593] DUDLEY T, ANDERSON N H. A survey of invertebrates associated with wood debris in aquatic habitats[J]. Melanderia, 1982, 39: 1-21.

[594] DUGAN J E, HUBBARD D M, LASTRA M. Burrowing abilities and swash behavior of three crabs, Emerita analoga Stimpson, *Blepharipoda occidentalis* Randall, and *Lepidopa californica* Efford (Anomura, Hippoidea), of exposed sandy beaches[J]. Journal of Experimental Marine Biology and Ecology, 2000, 255 (2): 229-245.

[595] DUGGINS D O. Kelp beds and sea otters: An experimental approach[J]. Ecology, 1980, 61 (3): 447-453.

[596] DUNCAN M J, SUREN A M, BROWN S L R. Assessment of streambed stability in steep, bouldery streams: development of a new analytical technique[J]. Journal of the North American Benthological Society, 1999, 18 (4): 445-456.

[597] DUPORT E, GILBERT F, POGGIALE J C, et al. Benthic macrofauna and sediment reworking quantification in contrasted environments in the Thau Lagoon[J]. Estuarine, Coastal and Shelf Science, 2007, 72 (3): 522-533.

[598] DUPORT E, STORA G, TREMBLAY P, et al. Effects of population density on the sediment mixing induced by the gallery-diffusor *Hediste (Nereis)diversicolor* O.F. Müller, 1776[J]. Journal of Experimental Marine Biology and Ecology, 2006, 336 (1): 33-41.

[599] ECKMAN J E. Closing the larval loop: linking larval ecology to the population dynamics of marine benthic invertebrates[J]. Journal of Experimental Marine Biology and Ecology, 1996, 200 (1-2): 207-237.

[600] EGGERS D M, BARTOO N W, RICKARD N A, et al. The Lake Washington

ecosystem: the perspective from the fish community production and forage base[J]. Journal of the Fisheries Research Board of Canada, 1978, 35 (12): 1553-1571.

［601］EHRLICH P R, EHRLICH A H, HOLDREN J P. Human Ecology: Problems and Solutions[M]. San Francisco: W. H. Freeman and Company, 1973.

［602］ELTON C. Animal Ecology[M]. New York: The MacMillan Company, 1927.

［603］ELTON C. Animal Ecology and Evolution[M]. Oxford: Clarendon Press, 1930.

［604］EMERSON C W, GRANT J. The control of soft-shell clam (*Mya arenaria*) recruitment on intertidal sandflats by bedload sediment transport[J]. Limnology and Oceanography, 1991, 36 (7): 1288-1300.

［605］EMMA M, GASTON D, FLORIAN M, et al. The functional group approach to bioturbation: The effects of biodiffusers and gallery-diffusers of the *Macoma balthica* community on sediment oxygen uptake[J]. Journal of Experimental Marine Biology and Ecology, 2005, 326 (1): 77-88.

［606］ENTREKIN S A, ROSI-MARSHALL, EMMA J, et al. Macroinvertebrate secondary production in 3 forested streams of the upper Midwest, USA[J]. Journal of the North American Benthological Society, 2007, 26 (3): 472-490.

［607］ESCAPA M, PERILLO G M E, IRIBARNE O. Sediment dynamics modulated by burrowing crab activities in contrasting SW Atlantic intertidal habitats[J]. Estuarine, Coastal and Shelf Science, 2008, 80 (3): 365-373.

［608］ESRIG M I, KIRBY R C. Implications of gas content for predicting the stability of submarine slopes[J]. Marine Geotechnology, 1977, 2 (1-4): 81-100.

［609］EVANS L, NORRIS R. Predicition of benthic macroinvertebrate composition using microhabitat characteristics derived from stereo photography[J]. Freshwater Biology, 1997, 37 (3): 621-633.

［610］FAMME P, KNUDSEN J. Aerotaxis by the freshwater oligochaete *Tubifex* sp.[J]. Oecologia, 1985, 65 (4): 599-601.

［611］FARRINGTON J W, DAVIS A C, FREW N M, et al. No. 2 fuel oil compounds in *Mytilus edulis*[J]. Marine Biology, 1982, 66 (1): 15-26.

［612］FENCHEL T. Worm burrows and oxic microniches in marine sediments. 1. Spatial and temporal scales[J]. Marine Biology, 1996, 127 (2): 289-295.

［613］FENCHEL T, KING G H, BLACKBURN T H. Bacterial Biogeochemistry. The Ecophysiology of Mineral Cycling[M]. San Diego: Academic Press, 1998.

［614］FERREIRA T O, VIDAL-TORRADO P, OTERO X L, et al. Are mangrove forest substrates sediments or soils? A case study in southeastern Brazil[J]. Catena, 2007,

70 (1): 79-91.

［615］FERRINGTON L C JR. Habitat and sediment preferences of *Axarus festivus* larvae[J]. Netherlands Journal of Aquatic Ecology, 1992, 26 (2-4): 347-354.

［616］FILIP J, BERNARD P, JACK J. Modeling reactive transport in sediments subject to bioturbation and compaction[J]. Geochimica et Cosmochimica Acta, 2005, 69 (14): 3601-3617.

［617］FISHER J B, LICK W J, MCCALL P L, et al. Vertical mixing of lake sediments by tubificid oligochaetes[J]. Journal of Geophysical Research, 1980, 85 (C7): 3997-4006.

［618］FLAMMARION P, NOURY P, GARRIC J. The measurement of cholinesterase activities as a biomarker in chub (*Leuciscus cephalus*): the fish length should not be ignored[J]. Environmental Pollution, 2002, 120 (2): 325-330.

［619］FLECKER A S, ALLAN J D. The importance of predation, substrate and spatial refugia in determining lotic insect distributions[J]. Oecologia, 1984, 64 (3): 306-313.

［620］FLEMING T P, RICHARDS K S. Uptake and surface adsorption of zinc by the freshwater tubificid oligochaete *Tubifex tubifex*[J]. Comparative Biochemistry and Physiology Part C: Comparative Pharmacology, 1982, 71 (1): 69-75.

［621］FORSTER S, GRAF G. Continuously measured changes in redox potential influenced by oxygen penetrating from burrows of *Callianassa subterranea*[J]. Hydrobiologia, 1992, 235/236 (1): 527-532.

［622］FOSTER-SMITH R L. An analysis of water flow in tube-living animals[J]. Journal of Experimental Marine Biology and Ecology, 1978, 34 (1): 73-95.

［623］FRANÇOIS F, POGGIALE J C, DURBEC J P, et al. A new approach for the modelling of sediment reworking induced by a macrobenthic community[J]. Acta Biotheoretica, 1997, 45 (3-4): 295-319.

［624］FURUKAWA Y, BENTLEY S J, LAVOIE D L. Bioirrigation modeling in experimental benthic mesocosms[J]. Journal of Marine Research, 2001, 59 (3): 417-452.

［625］GALE W F, LOWE R L. Phytoplankton ingestion by the fingernail clam, *Sphaerium transversum* (Say), in Pool 19, Mississippi River[J]. Ecology, 1971, 52 (3): 507-513.

［626］GAO Q F, CHEUNG K L, CHEUNG S G, et al. Effects of nutrient enrichment derived from fish farming activities on macroinvertebrate assemblages in a subtropical region of Hong Kong[J]. Marine Pollution Bulletin, 2005, 51 (8-12): 994-1002.

［627］GARDNER L R, SHARMA P, MOORE W S. A regeneration model for the effect of bioturbation by fiddler crabs on ^{210}Pb profiles in salt marsh sediments[J]. Journal of Environmental Radioactivity, 1987, 5 (1): 25-36.

［628］GARDNER W S, NALEPA T F, QUIGLEY M A, et al. Release of phosphorus by certain benthic invertebrates[J]. Canadian Journal of Fisheries and Aquatic Sciences, 1981, 38 (8): 978-981.

［629］GARRISON L P, LINK J S. Diets of five hake species in the northeast United States continental shelf system[J]. Marine Ecology-Progress Series, 2000, 204: 243-255.

［630］GASTON K J. Biodiversity: A Biology of Numbers and Difference[M]. New York: Blackwell Science Publishers, 1996.

［631］GAUCH H G. Multivariate Analysis in Community Ecology[M]. Cambridge: Cambridge University Press, 1982.

［632］GAYRAUD S, PHILIPPE M. Does subsurface interstitial space influence general features and morphological traits of the benthic macroinvertebrate community in streams[J]. Archiv für Hydrobiologie, 2001, 151 (4): 667-686.

［633］GEE J H R, GILLER P S. Organization of Communities: Past and Present[M]. Oxford: Blackwell Scientific, 1987.

［634］GEETHA R, CHANDRAMOHANAKUMAR N, MATHEWS L. Geochemical reactivity of surficial and core sediment of a tropical mangrove ecosystem[J]. International Journal of Environmental Research, 2008, 2 (4): 329-342.

［635］GENITO D, GBUREK W J, SHARPLEY A N. Response of macroinvertebrates to agricultural land cover in a small watershed[J]. Journal of Freshwater Ecology, 2002, 17 (1): 109-119.

［636］GERINO M, FRIGNANI M, MUGNAI C, et al. Bioturbation in the Venice Lagoon: Rates and relationship to organisms[J]. Acta Oecologica, 2007, 32 (1): 14-25.

［637］GERINO M, STORA G, FRANÇOIS-CARCAILLET F, et al. Macro-invertebrate functional groups in freshwater and marine sediments: a common mechanistic classification[J]. Vie Milieu, 2003, 53 (4): 221-231.

［638］GILBERT F, ALLER R C, HULTH S. The influence of macrofaunal burrow spacing and diffusive scaling on sedimentary nitrification and denitrification: An experimental simulation and model approach[J]. Journal of Marine Research, 2003,

61 (1): 101-125.

[639] GILBERT F, HULTH S, GROSSI V, et al. Sediment reworking by marine benthic species from the Gullmar Fjord (Western Sweden): Importance of faunal biovolume[J]. Journal of Experimental Marine Biology and Ecology, 2007, 348 (1-2): 133-144.

[640] GILBERT F, STORA G, DESROSIERS G, et al. Alteration and release of aliphatic compounds by the polychaete *Nereis virens* (Sars)experimentally fed with hydrocarbons[J]. Journal of Experimental Marine Biology and Ecology, 2001, 256 (2): 199-213.

[641] GILLIAM J F, FRASER D F, SABAT A M. Strong effects of foraging minnows on a stream benthic invertebrate community[J]. Ecology, 1989, 70 (2): 445-452.

[642] GLEASON H A. The structure and development of the plant association[J]. Bulletin of the Torrey Botanical Club, 1917, 44 (10): 463-481.

[643] GLEASON H A. The individualistic concept of the plant association[J]. Bulletin of the Torrey Botanical Club, 1926, 53 (1): 7-26.

[644] GLEASON H A. Further views on the succession-concept[J]. Ecology, 1927, 8 (3): 299-326.

[645] GLEASON H A. The individualistic concept of the plant association[J]. American Midland Naturalist, 1939, 21 (1): 92-110.

[646] GOULDEN C E. Environmental control of the abundance and distribution of the chydorid Cladocera[J]. Limnology and Oceanography, 1971, 16 (2): 320-331.

[647] GRACA M A S, PINTO P, CORTES R, et al. Factors affecting macroinvertebrate richness and diversity in Portuguese streams: a two-scale analysis[J]. International Review of Hydrobiology, 2004, 89 (2): 151-164.

[648] GRANBERG M E, GUNNARSSON J S, HEDMAN J E, et al. Bioturbation-driven release of organic contaminants from Baltic Sea sediments mediated by the invading polychaete *Marenzelleria neglecta*[J]. Environmental Science & Technology, 2008, 42 (4): 1058-1065.

[649] GRANÉLI W. The influence of *Chironomus plumosus* larvae on the exchange of dissolved substances between sediment and water[J]. Hydrobiologia, 1979, 66 (2): 149-159.

[650] GREEN J. A note on the food of *Chaetogaster diaphanus*[J]. Annals and Magazine of Natural History, 1954, 7 (83): 842-844.

[651] GREENE H W, JAKSIĆ F M. Food-niche relationships among sympatric predators:

effects of level of prey identification[J]. Oikos, 1983, 40: 151-154.

[652] GREGG W W, ROSE F L. Influences of aquatic macrophytes on invertebrate community structure, guild structure, and microdistribution in streams[J]. Hydrobiologia, 1985, 128 (1): 45-56.

[653] GREGORY S V, SWANSON F J, MCKEE W A, et al. An ecosystem perspective of riparian zones[J]. BioScience, 1991, 41 (8): 540-551.

[654] GREIG-SMITH P. Quantitative Plant Ecology[M]. New York: Academic Press, 1957.

[655] GRIBSHOLT B, KOSTKA J E, KRISTENSEN E. Impact of fiddler crabs and plant roots on sediment biogeochemistry in a Georgia saltmarsh[J]. Marine Ecology Progress Series, 2003, 259: 237-251.

[656] GRIFFITH M B, PERRY S A. Colonization and processing of leaf litter by macroinvertebrate shredders in streams of contrasting pH[J]. Freshwater Biology, 1993, 30 (1): 93-103.

[657] GRIME J P. Biodiversity and ecosystem function: The debate deepens[J]. Science, 1997, 277 (5330): 1260-1261.

[658] GRUBAUGH J W, WALLACE J B, HOUSTON E S. Production of benthic macroinvertebrate communities along a southern Appalachian river continuum[J]. Freshwater Biology, 1997, 37 (3): 581-596.

[659] GRUFFYDD L D. The population biology of *Chaetogaster limnaei limnaei* and *Chaetogaster limnaei vaghini* (Oligochaeta)[J]. Journal of Animal Ecology, 1965, 34 (3): 667-690.

[660] HAAHTELA T, HERTZEN L V, HANSKI I. Biodiversity hypothesis explaining the rise of chronic inflammatory disorders-allergy and asthma among them in urbanized populations[J]. Acta Anatomica, 2013, 1 (1): 5-7.

[661] HAMBROOK J A, SHEATH R G. Grazing of freshwater Rhodophyta[J]. Journal of Phycology, 1987, 23 (4): 656-662.

[662] HAMILL S E, QADRI S U, MACKIE G L. Production and turnover ratio of *Pisidium casertanum* (Pelecypoda: Sphaeriidae)in the Ottawa River near Ottawa-hull, Canada[J]. Hydrobiologia, 1979, 62 (3): 225-230.

[663] HAMILTON A L. On estimating annual production[J]. Limnology and Oceanography, 1969, 14: 771-782.

[664] HAN J, ZHANG Z, YU Z, et al. Differences in the benthic-pelagic particle flux (biodeposition and sediment erosion)at intertidal sites with and without clam

(*Ruditapes philippinarum*)cultivation in eastern China[J]. Journal of Experimental Marine Biology and Ecology, 2001, 261 (2): 245-261.

[665] HANSEN D J, BERRY W J, BOOTHMAN W S, et al. Predicting the toxicity of metal-contaminated field sediments using interstitial concentration of metals and acid-volatile sulfide normalizations[J]. Environmental Toxicology and Chemistry, 1996, 15 (12): 2080-2094.

[666] HANSKI I. Dynamics of regional distribution: the core and satellite species hypothesis[J]. Oikos, 1982, 38: 210-221.

[667] HANSKI I. A practical model of metapopulation dynamics[J]. Journal of Animal Ecology, 1994, 63 (1): 151-162.

[668] HANSKI I. Metapopulation Ecology[M]. Oxford: Oxford University Press, 1999.

[669] HANSKI I, GAGGIOTTI O E. Ecology, Genetics, and Evolution of Metapopulations[M]. San Diego: Academic Press, 2004.

[670] HANSKI I, GILPIN M E. Metapopulation Biology: Ecology, Genetics, and Evolution[M]. San Diego: Academic Press, 1997.

[671] HANSKI I, MOILANEN A, GYLLENBERG M. Minimum viable metapopulation size[J]. The American Naturalist, 1996, 147 (4): 527-541.

[672] HANSKI I, OVASKAINEN O. Extinction debt at extinction threshold[J]. Conservation Biology, 2002, 16 (3): 666-673.

[673] HANSKI I, VON HERTZEN L, FYHRQUIST N, et al. Environmental biodiversity, human microbiota, and allergy are interrelated[J]. Proceedings of the National Academy of Sciences of the United States of America, 2012, 109 (21): 8334-8339.

[674] HARPER J L. A Darwinian approach to plant ecology[J]. Journal of Ecology, 1967, 55 (2): 247-270.

[675] HARPER J L. Population Biology of Plants[M]. London: Academic Press, 1977.

[676] HARPER J L, WHITE J. The demography of plants[J]. Annual Review of Ecology and Systematics, 1974, 5 (1): 419-463.

[677] HART D D, FINELLI C M. Physical-biological coupling in streams: The pervasive effects of flow on benthic organisms[J]. Annual Review of Ecology and Systematics, 1999, 30: 363-395.

[678] HASTINGS A. Community Ecology (Lecture Notes in Biomathematics 77)[M]. Berlin: Springer-Verlag, 1988.

[679] HASTINGS A. Food web theory and stability[J]. Ecology, 1988, 69 (6): 1665-1668.

［680］HATAKEYAMA S, SUGAYA Y. A freshwater shrimp (*Paratya compressa improvisa*)as a sensitive test organism to pesticides[J]. Environmental Pollution, 1989, 59 (4): 325-336.

［681］HATCHER B G, HATCHER G H. Question of mutual security: exploring interactions between the health of coral reef ecosystems and coastal communities[J]. EcoHealth, 2004, 1 (3): 229-235.

［682］HAUER F R, BENKE A C. Rapid growth of snag-dwelling chironomids in a blackwater river: the influence of temperature and discharge[J]. Journal of the North American Benthological Society, 1991, 10 (2): 154-164.

［683］HAVEN D S, MORALES-ALAMO R. Filtration of particles from suspension by the American oyster *Crassostrea virginica*[J]. Biology Bulletin, 1970, 139: 248-264.

［684］HAWKINS C P, MURPHY M L, ANDERSON N H. Effects of canopy, substrate composition, and gradient on the structure of macroinvertebrate communities in Cascade Range streams of Oregon[J]. Ecology, 1982, 63 (6): 1840-1856.

［685］HAWKINS C P, NORRIS R H, HOGUE J N, et al. Development and evaluation of predictive models for measuring the biological integrity of streams[J]. Ecological Applications, 2000, 10 (5): 1456-1477.

［686］HAYASHI K, OTANI S. Stomach contents of a freshwater clam, *Corbicula sandai*, from lake Biwa[J]. Venus (Journal of the Malacological Society of Japan), 1967, 26: 17-28.

［687］HERSHEY A E. Selective predation by *Procladius* in an arctic Alaskan lake[J]. Canadian Journal of Fisheries and Aquatic Sciences, 1986, 43 (12): 2523-2528.

［688］HEUER A H, FINK D J, LARAIA V J. Innovative materials processing strategies: a biomimetic approach[J]. Science, 1992, 255 (5048): 1098-1105.

［689］HIEBER M, GESSNER M O. Contribution of stream detrivores, fungi, and bacteria to leaf breakdown based on biomass estimates[J]. Ecology, 2002, 83 (4): 1026-1038.

［690］HILSENHOFF W L. An improved biotic index of organic stream pollution[J]. The Great Lakes Entomologist, 1987, 20 (1): 31-39.

［691］HILSENHOFF W L. Rapid field assessment of organic pollution with a family-level biotic index[J]. Journal of the North American Benthological Society, 1988, 7 (1): 65-68.

［692］HIROTA R, ASADA S, TAJIMA S, et al. Accumulation of mercury by the marine

276

copepod *Acartia clausi*[J]. Nippon Suisan Gakkaishi (Bulletin of the Japanese Society of Scientific Fisheries), 1983, 49 (8): 1249-1251.

[693] HIXON M A, BROSTOFF W N. Damselfish as keystone species in reverse: intermediate disturbance and diversity of reef algae[J]. Science, 1983, 220 (4596): 511-513.

[694] HOFFMANN H, HIPP E, SEDLMEIER U A. Aerobic and anaerobic metabolism of the freshwater oligochaete *Tubifex* sp.[J]. Hydrobiologia, 1987, 155 (1): 157-158.

[695] HONDA H, KIKUCHI K. Nitrogen budget of polychaete *Perinereis nuntia vallata* fed on the feces of Japanese flounder[J]. Fisheries Science, 2002, 68 (6): 1304-1308.

[696] HOPMANS E C, WEIJERS J W H, SCHEFUSS E, et al. A novel proxy for terrestrial organic matter in sediments based on branched and isoprenoid tetraether lipids[J]. Earth and Planetary Science Letters, 2004, 224 (1-2): 107-116.

[697] HU Y J, SUN G, FANG Y, et al. Bioturbation effects of benthic fish on soil microorganism of paddy field[J]. Agricultural Science & Technology, 2010, 11 (4): 172-175.

[698] HUCA G, BRENNER R, NIVEIRO M. A study of the biology of *Diplodon delodontus* (Lamarck, 1819)I-Ecological aspects and anatomy of the digestive tract[J]. Veliger, 1982, 25 (1): 51-58.

[699] HUCA G, DUMM C, BRENNER R, et al. A study of the biology of *Diplodon delodontus* (Lamarck, 1819)II-Structure of the digestive diverticula of *Diplodon delodontus*: A light and electron microscopic study[J]. Veliger, 1982, 25 (1): 59-64.

[700] HULTH S, ALLER R C, CANFIELD D E, et al. Nitrogen removal in marine environments: recent findings and future research challenges[J]. Marine Chemistry, 2005, 94 (1-4): 125-145.

[701] HUTCHINSON G E. A Treatise on Limnology. Vol. I . Geography, Physics and Chemistry[M]. New York: John Wiley & Sons, Inc., 1957.

[702] HUTCHINSON G E. A Treatise on Limnology. Vol. II . Introduction to Lake Biology and the Limnoplankton[M]. New York: John Wiley & Sons, Inc., 1967.

[703] HUTCHINSON G E. The chemical ecology of three species of *Myriophyllum* (Angiospermae, Haloragaceae)[J]. Limnology and Oceanography, 1970, 15 (1): 1-5.

[704] HUTCHINSON G E. A Treatise on Limnology. Vol. III . Limnological Botany[M]. New York: John Wiley & Sons, Inc., 1976.

[705] HUTCHINSON G E. A Treatise on Limnology. Vol. IV. The Zoobenthos[M]. New

York: John Wiley & Sons, Inc., 1993.

[706] HYNES H B N, COLEMAN M J. A simple method of assessing the annual production of stream benthos[J]. Limnology and Oceanography, 1968, 13: 569-573.

[707] IUCN. World Conservation Strategy: Living Resource Conservation for Sustainable Development [R]. Gland: IUCN, 1980.

[708] JEFFERS J N R. An Introduction to Systems Analysis: With Ecological Applications[M]. London: Edward Arnold, 1978.

[709] JENNINGS C D, FOWLER S W. Uptake of ^{55}Fe from contaminated sediments by the polychaete *Nereis diversicolor*[J]. Marine Biology, 1980, 56 (4): 277-280.

[710] JENSEN K, REVSBECH N P, NIELSEN L P. Microscale distribution of nitrification activity in sediment determined with a shielded microsensor for nitrate[J]. Applied and Environmental Microbiology, 1993, 59 (10): 3287-3296.

[711] JOHNSON R K, BOSTRÖM B, VAN DE BUND W. Interactions between *Chironomus plumosus* (L.)and the microbial community in surficial sediments of a shallow, eutrophic lake[J]. Limnology and Oceanography, 1989, 34 (6): 992-1003.

[712] JÓNASSON P M. Zoobenthos of lakes[J]. SIL Proceedings (Internationale Vereinigung für Theoretische und Angewandte Limnologie: Verhandlungen), 1978, 20 (1): 13-37.

[713] JONES S E, JAGO C F. In site assessment of modification of sediments properties by burrowing invertebrate[J]. Marine Biology, 1993, 115 (1): 133-142.

[714] JONGMAN R H G, TER BRAAK C J F, VAN TONGEREN O F R. Data Analysis in Community and Landscape Ecology[M]. Cambridge: Cambridge University Press, 1995.

[715] JORDAN C, MCGUCKIN S O, SMITH R V. Increased predicted losses of phosphorus to surface waters from soils with high Olsen-P concentration[J]. Soil Use and Management, 2000, 16 (1): 27-35.

[716] JORDAN M B, JOINT I. Seasonal variation in nitrate: phosphate ratios in the English channel 1923-1987[J]. Estuarine, Coastal and Shelf Science, 1998, 46 (1): 157-164.

[717] JØRGENSEN C B. Biology of Suspension Feeding[M]. Oxford: Pergamon Press, 1966.

[718] JØRGENSEN C B. Fluid mechanical aspects of suspension feeding[J]. Marine Ecology - Progress Series, 1983, 11: 89-103.

[719] JØRGENSEN S E. Fundamentals of Ecological Modelling: Developments in

Enrironmental Modelling (2nd edition)[M]. Amsterdam-New York: Elsevier, 1988.

[720] JØRGENSEN S E, BENDORICCHIO G. Fundamentals of Ecological Modelling (3rd edition)[M]. Amsterdam: Elsevier, 2001.

[721] JØRGENSEN S E, CHANG N B, XU F L. Ecological Modelling and Engineering of Lakes And Wetlands[M]. Amsterdam: Elsevier, 2014.

[722] JØRGENSEN S E, CHON T S, RECKNAGEL F. Handbook of Ecological Modelling and Informatics[M]. Billerica: WIT Press, 2009.

[723] JØRGENSEN S E, FATH B D. Fundamentals of Ecological Modelling: Applications in Environmental Management and Research (4th edition)[M]. Amsterdam: Elsevier, 2011.

[724] JØRGENSEN S E, MITSCH W J. Application of Ecological Modelling in Environmental Management[M]. Amsterdam-Oxford-New York-Tokyo: Elsevier, 1983.

[725] JOWETT I G. Hydraulic constraints on habitat suitability for benthic invertebrates in gravel-bed rivers[J]. River Research and Applications, 2003, 19 (5-6): 495-507.

[726] JUMARS P A, NOWELL A R M. Effects of benthos on sediment transport: difficulties with functional grouping[J]. Continental Shelf Research, 1984, 3 (2): 115-130.

[727] KAHLE J, ZAUKE G P. Bioaccumulation of trace metals in the calanoid copepod *Metridia gerlachei* from the Weddell Sea (Antarctica)[J]. Science of The Total Environment, 2002, 295 (1-3): 1-16.

[728] KANGASNIEMI B J, OLIVER D R. Chironomidae (Diptera)associated with *Myriophyllum spicatum* in Okanagan Valley Lakes, British Columbia[J]. The Canadian Entomologist, 1983, 115 (11): 1545-1546.

[729] KARR J R. Assessment of biotic integrity using fish communities[J]. Fisheries, 1981, 6 (6): 21-27.

[730] KARR J R. Defining and measuring river health[J]. Freshwater Biology, 1999, 41 (2): 221-234.

[731] KASTER J L, KLUMP J VAL, MEYER J, et al. Comparison of defecation rates of *Limnodrilus hoffmeisteri* Claparède (Tubificidae)using two different methods[J]. Hydrobiologia, 1984, 111 (3): 181-184.

[732] KATANO I, NEGISHI J N, MINAGAWA T, et al. Longitudinal macroinvertebrate organization over contrasting discontinuities: effects of a dam and a tributary[J]. Journal of the North American Benthological Society, 2009, 28 (2): 331-351.

［733］KATZ L C. Effects of burrowing by the fiddler crab, *Uca pugnax* (Smith)[J]. Estuarine and Coastal Marine Science, 1980, 11 (2): 233-237.

［734］KAWECKA B, KOWNACKI A, KOWNACKA M. Food relations between algae and bottom fauna communities in glacial streams[J]. Verhandlungen des Internationalen Verein Limnologie, 1978, 20: 1527-1530.

［735］KERANS B L, KARR J R. A benthic index of biotic integrity (B-IBI)for rivers of the Tennessee Valley[J]. Ecological Applications, 1994, 4 (4): 768-785.

［736］KERR J T. Species richness, endemism, and the choice of area of conservation[J]. Conservation Biology, 1997, 11 (5): 1094-1100.

［737］KERSHAW K A. Quantitative and Dynamic Plant Ecology (1st edition)[M]. London: Edward Arnold, 1964.

［738］KERSHAW K A. Quantitative and Dynamic Plant Ecology (2nd edition)[M]. London: Edward Arnold, 1973.

［739］KERSHAW K A, LOONEY J H. Quantitative and Dynamic Plant Ecology (3rd edition)[M]. London: Edward Arnold, 1985.

［740］KHALIL L F. On the capture and destruction of miracidia by *Chaetogaster limnaei* (Oligochaeta)[J]. Journal of Helminthology, 1961, 35 (3-4): 269-274.

［741］KHAN R A, PAYNE J F. Some factors influencing EROD activity in winter flounder (*Pleuronectes americanus*)exposed to effluent from a pulp and paper mill[J]. Chemosphere, 2002, 46 (2): 235-239.

［742］KLEIN R D. Urbanization and stream quality impairment[J]. JAWRA Journal of the American Water Resources Association, 1979, 15 (4): 948-963.

［743］KNAPP R. Vegetation Dynamics[M]. The Hague: Dr W. Junk Publishers, 1974.

［744］KNOX G A. Biology of the Southern Ocean (Second Edition)[M]. Boca Raton: CRC Press, 2006.

［745］KOLKWITZ R, MARSSON M. Grundsätze für die biologische Beurteilung des Wassers nach seiner Flora und Fauna[J]. Mitteilungen aus der Königlichen Prüfungsanstalt für Wasserversorgung und Abwässerbeseitigung zu Berlin, 1902, 1: 33-72.

［746］KONDO S, HAMASHIMA S. Chironomid midges emerged from aquatic macrophytes in reservoirs[J]. Japanese Journal of Limnology (Rikusuigaku Zasshi), 1985, 46: 50-55.

［747］KRISTENSEN E. Organic matter diagenesis at the oxic/anoxic interface in coastal marine sediments, with emphasis on the role of burrowing animals[J].

Hydrobiologia, 2000, 426 (1): 1-24.

[748] KRISTENSEN E. Impact of polychaetes (*Nereis* spp. and *Arenicola marina*)on carbon biogeochemistry in coastal marine sediments[J]. Geochemical Transactions, 2001, 2 (1): 92-103.

[749] KRISTENSEN E. Mangrove crabs as ecosystem engineers; with emphasis on sediment processes[J]. Journal of Sea Research, 2008, 59 (1-2): 30-43.

[750] KRISTENSEN E, ALONGI D M. Control by fiddler crabs (*Uca vocans*)and plant roots (*Avicennia marina*)on carbon, iron and sulfur biogeochemistry in mangrove sediment[J]. Limnology and Oceanography, 2006, 51 (4): 1557-1571.

[751] KRISTENSEN E, BLACKBURN T H. The fate of organic carbon and nitrogen in experimental marine sediment systems: Influence of bioturbation and anoxia[J]. Journal of Marine Research, 1987, 45 (1): 231-257.

[752] KRISTENSEN E, HANSEN K. Transport of carbon dioxide and ammonium in bioturbated (*Nereis diversicolor*)coastal, marine sediments[J]. Biogeochemistry, 1999, 45 (2): 147-168.

[753] KRISTENSEN E, HOLMER M. Decomposition of plant materials in marine sediment exposed to different electron acceptors (O_2, NO_3^-, SO_4^{2-}), with emphasis on substrate origin, degradation kinetics, and the role of bioturbation[J]. Geochimica et Cosmochimica Acta, 2001, 65 (3): 419-433.

[754] LADLE M, WELTON J S, BASS J A B. Larval growth and production of three species of Chironomidae from an experiment al recirculating stream[J]. Archiv für Hydrobiologie, 1984, 102: 201-214.

[755] LANCASTER J, BELYEA L R. Defining the limits to local density: alternative views of abundance-environment relationships[J]. Freshwater Biology, 2006, 51 (4): 783-796.

[756] LANDRES P B, VERNER J, THOMAS J W. Ecological uses of vertebrate indicator species: a critique[J]. Conservation Biology, 1988, 2 (4): 316-328.

[757] LATHROP R C. Decline in zoobenthos densities in the profundal sediments of Lake Mendota (Wisconsin, USA)[J]. Hydrobiologia, 1992, 235-236 (1): 353-361.

[758] LEI G, HANSKI I. Spatial dynamics of two competing specialist parasitoids in a host metapopulation[J]. Journal of Animal Ecology, 1998, 67 (3): 422-433.

[759] LEITH H, WHITTAKER R H. Primary Productivity of the Biosphere[M]. New York: Springer-Verlag, 1975.

[760] LEVIN S A, HARWELL M A, KELLY J R. Ecotoxicology: problems and

approaches[M]. New York: Springer-Verlag, 1989.

［761］LEVINS R. Some demographic and genetic consequences of environmental heterogeneity for biological control[J]. Bulletin of the Entomological Society of America, 1969, 15 (3): 237-240.

［762］LEYNEN M, VAN DEN BERCKT T, AERTS J M, et al. The use of tubificidae in a biological early warning system[J]. Environmental Pollution, 1999, 105 (1): 151-154.

［763］LIANG Y. Cultivation of *Bulinus* (*Physopsis*)*globosus* and *Biomphalaria pfeifferi pfeifferi*, snail hosts of schistosomiasis[J]. Sterkiana, 1974, 53/54: 1-75.

［764］LIKENS G E. Lake Ecosystem Ecology: A Global Perspective[M]. New York: Academic Press, 2010.

［765］LIKENS G E. Plankton of Inland Waters[M]. New York: Academic Press, 2010.

［766］LIKENS G E. River Ecosystem Ecology[M]. New York: Academic Press, 2010.

［767］LIKENS G E, BORMANN F H, JOHNSON N M, et al. Effects of forest cutting and herbicide treatment on nutrient budgets in the Hubbard Brook watershed ecosystem[J]. Ecological Monographs, 1970, 40 (1): 23-47.

［768］LIKENS G E, BORMANN F H, PIERCE R S, et al. Biogeochemistry of a Forested Ecosystem[M]. New York: Springer-Verlag, 1977.

［769］LIN L, LIU M, CHEN L, et al. Bio-inspired hierarchical macromolecule-nanoclay hydrogels for robust underwater superoleophobicity[J]. Advanced Materials, 2010, 22 (43): 4826-4830.

［770］LINDEMAN R L. Seasonal distribution of midge larvae in a senescent lake[J]. The American Midland Naturalist, 1942, 27 (2): 428-444.

［771］LINDEMAN R L. The trophic-dynamic aspect of ecology[J]. Ecology, 1942, 23 (4): 399-418.

［772］LINDERMAYER D B, MARGULES C R, BOTKIN D B. Indicators of biodiversity for ecologically sustainable forest management[J]. Conservation Biology, 2000, 14 (4): 941-950.

［773］LIPS K R. Decline of a tropical montane amphibian fauna[J]. Conservation Biology, 1998, 12 (1): 106-117.

［774］LIVINGSTON J R. Trophic response of fishes to habitat variability in coastal seagrass[J]. Ecology, 1984, 65 (4): 1258-1265.

［775］LODEN M S. Predation by chironomid (Diptera)larvae on oligochaetes[J]. Limnology and Oceanography, 1974, 19 (1): 156-159.

［776］LOPEZ G R, LEVINTON J S. Ecology of deposit-feeding animals in marine sediments[J]. The Quarterly Review of Biology, 1987, 62 (3): 235-260.

［777］LORENZ K. Der Kumpan in der Umwelt des Vogels[J]. Journal für Ornithologie, 1935, 83 (2-3): 289-413.

［778］LORENZ K. Studies in Animal and Human Behaviour. Volume I[M]. Cambridge: Harvard University Press, 1970.

［779］LORENZ K. Studies in Animal and Human Behaviour. Volume II[M]. London: Methuen, 1971.

［780］LOTKA A J. Relation between birth rates and death rates[J]. Science, 1907, 26 (653): 21-22.

［781］LOTKA A J. Contribution to the energetics of evolution[J]. Proceedings of the National Academy of Sciences of the United States of America, 1922, 8 (6): 147-151.

［782］LOTKA A J. Natural selection as a physical principle[J]. Proceedings of the National Academy of Sciences of the United States of America, 1922, 8 (6): 151-154.

［783］LOTKA A J. Elements of Physical Biology[M]. Baltimore: Williams & Wilkins, 1925.

［784］LOTKA A J. Elements of Mathematical Biology[M]. New York: Dover Publications, Inc., 1956.

［785］MACARTHUR R H, CONNELL J H. The Biology of Populations[M]. London: Wiley, 1966.

［786］MADSEN H. A comparative study on the food-locating ability of *Helisoma duryi*, *Biomphalaria camerunensis* and *Bulinus truncatus* (Pulmonata: Planorbidae)[J]. Journal of Applied Ecology, 1992, 29 (1): 70-78.

［787］MAIOLINI B, LENCIONI V. Longitudinal distribution of macroinvertebrate assemblages in a glacially influenced stream system in the Italian Alps[J]. Freshwater Biology, 2001, 46 (12): 1625-1639.

［788］MARIE V, BAUDRIMONT M, BOUDOU A. Cadmium and zincbioaccumulation and metallothioneinresponse in twofreshwaterbivalves (*Corbicula fluminea* and *Dreissena polymorpha*)transplanted along a polymetallic gradient[J]. Chemosphere, 2006, 65 (4): 609-617.

［789］MARINELLI R L, LOVELL C R, WAKEHAM S G, et al. Experimental investigation of the control of bacterial community composition in macrofaunal burrows[J]. Marine Ecology Progress Series, 2002, 235: 1-13.

[790] MARINELLI R L, WOODIN S A. Experimental evidence for linkages between infaunal recruitment, disturbance, and sediment surface chemistry[J]. Limnology and Oceanography, 2002, 47 (1): 221-229.

[791] MARTIN P, BOES X, GODDEERIS B, et al. A qualitative assessment of the influence of bioturbation in Lake Baikal sediments[J]. Global and Planetary Change, 2005, 46 (1-4): 87-99.

[792] MATISOFF G, FISHER J B, MATIS S. Effects of benthic macroinvertebrates on the exchange of solutes between sediments and freshwater[J]. Hydrobiologia, 1985, 122 (1): 19-33.

[793] MATTHAEI C D, ARBUCKLE C J, TOWNSEND C R. Stable surface stones as refugia for invertebrates during disturbance in a New Zealand stream[J]. Journal of the North American Benthological Society, 2000, 19 (1): 82-93.

[794] MAY C W, HORNER R R, KARR J R, et al. The cumulative effects of urbanization on small streams in the Puget Sound Lowland Ecoregion[J]. Watershed Protection Techniques, 1997, 2 (4): 483-494.

[795] MAY R M. Simple mathematical models with very complicated dynamics[J]. Nature, 1976, 261 (5560): 459-467.

[796] MAY R M. Stability and Complexity in Model Ecosystems[M]. Princeton: Princeton University Press, 2001.

[797] MCAULEY D G, LONGCORE J R. Foods of juvenile ring-necked ducks: relationships to wetland pH[J]. Journal of Wildlife Management, 1988, 52: 177-185.

[798] MCCAULEY J E. Ecological Studies of Radioactivity in the Columbia River and Adjacent Pacific Ocean[M]. Corvallis: Oregon State University, 1967.

[799] MCCLANAHAN T R, A T KAMUKURU, N A MUTHIGA, et al. Effect of sea urchin reductions on algae, coral and fish populations[J]. Conservation Biology, 1996, 10 (1): 136-154.

[800] MCCRAITH B J, GARDNER L R, WETHEY D S, et al. The effect of fiddler crab burrowing on sediment mixing and radionuclide profiles along a topographic gradient in a southeastern salt marsh[J]. Journal of Marine Research, 2003, 61 (3): 359-390.

[801] MCHENGA I S S, MFILINGE P L, TSUCHIYA M. Bioturbation activity by the grapsid crab *Helice formosensis* and its effects on mangrove sedimentary organic

matter[J]. Estuarine, Coastal and Shelf Science, 2007, 73 (1/2): 316-324.

［802］MCKANE R B, RASTETTER E B, SHAVER G R, et al. Reconstruction and analysis of historical changes in carbon storage in arctic tundra[J]. Ecology, 1997, 78 (4): 1188-1198.

［803］MCLACHLAN A J. Some effects of tube shape on the feeding of *Chrionomus plumosus* L. (Diptera: Chironomidae)[J]. Journal of Animal Ecology, 1977, 46 (1): 139-146.

［804］MCLACHLAN A J, CANTRELL M A. Survival strategies in tropical rain pools[J]. Oecologia, 1980, 47 (3): 344-351.

［805］MCLEESE D W, METCALFE C D, PEZZACK D S. Uptake of PCBs from sediment by *Nereis virens* and *Crangon septemspinosa*[J]. Archives of Environmental Contamination and Toxicology, 1980, 9 (5): 507-518.

［806］MCPEEK M A. Determination of species composition in the Enallagma damselfly assemblages of permanent lakes[J]. Ecology, 1990, 71 (1): 83-98.

［807］MEADOWS P S, REICHELT A C, MEADOWS A, et al. Microbial and meiofaunal abundance, redox potential, pH and shear strength profiles in deep sea Pacific sediments[J]. Journal of the Geological Society, 1994, 151 (2): 377-390.

［808］MEADOWS P S, TAIT J, HUSSAIN S A. Effects of estuarine infauna on sediment stability and particle sedimentation[J]. Hydrobiologia, 1990, 190 (3): 263-266.

［809］MEHTA A J, PARTHENIADES E. An investigation of the depositional properties of flocculated fine sediments[J]. Journal of Hydraulic Research, 1975, 13 (4): 361-381.

［810］MENZIE C A. A note on the Hynes method of estimating secondary production[J]. Limnology and Oceanography, 1980, 25 (4): 770-773.

［811］MENZIE C A. Production ecology of *Cricotups sylvestris* (Fabricius) (Diptera: Chironomidae)in a shallow estuarine cove[J]. Limnology and Oceanography, 1981, 26: 467-481.

［812］MÉRIGOUX S, DOLÉDEC S. Hydraulic requirements of stream communities: a case study on invertebrates[J]. Freshwater Biology, 2004, 49 (5): 600-613.

［813］MERMILLOD-BLONDIN F, NOGARO G, DATRY T, et al. Do tubificid worms influence the fate of organic matter and pollutants in stormwater sediments[J]. Environmental Pollution, 2005, 134 (1): 57-69.

［814］MERSI W, SCHINNER F. An improved and accurate method for determining the dehydrogenase activity of soils with iodonitrotetrazolium chloride[J]. Biology and

Fertility of Soils, 1991, 11 (3): 216-220.

[815] METZELING L, MILLER J. Evaluation of the sample size used for the rapid bioassessment of rivers using macroinvertebrates[J]. Hydrobiologia, 2001, 444 (1-3): 159-170.

[816] MEYSMAN F J R, BOUDREAU B P, MIDDELBURG J J. Modeling reactive transport in sediments subject to bioturbation and compaction[J]. Geochimica et Cosmochimica Acta, 2005, 69 (14): 3601-3617.

[817] MEYSMAN F J R, MIDDELBURG J J, HEIP C H R. Bioturbation: A fresh look at Darwin's last idea[J]. Trends in Ecology & Evolution, 2006, 21 (12): 688-695.

[818] MICHAUD E, DESROSIERS G, MERMILLOD-BLONDIN F, et al. The functional group approach to bioturbation: II. The effects of the *Macoma balthica* community on fluxes of nutrients and dissolved organic carbon across the sediment-water interface[J]. Journal of Experimental Marine Biology and Ecology, 2006, 337 (2): 178-189.

[819] MILLER G D, DAVIS L S. Foraging flexibility of adelie penguins *Pygoscelis adeliae*: consequences for an indicator species[J]. Conservation Biology, 1993, 63 (3): 223-230.

[820] MILLS L S, SOULÉ M E, DOAK D F. The keystone-species concept in ecology and conservation[J]. BioScience, 1993, 43 (4): 219-224.

[821] MILTNER R J, RANKIN E T. Primary nutrients and the biotic integrity of rivers and streams[J]. Freshwater Biology, 1998, 40 (1): 145-158.

[822] MINCHINTON T E. Canopy and substratum heterogeneity influence recruitment of the mangrove *Avicennia marina*[J]. Journal of Ecology, 2001, 89 (5): 888-902.

[823] MITSCH W J, JØRGENSEN S E. Ecological Engineering: An Introduction to Ecotechnology[M]. Chichester: Wiley, 1989.

[824] MIYADI D. Studies on the bottom fauna of Japanese lakes. 5. Five lakes at the north foot of Mt. Hudi and Lake Asi[J]. Japanese Journal of Zoology, 1932, 4: 81-125.

[825] MONAKOV A V. Review of studies on feeding of aquatic invertebrates conducted at the Institute of Biology of Inland Waters, Academy of Science, USSR[J]. Journal of the Fisheries Research Board of Canada, 1972, 29: 363-383.

[826] MONTEITH J L. Vegetation and the Atmosphere, Volume I. Principles[M]. London: Academic Press, 1975.

[827] MONTEITH J L. Vegetation and the Atmosphere, Volume II. Case Studies[M].

286

London: Academic Press, 1976.

［828］MONTEITH J L. Climate and the efficiency of crop production in Britain[J]. Philosophical Transactions of the Royal Society B: Biological Sciences, 1977, 281 (980): 277-294.

［829］MORIN P J. The impact of fish exclusion on the abundance and species composition of larval odonates: results of short-term experiments in a North Carolina farm pond[J]. Ecology, 1984, 65 (1): 53-60.

［830］MORLEY S A, KARR J R. Assessing and restoring the health of urban streams in the Puget Sound Basin[J]. Conservation Biology, 2002, 16 (6): 1498-1509.

［831］MORSE J C, YANG L F, TIAN L X. Aquatic Insects of China Useful for Monitoring Water Quality[M]. Nanjing: Hohai University Press, 1994.

［832］MORTIMER R J G, DAVEY J T, KROM M D, et al. The effect of macrofauna on porewater profiles and nutrient fluxes in the intertidal zone of the Humber estuary[J]. Estuarine, Coastal and Shelf Science, 1999, 48 (6): 683-699.

［833］MOSLEH Y Y, PARIS-PALACIOS S, BIAGIANTI-RISBOURG S. Metallothioneins induction and antioxidative response in aquatic worms *Tubifex tubifex* (Oligochaeta, Tubificidae)exposed to copper[J]. Chemosphere, 2006, 64 (1): 121-128.

［834］MUELLER-DOMBOIS D, ELLENBERG H. Aims and Methods of Vegetation Ecology[M]. New York: John Wiley & Sons, 1974.

［835］MURRAY D A. Chironomidae. Ecology, Systematic, Cytology and Physiology[M]. Oxford: Pergamon Press, 1980.

［836］NAKAMURA Y, KERCIKU F. Effects of filter-feeding bivalves on the distribution of water quality and nutrient cycling in a eutrophic coastal lagoon[J]. Journal of Marine Systems, 2000, 26 (2): 209-221.

［837］NARITA T. Seasonal vertical migration and aestivation of *Rhyacodrilus hiemalis* (Tubificidae, Clitellata)in the sediment of Lake Biwa, Japan[J]. Hydrobiologia, 2006, 564 (1): 87-93.

［838］NEDEAU E J, MERRITT R W, KAUFMAN M G. The effect of an industrial effluent on an urban stream benthic community: water quality vs. habitat quality[J]. Environmental Pollution, 2003, 123 (1): 1-13.

［839］NICHOLS F H. Sediment turnover by a deposit-feeding polychaete[J]. Limnology and Oceanography, 1974, 19 (6): 945-950.

［840］NIELSEN T, ANDERSEN F Ø. Phosphorus dynamics during decomposition of mangrove (*Rhizophora apiculata*)leaves in sediments[J]. Journal of Experimental Marine Biology and Ecology, 2003, 293 (1): 73-88.

[841] NOBLE I R, DIRZO R. Forests as human-dominated ecosystems[J]. Science, 1997, 277 (5325): 522-525.

[842] NOGARO G, MERMILLOD-BLONDIN F, VALETT M H, et al. Ecosystem engineering at the sediment-water interface: bioturbation and consumer-substrate interaction[J]. Oecologia, 2009, 161 (1): 125-138.

[843] NORDSTRÖM M, BONSDORFF E, SALOVIUS S. The impact of infauna (*Nereis diversicolor* and *Saduria entomon*)on the redistribution and biomass of macroalgae on marine soft bottoms[J]. Journal of Experimental Marine Biology and Ecology, 2006, 333 (1): 58-70.

[844] NOWELL A R M, JUMARS P A, ECKMAN J E. Effects of biological activity on the entrainment of marine sediment[J]. Marine Geology, 1981, 42 (1-4): 133-153.

[845] OATLAY T B, UNDERHILL L G, ROSS G J B. Recovery rate of juvenile Cape Gannets: a potential indicator of marine conditions[J]. Colonial Waterbirds, 1992, 15 (1): 140-143.

[846] OBERNDORFER R Y, MCARTHUR J V, BARNES J R, et al. The effect of invertebrate predators on leaf litter processing in an alpine stream[J]. Ecology, 1984, 65 (4): 1325-1331.

[847] ODE P R, REHN A C, MAY J T. A quantitative tool for assessing the integrity of southern coastal California streams[J]. Environment Management, 2005, 35 (4): 493-504.

[848] ODUM E P. Fundamentals of Ecology (1st edition)[M]. Philadelphia: W. B. Saunders Company, 1953.

[849] ODUM E P. Fundamentals of Ecology (2nd edition)[M]. Philadelphia: W. B. Saunders Company, 1959.

[850] ODUM E P. Fundamentals of Ecology (3rd edition)[M]. Philadelphia: W. B. Saunders Company, 1971.

[851] ODUM E P. Basic Ecology (4th edition)[M]. Philadelphia: W. B. Saunders Company, 1983.

[852] ODUM E P. Ecology: A Bridge between Science and Society[M]. Massachusetts: Sinauer Associates, Inc., 1997.

[853] ODUM E P, Barrett G W. Fundamentals of Ecology (5th edition)[M]. New York: Cengage Learning, 2005.

［854］ODUM H T. Notes on the strontium content of sea water, celestite Radiolaria, and strontianite snail shells[J]. Science, 1951, 114 (2956): 211-213.

［855］ODUM H T. The stability of the world strontium cycle[J]. Science, 1951, 114 (2964): 407-411.

［856］ODUM H T. Environment, Power, and Society[M]. New York: Wiley-Interscience, 1971.

［857］ODUM H T. Energy, ecology, and economics[J]. Ambio, 1973, 2 (6): 220-227.

［858］ODUM H T. Energy quality and the carrying capacity of the Earth[J]. Tropical Ecology, 1975, 16 (1): 1-8.

［859］ODUM H T. Maximum power and efficiency: A rebuttal[J]. Ecological Modelling, 1983, 20 (1): 71-82.

［860］ODUM H T. Systems Ecology: An Introduction[M]. New York: John Wiley & Sons, Inc., 1983.

［861］ODUM H T. Self-organization, transformity, and information[J]. Science, 1988, 242 (4882). 1132-1139.

［862］ODUM H T. Simulation models of ecological economics developed with energy language methods[J]. Simulation, 1989, 53 (2): 69-75.

［863］ODUM H T. Ecological and General Systems: An Introduction to Systems Ecology[M]. Niwot: The University Press of Colorado, 1994.

［864］ODUM H T. Energy systems concepts and self-organization: a rebuttal[J]. Oecologia, 1995, 104 (4): 518-522.

［865］ODUM H T. Environmental Accounting: Emergy and Environmental Decision Making[M]. New York: John Wiley & Sons, Inc., 1996.

［866］ODUM H T. Scales of ecological engineering[J]. Ecological Engineering, 1996, 6 (1-3): 7-19.

［867］ODUM H T, COPELAND B J. Functional classification of coastal ecological systems of the United States[J]. Memoirs of the Geological Society of America, 1972, 133: 9-28.

［868］ODUM H T, DOHERTY S J, SCATENA F N, et al. Emergy evaluation of reforestation alternatives in Puerto Rico[J]. Forest Science, 2000, 46 (4): 521-530.

［869］ODUM H T, KEMP W, SELL M. Energy analysis and the coupling of man and estuaries[J]. Environmental Management, 1977, 1 (4): 297-315.

［870］ODUM H T, ODUM B. Concepts and methods of ecological engineering[J]. Ecological Engineering, 2003, 20 (5): 339-361.

［871］ODUM H T, ODUM E C. Energy Basis for Man and Nature[M]. New York: McGraw-Hill, 1976.

［872］ODUM H T, ODUM E C. Energy use, environment loading and sustainability: An energy analysis of Italy[J]. Ecological Modeling, 1994, 73 (3-4): 215-268.

［873］ODUM H T, ODUM E C. Modeling for All Scales: An Introduction to System Simulation[M]. New York: Academic Press, 2000.

［874］ODUM H T, ODUM E P. The energetic basis for valuation of ecosystem services[J]. Ecosystems, 2000, 3 (1): 21-23.

［875］ODUM H T, PETERSON N. Simulation and evaluation with energy systems blocks[J]. Ecological Modelling, 1996, 93 (1-3): 155-173.

［876］ODUM H T, PINKERTON R C. Time's speed regulator-The optimum efficiency for maximum output in physical and biological systems[J]. American Scientist, 1955, 43 (2): 331-343.

［877］ODUM W E, HEALD E J. Mangrove forests and aquatic productivity[A]. In: Hasler A D (ed.)Coupling of Land and Water Systems[C]. New York: Springer-Verlag, 1975. 129-136.

［878］OLAFSSON E, NDARO S G M. Impact of the mangrove crabs *Uca annulipes* and *Dotilla fenestrata* on meiobenthos[J]. Marine Ecology Progress Series, 1997, 158 (1): 225-231.

［879］OLIVER D R. Life history of the Chironomidae[J]. Annual Review of Entomology, 1971, 16: 211-230.

［880］OLIVER D R. Description of a new species of Cricotopus Van der Wulp (Diptera: Chironomidae)associated with *Myriophyllum spicatum*[J]. The Canadian Entomologist, 1984, 116 (10): 1287-1292.

［881］OREN O H. International Biological Programme: Co-ordinated studies on grey mullets[J]. Marine Biology, 1971, 10 (1): 30-33.

［882］ORTIZ J D, MARTÍ E, PUIG M A. Recovery of the macroinvertebrate community below a wastewater treatment plant input in a Mediterranean stream[J]. Hydrobiologia, 2005, 545 (1): 289-302.

［883］OVINGTON J D. Quantitative ecology and the woodland ecosystem concept[J]. Advances in Ecological Research, 1962, 1: 103-192.

［884］OVINGTON J D. Temperate Broad-leaved Evergreen Forests[M]. Amsterdam: Elsevier, 1983.

［885］OVINGTON J D, LAWRENCE D B. Comparative chlorophyll and energy studies of prairie, savanna, oakwood, and maize field ecosystems[J]. Ecology, 1967, 48 (4): 515-524.

[886] PACE M L, COLE J J, CARPENTER S R, et al. Trophic cascades revealed in diverse ecosystems[J]. Trends in Ecology and Evolution, 1999, 14 (12): 483-488.

[887] PALMER A R. Calcification in marine molluscs: How costly is it[J]. Proceedings of the National Academy of Sciences of the United States of America, 1992, 89 (4): 1379-1382.

[888] PALMER C M. A composite rating of algae tolerating organic pollution[J]. Journal of Phycology, 1969, 5 (1): 78-82.

[889] PALOMO G, BOTTO F, NAVARRO D, et al. Does the presence of the SW Atlantic burrowing crab Chasmagnathus granulatus Dana affect predator-prey interactions between shorebirds and polychaetes[J]. Journal of Experimental Marine Biology and Ecology, 2003, 290 (2): 211-228.

[890] PANZER R D, STILLWAUGH R, DERKOVITZ G. Prevalence of remnant dependence among the prairie and savanna inhabiting insects of the Chicago region[J]. Natural Areas Journal, 1995, 15: 101-116.

[891] PAPASPYROU S, GREGERSEN T, KRISTENSEN E, et al. Microbial reaction rates and bacterial communities in sediment surrounding burrows of two nereidid polychaetes (Nereis diversicolor and N. virens)[J]. Marine Biology, 2005, 148 (3): 541-550.

[892] PARK C C. Ecology and Environmental Management[M]. Folkestone: Dawson, 1980.

[893] PARTHENIADES E. Unified view of wash load and bed material load[J]. Journal of the Hydraulics Division, 1977, 103 (9): 1037-1057.

[894] PATRICK M, XAVIER B, BOUDEWIJN G, et al. A qualitative assessment of the influence of bioturbation in Lake Baikal sediments[J]. Global and Planetary Change, 2005, 46 (1-4): 87-99.

[895] PATRICK R M. Benthic stream communities[J]. American Scientists, 1970, 58 (5): 546-549.

[896] PATTEN B C. Systems Analysis and Simulation in Ecology[M]. New York: Academic Press, 1971.

[897] PATTEN B C, JØRGENSEN S E. Complex Ecology: The Part-Whole Relation in Ecosystems[M]. Englewood Cliffs: Prentice Hall, 1994.

[898] PATTON D R. Is the use of "management indicator species" feasible[J]. Western

Journal of Applied Forestry, 1987, 2 (1): 33-34.

[899] PAUL M J, MEYER J L. Streams in the urban landscape[J]. Annual Review of Ecology and the Systematics, 2001, 32: 333-365.

[900] PAULINA M, OSCAR I, GABRIELA P. Effect of fish predation on intertidal benthic fauna is modified by crab bioturbation[J]. Journal of Experimental Marine Biology and Ecology, 2005, 318 (1): 71-84.

[901] PAULY D, PALOMARES M L, FROESE R, et al. Fishing down Canadian aquatic food webs[J]. Canadian Journal of Fisheries and Aquatic Sciences, 2001, 58 (1): 51-62.

[902] PAVLICA M, KLOBUCAR G I, MOJAS N, et al. Detection of DNA damage in haemocytes of zebra mussel using comet assay[J]. Mutation Research-Genetic Toxicology and Environmental Mutagenesis, 2001, 490 (2): 209-214.

[903] PAYNE B S, MILLER A C, HUBERTZ E D, et al. Adaptive variation in palp and gill size of the Zebra Mussel (*Dreissena polymorpha*)and Asian Clam (*Corbicula fluminea*)[J]. Canadian Journal of Fisheries and Aquatic Sciences, 1995, 52 (5): 1130-1134.

[904] PEARL R, REED L. On the rate of growth of the population of the United States since 1790 and its mathematical representation[J]. Proceedings of the National Academy of Sciences of the United States of America, 1920, 6 (6): 275-288.

[905] PEARSON D L, CARROLL S S. Global patterns of species richness: spatial models for conservation planning using bioindicator and precipitation data[J]. Conservation Biology, 1998, 12 (4): 809-821.

[906] PEDERSEN M L, FRIBERG N, SKRIVER J, et al. Restoration of Skjern River and its velley-Short-term effects on river habitats, macrophytes and macroinvertebrates[J]. Ecological Engineering, 2007, 30 (2): 145-156.

[907] PELEGRI S P, BLACKBURN T H. Bioturbation effects of the amphipod *Corophium volutator* on microbial nitrogen transformation in marine sediments[J]. Marine Biology, 1994, 121 (2): 253-258.

[908] PELEGRI S P, BLACKBURN T H. Effects of *Tubifex tubifex* (Oligochaeta: tubificidae)on N-mineralization in freshwater sediments, measured with ^{15}N isotopes[J]. Aquatic Microbial Ecology, 1995, 9 (3): 289-294.

[909] PELEGRI S P, BLACKBURN T H. Nitrogen cycling in lake sediments bioturbated by *Chironomus plumosus larvae*, under different degrees of oxygenation[J]. Hydrobiologia, 1996, 325 (3): 231-238.

[910] Penry D L, Weston D P. Digestive determinants of benzo[a]pyrene and phenanthrene bioaccumulation by a deposit-feeding polychaete[J]. Environmental Toxicology and Chemistry, 1998, 17 (11): 2254-2265.

[911] PERCEVAL O, PINEL-ALLOUL B, MÉTHOT G, et al. Cadmium accumulation and metallothionein synthesis in freshwater bivalves (*Pyganodon grandis*): relative influence of the metal exposure gradient versus limnological variability[J]. Environmental Pollution, 2002, 118 (1): 5-17.

[912] PERRY C T, BERKELEY A. Intertidal substrate modification as a result of mangrove planting: impacts of introduced mangrove species on sediment microfacies characteristics[J]. Estuarine, Coastal and Shelf Science, 2009, 81 (2): 225-237.

[913] PESCH C E, HANSEN D J, BOOTHMAN W S, et al. The role of acid-volatile sulfide and interstitial water metal concentrations in determining bioavailability of cadmium and nickel from contaminated sediments to the marine polychaete *Neanthes arenaceodentata*[J]. Environmental Toxicology and Chemistry, 1995, 14 (1): 129-141.

[914] PETERSEN C G J. Valuation of the Sea. The animal communities of the sea-bottom and their importance for marine zoogeography [R]. Report Danish Biology Station, 1913, 21: 1-42.

[915] PETERSEN C G J. The sea-bottom and its production of fish-food [R]. Report Danish Biology Station, 1918, 25: 1-62.

[916] PETERSON B J. Stable isotopes as tracers of organic matter input and transfer in benthic food webs: A review[J]. Acta Oecologica, 1999, 20 (4): 479-487.

[917] PETERSON G S, ANKLEY G T, LEONARD E N. Effect of bioturbation on metal-sulfide oxidation in surficial freshwater sediments[J]. Environmental Toxicology and Chemistry, 1996, 15 (12): 2147-2155.

[918] PETROVI S, OZRETI B, KRAJNOVI-OZRETI M, et al. Lysosomal membrane stability and metallothioneins in digestive gland of mussels (*Mytilus galloprovincialis* Lam.)as biomarkers in a field study[J]. Marine Pollution Bulletin, 2001, 42 (12): 1373-1378.

[919] PETTERSSON K. Phosphorus characteristics of settling and suspended particles in Lake Erken[J]. Science of the Total Environment, 2001, 266 (1-3): 79-86.

[920] PIELOU E C. An Introduction to Mathematical Ecology[M]. New York: Wiley, 1969.

［921］PIELOU E C. Population and Community Ecology: Principles and Methods[M]. London: Gordon and Breach, 1975.

［922］PIELOU E C. Mathematical Ecology[M]. New York: Wiley, 1977.

［923］PIELOU E C. The Interpretation of Ecological Data—A Primer on Classification and Ordination[M]. New York: John Wiley and Sons, 1984.

［924］PIMENTEL D, WHITE P C JR. Biological environment and habits of *Australorbis glabratus*[J]. Ecology, 1959, 40 (4): 541-550.

［925］PIMM S L. Food Webs[M]. London: Chapman and Hall, 1982.

［926］PLANTE C, DOWNING J A. Production of freshwater invertebrate populations in lakes[J]. Canadian Journal of Fisheries and Aquatic Sciences, 1989, 46 (9): 1489-1498.

［927］PLANTE C, DOWNING J A. Relationship of salmonine production to lake trophic status and temperature[J]. Canadian Journal of Fisheries and Aquatic Sciences, 1993, 50 (6): 1324-1328.

［928］POLUNIN N. Ecosystem Theory and Application[M]. Chichester: John Wiley & Sons, Inc., 1986.

［929］POSTOLACHE C, RÎSNOVEANU G, VĂDINEANU A. Nitrogen and phosphorous excretion rates by tubificids from the Prahova River (Romania)[J]. Hydrobiologia, 2006, 553 (1): 121-127.

［930］POULSEN E, RIISGÅRD H U, MØHLENBERG F. Accumulation of cadmium and bioenergetics in the mussel *Mytilus edulis*[J]. Marine Biology, 1982, 68 (1): 25-29.

［931］PRATT J M, COLER R A, GODFREY P J. Ecological effects of urban stormwater runoff on benthic macroinvertebrates inhabiting Green River, Massachusetts[J]. Hydrobiologia, 1981, 83 (1): 29-42.

［932］PRICE P W. Insect Ecology[M]. New York: John Wiley & Sons, Inc., 1975.

［933］PRICE P W, Denno R F, Eubanks M D, et al. Insect Ecology: Behavior, Populations and Communities[M]. Cambridge: Cambridge University Press, 2011.

［934］PRICE P W, SLOBODCHIK OFF C N, GAUD W S. A New Ecology: Novel Approaches to Interactive Systems[M]. New York: John Wiley & Sons, Inc., 1984.

［935］PRICE P W, WARING G L, FERNANDES G W. Hypotheses on the adaptive nature of galls[J]. Proceedings of the Entomological Society of Washington, 1986, 88 (2): 361-363.

［936］QUINN J M, COOPER A B, DAVIES-COLLEY R J, et al. Land use effects on habitat, water quality, periphyton, and benthic invertebrates in Waikato, New

Zealand, hill-country streams[J]. New Zealand Journal of Marine and Freshwater Research, 1997, 31 (5): 579-597.

[937] RABURU P, MAVUTI K M, HARPER D M, et al. Population structure and secondary productivity of *Limnodrilus hoffmeisteri* (Claparede)and *Branchiura sowerbyi* Beddard in the profundal zone of Lake Naivasha, Kenya[J]. Hydrobiologia, 2002, 488 (1-3): 153-161.

[938] RAINBOW P S, BLACKMORE G. Barnacles as biomonitors of trace metal availabilities in Hong Kong coastal waters: changes in space and time[J]. Marine Environmental Research, 2001, 51 (5): 441-463.

[939] RAMÓN M. Population dynamics and secondary production of the cockle *Cerastoderma edule* (L.)in a back barrier tidal flat in the Wadden Sea[J]. Scientia Marina, 2003, 67 (4): 429-443.

[940] REAVELL P E. A study of the diets of some British freshwater gastropods[J]. Journal of Conchology, 1980, 30: 253-271.

[941] REED L, BERKSON J. The application of the logistic function to experimental data[J]. The Journal of Physical Chemistry B, 1929, 33 (5): 760-779.

[942] REED L, MERRELL M. A short method for constructing an abridged life table[J]. The American Journal of Hygiene, 1939, 30 (2): 33-38, 51.

[943] REIBLE D D, POPOV V, VALSARAJ K T, et al. Contaminant fluxes from sediment due to tubificid oligochaete bioturbation[J]. Water Research, 1996, 30 (3): 704-714.

[944] REICE S R. The role of substratum in benthic macroinvertebrate microdistribution and litter decomposition in a woodland stream[J]. Ecology, 1980, 61 (3): 580-590.

[945] REMEZOV N P. On the role of forest in soil formation[J]. Soviet Soil Science (Engl. Transl. Pochvovedenie), 1953 (12): 74-83.

[946] REMEZOV N P. Role of forest in soil formation[J]. Soviet Soil Science (Engl. Transl. Pochvovedenie), 1956 (4): 70-79.

[947] REMEZOV N P. Decomposition of forest litter and the cycle of elements in an oak forest[J]. Soviet Soil Science (Engl. Transl. Pochvovedenie), 1961 (7): 703-711.

[948] REMEZOV N P, POGREBNYAK P S. Forest Soil Science (in Russian)[M]. Moscow: Lesnaya Promyshlennost Publ., 1965.

[949] REMPEL L L, RICHARDSON J S, HEALEY M C. Macroinvertebrate community structure along gradients of hydraulic and sedimentary conditions in a large gravel-bed river[J]. Freshwater Biology, 2000, 45 (1): 57-73.

［950］RESH V H. Habit and substrate influences on population and production dynamics of a stream caddisfly, *Ceraclea ancylus* (Leptoceridae)[J]. Freshwater Biology, 1977, 7: 261-277.

［951］REUMAN D C, COHEN J E. Estimating relative energy fluxes using the food web, species abundance, and body size[J]. Advances in Ecological Research, 2005, 36: 137-182.

［952］REVSBECH N P, SORENSEN J, BLACKBURN T H, et al. Distribution of oxygen in marine sediments measured with microelectrodes[J]. Limnology and Oceanography, 1980, 25 (3): 403-411.

［953］RHOADS D C. Organism-sediment relations on the muddy sea floor[J]. Oceanography and Marine Biology Annual Review, 1974, 12: 263-300.

［954］RHOADS D C, YOUNG D K. The influence of deposit-feeding organisms on sediment stability and community trophic structure[J]. Journal of Marine Research, 1970, 28: 150-178.

［955］RICE C W, GARCIA F O, HAMPTON C O, et al. Soil microbial response in tallgrass prairie to elevated CO_2[J]. Plant and Soil, 1994, 165 (1): 67-74.

［956］RICKER W E. Production and utilization of fish populations[J]. Ecological Monographs, 1946, 16 (4): 373-391.

［957］RIDD P V. Flow through animal burrows in mangrove creeks[J]. Estuarine, Coastal and Shelf Science, 1996, 43 (5): 617-625.

［958］RIISGÅRD H U, LARSEN P S. Water pumping and analysis of flow in burrowing zoobenthos: an overview[J]. Aquatic Ecology, 2005, 39 (2): 237-258.

［959］ROBERTSON T B. On the normal rate of growth of an individual, and its biochemical significance[J]. Archiv für Entwicklungsmechanik der Organismen, 1908, 25 (4): 581-614.

［960］ROBLES M D, BURKE I C. Legume, grass, and conservation reserve program effects on soil organic matter recovery[J]. Ecological Applications, 1997, 7 (2): 345-357.

［961］RODIN L E, REMEZOV N P, BAZILEVICH N J. Methodological Guidelines for Studies on the Dynamics and Biological Cycle of Phytocenoses (Metodicheskie ukazaniya k izucheniyu dinamiki i biologicheskogo krugovorota v fitotsenozakh) [M]. Leningrad: Nauka Publishing House, 1967.

［962］RODRÍGUEZ-ESTRELLA R, DONÁZAR J A, HIRALDO F. Raptors as indicators of environmental change in the scrub habitat of Baja California Sur, Mexico[J].

Conservation Biology, 1998, 12 (4): 921-925.

[963] ROSENBERG D M, WIENS A P, SAETHER O A. Life history of *Cricotopus* (*Cricotopus*)*bicinctus* and *C.* (*C.*)*mackenziensis* (Diptera: Chironomidae)in the Fort Simpson Area, Northwest Territories[J]. Journal of the Fisheries Research Board of Canada, 1977, 34: 247-253.

[964] ROSENBERG R, NILSSON H C, HELLMAN B, et al. Depth correlated benthic faunal quantity and infaunal burrow structures on the slopes of a marine depression[J]. Estuarine, Coastal and Shelf Science, 2000, 50 (6): 843-853.

[965] ROTHUIS A J, VROMANT N, XUAN V T, et al. The effect of rice seeding rate on rice and fish production, and weed abundance in direct-seeded rice-fish culture[J]. Aquaculture, 1999, 172 (3-4): 255-274.

[966] ROWDEN A A, JAGO C F, JONES S E. Influence of benthic macrofauna on the geotechnical and geophysical properties of surficial sediment, North Sea[J]. Continental Shelf Research, 1998, 18 (11): 1347-1363.

[967] RUBEL E A. Ecology, plant geography, and geobotany; Their history and aim[J]. Botanical Gazette, 1927, 84 (4): 428-439.

[968] SAGNES P, MÉRIGOUX S, PÉRU N. Hydraulic habitat use with respect to body size of aquatic insect larvae: Case of six species from a French Mediterranean type stream[J]. Limnologica-Ecology and Management of Inland Waters, 2008, 38 (1): 23-33.

[969] SAND J, PEDERSEN O. Freshwater Biology-Priorities and Development in Danish Research[M]. Copenhagen: Gad, 1997.

[970] SANDIN L, HERING D. Comparing macroinvertebrate indices to detect organic pollution across Europe: a contribution to the EC Water Framework Directive intercalibration[J]. Hydrobiologia, 2004, 516 (1-3): 55-68.

[971] SARGENT II F. Human Ecology[M]. Amsterdam: North-Holland; New York: American Elsevier, 1974.

[972] SARKKA J. Meiofauna of the profundal zone of the northern part of Lake Ladoga as an indicator of pollution[J]. Hydrobiologia, 1996, 322 (1-3): 29-38.

[973] SAVAGE A A. Density dependent and density independent relationships during a twenty-seven year study of the population dynamics of the benthic macroinvertebrate community of a chemically unstable lake[J]. Hydrobiologia, 1996, 335 (2): 115-131.

[974] SAYAMA M, KURIHARA Y. Relationship between burrowing activity of the

polychaetous annelid, *Neanthes japonica* (Izuka)and nitrification-denitrification processes in the sediments. Journal of Experimental Marine Biology and Ecology, 1983, 72 (3): 233-234.

［975］SCHEDER C, WARINGER J A. Distribution patterns and habitat characterization of Simuliidae (Insecta: Diptera)in a low-order sandstone stream (Weidlingbach, Lower Austria)[J]. Limnologica-Ecology and Management of Inland Waters, 2002, 32 (3): 236-247.

［976］SCHIMPER A F W. Plant-Geography upon a Physiological Basis[M]. Oxford: Clarendon Press, 1903.

［977］SCHIPPERS A, JØRGENSEN B B. Biogeochemistry of pyrite and iron sulfide oxidation in marine sediments[J]. Geochimica et Cosmochimica Acta, 2002, 66 (1): 85-92.

［978］SCHLEPER S. Conservation compromises: The MAB and the legacy of the International Biological Program, 1964-1974[J]. Journal of the History of Biology, 2017, 50 (1): 133-167.

［979］SCHMID-ARAYA J M, HILDREW A G, ROBERTSON A, et al. The importance of meiofauna in food webs: evidence from an acid stream[J]. Ecology, 2002, 83 (5): 1271-1285.

［980］SCHOENER T W. Resource partitioning in ecological communities[J]. Science, 1974, 185 (4145): 27-39.

［981］SCHOENER T W. Mechanistic approaches to community ecology: A new reductionism[J]. American Zoologist, 1986, 26 (1): 81-106.

［982］SCHORER M, EISELE M. Accumulation of inorganic and organic pollutants by biofilms in the aquatic environment[J]. Water, Air, & Soil Pollution, 1997, 99 (1-4): 651-659.

［983］SCHUELER T R, FRALEY-MCNEAL L, CAPPIELLA K. Is impervious cover still important？ Review of recent research[J]. Journal of Hydrologic Engineering, 2009, 14 (4): 309-315.

［984］SEPHTON T W. Some observations on the food of larvae of *Procladius bellus* (Diptera: Chironomidae)[J]. Aquatic Insects (International Journal of Freshwater Entomology), 1987, 9 (4): 195-202.

［985］SHELDON S P. The effects of herbivorous snails on submerged macrophyte communities in Minnesota lakes[J]. Ecology, 1987, 68 (6): 1920-1931.

［986］SHELDON S P, SKELLY D K. Differential colonization and growth of algae and ferromanganese-depositing bacteria in a mountain stream[J]. Journal of Freshwater Ecology, 1990, 5 (4): 475-485.

［987］SHELFORD V E. Laboratory and Field Ecology: The Responses of Animals as Indicators of Correct Working Methods[M]. Baltimore: Williams and Wilkins, 1929.

［988］SHUGART H H, O'NEILL R V. Systems Ecology[M]. Strodusburg: Dowden, Hutchinson and Ross, Inc., 1979.

［989］SHULL D H, YASUDA M. Size-selective downward particle transport by cirratulid polychaetes[J]. Journal of Marine Research, 2001, 59 (3): 453-473.

［990］SHUMWAY S E, CUCCI T L, NEWELL R C, et al. Particle selection, ingestion and adsorption in filter-feeding bivalves[J]. Journal of Experimental Marine Biology and Ecology, 1985, 91 (1-2): 77-92.

［991］SIEMANN E, TILMAN D, HAARSTAD J. Insect species diversity, abundance and body size relationships[J]. Nature, 1996, 380 (6576): 704-706.

［992］SILVEIRA M P, BAPTISTA D F, BUSS D F, et al. Application of biological measures for stream intergrity assessment in south-east Brazil[J]. Environmental Monitoring and Assessment, 2005, 101: 117-128.

［993］SIMBERLOFF D, DAYAN T. The guild concept and the structure of ecological communities[J]. Annual Review of Ecology and Systematics, 1991, 22: 115-143.

［994］SIMON F W, VASSEUR D A. Variation cascades: resource pulses and top-down effects across time scales[J]. Ecology, 2021, 102 (4): 3277.

［995］SLOANE P I W, NORRIS R H. Relationships of AUSRIVAS-based macroinvertebrate predictive model outputs to a metal pollution gradient[J]. Journal of the North American Benthological Society, 2003, 22 (3): 457-471.

［996］SMITH C R, JUMARS P A, DEMASTER D J. In situ studies of megafaunal mounds indicate rapid sediment turnover and community response at the deep-sea floor[J]. Nature, 1986, 323 (6085): 251-253.

［997］SMITH J M. Models in Ecology[M]. Cambridge: Cambridge University Press, 1974.

［998］SMITH J N, BOUDREAU B P, NOSHKIN V. Plutonium and ^{210}Pb distributions in northeast Atlantic sediments: subsurface anomalies caused by non-local mixing[J]. Earth and Planetary Science Letters, 1986, 81 (1): 15-28.

［999］SMITH S D A, SIMPSON R D. Recovery of benthic communities at Macquarie Island (sub-Antarctic)following a small oil spill[J]. Marine Biology, 1998, 131 (3):

567-581.

[1000] SMITH T J, BOTO K G, FRUSHER S D, et al. Keystone species and mangrove forest dynamics: the influence of burrowing by crabs on soil nutrient status and forest productivity[J]. Estuarine, Coastal and Shelf Science, 1991, 33 (5): 419-432.

[1001] SOLHEIM A L, REKOLAINEN S, MOE S J, et al. Ecological threshold responses in European lakes and their applicability for the Water Framework Directive (WFD)implementation: synthesis of lakes results from the REBECCA project[J]. Aquatic Ecology, 2008, 42 (2): 317-334.

[1002] SONG F, SOH A K, BAI Y L. Structural and mechanical properties of the organic matrix layers of nacre[J]. Biomaterials, 2003, 24 (20): 3622-3631.

[1003] SONG M Y, PARK Y S, KWAK I S, et al. Characterization of benthic macroinvertebrate communities in a restored stream by using self-organizing map[J]. Ecological Informatics, 2006, 1 (3): 295-305.

[1004] STARK J D. SQMCI: A biotic index for freshwater macroinvertebrate coded-abundance data[J]. New Zealand Journal of Marine and Freshwater Research, 1998, 32 (1): 55-66.

[1005] STENECK R S, WATLING L. Feeding capabilities and limitation of herbivorous molluscs: A functional group approach[J]. Marine Biology, 1982, 68 (3): 299-319.

[1006] STENTON-DOZEY J M E, JACKSON L F, BUSBY A J. Impact of mussel culture on macrobenthic community structure in Saldanha Bay, South Africa[J]. Marine Pollution Bulletin, 1999, 39 (1-12): 357-366.

[1007] STERN K, ROCHE L. Genetics of Forest Ecosystems[M]. Berlin-Heidelberg-New York: Springer-Verlag, 1974.

[1008] STERRY P, THOMAS J D, PATIENCE R. Behavioural responses of *Biomphalaria glabrata* (Say)to chemical factors from aquatic macrophytes including decaying *Lemna paucicostata* (Hegelm ex Engelm)[J]. Freshwater Biology, 1983, 13 (5): 465-476.

[1009] STIEGLITZ T. Submarine groundwater discharge into the near-shore zone of the Great Barrier Reef, Australia[J]. Marine Pollution Bulletin, 2005, 51 (1-4): 51-59.

[1010] STOERTZ M W, BOURNE H, KNOTTS C, et al. The effects of isolation and acid mine drainage on fish and macroinvertebrates communities of Monday Creek, Ohio, USA[J]. Mine Water and the Environment, 2002, 21 (2): 60-72.

[1011] STOREY A W. Influence of temperature and food quality on the life history of an epiphytic chironomid[J]. Entomologica Scandinavica Supplement, 1987, 29: 339-347.

[1012] STOREY R. The importance of mineral particles in the diet of *Limnaea pereger* (Müller)[J]. Journal of Conchology, 1970, 27: 191-195.

[1013] STOUT R J, TAFT W H. Growth patterns of a chironomid shredder on fresh and senescent tag alder leaves in two Michigan streams[J]. Journal of Freshwater Ecology, 1985, 3 (2): 147-153.

[1014] STRONG D R. Are trophic cascades all wet? Differentiation and donor-control in speciose ecosystems[J]. Ecology, 1992, 73 (3): 747-754.

[1015] STRONG D R, SIMBERLOFF J D, ABELE L G, et al. Ecological Communities: Conceptual Issues and the Evidence[M]. Princeton: Princeton University Press, 1984.

[1016] SUN G, FANG Y, DONG G. The effects of *Misgurnus anguillicaudatus* bioturbation on the vertical distribution of sediment particles in paddy field[J]. Agricultural Science & Technology, 2008, 9 (6): 18-20+54.

[1017] SUN G, FANG Y, WANG A W, et al. Bioturbation effects of benthic fish on the phosphorus dynamic in overlying water of paddy field[J]. Agricultural Science & Technology, 2010, 11 (5): 87-89+177.

[1018] SUN G, FANG Y, WANG P, et al. Bioturbation effects of *Branchiura sowerbyi* (Tubificidae)on the vertical transport of sedimentary particles in paddy field[J]. Agricultural Science & Technology, 2010, 11 (8): 117-119.

[1019] SUN M Y, ALLER R C, LEE C, et al. Enhanced degradation of algal lipids by benthic macrofaunal activity: Effect of *Yoldia limatula*[J]. Journal of Marine Research, 1999, 57 (5): 775-804.

[1020] SUN Y, TORGERSEN T. Adsorption-desorption reactions and bioturbation transport of ^{224}Ra in marine sediments: a one-dimensional model with applications[J]. Marine Chemistry, 2001, 74 (4): 227-243.

[1021] SWANSON B J. Autocorrelated rates of change in animal populations and their relationships to precipitation[J]. Conservation Biology, 1998, 12 (4): 801-808.

[1022] SWIFT M C. Stream ecosystem response to, and recovery from, experimental exposure to selenium[J]. Journal of Aquatic Ecosystem Stress and Recovery, 2002, 9 (3): 159-184.

[1023] TANSLEY A G. Practical Plant Ecology: A Guide for Beginners in Field Study of Plant Communities[M]. London: George Allen and Unwin, 1923.

［1024］TANSLEY A G. The use and abuse of vegetational concepts and terms[J]. Ecology, 1935, 16 (3): 284-307.

［1025］TANSLEY A G. The British Islands and Their Vegetation[M]. Cambridge: Cambridge University Press, 1939.

［1026］TANSLEY A G. Introduction to Plant Ecology: A Guide for Beginners in the Study of Plant Communities[M]. London: George Allen and Unwin, Ltd., 1946.

［1027］TAVARES A F, WILLIAMS D D. Life histories, diet, and niche overlap of three sympatric species of Elmidae (Coleoptera)in a temperate stream[J]. The Canadian Entomologist, 1990, 122 (3): 563-577.

［1028］TAVARES A F, WILLIAMS D D. The importance of temporal resolution in food web analysis: evidence from a detritus-based stream[J]. Ecological Monographs, 1996, 66 (1): 91-113.

［1029］TAYLOR D. The significance of the accumulation of cadmium by aquatic organisms[J]. Ecotoxicology and Environmental Safety, 1983, 7 (1): 33-42.

［1030］TESSIER A, CAMPBELL P G C, BISSON M. Sequential extraction procedure for the speciation of particulate trace metals[J]. Analytical Chemistry, 1979, 51 (7): 844-851.

［1031］THOMPSON R M, TOWNSEND C R. Impacts on stream food webs of native and exotic forest: an intercontinental comparison[J]. Ecology, 2003, 84 (1): 145-161.

［1032］THOMSON J R, HART D D, CHARLES D F, et al. Effects of removal of a small dam on downstream macroinvertebrate and algal assemblages in a Pennsylvania stream[J]. Journal of the North American Benthological Society, 2005, 24 (1): 192-207.

［1033］THOREAU H D. Walden or, Life in the Woods[M]. Boston: Ticknor and Fields, 1854.

［1034］TILMAN D. Resource Competition and Community Structure[M]. Princeton: Princeton University Press, 1982.

［1035］TILMAN D. Plant dominance along an experimental nutrient gradient[J]. Ecology, 1984, 65 (5): 1445-1453.

［1036］TILMAN D. The resource-ratio hypothesis of plant succession[J]. The American Naturalist, 1985, 125 (6): 827-852.

［1037］TILMAN D. Plant Strategies and the Dynamics and Structure of Plant Communities. Monographs in Population Biology 26[M]. Princeton: Princeton

University Press, 1988.

[1038] TILMAN D. Competition and biodiversity in spatially structured habitats[J]. Ecology, 1994, 75 (1): 2-16.

[1039] TILMAN D. Biodiversity: Population versus ecosystem stability[J]. Ecology, 1996, 77 (3): 350-363.

[1040] TILMAN D. Community invasibility, recruitment limitation, and grassland biodiversity[J]. Ecology, 1997, 78 (1): 81-92.

[1041] TILMAN D. The ecological consequences of changes in biodiversity: A search for general principles[J]. Ecology, 1999, 80 (5): 1455-1474.

[1042] TILMAN D. Causes, consequences and ethics of biodiversity[J]. Nature, 2000, 405 (6783): 208-211.

[1043] TILMAN D, DOWNING J A. Biodiversity and stability in grasslands[J]. Nature, 1994, 367 (6461): 363-365.

[1044] TILMAN D, KAREIVA P. Spatial Ecology: The Role of Space in Population Dynamics and Interspecific Interactions. Monographs in Population Biology 30[M]. Princeton: Princeton University Press, 1988.

[1045] TILMAN D, KNOPS J, WEDIN D, et al. The influence of functional diversity and composition on ecosystem processes[J]. Science, 1997, 277 (5330): 1300-1302.

[1046] TILMAN D, LEHMAN C L, THOMSON K T. Plant diversity and ecosystem productivity: Theoretical considerations[J]. Proceedings of the National Academy of Sciences of the United States of America, 1997, 94 (5): 1857-1861.

[1047] TILMAN D, MAY R M, LEHMAN C L, et al. Habitat destruction and the extinction debt[J]. Nature, 1994, 371 (6492): 65-66.

[1048] TILMAN D, WEDIN D, KNOPS J. Productivity and sustainability influenced by biodiversity in grassland ecosystems[J]. Nature, 1996, 379 (6567): 718-720.

[1049] TINBERGEN N. The Study of Instinct[M]. Oxford: Clarendon Press, 1951.

[1050] TINBERGEN N. Social Behavior in Animals[M]. London: Science Paperbacks, Associated Book Publishers, Ltd., 1953.

[1051] TINBERGEN N. The Herring Gull's World[M]. London: Collins, 1953.

[1052] TINBERGEN N. Curious Naturalists[M]. London: Country Life, 1958.

[1053] TINBERGEN N. Animal Behavior[M]. New York: Time-Life, 1965.

[1054] TINBERGEN N. The Animal in Its World, Volume I, Field Studies[M]. Cambridge: Harvard University Press, 1971.

[1055] TINBERGEN N. The Animal in Its World, Volume II, Laboratory Experiments and General Papers[M]. Cambridge: Harvard University Press, 1972.

［1056］TOKESHI M. Resource utilization, overlap and temporal community dynamics: A null model analysis of an epiphytic chironomid community[J]. Journal of Animal Ecology, 1986, 55 (2): 491-506.

［1057］TUDORANCEA C. Studies on Unionidae populations from the Crapina-Jijila complex of poolsDanube zone liable to inundation)[J]. Hydrobiologia, 1972, 39 (4): 527-561.

［1058］VADEBONCOEUR Y, VANDER ZANDEN M J, LODGE D M. Putting the lake back together: reintegrating benthic pathways into lake food web models[J]. BioScience, 2002, 52 (1): 44-54.

［1059］VANDER ZANDEN M J, VADEBONCOEUR Y. Fishes as integrators of benthic and pelagic food webs in lakes[J]. Ecology, 2002, 83 (8): 2152-2161.

［1060］VEGA-CENDEJAS M E, HERNÁNDEZ M, ARREGUÍN-SÁNCHEZ F. Trophic interrelations in a beach seine fishery from the northwestern coast of the Yucatan Peninsula, Mexico[J]. Journal of Fish Biology, 1994, 44 (4): 647-659.

［1061］VERDONSCHOT P F M. Hydrology and substrates: determinants of oligochaete distribution in lowland streams (The Netherlands)[J]. Hydrobiologia, 2001, 463 (1-3): 249-262.

［1062］VERHULST P F. Recherches mathématiques sur la loi d'accroissement de la population (Mathematical researches into the law of population growth increase) [J]. Nouveaux Mémoires de l'Académie Royale des Sciences et Belles-Lettres de Bruxelles, 1845, 18: 1-42.

［1063］VERNBERG W B, CALABRESE A, THURBERG F P, et al. Marine Pollution: Functional Responses[M]. New York: Academic Press, 1979.

［1064］VERNER J. The guild concept applied to management of bird populations[J]. Environmental Management, 1984, 8 (1): 1-13.

［1065］VIDAL D E, HORNE A J. Inheritance of mercury tolerance in the aquatic oligochaete *Tubifex tubifex*[J]. Environmental Toxicology and Chemistry, 2003, 22 (9): 2130-2135.

［1066］VLAG D P. A model for predicting waves and susupended silt concentration in a shallow lake[J]. Hydrobiologia, 1992, 235/236 (1): 119-131.

［1067］VODOPICH D S, COWELL B C. Interaction of factors governing the distribution of a predatory aquatic insect[J]. Ecology, 1984, 65 (1): 39-52.

［1068］VOLTERRA V. Fluctuations in the abundance of a species considered mathematically[J]. Nature, 1926, 118 (2972): 558-560.

[1069] VON FRISCH K. Über den Geruchssinn der Bienen und seine blütenbiologische Bedeutung[J]. Zoologische Jahrbücher (Physiologie), 1919, 37: 1-238.

[1070] VON FRISCH K. Über die Sprache der Bienen. Eine tierpsychologische Untersuchung[J]. Zoologische Jahrbücher (Physiologie), 1923, 40: 1-186.

[1071] VON FRISCH K. Aus dem Leben der Bienen (1st edition)[M]. Berlin: Julius Springer, 1927.

[1072] VON FRISCH K. Über den Geschmackssinn der Biene[J]. Zeitschrift für vergleichende Physiologie, 1934, 21: 1-156.

[1073] VON FRISCH K. Über einen Schreckstoff der Fischhaut und seine biologische Bedeutung[J]. Zeitschrift für vergleichende Physiologie, 1941, 29: 46-145.

[1074] VON FRISCH K. Die Tänze der Bienen[J]. Österreichische Zoologische Zeitschrift, 1946, 1: 1-48.

[1075] VON FRISCH K. Die Polarisation des Himmelslichtes als orientierender Faktor bei den Tänzen der Bienen[J]. Experientia Basel, 1949, 5: 142-148.

[1076] VON FRISCH K. Die Sonne als Kompaß im Leben der Bienen[J]. Experientia Basel, 1950, 6: 210-221.

[1077] VON FRISCH K. The Dancing Bees: An Account of the Life and Senses of the Honey Bee[M]. London: Methuen, 1954.

[1078] VON FRISCH K. Erinnerungen eines Biologen[M]. Berlin: Springer-Verlag, 1957.

[1079] VON FRISCH K. Tanzsprache und Orientierung der Bienen[M]. Berlin: Springer-Verlag, 1965.

[1080] VON FRISCH K. The Dancing Bees: An Account of the Life and Senses of the Honey Bee[M]. London: Methuen, 1966.

[1081] VON FRISCH K. The Dance Language and Orientation of Bees[M]. Cambridge: Harvard University Press, 1967.

[1082] VON FRISCH K. Bees: Their Vision, Chemical Senses and Language[M]. Ithaca: Cornell University Press, 1971.

[1083] VON FRISCH K. Tiere als Baumeister[M]. Frankfurt: Ullstein, 1974.

[1084] VON FRISCH K. Aus dem Leben der Bienen (9th edition)[M]. Berlin: Springer, 1977.

[1085] VON FRISCH K, Heran H, Lindauer M. Gibt es in der 'Sprache' der Bienen eine Weisung nach oben oder unten[J]. Zeitschrift für vergleichende Physiologie, 1953,

35: 219-245.

［1086］VON FRISCH K, STETTER H. Untersuchung über den Sitz des Gehörsinnes bei der Elritze[J]. Zeitschrift für vergleichende Physiologie, 1932, 17: 686-801.

［1087］WALLACE J B, BENKE A C, LINGLE A H, et al. Trophic pathways of macroinvertebrate primary consumers in subtropical blackwater streams[J]. Archiv für Hydrobiologie (Supplements), 1987, 74: 423-451.

［1088］WALLACE J B, WEBSTER J R, WOODALL W R. The role of filter feeders in flowing waters[J]. Archiv für Hydrobiologie, 1977, 79 (4): 506-532.

［1089］WALLACE R L, RICCI C, MELONE G. A cladistic analysis of pseudocoelomate (aschelminth)morphology[J]. Invertebrate Biology, 1996, 115 (2): 104-112.

［1090］WANG H Z, WANG H J, LIANG X M, et al. Empirical modelling of submersed macrophytes in Yangtze lakes[J]. Ecological Modelling, 2005, 188 (2-4): 483-491.

［1091］WANG W X, KE C H, YU K N, et al. Modeling radiocesium bioaccumulation in a marine food chain[J]. Marine Ecology Progress Series, 2000, 208: 41-50.

［1092］WANG W X, STUPAKOFF I, GAGNON C, et al. Bioavailability of inorganic and methylmercury to a marine deposit-feeding polychaete[J]. Environmental Science & Technology, 1998, 32 (17): 2564-2571.

［1093］WARD A F, WILLIAMS D D. Longitudinal zonation and food of larval chironomids (Insecta: Diptera)along the course of a river in temperate Canada[J]. Ecography, 1986, 9 (1): 48-57.

［1094］WARD G M, CUMMINS K M. Effects of food quality on growth of a stream detritivore, *Paratendipes albimanus* (Meigen) (Diptera: Chironomidae)[J]. Ecology, 1979, 60: 57-64.

［1095］WARREN J H, UNDERWOOD A J. Effects of burrowing crabs on the topography of mangrove swamps in New South Wales[J]. Journal of Experimental Marine Biology and Ecology, 1986, 102 (2-3): 223-235.

［1096］WARREN P H. Spatial and temporal variation in the structure of a freshwater food web[J]. Oikos, 1989, 55: 299-311.

［1097］WARWICK R M. A new method for detecting pollution effects on marine macrobenthic communities[J]. Marine Biology, 1986, 92 (4): 557-562.

［1098］WARWICK R M, CLARKE K R. Relearning the ABC: taxonomic changes and abundance/biomass relationships in disturbed benthic communities[J]. Marine Biology, 1994, 118 (4): 739-744.

［1099］WATERS T F. Secondary production in inland waters[J]. Advances in Ecological

Research, 1977, 10: 91-164.

[1100] WAY C M, BURKY A J, BINGHAM C R, et al. Substrate roughness, velocity refuges, and macroinvertebrate abundance on artificial substrates in the lower Mississippi River[J]. Journal of the North American Benthological Society, 1995, 14 (4): 510-518.

[1101] WEAVER J E, CLEMENTS F E. Plant Ecology[M]. New York: McGraw-Hill Book Co., Inc., 1929.

[1102] WEILER M. An infiltration model based on flow variability in macropores: development, sensitivity analysis and applications[J]. Journal of Hydrology, 2005, 310 (1-4): 294-315.

[1103] WELCH H E, JORGENSON J K, CURTIS M F. Emergence of Chironomidae (Diptera)in fertilized and natural lakes at Saqvaqjuac, N.W.T.[J]. Canadian Journal of Fisheries and Aquatic Sciences, 1988, 45 (4): 731-737.

[1104] WELLNITZ T A, GRIEF K A, SHELDON S P. Response of macroinvertebrates to blooms of iron-depositing bacteria[J]. Hydrobiologia, 1994, 281 (1): 1-17.

[1105] WELSH D T, CASTADELLI G. Bacterial nitrification activity directly associated with isolated benthic marine animals[J]. Marine Biology, 2004, 144 (5): 1029-1037.

[1106] WETZEL R G. Limnology (2nd edition)[M]. Philadelphia: Saunders College Publishing, 1983.

[1107] WETZEL R G. Limnology: Lake and River Ecosystem (3rd edition)[M]. San Diego: Academic Press, 2001.

[1108] WHITTAKER R H. A criticism of the plant association and climatic climax concepts[J]. Northwest Science, 1951, 25 (1): 17-31.

[1109] WHITTAKER R H. A Consideration of climax theory: The climax as a population and pattern[J]. Ecological Monographs, 1953, 23 (1): 41-78.

[1110] WHITTAKER R H. Vegetation of the Great Smoky Mountains[J]. Ecological Monographs, 1956, 26 (1): 1-80.

[1111] WHITTAKER R H. Vegetation of the Siskiyou Mountains, Oregon and California[J]. Ecological Monographs, 1960, 30 (4): 279-338.

[1112] WHITTAKER R H. Classification of natural communities[J]. Botanical Review, 1962, 28 (1): 1-239.

[1113] WHITTAKER R H. Gradient analysis of vegetation[J]. Biological Reviews, 1967, 42 (2): 207-264.

［1114］WHITTAKER R H. Communities and Ecosystems[M]. New York: MacMillan, 1970.

［1115］WHITTAKER R H, LIKENS G E. Primary production: The biosphere and man[J]. Human Ecology, 1973, 1 (4): 357-369.

［1116］WHITTAKER R H. Classification of Plant Communities[M]. The Hague: Dr W. Junk Publishers, 1978.

［1117］WHITTAKER R H. Ordination of Plant Communities[M]. The Hague: Dr W. Junk Publishers, 1978.

［1118］WIDDOWS J, BRINSLEY M D, BOWLEY N, et al. A benthic annular flume for in situ measurement of suspension feeding/biodeposition rates and erosion potential of intertidal cohesive sediments[J]. Estuarine, Coastal and Shelf Science, 1998, 46 (1): 27-38.

［1119］WIJSMAN J W M, MIDDELBURG J J, HERMAN P M J, et al. Sulfur and iron speciation in surface sediments along the northwestern margin of the Black Sea[J]. Marine Chemistry, 2001, 74 (4): 261-278.

［1120］WILCOX B A. In situ conservation of genetic resources: determinants of minimum area requirements[A]. In: McNeely J A and K R Miller (eds.), National Parks: Conservation and Development[C]. Washington D C: Smithsonian Institution Press, 1984. 639-657.

［1121］WILEY M J, WARREN G L. Territory abandonment, theft, and recycling by a lotic grazer: a foraging strategy for hard times[J]. Oikos, 1992, 63 (3): 495-505.

［1122］WILLIAMS D D. The first diets of postemergent Brook Trout (*Salvelinus fonlinalis*)and Atlantic Salmon (*Salmo salar*)alevins in a Quebec River[J]. Canadian Journal of Fisheries and Aquatic Sciences, 1981, 38 (7): 765-771.

［1123］WILLIAMS P H, GASTON K J. Measuring more of biodiversity: can higher-taxon richness predict wholesale species richness[J]. Biological Conservation, 1994, 67 (3): 211-217.

［1124］WILLIAMS R J, MARTINEZ N D. Simple rules yield complex food webs[J]. Nature, 2000, 404 (6774): 180-183.

［1125］WINBERG G G, PECHEN G A, SHUSHKINA E A. The production of planktonic crustaceans in three different types of lake[J]. Zoologichesky Zhurnal, 1965, 44: 676-688.

［1126］WISE D H, MOLLES M C JR. Colonization of artificial substrates by stream insects: influence of substrate size and diversity[J]. Hydrobiologia, 1979, 65 (1):

69-74.

[1127] WOLFRATH B. Burrowing of the fidder crab *Uca tangeri* in the Ria Formosa in Portugal and its influence on sediment structure[J]. Marine Ecology Progress Series, 1992, 85 (3): 237-243.

[1128] WOODIWISS F S. The biological system of stream classification used by the Trent River Board[J]. Chemistry and Industry, 1964, 11: 443-447.

[1129] WOODS J A, O'LEARY K A, MCCARTHY R P, et al. Preservation of comet assay slides: comparison with fresh slides[J]. Mutation Research-Fundamental and Molecular Mechanisms of Mutagenesis, 1999, 429 (2): 181-187.

[1130] WOODWARD G, HILDREW A G. Food web structure in riverine landscapes[J]. Freshwater Biology, 2002, 47 (4): 777-798.

[1131] WOODWELL G M, WURSTER C F JR, ISAACSON P A. DDT residues in an east coast estuary: a case of biological concentration of a persistent insecticide[J]. Science, 1967, 156 (3776): 821-824.

[1132] XU K, CHOI J K, YANG E J, et al. Biomonitoring of coastal pollution status using protozoan communities with a modified PFU method[J]. Marine Pollution Bulletin, 2002, 44 (9): 877-886.

[1133] YAMADA H, KAYAMA M. Liberation of nitrogenous compounds from bottom sediments and effect of bioturbation by small bivalve, *Theora lata* (Hinds)[J]. Estuarine, Coastal and Shelf Science, 1987, 24 (4): 539-555.

[1134] YAN Y J. Life cycle and production of Chironomidae (Diptera)in Biandantang, a typical macrophyte lake (Hubei, China)[J]. Chinese Journal of Oceanology and Limnology, 2000, 18: 221-226.

[1135] YAN Y J, LIANG Y L, WANG H Z. Annual production of five species of Chironomidae (Diptera)in Houhu Lake, a typical algal lake (Wuhan, China)[J]. Chinese Journal of Oceanology and Limnology, 1999, 17: 112-118.

[1136] YAN Y J, LIANG Y L, WANG H Z. Energy flow of *Bellamya aeruginosa* in a shallow macrophyte-dominated lake, Lake Biandantang[J]. Acta Hydrobiologica Sinica, 1999, 23 (Suppl.): 115-121.

[1137] YAN Y J, WANG H Z. Abundance and production of *Branchiura sowerbyi* (Oligochaeta: Tubificidae)in two typical shallow lakes (Hubei, China)[J]. Chinese Journal of Oceanology and Limnology, 1999, 17: 79-85.

[1138] YODZIS P. How rare is omnivory[J]. Ecology, 1984, 65 (1): 321-323.

[1139] YU K C, TSAI L J, CHEN S H, et al. Chemical binding of heavy metals in anoxic

river sediments[J]. Water Research, 2001, 35 (17): 4086-4094.

[1140] ZIEBIS W, HUETTEL M, FORSTER S. Impact of biogenic sediment topography on oxygen fluxes in permeable seabeds[J]. Marine Ecology Progress Series, 1996, 140 (1-3): 227-237.

附录 1　表格索引

附录 2　图幅索引

附录 3　主题词索引

A

阿利氏规律	Allee's rule
阿朔夫规律	Aschoff's circadian rule
艾伦规律	Allen's rule
氨氮	ammonia nitrogen；NH_4^+-N
氨化细菌	ammonifying bacteria
氨化作用	ammonification

B

半致死浓度	median lethal concentration，LC50
包被能	embodied energy
胞外黏液物质	extracellular polymeric substances，EPS
保护生物学	conservation biology
被捕食者	prey
贝格曼规律	Bergmann's rule
崩解	disintegration；collapse
比利时生物指数	Belgian biotic index，BBI
比生长率	specific growth rate
秘鲁寒流	洪堡寒流，Peru Current；Humboldt Current
补偿深度	compensation depth
捕食者	predator
布莱克曼限制因子定律	Blackman's law of limiting

C

颤蚓科	Tubificidae
颤蚓属	*Tubifex*
超深渊带	hadal zone

潮间带	intertidal zone
沉积率	deposition rate
沉积物	sediment
沉积物食性	deposit feeding
沉积物－水界面	sediment-water interface
沉降速率	sedimentation rate
沉水植物	submerged plant
尺度	scale
赤潮	red tide；harmful algal bloom，HAB
冲刷	erosion；scouring
初级生产	primary production
初级生产力	primary productivity
初级生产者	primary producer
初级消费者	primary consumer
船蛆	shipworm；*Teredo*
次级生产	secondary production
次级生产力	secondary productivity
次级生产者	secondary producer
次级消费者	secondary consumer
次生底栖动物	secondary zoobenthos
刺吸者	piercing-sucker
粗糙度	roughness
粗颗粒有机物	coarse particulate organic matter，CPOM

D

大型底栖动物	macrofauna；macrozoobenthos
大型底栖无脊椎动物	benthic macroinvertebrate
大型水生植物	aquatic macrophyte
大洋生态系统	oceanic ecosystem
单分子自催化	monomolecular autocatalysis
单体生物	unitary organism
单位努力渔获量	catch per unit effort，CPUE
单细胞生物	single-celled organism；unicellular organism
单元顶极	monoclimax
淡水生态系统	freshwater ecosystem
等级演替	hierarchical succession

等温线图	isothermal map；isotherm diagram
底内动物	infauna
底栖动物	zoobenthos；benthic animal
底栖生物	benthos
底栖藻类	benthic algae
底上动物	epifauna
底质	substrate
地磁强度	geomagnetic intensity
地形剖面图	terrain profiles；topographical profile graph
点源污染	point pollution
顶极群落	climax
定居	ecesis
动物修复	animal remediation
洞穴生物	cavern creatures
多氯联苯	polychlorinated biphenyls，PCB
多毛类	Polychaeta
多细胞生物	multicellular organism
多样性	diversity
多样性指数	diversity index

E

二次污染	secondary pollution
二氧化碳	carbon dioxide；CO_2

F

发光细菌	luminescent bacteria；luminous bacteria
反硫化细菌	anti-sulfur bacterial
反硝化细菌	denitrifying bacteria
仿生学	bionics
放射性	radioactive
放线菌	actinomycete
非透水性区域比例	percentage of total impervious area，PTIA
分解速率	decomposition rate
分解者	decomposer
分散系数	dispersive coefficient
粪便	faeces

丰度	abundance
丰富度指数	richness index
浮游动物	zooplankton
浮游生物	plankton
浮游藻类	planktonic algae
浮游植物	phytoplankton
蜉蝣目	Ephemeroptera
附生生物	periphyton
附生植物	epiphyte
附着动物	epizoite；attached animal
附着生物	fouling organism
富营养化	eutrophication
腹足类	Gastropoda

G

盖度	cover degree；coverage
镉	cadmium
葛洛格规律	Gloger's rule
个体生态学	autoecology
各向异性	anisotropism；anisotropy
功能分类法	functional classification
功能群	functional group
功能摄食群	functional feeding groups，FFG
功能团	guild
汞	mercury
共生	commensalism
构件植物种群	modular plant population
固氮细菌	nitrogen fixing bacteria；diazotrophs
固着生物	sessile organism
固着型动物	clinger
刮食者	scraper
寡毛纲	Oligochaeta
关键种	keystone species
管路扩散者	gallery diffuser
贯入	penetration
光合色素	photosynthetic pigment

光合细菌　　　　　　　　　photosynthetic bacteria，PSB
光合作用　　　　　　　　　photosynthesis
广翅目　　　　　　　　　　Megaloptera
广温性　　　　　　　　　　eurythermal
广盐性　　　　　　　　　　euryhaline
鲑科　　　　　　　　　　　salmon；Salmonidae
过滤收集者　　　　　　　　filtering-collector
过氧化氢酶　　　　　　　　catalase

H

海拔　　　　　　　　　　　altitude；elevation
海沟　　　　　　　　　　　oceanic trench
含水率　　　　　　　　　　moisture content
核心物种　　　　　　　　　core species
呼吸酶　　　　　　　　　　respiratory enzyme
呼吸商　　　　　　　　　　respiratory quotient，RQ
化能细菌　　　　　　　　　chemotrophic bacteria；chemosynthetic bacteria
化能自养生物　　　　　　　chemoautotroph
化性　　　　　　　　　　　voltinism
化学能　　　　　　　　　　chemical energy
化学修复　　　　　　　　　chemical remediation
化学需氧量　　　　　　　　chemical oxygen demand，COD
环节动物　　　　　　　　　Annelida
环境监测　　　　　　　　　environmental monitoring
环境容纳量　　　　　　　　environmental capacity
环境梯度　　　　　　　　　environmental gradient
环境压力　　　　　　　　　environmental stress
环境因子　　　　　　　　　environmental factor
环境影响评价　　　　　　　environmental impact assessment
环境质量　　　　　　　　　environmental quality
环境阻力　　　　　　　　　environmental resistance
缓步动物　　　　　　　　　Tardigrata
缓冲作用　　　　　　　　　buffering effect
恢复生态学　　　　　　　　restoration ecology
霍普金斯生物气候定律　　　Hopkins' bioclimatic law

J

襀翅目	Plecoptera
机会主义杂食动物	omnivorous opportunist
级联模型	cascade model
积温	accumulated temperature
集合种群	metapopulation
寄生者	parasite
甲壳纲	Crustacea
间隙动物	interstitial fauna
间隙水	interstitial water
兼性厌氧生物	facultative anaerobe
降解作用	degradation
结构系数	structural coefficient
节肢动物	Arthropoda
金属硫蛋白	metallothionein，MT
静水生态系统	still-water ecosystem；standing-water ecosystem；lentic ecosystem
竞争	competition
均匀度指数	evenness index

K

抗冲刷系数	anti-scourability index
抗性生物	tolerant organism
抗冲刷系数	coefficient of anti-scouring
科级生物指数	family biotic index，FBI
颗粒态磷	particulate phosphorus，PP
颗粒性有机物质	particulate organic matter，POM
颗粒有机碳	particulate organic carbon，POC
可持续发展	sustainable development
可持续性	sustainability
可利用性	availability
可溶性有机物	dissolved organic matter，DOM
空间生态位	space niche
孔隙度	porosity
孔隙水	pore water

口器　　　　　　　　　　mouthparts
矿化作用　　　　　　　　mineralization
昆布带　　　　　　　　　laninarian zone

L

蓝藻　　　　　　　　　　blue-green algae；cyanobacteria；Cyanophyta
利比希最小因子定律　　　Liebig's law of the minimum
粒径谱　　　　　　　　　particle size spectra
临界温度　　　　　　　　critical temperature
磷酸酶　　　　　　　　　phosphatase
领地　　　　　　　　　　territory
流变特性　　　　　　　　rheological behavior
流水生态系统　　　　　　lotic ecosystem
流通率　　　　　　　　　turnover rate
硫化细菌　　　　　　　　sulphur bacteria；*Thiobacillus*
逻辑斯蒂方程　　　　　　logistic equation
裸化　　　　　　　　　　nudation
滤食性　　　　　　　　　filter feeding
滤食者　　　　　　　　　filterer

M

蔓生型动物　　　　　　　sprawler
毛翅目　　　　　　　　　Trichoptera
毛腹虫　　　　　　　　　*Chaetogaster*
毛管水　　　　　　　　　capillary water
密度　　　　　　　　　　density
灭绝阈值　　　　　　　　extinction threshold
灭绝债务　　　　　　　　extinction debt
敏感生物　　　　　　　　sensitive organism
牧食收集者　　　　　　　grazing-collector
牧食者　　　　　　　　　grazer

N

耐受阈值　　　　　　　　tolerance threshold
耐污类群　　　　　　　　pollution tolerant organisms
耐污值　　　　　　　　　tolerance value

耐性生物	tolerant organism
桡足类	Copepoda
内湾生态系统	inner bay ecosystem
内源释放	endogenous release
内源污染	endogenous pollution
能量流动	energy flow
能量密度	energy density
能量收支	energy budget
能量转换率	energy transformity
能值	emergy；energy value
能质	energy quality
年龄结构	age structure
脲酶	urease
浓缩系数	concentration factor，CF
农业生态系统	agro-ecosystem

O

耦合	coupling

P

排泄量	excretion
排序	ordination
攀爬型动物	climber
漂浮生物	neuston；pleuston
频度	frequency
匍匐动物	crawling animal

Q

迁移	migration
腔肠动物	Coelenterata
乔丹规律	Jordan's rule
鞘翅目	Coleoptera
侵蚀	erosion
侵蚀率	erosion rate
蜻蜓目	Odonata
全球变化	global change

群落交错区	ecotone
群落结构	community structure
群落生态学	community ecology
群体生态学	synecology

R

扰动	disturbance
热泉	hot springs
溶解性反应磷	soluble reactive phosphorus，SRP
溶解性活性磷	soluble active phosphorus，SRP
溶解性无机氮	dissolved inorganic nitrogen，DIN
溶解性无机磷	dissolved inorganic phosphorus，DIP
溶解性有机磷	dissolved organic phosphorus，DOP
溶解性有机碳	dissolved organic carbon，DOC
溶解性总磷	dissolved total phosphorus，DTP
溶解氧	dissolved oxygen，DO
容重	unit weight
肉食性	carnivorous
软体动物	Mollusca

S

沙蚕	clamworm；lobworm；*Nereis*
珊瑚带	coral line zone
上覆水	surface water；overlying water
上升流	upwelling
上行搬运者	upward conveyor
摄食	feeding；ingestion；cibation
摄食量	food consumption；food intake
深水带	profoundal zone
渗透系数	permeability coefficient
渗透性	permeability
渗透压	osmotic pressure
生产力	productivity
生产量	production
生产者	producer
生化需氧量	biochemical oxygen demand，BOD

生活史	life history
生境破碎化	habitat fragmentation
生命表	life table
生态幅	ecological amplitude
生态工程	ecological engineering
生态监测	ecological monitoring
生态交错区	ecotone
生态金字塔	ecological pyramid
生态可塑性	ecological plasticity
生态平衡	ecological equilibrium；ecological balance
生态位	niche
生态位重叠	niche overlap
生态位分异	niche differentiation
生态系统	ecosystem
生态系统动力学	ecosystem dynamics
生态系统服务	ecosystem services
生态系统管理	ecosystem management
生态系统健康	ecosystem health
生态效率	ecological efficiency
生态学	ecology
生态阈值	ecological threshold
生物搬运作用	bioconveying
生物半排出期	biological half-life；biological half-time，$b_{1/2}$
生物半衰期	biological half-life；biological half-time，$b_{1/2}$
生物沉降	biodeposition
生物地球化学循环	biogeochemical cycle
生物多样性	biological diversity；biodiversity
生物发光	bioluminescence
生物放大	biomagnification
生物富集	biological enrichment
生物积累	bioaccumulation
生物监测	biological monitoring；biomonitoring
生物降解	biodegradation
生物可利用性	bioavailability
生物扩散者	biodiffuser

水域生态学	aquatic ecology
撕食者	shredder
四分体微核	tetrad micronucleus
似昼夜节律	circadian rhythm
速效氮	available nitrogen
酸可挥发性硫化物	acid volatile sulfide，AVS
碎屑食物链	detrital food chain

T

他感作用	allelopathy
苔藓动物	Bryozoa
藤壶	barnacle；acorn shell；Balanidae
体现能	embodied energy
挺水植物	emerged plant
通量	flux
同化率	assimilation rate
同资源种团	guild
头足类	Cephalopoda
透明度	transparency
土地利用	land use
土壤动物	soil animal
土壤肥力	soil fertility
土壤呼吸	soil respiration
土壤酶	soil enzyme
土壤生态系统	soil ecosystem
土壤微生物	soil microorganism
土壤有机质	soil organic matter
团聚体	coacervate
吞食者	engulfer
脱氢酶	dehydrogenase

W

外源污染	exogenous pollution
微核	卫星核，micronucleus，MCN
微生物生理群	microorganism physiological group

微生物生物量　　　microorganism biomass
微生物修复　　　　microbial remediation
微型底栖动物　　　nanofauna；microzoobenthos
纬度　　　　　　　latitude
尾鳃蚓　　　　　　*Branchiura*
温室效应　　　　　greenhouse effect
蚊科　　　　　　　Culicidae
稳定性　　　　　　stability
涡虫　　　　　　　Turbellaria
污染敏感类群　　　pollution sensitive organisms
污损生物　　　　　fouling organism
污着生物　　　　　fouling organism
无机氮　　　　　　inorganic nitrogen
物理修复　　　　　physical remediation

X

细胞色素　　　　　cytochrome
细颗粒有机物　　　fine particulate organic matter，FPOM
狭温性　　　　　　stenothermal
下行搬运者　　　　downward conveyor
下行效应　　　　　top-down effect
纤维素分解菌　　　cellulose decomposing bacteria
线虫　　　　　　　eelworm；Nematoda
线形动物　　　　　Nemathelminthes
现存量　　　　　　standing crop
限制因子　　　　　limiting factor
消费者　　　　　　consumer
硝化细菌　　　　　nitrifying bacteria
硝态氮　　　　　　nitrate nitrogen；NO_3^--N
小头虫　　　　　　*Capitella capitata*
小型底栖动物　　　meiofauna；meiozoobenthos
胁迫　　　　　　　stress
谢尔福德耐受性定律　Shelford's law of tolerance
悬浮物食性　　　　suspension feeding
穴居生物　　　　　burrower；troglodytes

Y

亚硝酸盐	nitrite
亚硝态氮	nitrite nitrogen；NO_2^--N
亚沿岸带	sublittoral zone
沿岸带	littoral zone
盐度	salinity
演替	succession
厌氧生物	anaerobic organism；anaerobe
氧化层	oxic horizon；oxidation layer
氧化还原电位	oxidation-reduction potential；redox potential
氧化还原电位不连续层	redox potential discontinuity layer，RPD
摇蚊	midge；Chironomidae
叶黄素	xanthophyll
叶绿素	chlorophyll
异位生物修复	ex-situ bioremediation
异养生物	heterotroph
异质性	heterogeneity
营养级	trophic level
营养结构	trophic structure
营养生态位	trophic niche
营养盐	nutrient salt
营养元素	nutrient element
优势度指数	dominance index
优势类群	dominant group
优势流	preferential flow，PF
优势种	dominant species
游泳生物	nekton
有机碎屑	organic detritus；organic debris
有机污染	organic pollution
有机污染物	organic pollutant
有机质	organic matter
有孔虫	Foraminiferida
羽化	emergence
原生底栖动物	primary zoobenthos
原生动物	Protozoa

附录 4　推荐阅读文献

陈静生，周家义．中国水环境重金属研究 [M]．北京：中国环境科学出版社，1992.

陈泮勤，黄耀，于贵瑞．地球系统碳循环 [M]．北京：科学出版社，2004.

陈义．无脊椎动物比较形态学 [M]．杭州：杭州大学出版社，1993.

陈玉成．污染环境生物修复工程 [M]．北京：化学工业出版社，2003.

段学花，王兆印，徐梦珍．底栖动物与河流生态评价 [M]．北京：清华大学出版社，2010.

冯士筰，李凤岐，李少菁．海洋科学导论 [M]．北京：高等教育出版社，2010.

何志辉．淡水生态学 [M]．北京：中国农业大学出版社，2004.

赫尔穆特·里思（Helmut Lieth），罗伯特·哈丁·惠特克（Robert Harding Whittaker）．生物圈的第一性生产力 [M]．王业蘧，等译．北京：科学出版社，1985.

金相灿，屠清瑛．湖泊富营养化调查规范 [M]．2 版．北京：中国环境科学出版社，1990.

李博，杨持，林鹏．生态学 [M]．北京：高等教育出版社，2000.

李汉卿．环境污染与生物 [M]．哈尔滨：黑龙江科学技术出版社，1985.

李新正，刘录三，李宝泉，等．中国海洋大型底栖生物 [M]．北京：海洋出版社，2010.

刘建康．东湖生态学研究（一）[M]．北京：科学出版社，1990.

刘建康．东湖生态学研究（二）[M]．北京：科学出版社，1995.

刘建康．高级水生生物学 [M]．北京：科学出版社，1999.

刘凌云，郑光美．普通动物学 [M]．4 版．北京：高等教育出版社，2009.

陆健健．河口生态学 [M]．北京：海洋出版社，2003.

牛翠娟，娄安如，孙儒泳，等．基础生态学 [M]．北京：高等教育出版社，2007.

沈国英，施并章．海洋生态学 [M]．北京：科学出版社，2002.

Sven Erik Jørgensen，Brian Fath．生态建模原理：在环境管理和研究中的应用 [M]．北京：科学出版社，2012.

Sven Erik Jørgensen，Giuseppe Bendoricchio．生态模型基础 [M]．何文珊，译．北京：

高等教育出版社，2008.

孙刚，房岩. 底栖动物的生物扰动效应 [M]. 北京：科学出版社，2013.

王备新. 大型底栖无脊椎动物水质生物评价研究 [M]. 南京：南京农业大学，2003.

王洪道，窦鸿身，颜京松，等. 中国湖泊资源 [M]. 北京：科学出版社，1989.

许崇仁，程红. 动物生物学 [M]. 2 版. 北京：高等教育出版社，2013.

Evelyn Chrystalla Pielou. 数学生态学 [M]. 卢泽愚，译. 北京：科学出版社，1988.

Eugene Pleasants Odum. 生态学——科学与社会之间的桥梁 [M]. 何文珊，译. 北京：高等教育出版社，2017.

余勉余，孙薇. 中国浅海滩涂渔业资源调查（中国渔业资源调查和区划之三）[M]. 杭州：浙江科学技术出版社，1990.

John Jeffers. 系统分析及其在生态学上的应用 [M]. 郎所，译. 北京：科学出版社，1985.

张恩楼，唐红渠，张楚明，等. 中国湖泊摇蚊幼虫亚化石 [M]. 北京：科学出版社，2019.

张金屯. 数量生态学 [M]. 3 版. 北京：科学出版社，2018.

张觉民，何志辉. 内陆水域渔业自然资源调查手册 [M]. 北京：农业出版社，1991.

ALLAN J D, CASTILLO M M. Stream Ecology: Structure and Function of Running Waters（2nd edition）[M]. Dordrecht: Springer, 2007.

ANDERSON J M. Ecology for Environmental Sciences: Biosphere Ecosystems and Man[M]. New York: John Wiley & Sons, Inc., 1981.

ANDERSON R M, MAY R M. The Dynamics of Human Host-Parasite Systems[M]. Princeton: Princeton University Press, 1986.

ANDERSON R M, MAY R M. Infectious Diseases of Humans: Dynamics and Control[M]. Oxford: Oxford University Press, 1992.

ANDREWARTHA H G, BIRCH L C. The Distribution and Abundance of Animals[M]. Chicago: University of Chicago Press, 1954.

ARMITAGE P D, CRANSTON P S, PINDER L C V. The Chironomidae: The Biology and Ecology of Non-biting Midges[M]. London: Chapman & Hall, 1995.

BEGON M, HARPER L J, TOWNSEND L J. Ecology: Individuals, Populations and Communities[M]. Oxford: Blackwell Scientific, 1986.

BORMANN F H, LIKENS G E. Pattern and Process in a Forested Ecosystem[M]. Berlin: Springer-Verlag, 1979.

CARPENTER S R, KITCHELL J F. The Trophic Cascade in Lakes[M]. Cambridge: Cambridge University Press, 1993.

CLAPHAM G J. Human Ecosystem[M]. New York: MacMillian Publishers, 1981.

COHEN J E. Food Webs and Niche Space[M]. Princeton: Princeton University Press, 1978.

COHEN J E, BRIAND F, NEWMAN C M. Community Food Webs - Data and Theory （Biomathematics, volume 20）[M]. Berlin: Springer-Verlag, 1990.

FENCHEL T, KING G H, BLACKBURN T H. Bacterial Biogeochemistry. The Ecophysiology of Mineral Cycling[M]. San Diego: Academic Press, 1998.

GASTON K J. Biodiversity: A Biology of Numbers and Difference[M]. New York: Blackwell Science Publishers, 1996.

GAUCH H G. Multivariate Analysis in Community Ecology[M]. Cambridge: Cambridge University Press, 1982.

GEE J H R, GILLER P S. Organization of Communities: Past and Present[M]. Oxford: Blackwell Scientific, 1987.

HANSKI I. Metapopulation Ecology[M]. Oxford: Oxford University Press, 1999.

HANSKI I, GAGGIOTTI O E. Ecology, Genetics, and Evolution of Metapopulations[M]. San Diego: Academic Press, 2004.

HANSKI I, GILPIN M E. Metapopulation Biology: Ecology, Genetics, and Evolution[M]. San Diego: Academic Press, 1997.

HASTINGS A. Community Ecology （Lecture Notes in Biomathematics 77）[M]. Berlin: Springer-Verlag, 1988.

HUTCHINSON G E. A Treatise on Limnology. Vol. I . Geography, Physics and Chemistry[M]. New York: John Wiley & Sons, Inc., 1957.

HUTCHINSON G E. A Treatise on Limnology. Vol. II . Introduction to Lake Biology and the Limnoplankton[M]. New York: John Wiley & Sons, Inc., 1967.

HUTCHINSON G E. A Treatise on Limnology. Vol. III . Limnological Botany[M]. New York: John Wiley & Sons, Inc., 1976.

HUTCHINSON G E. A Treatise on Limnology. Vol. IV . The Zoobenthos[M]. New York: John Wiley & Sons, Inc., 1993.

JEFFERS J N R. An Introduction to Systems Analysis: With Ecological Applications[M]. London: Edward Arnold, 1978.

JONGMAN R H G, TER BRAAK C J F, VAN TONGEREN O F R. Data Analysis in Community and Landscape Ecology[M]. Cambridge: Cambridge University Press, 1995.

JØRGENSEN C B. Biology of Suspension Feeding[M]. Oxford: Pergamon Press, 1966.

JØRGENSEN S E, BENDORICCHIO G. Fundamentals of Ecological Modelling（3rd edition）[M]. Amsterdam: Elsevier, 2001.

JØRGENSEN S E, CHANG N B, XU F L. Ecological Modelling and Engineering of Lakes And Wetlands[M]. Amsterdam: Elsevier, 2014.

JØRGENSEN S E, FATH B D. Fundamentals of Ecological Modelling: Applications in Environmental Management and Research（4th edition）[M]. Amsterdam: Elsevier, 2011.

KERSHAW K A, LOONEY J H. Quantitative and Dynamic Plant Ecology（3rd edition）[M]. London: Edward Arnold, 1985.

KNOX G A. Biology of the Southern Ocean（Second Edition）[M]. Boca Raton: CRC Press, 2006.

LEITH H, WHITTAKER R H. Primary Productivity of the Biosphere[M]. New York: Springer-Verlag, 1975.

LEVIN S A, HARWELL M A, KELLY J R. Ecotoxicology: problems and approaches[M]. New York: Springer-Verlag, 1989.

LIKENS G E. Lake Ecosystem Ecology: A Global Perspective[M]. New York: Academic Press, 2010.

LIKENS G E. Plankton of Inland Waters[M]. New York: Academic Press, 2010.

LIKENS G E. River Ecosystem Ecology[M]. New York: Academic Press, 2010.

LIKENS G E, BORMANN F H, PIERCE R S, et al. Biogeochemistry of a Forested Ecosystem[M]. New York: Springer-Verlag, 1977.

LORENZ K. Studies in Animal and Human Behaviour. Volume I[M]. Cambridge: Harvard University Press, 1970.

LORENZ K. Studies in Animal and Human Behaviour. Volume II[M]. London: Methuen, 1971.

MACARTHUR R H, CONNELL J H. The Biology of Populations[M]. London: Wiley, 1966.

MAY R M. Stability and Complexity in Model Ecosystems[M]. Princeton: Princeton University Press, 2001.

MCCAULEY J E. Ecological Studies of Radioactivity in the Columbia River and Adjacent Pacific Ocean[M]. Corvallis: Oregon State University, 1967.

MITSCH W J, JØRGENSEN S E. Ecological Engineering: An Introduction to Ecotechnology[M]. Chichester: Wiley, 1989.

MURRAY D A. Chironomidae. Ecology, Systematic, Cytology and Physiology[M]. Oxford: Pergamon Press, 1980.

ODUM E P. Ecology: A Bridge between Science and Society[M]. Massachusetts: Sinauer Associates, Inc., 1997.

ODUM E P, BARRETT G W. Fundamentals of Ecology（5th edition）[M]. New York: Cengage Learning, 2005.

ODUM H T. Systems Ecology: An Introduction[M]. New York: John Wiley & Sons, Inc., 1983.

ODUM H T. Ecological and General Systems: An Introduction to Systems Ecology[M]. Niwot: The University Press of Colorado, 1994.

ODUM H T. Environmental Accounting: Emergy and Environmental Decision Making[M]. New York: John Wiley & Sons, Inc., 1996.

PARK C C. Ecology and Environmental Management[M]. Folkestone: Dawson, 1980.

PATTEN B C. Systems Analysis and Simulation in Ecology[M]. New York: Academic Press, 1971.

PATTEN B C, JØRGENSEN S E. Complex Ecology: The Part-Whole Relation in Ecosystems[M]. Englewood Cliffs: Prentice Hall, 1994.

PIELOU E C. Mathematical Ecology[M]. New York: Wiley, 1977.

PIELOU E C. The Interpretation of Ecological Data - A Primer on Classification and Ordination[M]. New York: John Wiley and Sons, 1984.

PIMM S L. Food Webs[M]. London: Chapman and Hall, 1982.

POLUNIN N. Ecosystem Theory and Application[M]. Chichester: John Wiley & Sons, Inc., 1986.

PRICE P W. Insect Ecology[M]. New York: John Wiley & Sons, Inc., 1975.

PRICE P W, DENNO R F, EUBANKS M D, et al. Insect Ecology: Behavior, Populations and Communities[M]. Cambridge: Cambridge University Press, 2011.

PRICE P W, SLOBODCHIKOFF C N, GAUD W S. A New Ecology: Novel Approaches to Interactive Systems[M]. New York: John Wiley & Sons, Inc., 1984.

SAND J, PEDERSEN O. Freshwater Biology-Priorities and Development in Danish Research[M]. Copenhagen: Gad, 1997.

TILMAN D. Resource Competition and Community Structure[M]. Princeton: Princeton University Press, 1982.

TINBERGEN N. The Animal in Its World, Volume I, Field Studies[M]. Cambridge: Harvard University Press, 1971.

TINBERGEN N. The Animal in Its World, Volume II, Laboratory Experiments and General Papers[M]. Cambridge: Harvard University Press, 1972.

VERNBERG W B, CALABRESE A, THURBERG F P, et al. Marine Pollution: Functional Responses[M]. New York: Academic Press, 1979.

WETZEL R G. Limnology[M]. 2nd edition. Philadelphia: Saunders College Publishing, 1983.

WETZEL R G. Limnology: Lake and River Ecosystem[M]. 3rd edition. San Diego: Academic Press, 2001.

WHITTAKER R H. Communities and Ecosystems[M]. New York: MacMillan, 1970.

WHITTAKER R H. Classification of Plant Communities[M]. The Hague: Dr W. Junk Publishers, 1978.

WHITTAKER R H. Ordination of Plant Communities[M]. The Hague: Dr W. Junk Publishers, 1978.

附录5　网络学习资源

中华人民共和国科学技术部
https://www.most.gov.cn/
中华人民共和国生态环境部
https://www.mee.gov.cn/
中华人民共和国农业农村部
http://www.moa.gov.cn/
中华人民共和国水利部
http://www.mwr.gov.cn/
中国科学院
https://www.cas.cn/
国家自然科学基金委员会
https://www.nsfc.gov.cn/
中国生态学会
http://www.esc.org.cn/
中国环境科学学会
http://www.chinacses.org/
中国海洋湖沼学会
http://csol.qdio.ac.cn/
中国海洋学会
http://www.cso.org.cn/
中国水产学会
http://www.csfish.org.cn/
中国动物学会
http://czs.ioz.cas.cn/
中国植物学会
http://www.botany.org.cn/

美国生态学会（Ecological Society of America，ESA）

https://www.esa.org/

美国湖沼海洋学会（American Society of Limnology & Oceanography，ASLO）

https://www.aslo.org/

国际水文地质学家协会（International Association of Hydrogeologists，IAH）

https://iah.org/

英国生态学会（British Ecological Society，BES）

https://www.britishecologicalsociety.org/

澳大利亚生态学会（Ecological Society of Australia，ESA）

https://www.ecolsoc.org.au/

日本生态学会（The Ecological Society of Japan，ESJ）

http://www.esj.ne.jp/esj/e_index.html

中国环境科学研究院

http://www.craes.cn/

中国科学院生态环境研究中心

https://ir.rcees.ac.cn/

自然资源部第一海洋研究所

https://www.fio.org.cn/

自然资源部第二海洋研究所

http://www.sio.org.cn/

自然资源部第三海洋研究所

http://www.tio.org.cn/OWUP/index.html

中国科学院水生生物研究所

http://www.ihb.ac.cn/

中国科学院南京地理与湖泊研究所

http://www.niglas.ac.cn/

中国科学院海洋研究所

http://www.qdio.cas.cn/

中国科学院南海海洋研究所

http://www.scsio.ac.cn/

中国科学院烟台海岸带研究所

http://www.yic.ac.cn/

中国科学院沈阳应用生态研究所

http://www.iae.cas.cn/

国家地球系统科学数据中心（湖泊 – 流域分中心）

http://lake.geodata.cn/

中国科学院海洋大科学研究中心

http://www.coms.ac.cn/

湖泊水污染治理与生态修复技术国家工程实验室

http://www.ihb.cas.cn/cylj/zdsys/202012/t20201208_5813518.html

中国科学院藻类生物学重点实验室

http://lab.ihb.cas.cn/

中国科学院水生生物多样性与保护重点实验室

http://www.ihb.cas.cn/cylj/zdsys/202012/t20201208_5813516.html

淡水生态与生物技术国家重点实验室

http://febl.ihb.cas.cn/

流域水循环模拟与调控国家重点实验室（中国水利水电科学院）

http://www.skl-wac.cn/sklsr/index.htm

城市水资源与水环境国家重点实验室（哈尔滨工业大学）

http://waterlab.hit.edu.cn/

环境化学与生态毒理学国家重点实验室（中国科学院生态环境研究中心）

http://et.rcees.ac.cn/

污染控制与资源化研究国家重点实验室（同济大学）

https://envirolab.tongji.edu.cn/

湖泊与环境国家重点实验室（中国科学院南京地理与湖泊研究所）

http://lse.skl.cas.cn/

水利部太湖流域管理局

http://www.tba.gov.cn/

国家生态系统观测研究网络（National Ecosystem Research Network of China）

http://www.cnern.org/index.action

国家水产种质资源平台

https://zzzy.fishinfo.cn/

英国国家海洋研究中心（National Oceanography Centre）

https://noc.ac.uk/

法国海洋开发研究院（IFREMER）

https://wwz.ifremer.fr/

美国伍兹霍尔海洋研究所（Woods Hole Oceanographic Institution）

https://www.whoi.edu/

美国斯克里普斯海洋研究所（Scripps Institution of Oceanography）

https://scripps.ucsd.edu/

日本国立环境研究所（National Institute for Environmental Studies，Japan）

https://www.nies.go.jp/

荷兰生态学研究所（Nederlands Instituut voor Ecologie）

https://nioo.knaw.nl/nl

华盛顿大学保护生物学中心（Center for Conservation Biology，University of Washington）

https://www.washington.edu/research/research-centers/center-for-conservation-biology/

多米尼加热带海洋生态学研究所（Institute for Tropical Marine Ecology Inc.，ITME）

http://www.itme.org/

威斯康星大学麦迪逊分校湖沼学研究中心（Center for Limnology，University of Wisconsin-Madison）

http://www.jlakes.org/ch/reader/view_news.aspx?id=20150108041049001

加利福尼亚大学洛杉矶分校生态学与进化生物学系（Department of Ecology and Evolutionary Biology，University of California，Los Angeles）

https://www.eeb.ucla.edu/

俄罗斯科学院圣彼得堡湖沼学研究所（Institute of Limnology，Russian Academy of Sciences，St.-Petersburg，Russia）

http://www.spb.org.ru/lake/

日本海洋研究开发机构（Japan Agency for Marine-Earth Science and Technology）

https://www.jamstec.go.jp/e/

生态学与进化动态

https://www.cell.com/trends/ecology-evolution/home

淡水生态学和内陆渔业研究

http://www.igb-berlin.de/

海洋财富网

http://www.hycfw.com/

湖泊生态学（Lake Access）

https://lakeaccess.org/

海洋生态学研究

http://www.adelaide.edu.au/sciences/env_biol/research/marine

生态学与资源管理

http://www.ierm.ed.ac.uk/

《生态学报》

https://www.ecologica.cn/stxb/home

《应用生态学报》

http://www.cjae.net/

《生态学杂志》

http://www.cje.net.cn/

《海洋与湖沼》

http://qdhys.ijournal.cn/hyyhz/ch/index.aspx

《水生生物学报》

http://ssswxb.ihb.ac.cn/

《湖泊科学》

http://www.jlakes.org/

《水生态学杂志》

https://sstxzz.ihe.ac.cn/ch/

《环境科学学报》

https://www.actasc.cn/

《中国环境科学》

http://www.zghjkx.com.cn/CN/volumn/home.shtml

《水科学进展》

http://skxjz.nhri.cn/

《环境科学》

https://www.hjkx.ac.cn/hjkx/ch/index.aspx

《环境化学》

http://hjhx.rcees.ac.cn/

《水利学报》

http://jhe.ches.org.cn/jhe/ch/index.aspx

《植物生态学报》

https://www.plant-ecology.com/

Journal of Oceanology and Limnology

http://jol343.com/

Journal of Ecology

https://besjournals.onlinelibrary.wiley.com/journal/13652745

Aquatic Living Resources

https://www.alr-journal.org/

Aquatic Conservation: Marine and Freshwater Ecosystems

https://onlinelibrary.wiley.com/journal/10990755

Aquatic Toxicology

https://www.elsevier.com/journals/aquatic-toxicology/0166-445X#description

Aquatic Ecology

http://www.jlakes.org/ch/reader/view_news.aspx?id=20150108015822001

Aquaculture

https://www.sciencedirect.com/journal/aquaculture

Canadian Journal of Fishery and Aquatic Sciences

http://www.jlakes.org/ch/reader/view_news.aspx?id=20150108015822001

Ecohydrology

https://onlinelibrary.wiley.com/journal/19360592

Freshwater Biology

https://onlinelibrary.wiley.com/journal/13652427

Hydrobiologia

http://www.jlakes.org/ch/reader/view_news.aspx?id=20150108015822001

Hydrological Processes

https://onlinelibrary.wiley.com/journal/10991085

International Review of Hydrobiology

https://onlinelibrary.wiley.com/journal/15222632

Journal of Freshwater Ecology

https://www.tandfonline.com/toc/tjfe20/current

Limnologica

https://www.sciencedirect.com/journal/limnologica

Limnology

https://www.springer.com/journal/10201

Marine and Freshwater Research

https://www.publish.csiro.au/mf

Water Science & Technology

https://iwaponline.com/wst

Water Research

https://www.journals.elsevier.com/water-research

Water and Environment Journal

https://onlinelibrary.wiley.com/journal/17476593

River Research and Application

https://onlinelibrary.wiley.com/journal/15351467

Aquatic Biology

https://www.int-res.com/journals/ab/ab-home/

Ecology

https://esajournals.onlinelibrary.wiley.com/journal/19399170

Ecological Applications

https://esajournals.onlinelibrary.wiley.com/journal/19395582

Ecological Monographs

https://esajournals.onlinelibrary.wiley.com/journal/15577015

Frontiers in Ecology and the Environment

https://esajournals.onlinelibrary.wiley.com/journal/15409309

Ecosystem Health and Sustainability

https://www.tandfonline.com/loi/tehs20

Ecology & Society

https://ecologyandsociety.org/

Marine Ecology Progress Series

https://www.int-res.com/journals/meps/meps-home/

Water Biology and Security

https://www.keaipublishing.com/en/journals/water-biology-and-security/